2022年
中国水稻产业发展报告

中国水稻研究所　国家水稻产业技术研发中心　编

中国农业科学技术出版社

图书在版编目(CIP)数据

2022年中国水稻产业发展报告 / 中国水稻研究所，国家水稻产业技术研发中心编. ——北京：中国农业科学技术出版社，2022.11

ISBN 978－7－5116－6036－7

Ⅰ.①2… Ⅱ.①中… ②国… Ⅲ.①水稻－产业发展－研究报告－中国－2022 Ⅳ.①F326.11

中国版本图书馆CIP数据核字(2022)第225150号

责任编辑 崔改泵
责任校对 马广洋
责任印制 姜义伟 王思文

出 版 者 中国农业科学技术出版社
北京市中关村南大街12号 邮编：100081
电　　话 (010) 82109194(编辑室) (010) 82109702(发行部)
(010) 82109709(读者服务部)
网　　址 https://castp.caas.cn
经 销 者 各地新华书店
印 刷 者 河北鑫彩博图印刷有限公司
开　　本 185 mm×260 mm 1/16
印　　张 19.5
字　　数 450千字
版　　次 2022年11月第1版 2022年11月第1次印刷
定　　价 100.00元

《2022年中国水稻产业发展报告》
编委会

主　编　程式华

副主编　方福平

主要编写人员（以姓氏笔画为序）

于永红　万品俊　王　春　王彩红

方福平　冯金飞　冯　跃　庄杰云

朱智伟　纪　龙　卢淑雯　李凤博

陈　超　陈中督　时焕斌　庞乾林

张振华　张英蕾　邵雅芳　徐春春

章秀福　黄　勇　曹珍珍　程式华

傅　强　褚　光　魏兴华　魏　琪

前　　言

2021年，全国水稻种植面积44 881.9万亩，比2020年增加232.1万亩；亩产474.2 kg，提高4.6 kg，创历史新高；总产21 284.3万t，增产98.3万t。2021年，早籼稻、中晚籼稻的最低收购价格每50 kg分别提高至122元、128元，均比2020年提高1元，粳稻最低收购价格保持每50 kg 130元不变。主产区累计完成稻谷托市收购1 021.6万t，其中中晚籼稻190.5万t、粳稻831.1万t、早籼稻没有启动托市收购，全年稻谷托市收购量同比增加840.5万t。政策性稻谷拍卖投放量6 475.0万t，实际成交542.3万t，成交率8.4%；实际成交量比2020年减少了1 180万t，减幅68.5%，成交率下降了8.5个百分点。进口大米496.3万t，同比增加202.0万t；出口大米244.8万t，增加14.3万t，非洲仍然是我国最主要的大米出口地区。国内稻米市场价格呈现"籼强粳弱"，早籼稻、中晚籼稻和粳稻年均收购价分别为每吨2 646.7元、2 760元和2 761.7元，早籼稻和中晚籼稻价格同比上涨8.8%和6.6%，粳稻下跌1.2%。

2021年，世界稻谷产量7.42亿t，比2020年增产510多万t，增幅0.7%，创历史新高。主要原因是世界水稻产量最高的中国、印度，以及非洲的马达加斯加等水稻生长期间气候条件有利，水稻产量形势较好。2021年，世界全品类大米价格指数（2014—2016年指数=100）由1月的114.3下降至12月的98.3，跌幅14.0%；年均价格指数105.8，比2020年（110.2）下跌4.0%。

2021年，水稻基础研究继续取得显著进展。国内外科学家以水稻为研究对象，在*Nature*及其子刊、*Cell*、*PNAS*等国际顶尖学术期刊上发表了一批研究论文。其中：

*Nature*发表1篇：中国科学院/中国科学院大学储成才研究员团队利用从不同生态地理区域收集的不同的水稻种质进行了全基因关联分析，鉴定到一个水稻氮高效基因*OsTCP19*，其变异在低氮和中氮环境下可以显著提高水稻产量，研究揭示了水稻耐受土壤低氮适应性的机制，为培育绿色超级稻提供了新基因，有望在提高产量的同时减少化肥施用量。

*Nature Communication*发表7篇，分别是：中山大学陈月琴团队发现了

一个母本来源的lncRNA MISSEN（MIS-SHAPEN ENDOSPERM）在水稻胚乳早期发育中起重要作用。华中农业大学李一博教授团队介绍了一种利用F_2梯度群体（F_2GPs）快速绘制多QTL图的方法——RapMap，该研究发现的新基因和新等位基因为种子大小遗传改良提供了新基因资源，为水稻粒形研究提供了新见解。中国农业大学/吉林农业大学孙文献团队研究揭示了水稻细菌性条斑病菌打破水稻气孔免疫成功入侵水稻的重要机制，为绿色防控水稻病害提供了思路。中国科学院刘俊研究组首次明确了来源于禾本科植物特有的半纤维素的寡糖作为DAMPs参与植物免疫反应的作用机制，同时发现了Os-CERK1是这些寡糖在水稻中的潜在受体。南京农业大学赵方杰教授团队揭示了水稻半胱氨酸合酶复合体影响硫代谢和砷解毒能力，进而影响水稻籽粒砷、硫和硒积累的分子机制，为培育低砷富硒水稻新品种提供了新的基因资源。南京农业大学资环学院朱毅勇教授与名古屋大学木下俊则教授合作研究发现过表达质子泵基因*OSA1*有利于根部对铵的吸收和同化，增强光诱导的气孔开放，提高叶片的光合作用速率。中国科学院王佳伟研究组通过使用时空模型从细胞特异性基因群中识别出一个水稻根系分生突变体，证明该平台在功能遗传研究方面的潜力。

Nature Biotechnology 发表5篇，北京大学贾桂芳团队与美国芝加哥大学何川团队、贵州大学宋宝安团队合作研究发现，在水稻引入人类RNA去甲基化酶FTO，导致温室条件下谷物产量增加3倍以上，该研究对未来应对粮食危机，维护和改善生态体系和提供充足植物原材料提出了一种全新的技术。美国马萨诸塞大学薛文课题组开发了一款能够在没有外源DNA模板的情况下，直接用所需的序列（最多60bp）替换从1 kb到10 kb的基因组片段的PE系统，并命名为PEDA。华盛顿大学西雅图分校Jay Shendure也通过类似方式开发了PRIME-Del，删除了长达10 kb的基因组片段。韩国首尔国立大学医学院Sangsu Bae团队，在TAD7.10的基础上引入D108Q突变使优化的腺嘌呤碱基编辑器的胞嘧啶脱氨活性降低了10倍，在人细胞中有效减轻了旁编辑效应对腺嘌呤碱基编辑器准确率的影响，为水稻中腺嘌呤碱基编辑器的优化提供了一定指导。中国科学院遗传与发育生物学研究所高彩霞研究组与李家洋研究组合作，在对PBS最适T_m值探索的基础上开发了能够针对所需突变，同时靶向DNA两条链的双pegRNA的策略，使PE系统在水稻中的编辑效率提高2.9～17.4倍。

Nature Genetics 发表1篇，上海师范大学黄学辉团队构建了迄今为止最完善的水稻数量性状基因关键变异图谱，开发了一款智能化的水稻育种导航

程序，为水稻遗传研究提供了全面的数量性状基因信息，建立了水稻分子设计育种新方法，在水稻新品种快速培育方面应用潜力巨大。

Cell 发表 3 篇，分别是：中国科学院李家洋院士团队利用 28 份异源四倍体野生稻资源，筛选出 1 份高秆野生稻资源，并将其命名为 PolyPloid Rice 1（PPR1），并建立了两个重要的资源用于其从头驯化，利用这些资源可以迅速改善六种农学重要性状。中国科学院何祖华研究员团队研究揭示了水稻钙离子感受器 ROD1（RESISTANCE OF RICE TO DISEASES1）精细调控水稻免疫，平衡水稻抗病性与生殖生长和产量性状的分子机制，为开发高产抗病作物品种提供了新思路。四川农业大学李仕贵教授团队联合中国科学院梁承志研究员团队利用基因组三代测序技术构建了 31 个高质量的水稻基因组，与之前发布的日本晴和蜀恢 498 的基因组一起进行了系统的比较基因组分析，鉴定到大量尚未发现的 SVs 和 gCNVs，揭示了 SVs 和 gCNVs 与基因表达量变化显著相关。

PNAS 发表 9 篇，分别是：南京农业大学章文华教授研究组研究发现了定位在内质网的细胞色素 b5（OsCYB5-2）与质膜上的高亲和力 K（+）转运体（OsHAK21）相互作用，揭示了一个由细胞色素 b5 介导的 HAK 转运体活性的翻译后调控机制，并强调了两种蛋白在应对盐胁迫时感知 Na（+）的协调行动。南京农业大学杨东雷团队首次在水稻中进行的转基因沉默机制的系统研究，对于加速培育转基因作物提供了重要的理论指导。南京农业大学/得克萨斯大学奥斯汀分校 Z. Jeffrey Chen 团队首次解析了多倍体水稻增强耐盐性的表观遗传机制，为多倍体物种在进化中增强环境适应性提供了新的分子机理。中国农业大学刘俊峰和彭友良团队报告了一种设计的水稻 NLR 受体 RGA5（HMA2），它携带一个 HMA 结构域（RGA5-HMA2），可以识别不对应的 MAX 效应物 AvrPib，并赋予表达 AvrPib 的稻瘟病分离株 RGA4 依赖性抗性。中国科学院王二涛研究组研究发现水稻共生受体和免疫受体之间的竞争区分共生和免疫信号，表明 OsMYR1 和 OsCEBiP 两个受体竞争结合 OsCERK1，从而决定了共生和免疫信号的特异输出。华中农业大学周道绣研究组研究了编码细胞质定位的组蛋白去乙酰化酶（HDAC）对蛋白质乙酰化组的突变影响，研究显示 Kac 是一种功能性的翻译后修饰，由组蛋白去乙酰化酶控制，将 Kac 在基因表达中的作用扩展到蛋白质翻译调节。北卡罗来纳州立大学 Colleen J. Dohert 团队研究揭示了驱动水稻对 WNT 敏感性的分子机制，并确定了可被用于增强水稻对 WNT 耐受性的候选基因。剑桥大学 Julian M. Hibberd 团队利用水稻和 ROS 探针二氨基联苯胺和 2′,7′-二氯

二氢荧光素二乙酸酯，发现在暴露于高光照后，ROS在束鞘细胞中比叶肉细胞中产生得更快。加利福尼亚大学伯克利分校Zilberman Daniel团队揭示了母系特异性DNA低甲基化在母系和父系偏向表达基因印记中的作用模型，并突出了转座和表观突变在水稻印记演化中的作用。

在水稻栽培、植保、品质、加工等应用技术研究方面，科技工作者在水稻优质高产栽培理论创新、稻田温室气体排放与减排、绿色优质丰产协调规律与广适性等方面研究取得积极进展；杂交稻精准播种育秧机插技术、杂交稻暗化催芽无纺布覆盖高效育秧技术、水稻氮肥高效利用技术、水稻节水灌溉技术等稻作新技术、新体系继续得到研究与推广应用。病虫害发生规律与预测预报技术、化学防治替代技术、化学防治技术、水稻与病虫害互作关系、水稻重要病虫害的抗药性及机理、水稻病虫害分子生物学等方面研究继续取得显著进展。稻米品质的理化基础、不同地区的稻米品质差异、生态环境和农艺措施对稻米品质的影响等方面研究，以及水稻重金属积累的遗传调控研究、水稻重金属胁迫耐受机理研究、水稻重金属污染控制技术研究、稻米中重金属污染状况及风险评价等方面研究也取得积极进展。稻米加工的新工艺、新技术、新产品得到了快速发展和应用，稻米副产品的综合利用不断向新产品新技术扩展，糙米的食味品质不断提升，米糠、米胚等副产品的综合利用技术开发也在向提高整体资源利用率方向发展，稻谷全产业链综合利用水平不断提高。

2021年，通过省级以上审定的水稻品种2 229个，比2020年增加293个，增幅15.1%。其中，国家审定品种677个，增加103个；地方审定品种1 552个，增加190个；科研单位为第一完成单位育成的品种占38.6%，比2020年提高3.7个百分点；种业公司育成的品种占61.4%。

农业农村部确认盐粳15号、南粳3908、南粳5718、Y两优305、荃优212等5个品种为2021年超级稻品种，取消了因推广面积未达要求的莲稻1号、长白25、N两优2号等3个品种的超级稻冠名资格。截至2021年，由农业农村部冠名的超级稻示范推广品种共计135个。全国杂交水稻制种面积158万亩，比2020年增加37万亩，增幅30%；常规稻繁种面积201万亩，比2020年增加20万亩，增幅11%。全年水稻种子出口量2.5万t，比2020年增加9.6%；出口金额9 636.7万美元，增加16.5%。

根据农业农村部稻米及制品质量监督检验测试中心分析，2015年以来我国稻米品质达标率总体持续回升，但不同年度间小幅波动。2021年检测样品达标率达到53.61%，比2020年上升4.56个百分点。其中，籼稻达标率

54.93%，粳稻达标率49.46%，分别比2020年上升了4.43个和5.29个百分点；整精米率和直链淀粉达标率分别比2020年上升了3.02个和1.59个百分点，垩白度比2020年下降了1.01个百分点，透明度、胶稠度和碱消值的达标率相差不大。

本年度报告的前五章，由中国水稻研究所稻种资源研究、基因定位与克隆、稻田生态与资源利用、水稻虫害防控、基因编辑与无融合生殖研究室组织撰写；第六章和第十章均由农业农村部稻米及制品质量监督检验测试中心组织撰写；第七章由黑龙江省农业科学院食品加工研究所、第九章由中国种子集团战略规划部组织撰写；其余章节在中粮集团大米部、全国农业技术推广服务中心粮食作物处等单位的热心支持下，由稻作发展研究室完成撰写。报告还引用了大量不同领域学者和专家的观点，我们在此表示衷心感谢！

囿于编者水平，疏漏及不足之处在所难免，敬请广大读者和专家批评指正。

编　者

2022年6月

目　　录

上篇　2021年中国水稻科技进展动态

下篇　2021 年中国水稻生产、质量与贸易发展动态

上篇

2021 年
中国水稻科技进展动态

第一章　水稻品种资源研究动态

2021 年，国内外科学家在水稻起源与驯化研究上取得了新进展。中国科学院遗传与发育生物学研究所李家洋团队首次提出了异源四倍体野生稻快速从头驯化的新策略，旨在最终培育出新型多倍体水稻作物，从而大幅提升粮食产量并增加作物环境变化适应性（Yu et al.，2021）。四川农业大学李仕贵与钦鹏团队联合中国科学院遗传与发育生物学研究所梁承志团队首次构建了“水稻图形基因组”，为水稻功能基因组研究奠定了良好基础，其结构变异和基因拷贝数变异对水稻等作物的进化、驯化和改良具有深远意义（Qin et al.，2021）。

第一节　国内水稻品种资源研究进展

一、栽培稻的起源与驯化

中国科学院遗传与发育生物学研究所李家洋团队联合国内外多家单位，通过组装异源四倍体高秆野生稻（*Oryza alta*）基因组，优化遗传转化体系，利用基因组编辑技术，使其落粒性、芒性、株型、籽粒大小及抽穗期等决定作物驯化成功与否的重要性状发生改变，成功实现了异源四倍体高秆野生稻的从头定向驯化。该突破性研究成果证明了通过从头驯化将异源四倍体野生稻培育成未来的主粮作物，是确保粮食安全的可行策略，同时也为从头驯化野生和半野生植物、创制新型作物提供了重要参考（Yu et al.，2021）。

Qin 等（2021）组装了 31 个不同水稻种质材料的高质量基因组，与现有的水稻品种日本晴和蜀恢 498 基因组组装在一起，开发出了一套水稻的泛基因组遗传资源，包括一个图形结构基因组，为水稻广泛的基因组变异鉴定提供了可能。该研究共鉴定了 171 072 个 SVs 和 25 549 个 gCNVs，并利用非洲栽培稻的基因组组装作为参考，推断亚洲栽培稻群体中 SVs 的起源；通过对 SVs 形成机制、SVs 对基因表达的影响，以及亚群体间分布的分析，进一步理解 SVs 和 gCNVs 是如何影响水稻环境适应和驯化的。该研究提供了水稻群体级别的基因组资源，同时配套开发了在线网站便于用户获取相关资源，有助于促进水稻育种及植物功能基因组学和进化生物学研究。

Li 等（2021b）通过新的基因组组装方法，对水稻的籼稻品种明恢 63（MH63）进行无缺组装。最终获得的 397Mb 组装序列 MH63KL1 包含 12 个 contigs，各自对应一条完整的染色体。该研究高质量的基因组为系统地研究重复序列、重复基因和结构变异提供了良好的资源。通过对 MH63KL1 的深入分析，发现籼稻比粳稻基因组具有更多的转座子（transposable element，TE）和节段重复（segmental duplications，SD）。研究表明，重复基因是产生新基因和新基因功能发生适应性进化的温床。SD 产生大量的重复基因，并通过剂量效应或新/亚功能化影响植物性状；而 TE 的插入不仅影响了重复基因的表达，还加速了这些重复基因的进化。该研究揭示了 TE 和 SD 对水稻基因组进化的协同作用。

籼稻和粳稻是亚洲栽培稻的两个亚种，籼稻占全球水稻产量 70%以上，并且比粳稻更加多样化。在过去 30 年中，两个籼稻品种 ZS97 和 MH63 已成为水稻育种和基因组学的重要模型系统，它们的杂交后代汕优 63 是中国种植面积最大的杂交水稻。Song 等（2021）发布了籼稻珍汕 97 和明恢 63 的无缺口参考基因组，系统分析了着丝粒结构和位于 11 号染色体末端水稻抗性相关的结构变异区域。ZS97 和 MH63 无缺口基因组的解析为阐明杂种优势机理奠定了坚实基础。

Li 等（2021a）利用耐冷近等基因系构建分离群体及 54 份粳稻和 67 份籼稻种质资源的孕穗期耐冷表型进行全基因组关联分析，挖掘到一个新耐冷基因 *CTB2*。进一步分析发现，野生稻中不含有 *CTB4a* 的功能变异，其耐冷等位基因是在冷环境下驯化出的新变异，主要分布在高海拔和高纬度区域；而 *CTB2* 存在 4 种单倍型，其中一种优势单倍型 SNP（A）表现强耐冷性，该单倍型起源于中国普通野生稻，在粳稻的冷适应驯化过程中受到了明显的人工选择，逐步扩散到高纬度地区，最后与当地新产生的 *CTB4a* 变异一起增强水稻的耐冷性。该研究发现在粳稻驯化过程中，通过对现存变异和新变异的逐步选择可以提高其耐冷性。

Chen 等（2021a）全面总结了玉米和水稻这两种世界主要粮食作物在驯化过程中的异同。玉米和水稻的驯化似乎与不同的调控和进化机制有关。水稻驯化倾向于选择从头开始、功能丧失、编码变异，而玉米驯化更倾向于选择站立、功能获得、调节变异。在基因网络水平上，玉米和水稻的驯化采用不同的遗传路径获得趋同的表型，在此过程中利用不同的中心基因，同源基因发挥不同的进化作用，并获得新的基因或调控模块以建立新的性状。最后，讨论了如何利用过去驯化过程中获得的知识和新兴技术来改进现代作物育种和驯化新作物，以满足人类的新需求。

Zhang 等（2021）根据日本晴参考基因组注释信息，基于 3 010 份水稻核心种质基因编码区的非同义 SNP 数据，构建了一个由 45 963 个基因组成的全基因组基因功能单倍型数据集。全面揭示了亚洲栽培稻基因功能单倍型自然变异特征，提出亚洲栽培稻多起源（驯化）假说，评估了现代育种对全基因组功能单倍型多样性的影响，对已克隆基因的有利功能单倍型进行了深入挖掘。发现基于功能单倍型数据在全基因组关联分析较 SNP 数据有更大功效，在多数性状上具有更高的预测力，并开发了适用于功能单倍型数据全基因组关联分析和全基因组预测的软件包“HAPS”，为今后水稻基因的基础研究和复杂性状有利等位基因发掘提供极大便利，有助于水稻分子设计育种。

Xie 等（2021）利用 Illumina、PacBio、BioNano 和 Hi-C 等技术，对一株来源于老

拙的普通野生稻（IRGC106162，由国际水稻所提供）进行了测序，并基于梁承志团队开发的单分子测序的高质量组装软件 HERA 获得了染色体水平的基因组序列。该基因组大小约为 399.8 Mb，包含了 36 520 个蛋白质编码基因。通过比较基因组学和进化分析，揭示了普通野生稻和亚洲栽培稻（包括粳稻和籼稻）的基因组具有较强的共线性，但存在大量遗传变异。在进化上，野生稻 IRGC106162 偏向为籼稻的近缘祖先。该高质量的普通野生稻基因组的完成，为挖掘野生稻遗传资源提供了重要的序列信息。

He 等（2021）通过从头组装 295 份普通野生稻（*Oryza rufipogon* Griff.）、1 135 份亚洲栽培稻（*Oryza sativa* L.）和 34 份其他稻属种质的质体，积累了一个大型数据集。利用该数据集，重建了 *O. rufipogon* 和 *O. sativa* 的系统发育关系和生物地理历史。研究结果揭示了这两个物种的两个主要母系谱系，进一步分化为 9 个得到充分支持的遗传簇。其中，Or-wj-Ⅰ/Ⅱ/Ⅲ和 Or-wi-Ⅰ/Ⅱ遗传簇与栽培稻和野生稻种质共享。分子年代测定、系统地理学分析和种群历史动态的重建表明，来自东亚的 Or-wj-Ⅰ/Ⅱ基因簇的起源较早，至少有两次种群扩张，而其他基因簇的起源较晚，来自多个地区，有一次或多次种群扩张。这些结果支持了水稻驯化历史上粳稻的单一起源和籼稻的多起源。

长期以来，人类不断对野生植物进行选择和驯化，形成了当前主要农作物。由于生长环境改变和人类活动介入，主要农作物在驯化过程中株型发生显著变化。相关研究表明，主要作物株型的驯化通常是由一些关键基因表达量或基因型改变所引起。王泉等（2021）对玉米、水稻和小麦株型驯化相关基因和遗传位点的研究进展进行综述，以期为理想株型分子设计育种提供研究思路。

稻作是东亚地区文明发展的物质基础。20 世纪 70 年代河姆渡遗址出土稻谷证明中国是稻作起源地，颠覆了稻作起源于印度的学说，确立以稻作农业为特色的长江流域与黄河流域一样，同为中华文明的发祥地。近年来中国考古取得丰硕成果，良渚古城遗址、一万年以前水稻遗存、大规模的古稻田等发现填补了中国文明史的许多空白，不断更新了稻作起源的认识，稻作起源于一万年以前的长江中下游已经成为国际共识（郑云飞，2021）。

二、遗传多样性与资源评价

Zhou 等（2021b）对 533 份栽培稻种质中的油组成和油浓度进行了全基因组关联研究。观察到 11 个与油性状相关的高变异。该研究鉴定了与谷物油浓度或组成显著相关的 46 个基因座，其中 16 个基因座在 3 套重组自交系群体中检测到。从这 46 个基因座中鉴定了 26 个编码油代谢酶的候选基因，其中 4 个（*PAL6*、*LIN6*、*MYR2* 和 *ARA6*）被发现有助于油成分的自然变异，并显示出亚群之间的差异。有趣的是，群体遗传分析表明，在粳稻中已经选择了 *PAL6* 和 *LIN6* 的特定单倍型。该研究提出了水稻籽粒中可能的油脂生物合成途径，研究结果为水稻籽粒中油生物合成的遗传基础提供了新见解，并可以促进基于标记的水稻品种选育，提高油脂和籽粒品质。

赵宗耀等（2021）以广泛代表性的 14 个亚洲国家 187 个水稻核心种质为研究对象，根据种内群体关系和地理位置将其分为 4 个平行组；分别对 4 个平行组的三叶期幼苗进行 4℃低温处理，时间梯度设为 24 h、36 h、48 h 和 60 h，7 d 缓苗期后统计其秧苗黄叶率并鉴定耐寒等级。根据黄叶率百分比可以精准鉴定水稻的 5 个耐寒等级，且粳稻的耐寒性普遍比籼稻强。11 个强耐寒品种主要分布于高纬度或高海拔地区。该研究认为品种之间耐寒性的差异不仅由遗传因素决定，还与其地理分布和当地种植策略相关；筛选出的 11 个苗期耐寒水稻品种，可为耐寒种质资源的遗传改良和分子育种提供参考。

董俊杰等（2021）利用 214 个分子标记对来自 14 个国家的 273 份水稻地方品种和育种材料进行基因型检测，分析其遗传多样性、群体结构、连锁不平衡程度。群体结构分析将供试群体划分为 2 个亚群（SG1、SG2）以及 1 个混合群（AD）；遗传多样性分析显示，214 个标记共检测到 524 个等位变异；分子方差分析表明 34％的变异来源于种群内，66％的变异来源于种群间，SG1 与 SG2 群体间存在显著的遗传分化（$F_{st}=0.725$，$P<0.01$）。该研究表明 273 份水稻种质资源群体内具有丰富的遗传变异，该群体适合通过关联作图来挖掘优异等位基因。

胡建坤等（2021）采用人工接种方法，对东乡野生稻 107 份单株材料进行稻曲病抗性鉴定。结果表明：107 份东乡野生稻单株材料中，表现高抗的材料有 19 份，占鉴定材料的 17.76％；表现抗病的材料有 74 份，占鉴定材料的 69.16％；表现中抗的材料有 12 份，占鉴定材料的 11.21％；高抗及抗病材料共 93 份，占鉴定材料的 86.92％，没有感病及高感材料，表明东野材料整体对稻曲病有较好的抗性。该研究表明东乡野生稻对稻曲病有较高的抗性水平，在水稻育种工作中，可以利用东乡野生稻来改变水稻的穗型或推迟水稻生育期，以提高水稻对稻曲病的抗性。

朱业宝等（2021）以 1 040 份福建省水稻地方品种为材料，开展 24 个表型性状遗传多样性及其相关性分析。结果表明：福建省水稻地方品种以籼稻、晚稻、黏稻为主要类型，没有早稻类型；9 个质量性状的遗传多样性指数变幅为 0.216～1.252，倒伏性的遗传多样性指数最高；在数量性状中，11 个数量性状均存在不同程度变异，遗传多样性指数变幅为 1.947～2.092，谷粒长的遗传多样性指数最高。福建省 9 个设区市水稻地方品种的 11 个数量性状多样性指数平均值在 1.815～2.028，漳州最大、厦门最小。该研究表明，福建省水稻地方品种的表型性状存在丰富的变异，地区间遗传多样性也存在差异，这些种质资源在水稻育种与基因发掘中可作为重要基础材料利用。

杨翠等（2021）利用分布于水稻 12 条染色体的 56 对 SSR 标记对来自贵州省内的 147 份地方红米水稻种质进行遗传相似性和遗传多样性研究。共检测到 147 个等位基因，品种间不同位点的等位基因数（*Na*）变幅为 2～5 个；有效等位基因数（*Ne*）变幅为 1.034 6～3.978 8 个；*Nei'* s 基因多样性指数（*He*）变幅为 0.033 4～0.748 7，平均为 0.354 9；Shannon 信息指数（*I*）平均为 0.604 6，变幅为 0.086 1～1.471 4；多态性信息含量（*PIC*）变幅为 0.040 0～0.748 7。UPGMA 聚类分析结果显示，在遗传相似系数为 0.55 的水平上，可将供试材料聚为两大类。结果表明，贵州地方红米品种的遗传多样性水平较低，遗传基础较狭窄，应加强种质交流，拓宽贵州地方红米种质遗传基础。

李修平等（2021）利用分布于水稻12条染色体上的50对SSR引物对192份寒地水稻种质资源进行遗传多样性检测。结果显示：共检测到217个等位位点，等位位点数目平均值为4.34，供试的SSR标记中被检测到的等位位点数目变幅为2～10个；各位点检测到的主要等位基因频率平均值为0.568 7，变幅为0.229 1～0.986 8；位点间基因多样性平均值为0.532 1，变幅为0.026 1～0.849 0；观测杂合率平均值为0.009 9，变幅为0～0.396 7，其中41个位点为纯合；多态信息含量平均值为0.482 9，变幅为0.025 8～0.831 0，供试寒地水稻种质遗传多样性较低。基于Nei's遗传距离将192份寒地水稻种质资源进行聚类分析，将供试种质分为20个类群。该研究为寒地水稻遗传育种的亲本选择提供了参考依据。

刘宝海等（2021）以黑龙江省1975—2019年育成的22个花培育种品种为研究对象，利用遗传亲本和15个农艺性状的信息数据，对供试材料亲缘遗传系数及主要农艺性状进行比较分析。结果表明，黑龙江省花培育种技术应用已取得显著成效；研究筛选出“龙粳香1号”“龙粳45”“龙粳3767”“龙粳7号”和“龙粳4号”等5份种质资源为核心亲本种质。研究结果可为黑龙江省花培育种技术推广以及种质资源利用、新品种创新提供理论参考。

贵州禾是贵州省特有的一种原生态水稻，目前对其历史形成过程尚不清楚。吴娴等（2021）选择了121份贵州禾资源和其他地区194份水稻品种，利用120个KASP标记对其遗传多样性和群体结构进行了研究。结果表明，贵州禾遗传多样性较为丰富，具有较多的多态性位点数和观测等位基因数；贵州禾与贵州地方粳稻遗传距离最小为0.019 7，遗传一致度最高为0.980 5；贵州禾与江苏地方粳稻遗传距离和遗传一致度次之。群体结构分析表明当$K=3$时，90%的贵州禾群体单独聚为一类，而且绝大多数属于粳稻。该研究表明贵州禾区别于其他地方粳稻，具有独特的遗传结构。

彭丁文等（2021）以目前中国南方广泛应用的11个水稻两系不育系为研究材料，利用分布于水稻12条染色体上的48对SSR引物进行遗传多样性分析，并构建指纹图谱。结果表明，在供试材料中共扩增出122个多态性片段，平均每对引物可检测出2.54个等位基因，平均PIC值为0.412，平均有效等位基因数为1.96；11个不育系间的遗传相似系数变幅为0.45～0.93，平均为0.64，遗传背景趋同，亲缘关系较近；以遗传相似系数0.58为阈值，将供试不育系分为3个群：株1S及其衍生系聚为Ⅰ群，广占63S单独为Ⅱ群，其他不育系聚为Ⅲ群。选用12对多态性较高的SSR引物构建的指纹图谱能区分11个两系不育系。

张全芳等（2021）利用全自动DNA分析仪荧光SSR-PCR技术和农业行业标准中公布的48对SSR引物，对山东省育成和审定的48个水稻品种（系）进行遗传多样性分析。结果表明，共检测到等位基因133个，每对引物的等位基因数变幅为1～7个。48个水稻品种（系）间的遗传相似系数（GSC）为0.639 0～0.985 9，89.6%品种

（系）的GSC为0.718 9～0.985 9，亲缘关系较近；以GSC为基础，按UPGMA方法在阈值0.75处将48个品种（系）划分为四大类群。该研究表明，山东省育成和审定的水稻品种（系）遗传多样性不够丰富，品种（系）间的亲缘关系较近，需要进一步拓宽亲本选择范围，扩大遗传背景。

吴方喜等（2021）通过人工老化方法（温度42℃，相对湿度RH 88%），对来自3K基因组中的456份世界水稻核心种质进行耐储藏特性鉴定。结果表明，世界水稻核心种质耐储藏特性差异很大，基本呈连续分布。该研究表明热带或亚热带起源的水稻材料均比温带起源的水稻材料更耐储藏，来自印度尼西亚、孟加拉国和菲律宾等亚洲热带国家的水稻材料最耐储藏，来自非洲的马达加斯加水稻材料耐储藏性居中。籼稻总体比粳稻耐储藏，而且籼稻和粳稻都有极端耐储藏的材料。筛选出了19份极端耐储藏的籼稻和3份极端耐储藏的粳稻材料。研究结果为水稻耐储藏的遗传育种提供了种质资源。

三、有利基因发掘与利用

Liu等（2021）利用全基因组关联分析技术鉴定到一个水稻氮高效基因*OsTCP19*，其作为转录因子调控水稻分蘖。进一步研究发现，*OsTCP19*上游调控区一小段核酸片段（29 bp）的缺失与否是不同水稻品种分蘖氮响应差异的主要原因。氮高效品种*OsTCP19*调控区缺失该29 bp核酸序列，氮响应负调控因子LBD蛋白可以高效结合在该位点附近并抑制*OsTCP19*转录表达。通过多重转录组学分析，*OsTCP19*作为转录因子抑制促分蘖基因*DLT*的表达，进而实现对水稻分蘖发育的调控。研究结果揭示了氮素调控水稻分蘖发育过程的分子基础。

Zhai等（2021）发现PICI1去泛素酶是水稻PTI和ETI的免疫中枢。PICI1去泛素化和稳定蛋氨酸合成酶，来激活蛋氨酸介导的、主要通过激素乙烯生物合成实现的免疫。包括AvrPi9在内的稻瘟病菌效应子能降解PICI1，抑制PTI。植物免疫系统中的核苷酸结合域—富含亮氨酸重复序列的受体NLRs，如PigmR，保护PICI1免受效应子介导的降解，从而重启蛋氨酸—乙烯级联。*PICI1*基因的自然变异导致了籼稻和粳稻在基础抗稻瘟病方面的差异。该研究认为NLRs使用一种基于关键防卫代谢途径的竞争模式，控制着与效应子的军备竞赛，使PTI与ETI同步，并确保广谱抗性。

Wei等（2021）利用Web of Science数据库检索，通过逐一阅读核对，确定了225个已报道的水稻QTL基因。进一步结合水稻基因组序列和文献中等位变异的图示或描述，将关键功能变异位点（QTN）逐一锚定到水稻基因组精确的位置上，最终获得一张包含348个变异位点和562个等位基因的分子图谱（QTN map）。这些关键变异中76.1%位于编码区，其余主要位于上游调控区。研究人员根据水稻QTN图谱，收集了来自26个国家的404份种质材料，构建了包含各类稀有等位基因的实体库，为水稻遗传改良配备了丰富的供体资源。

Huang 等（2021）通过全基因组关联分析鉴定了3个控制种子萌发期物质动员的位点，并对其中一个主效位点 *qSRMP9* 候选基因进行验证，证明该基因是细胞色素 b5 基因 *OsCyb5*；与野生型相比，水稻 *OsCyb5* 突变体种子萌发过程中物质动员量显著降低，从而影响早期幼苗生长；进一步研究发现 *OsCyb5* 突变体成熟种子大小、籽粒淀粉、蛋白质和可溶性糖含量均与对照无显著性差异，但在种子萌发过程中 α-淀粉酶活性、淀粉和糖动员量显著降低，导致葡萄糖贮备不足；水稻 *OsCyb5* 优异单倍型主要存在于籼稻和 AUS 稻中。该研究为今后通过分子育种培育高活力水稻品种提供线索。

Shi 等（2021）成功克隆了水稻抗褐飞虱新基因 *Bph30*。发现 *Bph30* 在水稻叶鞘厚壁组织细胞中高表达，并上调厚壁组织细胞中纤维素和半纤维素合成相关基因的表达，增加了纤维素和半纤维素在厚壁组织细胞壁中的积累，进而增加厚壁组织厚度及细胞壁的硬度；形成了一道坚固的屏障阻止褐飞虱取食韧皮部汁液。研究表明：*Bph30* 广谱褐飞虱和白背飞虱，是一个完全显性的抗虫基因。*Bph30* 基因编码一个含有两个 leucine-rich domains（LRDs）的蛋白，属于一个新的抗飞虱基因家族。该研究通过全基因组关联分析克隆了该家族中的另一个成员 *Bph40*，同样具有很好的抗性。

Luo 等（2021）报道了水稻低温感受器 *COLD1* 下游的维生素 E-K1 网络，揭示了 *COLD1* 调控的水稻耐寒新机制。通过多组学分析发现维生素 E-维生素 K1 亚网络是 *COLD1* 下游传导通路，且是籼粳稻低温耐受性差异形成的关键调控点。转录/代谢双组学相关性网络分析表明，维生素 E-维生素 K1 亚网络是代换系低温耐受性提升的核心调控点。转基因材料分析验证维生素 E-维生素 K1 亚网络确为 *COLD1* 下游途径。该研究通过多组学与遗传材料相结合的分析手段揭示了低温信号被植物感知后的下游传导途径，挖掘了籼粳不同低温耐受性形成的关键调控点，为水稻耐寒分子育种奠定理论基础并提供可操作的靶点和材料。

Li 等（2021）利用水稻自然群体，通过全基因组关联分析检测到4个控制种子发芽速度的主效位点。进一步利用构建的近等基因系和日本晴水稻突变体，对一个新位点 *qGR11* 进行候选基因功能验证与作用机制研究。研究表明，该候选基因 *OsOMT* 编码一个2-酮戊二酸/苹果酸转运体蛋白，突变该基因会显著降低种子活力；*OsOMT* 主要通过调节氨基酸合成、糖酵解和三羧酸（TCA）循环过程来影响种子活力。研究结果为今后遗传改良水稻种子活力提供理论与技术支撑。

Jiang 等（2021）结合深度学习、三维建模等方法计算了水稻卷叶指数、含水量、综合抗旱指数等指标，对120个水稻种质资源在干旱胁迫下的动态响应进行了量化。在此基础上，将动态表型数据用于全基因组关联分析（GWAS），获得了抗旱能力相关的候选基因位点，动态表型性状定位到的显著基因位点中，有63.0%的位点在前期的盆栽实验中没有被定位到，同时有30.6%没有被以往非动态干旱表型性状定位到。该研究采用的低空无人机表型采集和分析方法可为大田高通量表型相关研究提供参考，同时也为大田复杂环境下的作物育种研究提供了新的技术手段和分析思路。

Gu等（2021）对1 495个优良杂交水稻品种的细胞质基因组进行了分析，并确定了5种主要类型的细胞质，它们对应于不同的杂交生产系统。作为杂种的细胞质供体，根据细胞质和核基因组结构，将461个MS系也分为5个主要类型。特定的核心种质与育性相关基因的协同作用驱动了MS系的序列差异。在不同类型的MS品系中鉴定了数十到数百个收敛和发散的选择性扫描，它们跨越了几个农艺性状相关基因。该研究首次系统分析了杂交水稻的细胞质基因组，揭示了其与MS系核基因组的关联，进一步根据两个基因组的变异进行分类，为杂交水稻育种提供了新的见解。

Su等（2021）利用来自亲本日本晴和9311的染色体片段置换系鉴定了一个与穗部构型相关的数量性状基因座 *qPA1*，研究结果显示染色体片段置换系CSSL-9的穗长、分枝数和籽粒数均显著低于日本晴。通过图位克隆和互补实验，证实了 *qPA1* 与 *SD1* 完全相同。研究人员对 *sd1*/*osga20ox2* 和 *gnp1*/*osga20ox1* 单双突变体的分析表明，在穗部发育过程中具有非冗余功能；与野生型植株相比，*sd1* 中水稻DELLA蛋白SLR1的含量显著增加，研究还证实SLR1与KNOX蛋白OSH1可互作，以抑制OSH1介导的穗发育相关的下游基因的激活；该研究揭示了赤霉素与穗构型形态发生之间的新调控机制。

Zhou等（2021a）对全球1 520份水稻种质进行褐飞虱三种生物型的抗性全基因组关联研究，确定了3 502个关联SNPs和59个关联位点。该研究克隆并验证了抗褐飞虱新基因 *Bph37*，且大多数抗性关联位点具有显著的遗传多态性；对栽培种和两个野生稻种进行了全基因组的跨物种单倍型扫描，发现这些抗性位点受到了平衡选择。该研究发现抗性位点成簇聚集在水稻第4和第6染色体的3大区域。分析显示抗性品种的祖先多态性大多来自热带地区的尼瓦拉野生稻。该研究为培育持久的BPH抗性水稻品种提供了抗性基因和种质资源。

Feng等（2021）利用一份长粒型小粒野生稻渗入系IL188与轮回亲本日本晴构建了 F_2 和 $F_{2:3}$ 群体，共检测到12个粒型性状的QTLs。进一步利用8套剩余杂合体群体对位于第7染色体上控制粒型和粒重的QTL-*qGL7* 进行了验证和精细定位，最终将其定位于InDel标记Y7-12和SSR标记Y7-38之间约261 kb的区间内。研究还对近等基因系成熟籽粒内外表面进行了扫描电镜分析，表明 *qGL7* 通过调控细胞扩张增加细胞长和宽进而增加粒长、粒宽和千粒重，结果为 *qGL7* 的克隆和分子标记辅助改良稻米品质提供了理论基础。

Tu等（2021）利用蜀恢498和宜恢3551构建的重组自交系进行抗倒伏QTL定位分析，克隆到一个主效QTL位点——*qPND1*。基因精细定位与遗传互补等试验发现候选基因为细胞分裂素氧化酶基因 *OsCKX2*/*Gn1a*。蜀恢498中 *OsCKX2*/*Gn1a* 第三外显子有11 bp的缺失造成移码突变且翻译提前终止。前期研究表明无功能型的 $gn1a^{R498}$ 是重穗型水稻品种产量的决定因素，同时蒸煮食味品质分析表明 $gn1a^{R498}$ 优良等位基因在提高产量、增强抗倒伏能力的同时不影响稻米品质。研究结果解析了重穗型杂交稻亲本蜀恢498优良抗倒伏遗传机制，为重穗型水稻高产、抗倒的水稻新品种育种应用提供了理论支撑。

Zhang 等（2021）利用多样性丰富的 701 份水稻种质和 23 个 Xoo 菌株的全基因组测序和表型鉴定，检测到 47 个与 Xoo 毒力相关的基因和 41 个与水稻数量抗性（QR）有关的基因组区域，并鉴定了 Xoo 毒力相关基因与水稻 QR 相关基因组区域之间的互作。结果发现，水稻与 Xoo 相互适应过程中的特点是：Xoo 小种间的强烈分化与水稻的亚种分化相对应；水稻/Xoo 群体的抗性/毒力均有增强趋势；水稻 QR 基因和 Xoo 毒力基因大多具有丰富的遗传多样性；水稻 QR 基因与 Xoo 毒力基因在全基因组范围内呈现出多对多的遗传互作。这些结果为作物与其病原菌的共适应模式和相关机制研究提供了新线索。

Xu 等（2021）利用 93-11/PA64s 衍生的重组自交系群体及日本晴/Kasalath 衍生的近等基因系克隆了一个位于水稻第 1 染色体上的调控水稻生物量的主效 QTL *qSBM1*。基因互补、敲除和过表达等试验表明 *SBM1* 负调控水稻株高、穗粒数、生物量和产量。通过对多样性水稻种质材料的序列和表型分析，发现 *SBM1* 在不同水稻亚群间呈显著的籼粳分化，$SBM1^{Kasalath}$ 单倍型为最有利单倍型，能够在低氮下表现较高的氮肥利用效率和谷粒产量，并且在水稻育种改良过程中受到选择。研究发现 SBM1 能够与丝裂原活化蛋白激酶 OsMPK6 互作共同调控生物量和穗粒数。该研究为培育具备较高产量潜力和氮肥利用效率的环境友好型水稻品种提供了优异等位基因和理论依据。

Liang 等（2021）以粳稻品种‘日本晴’和籼稻品种‘93-11’为研究对象，利用三维空间结构（Hi-C seq）、染色质开放性（ATAC seq）等方法对染色质三维结构和可及性在高温胁迫下的动态变化进行研究。高温胁迫条件下，粳稻‘日本晴’和籼稻‘93-11’的染色质三维空间结构出现明显变化，引发了不同层级结构单元的变化，并且互作强度出现显著下降，互作距离明显变长。进一步研究发现，高温胁迫下三维结构变化影响了染色质可及性（ATAC）的富集分布，‘93-11’比“日本晴”表现出更多的基因动态表达和染色质可及性变化，这与‘93-11’具备更强的高温耐受性一致。研究结果为深入研究水稻响应环境胁迫信号的表观遗传精准调控机制和设计改良提供了新途径。

Chen 等（2021b）报道了一个新的 *R* 基因 *Xa7*，该基因对 Xoo 具有非常持久和广谱的抗性，且耐热。*Xa7* 的表达受 Xoo 不亲和菌株诱导，后者能分泌转录激活因子样效应子（TALE）AvrXa7 或 PthXo3，能识别 *Xa7* 启动子中的效应子结合元件（EBEs）。高温下，*Xa7* 的诱导速度更快、强度更强。*Xa7* 的过度表达或 *Xa7* 与 *avrXa7* 的共转化引发了植物的超敏反应。研究人员对 3 000 多个水稻品种的分析表明，*Xa7* 基因位点主要存在于籼稻和 aus 亚群。在供试品种的 EBE_{AvrXa7} 中发现了一个由 11 bp 插入和碱基替换（G 到 T）组成的变异，导致了 *Xa7* 抗性的丧失。

Wang 等（2021）通过多年多点对 259 个水稻品种进行苗期、分蘖期、穗期纹枯病关键发生时期的全基因组关联分析，结合不同时空侵染的抗感材料转录组数据及抗性 QTL 位点分析，鉴定获得 653 个与水稻纹枯病抗性显著关联的基因。其中，抗性相关基因 *OsRSR1* 和 *OsRLCK5*，通过超表达、RNAi 干涉分析发现，超表达 *OsRSR1* 和 *Os-*

RLCK5 可显著提高水稻对纹枯病的抗性，干涉 OsRSR1 和 OsRLCK5 可大幅降低水稻对纹枯病的抗性。

Zhang 等（2021）利用华粳籼 74 为背景的水稻单片段代换系材料，结合重叠群作图和图位克隆技术从籼稻中分离到氮高效利用基因 *DNR1*，该基因编码吡哆醛磷酸依赖型的氨基转移酶，负向调控生长素的合成。该研究发现，外界氮源能够通过调控 *DNR1* 基因的表达水平来改变水稻体内的生长素含量，从而影响生长素信号途径响应基因 *OsARFs* 对下游氮代谢相关基因的激活能力，最终实现对水稻氮肥利用效率的调控。该研究揭示的 N-*DNR1*-Auxin-*OsARF* 分子模块丰富了对氮素—生长素—氮肥利用效率的认识，从分子水平上揭示了生长素稳态调控氮肥利用效率的机制。

Zhang 等（2021）在一个地方品种魔王谷中克隆了一个 *Wx* 的新等位基因 Wx^{mw}。通过对粳稻品种日本晴背景下近等基因系和转基因系的分析，证明 Wx^{mw} 所控制的稻米直链淀粉含量为 12%～14%，介于 Wx^{b} 和 Wx^{mp} 之间。携带该等位基因稻米的食味值与携带 Wx^{mp} 的优良食味稻米接近，但稻米透明度显著优于半糯类型的软米。借助分子标记辅助选择方式将 Wx^{mw} 导入到常规高产粳稻中，证明改良品系具有较好的外观品质和显著提高的蒸煮食味品质。研究认为 Wx^{mw} 在培育优良食味和外观品质水稻新品种中具有重大应用潜力。

Zhao 等（2021）利用水稻群体通过 GWAS 方法，检测到 4 个控制水稻种子主根长度的主效 QTLs；并对一个新位点 *qRL11* 进行候选基因验证与功能研究。基因作用机制研究表明，该候选基因 *OsIAGLU* 编码激素糖基转移酶，具有平衡体内激素含量的作用；该基因通过调控根中生长素、脱落酸、茉莉酸、细胞分裂素含量，引起多个调控根发育生长的激素相关基因表达变化，决定主根、侧根和不定根生长。同时，发现水稻 *OsIAGLU* 基因在不同材料中存在等位变异，引起根中该基因的表达变化，从而影响根的生长。研究结果为今后遗传改良水稻种子活力提供理论与技术支撑。

为了解东乡野生稻（*Oryza rufipogon*）对低温胁迫的响应机制，白李唯丹等（2021）对苗期的 RNA-seq 转录表达谱进行了研究。结果表明，与对照相比，共检测到 10 200个差异表达基因（DEGs），其中 5 201 个上调表达，4 999 个下调表达，其中有 426 个 DEGs 位于已报道的水稻耐冷 QTL 区间，且 37 个为耐冷调控相关的家族基因。实时荧光定量分析表明，ABA 响应蛋白基因、MYB 转录因子和 40S 核糖体蛋白 SA 基因等 12 个可能与低温胁迫响应相关的 DEGs 表达模式与 RNA-seq 的一致。可见，植物激素传导途径和转录因子相关调控基因在东乡野生稻苗期响应低温胁迫过程中起重要作用。

何奕霏等（2021）对育成的多年生稻 23（PR23）、云大 24（PR24）、云大 25（PR25）、云大 101（PR101）、云大 107（PR107）、父本长雄野生稻、母本 RD23、（RD23/长雄野生稻）F_1 进行稻瘟病抗性评价。结果表明，父本长雄野生稻、（RD23/长雄野生稻）F_1 代及 5 个多年生稻品种（系）表现为高抗稻瘟病，而母本 RD23 表现高感稻瘟病。其中，PR23、PR25 稻瘟病抗性基因可能来自长雄野生稻的 *Pi5* 基因和 *Pita*-

2 位点，PR24 稻瘟病抗性基因可能是来自长雄野生稻的 *Pita-2* 位点，PR107 稻瘟病抗性基因可能来自长雄野生稻的 *Pi5* 基因和 *Pish* 位点；PR101 稻瘟病抗性来自长雄野生稻内未知的稻瘟病抗性基因。研究结果将为多年生稻稻瘟病抗病育种、品种布局、植保技术制定等提供一定参考。

邱天赐等（2021）检测了 203 份水稻栽培品种组成的核心种质精米的总硒含量，统计和关联分析结果显示，核心种质精米的总硒含量符合正态分布，最低值为 0.04 mg/kg，最高值为 0.13 mg/kg，存在较大的差异；在籼粳亚群之间，总硒含量没有显著的差异。通过全基因组关联分析，共筛选到 9 个调控精米总硒含量的位点，其中位于第 4 号染色体上的 *qSe4-1*、第 5 号染色体上的 *qSe5-2* 和第 6 号染色体上的 *qSe6* 与前人报道的调控水稻籽粒硒含量的位点有较好的重合，剩余 6 个位点未见报道。该结果为选育和开发富硒大米奠定了理论基础。

尚江源等（2021）从粳稻品种圣稻 808（SD808）的 EMS 诱变突变体库中发现 4 份短穗突变体，基因定位和图位克隆表明，这些突变体的表型受同一基因控制，将该基因命名为 *PAL3*。*PAL3* 编码一个含 12 个跨膜结构域的多肽转运蛋白。单倍型分析表明，共鉴定出 9 个单倍型（Hap1～Hap9），其中 Hap1～Hap3 为主要单倍型。Hap1 起源于普通野生稻（*O. rufipogon*），Hap2 和 Hap3 可能起源于一年生普通野生稻（*O. nivara*）。统计分析结果表明，Hap3 的穗长显著高于 Hap1 和 Hap2，其具有提高穗长的潜力，该研究为水稻穗型改良奠定了理论基础。

罗登杰等（2021）基于前期对细菌性条斑病抗性基因 *bls2* 初定位结果，进一步对 *bls*2 基因进行精细定位。利用筛选鉴定出的 11 个多态性分子标记对 BC_3F_2 群体共 244 个单株进行单株基因型检测，并结合单株抗性表型值，将细菌性条斑病抗性基因 *bls2* 精细定位于 2 号染色体上 RM13592 和 RM13599 分子标记之间，物理距离 240 kb；RM13592 和 RM13599 分子标记在 BC_3F_2 群体上的分离比均符合 1∶2∶1 的单基因遗传分离规律。RM13592 和 RM13599 与细菌性条斑病抗性基因 *bls*2 紧密连锁，可作为水稻抗细菌性条斑病育种上分子标记辅助选择的有效标记。

王会民等（2021）以东乡野生稻与 9311 构建的遗传群体为试验材料，开展东乡野生稻耐旱 QTL 定位研究。在 7 号染色体定位到一个耐旱主效 QTL——*qDR7*，含有 *qDR7* 的株系在干旱条件下株高、最长根长、根表面积和根鲜重均比不含该 QTL 的株系要高，耐旱性明显强于不含有 *qDR7* 的株系。进一步分离鉴定过程中，把 *qDR7* 定位于 7 号染色体分子标记 Indel8 与 Indel13 间 554.4 kb 范围内。该研究结果为东乡野生稻耐旱性优良基因导入栽培品种提供理论依据。

邱东峰等（2021）经杂交、回交和自交获得株型好、分蘖力强、茎秆粗壮、抗倒性好、外观品质优的稳定优良株系 4W1-056。系统进化分析表明，从 4W1-056 优良株系中筛选的 66 个单株分成 3 个类群：类群Ⅰ、类群Ⅱ和类群Ⅲ。结合农艺性状和稻米品质鉴定，将类群Ⅱ作为新的品系，命名为 ZY56。与 4W1-056 相比，其外观品质更好，垩白度为 0.9，更接近鄂中 5 号。利用水稻 8K SNP 芯片检测 ZY56 及 2 个亲本（鉴真 2

号和鄂中 5 号)，显示 ZY56 有 14.13%的染色体片段来源于鉴真 2 号，85.87%的染色体片段来源于鄂中 5 号，进一步说明 ZY56 的主要基因源于鄂中 5 号。不同播期的品质分析结果表明，ZY56 相比于鄂中 5 号，稻米品质具有更好的稳定性。

薄娜娜等（2021）以粗秆的非洲长雄蕊野生稻（*O. longistaminata*）为父本，与细秆的亚洲栽培稻粳稻（*O. sativa* L. *japonica*）品种‘Balilla’为母本构建 F_2 作图群体，分析两年的茎围和穗颈围基因型及表型数据，共检测到 13 个控制水稻茎围和穗颈围的 QTLs；其中控制茎围的位点有 7 个，控制穗颈围的位点有 6 个。茎围与穗颈围的主效位点（*qSC*-8-1/*qRC*-8-1）位于同一区域，该位点已被报道，但尚未克隆。此外，茎围位点 *qSC*-2-1、*qSC*-2-2、*qSC*-7-1 与穗颈围位点 *qRC*-3-1、*qRC*-7-1 属于新位点。该研究通过对水稻茎围与穗颈围的遗传研究，找到控制相关性状的遗传位点，有利于水稻抗倒伏品种选育及种质创新。

第二节　国外水稻品种资源研究进展

一、栽培稻的起源与驯化

为了理解水稻中基因组印记机制的演化，Rodrigues 等（2021）分析了 4 个水稻栽培种之间的印记分化，这 4 个水稻栽培种包括了粳稻亚种和籼稻亚种。大多数的印记基因在不同栽培种中均表现出印记表达，并且显著富集于染色质和转录调控、发育和信号转导。但是，4%～11%的印记基因表现出分化印记的现象。研究人员发现表观遗传变异与遗传变异的相关性主要出现在关键调控区，偏母系表达基因主要在启动子和转录起始位点，而偏父系表达基因主要在启动子和基因区。研究结果进一步揭示了母系特异性 DNA 低甲基化在母系和父系偏向表达基因印记中的作用模型，并突出了转座和表观突变在水稻印记演化中的作用。

Sudo 等（2021）使用 47 027 个基因分型测序（GBS）衍生的 SNP 和植物结构驯化基因 *TAC1* 的候选基因分析，评估了马来西亚东部杂草稻的遗传变异和进化起源。研究结果揭示了杂草稻两条主要遗传上不同的进化途径：从马来西亚半岛杂草稻种群偶然引入和共存品种的杂草后代。遗传分析结果支持了沙巴品种和马来西亚半岛杂草稻是沙巴杂草稻的潜在祖先的观点。研究发现不同的杂草稻品系已经趋同进化出共同的特征，如种子落粒性和大分蘖角。这些发现可为控制该地区杂草稻蔓延提供更好的战略管理信息。

Maung 等（2021）利用 SNPs、indels 和结构变异（SVs）研究了 475 个韩国收集的世界水稻品种的 GBSSI（*Os06g0133000*）基因的基因型和单倍型变异，包括其在核苷酸序列水平上的进化相关性。结果显示，59 个单倍型中的 27 个表明共有 12 个功能性 SNP（fSNP），鉴定了 9 个新的 fSNP。根据鉴定的新型 fSNP，将整个水稻种质分为 3 组：栽培稻、野生稻和混合水稻。栽培稻与野生稻的 4 个品种类型或 6 个生态型的一对一比较表明，GBSSI 多样性仅在野生稻中较高（π = 0.0056）。该研究发现的一种新的野生 fSNP 可用于未来糯稻品种的选育。此外，选择性扫描的特征也可以为驯化过程中更深入的见解提供信息。

二、遗传多样性与遗传结构

Choudhury 等（2021）利用 36 个 SNP 标记对来自印度东海岸的 2 242 份水稻种质进行了遗传变异和种群结构分析。结果表明：所有 36 个 SNP 基因座都是双等位基因，发现了 72 个等位基因，每个基因座平均有两个等位基因。利用无根相邻树将所有基因型（2 242 份）分为 3 个主要类群。所有品种的平均 PIC 值为 0.24，平均杂合度和基因多样性分别为 0.07 和 0.29。种群结构分析显示所有品种和核心种质的最大种群 $K=4$。通过比较东海岸和东北两个不同水稻核心种质的遗传多样性参数，验证了 36 重 SNP 分析的正确性。同一套 SNP 标记在不同遗传参数下的多样性分析中发现非常有效，因此，这些标记集可用于核心种质筛选和多样性分析研究。

为了描述非洲稻瘟病菌种群的结构，并确定非洲和全球基因簇之间的关系。Odjo 等（2021）使用 12 个 SSR 标记对一组 2057 菌株进行基因分型，评估稻瘟病菌的多样性和种群结构。在非洲和马达加斯加发现了 4 个基因簇。先前确定的所有 4 个集群都存在于非洲，来自西非、东非和马达加斯加的种群高度分化。地理结构与有限的分散性和邻国之间的一些迁移事件相一致。该研究显示了非洲稻瘟病菌的高水平遗传多样性，并暗示了几个独立的引种。

为保护水稻品种生物多样性，Mehmood 等（2021）利用 5 个 SSR 标记，对 8 个外来水稻基因型和 7 个本地水稻基因型之间的遗传和形态变异进行了研究。结果显示，5 个 SSR 引物，共扩增出 14 个等位基因，多态性为 100%，平均 PIC 值为 0.39～0.91。UPGMA 聚类分析基于 32.5%的相似性将 15 个水稻基因型分为 3 个主要组，并且在具有不同地理起源的两个基因型（Fakher-e-malakand 和 Musa）之间观察到最高的遗传距离（45.1%）。基因型 Marte 和 Brio 之间没有遗传距离，尽管它们具有相同起源。

三、有利基因鉴定和资源筛选

Pasion 等（2021）通过对 310 份水稻品种调查显示，鉴定了一些可能与增强二次枝梗有关的基因。其中 *OsTPR* 是拟南芥基因 *AtTPR* 的同源物，其编码核孔锚蛋白，可能是脊椎动物易位启动子区域蛋白的同源物。带有 *OsTPR*（AGGATCA）优良单倍型的植物与 SBEIIb（A）的高直链淀粉等位基因相结合的表现显著在于穗分枝和小穗形成的数量增加。研究发现对多样性种质和育种系进行高通量体外 GI 估计并扫描 *OsTPR* 的优良单倍型的存在是鉴定具有高产量潜力的低 GI 系的有用策略。

区分稻米的地理来源已成为防止虚假标签和掺假问题并确保食品质量的重要问题。

Kongsri等（2021）证实了注册为欧洲受保护地理标志（PGI）的泰国马里大米（THMR）的区别。分别使用电感耦合等离子体质谱分析仪（ICP-MS）和元素分析仪同位素比值质谱法（EA-IRMS）分析大米中的元素组成（Mn、Rb、Co和Mo）和稳定同位素（δ18O）。结果表明，Mn、Rb、Co、Mo和δ18O水平的平均值分别为14.0 mg/kg、5.39 mg/kg、0.049mg/kg、0.47 mg/kg和25.22‰。只有5个有价值的标记结合雷达图和多变量分析，线性判别分析（LDA）可以区分三个相邻省份种植的THMR，正确分类和交叉验证分别为96.4%和92.9%。这些结果为泰国和其他国家大米地理来源不当标签的可持续管理和监管提供了有价值的见解。

Higgins等（2021）分析了672个越南不同生态系统中种植的水稻品种基因组。该研究描述了越南境内可能适应原产地区的4个粳稻亚群和5个籼稻亚群，并将这些越南水稻基因组的群体结构和遗传多样性与亚洲栽培稻的3 000个基因组进行了比较。命名的*Indica*-5（I5）亚群在越南扩大并包含低地籼稻种质，这些种质与来自任何其他亚群的种质具有非常低的共同祖先，并且以前作为混合物被忽视。研究人员对19个性状的表型测量进行了评分，并确定了453个独特的基因型—表型显著关联，包括21个QTL；这些关联的基因组区域是培育新一代低投入、可持续和适应气候变化的水稻的新位点和等位基因的潜在来源。

Phan和Schlappi（2021）利用水稻多样性小组1（RDP1）的370份种质来调查和关联4种冷胁迫耐受反应表型：膜损伤、幼苗存活率以及过氧化氢酶和花青素抗氧化活性。与*indica*种质相比，大多数*japonica*种质和*japonica*中的混合种质具有较低的膜损伤、较高的抗氧化活性和总体上较高的幼苗存活率。全基因组关联研究（GWAS）发现了与两个或多个性状相关的总共20个QTL。满足四层过滤的基因本体论（GO）术语富集分析检索到三个潜在途径：信号转导、维持质膜和细胞壁完整性以及核酸代谢作为涉及抗氧化活性的冷应激耐受反应的一般机制。

参考文献

白李唯丹，戴亮芳，陈雅玲，等，2021. 东乡野生稻苗期响应低温胁迫的转录组分析［J］. 热带亚热带植物学报，29（6）：616-625.

薄娜娜，王昊云，马玉庆，等，2021. 长雄蕊野生稻茎围和穗颈围的遗传分析［J］. 基因组学与应用生物学，5：2290-2297.

董俊杰，曾宇翔，季芝娟，等，2021. 273份水稻种质资源的遗传多样性、群体结构与连锁不平衡分析［J］. 中国水稻科学，35（2）：130-140.

何奕霏，秦世雯，张石来，等，2021. 多年生稻稻瘟病抗性评价［J］. 中国稻米，27（1）：9-13.

胡建坤，黄蓉，李湘民，等，2021. 东乡野生稻对稻曲病抗性鉴定与分析［J］. 江西农业大学学报，43（4）：774-782.

李修平，刘琪，邵红，等，2021. 寒地水稻种质资源遗传多样性分析［J］. 分子植物育种，19（16）：5528-5534.

刘宝海，高世伟，唐铭，等，2021. 黑龙江省花培育种粳稻品种亲缘系谱及农艺性状分析［J］. 中国农学通报，37（19）：1-12.

罗登杰，万瑶，覃雪梅，等，2021. 水稻细菌性条斑病抗性基因 bls2 SSR 分子标记开发［J］. 南方农业学报，52（5）：1167-1173.

彭丁文，朱智勇，刘跃荣，等，2021. 南方主要两系不育系遗传多样性分析及指纹图谱构建［J］. 杂交水稻，36（4）：76-81.

邱东峰，葛平娟，刘刚，等，2021. 优质水稻新种质 ZY56 的创制及评价［J］. 中国农业科学，54（6）：1081-1091.

邱天赐，李洁，丛欣，等，2021. 水稻精米总硒含量全基因组关联分析［J］. 食品科技，46（12）：21-25.

尚江源，淳雁，李学勇，2021. 水稻穗长基因 PAL3 的克隆及自然变异分析［J］. 植物学报，56（5）：520-532.

王会民，唐秀英，龙起樟，等，2021. 一个东乡野生稻苗期耐旱主效 QTL-qDR7 的分离鉴定［J］. 分子植物育种，19（5）：1569-1577.

王泉，李广，丁照华，等，2021. 作物株型驯化研究进展［J］. 山东农业科学，53（9）：134-140.

吴方喜，罗曦，魏毅东，等，2021. 世界水稻核心种质的耐储藏特性鉴定［J］. 福建稻麦科技，39（1）：1-5.

吴娴，徐海峰，张志斌，等，2021. 基于 KASP 标记的贵州禾群体遗传多样性与结构分析［J］. 分子植物育种，19（4）：1345-1353.

杨翠，刘凯，谈红艳，等，2021. 贵州地方红米品种的遗传多样性分析［J］. 种子，40（3）：15-22.

张全芳，姜明松，陈峰，等，2021. 山东省水稻品种（系）的遗传多样性分析［J］. 作物杂志（4）：26-31.

赵宗耀，王尧，逄洪波，等，2021. 14 个亚洲国家水稻种质资源的苗期耐寒性评价［J］. 云南农业大学学报（自然科学），36（3）：393-401.

郑云飞，2021. 中国考古改变稻作起源和中华文明认知［J］. 中国稻米，27（4）：12-16.

朱业宝，陈立喆，张丹，等，2021. 福建省水稻地方品种表型性状遗传多样性分析［J］. 福建农业学报，36（10）：1119-1125.

Chen Q Y，Li W Y，Tan L B，et al.，2021a. Harnessing Knowledge from Maize and Rice Domestication for New Crop Breeding［J］. Mol Plant，14（1）：9-26.

Chen X F，Liu P C，Mei L，et al.，2021b. *Xa7*，a new executor R gene that confers durable and broad-spectrum resistance to bacterial blight disease in rice［J］. Plant Commun，2（3）：100143.

Choudhury D，Kumar R，Devi S V，et al.，2021. Identification of a diverse core set panel of rice from the east coast region of India using SNP markers［J］. Front genet，12：726152.

Feng Y，Yuan X P，Wang Y P，et al.，2021. Validation of a QTL for grain size and weight using an introgression line from a cross between *Oryza sativa* and *Oryza minuta*［J］. Rice，14：43.

Gu Z L，Zhu Z，Li Z，et al.，2021. Cytoplasmic and nuclear genome variations of rice hybrids and their parents inform the trajectory and strategy of hybrid rice breeding［J］. Mol Plant，14（12）：

2056-2071.

He W C，Chen C J，Xiang K L，et al.，2021. The history and diversity of rice domestication as resolved from 1464 complete plastid genomes [J]. Front Plant Sci，12：781793.

Higgins J，Santos B，Khanh T，et al.，2021. Resequencing of 672 native rice accessions to explore genetic diversity and trait associations in Vietnam [J]. Rice，14 (1)：52.

Huang Z B，Ying J F，Peng L L，et al.，2021. A genome-wide association study reveals that the cytochrome b5 involved in seed reserve mobilization during seed germination in rice [J]. Theor Appl Genet，134 (12)：4067-4076.

Jiang Z，Tu H F，Bai B W，et al.，2021. Combining UAV-RGB high-throughput field phenotyping and genome-wide association study to reveal genetic variation of rice germplasms in dynamic response to drought stress [J]. New Phytol，232 (1)：440-455.

Kongsri S，Sricharoen P，Limchoowong N，et al.，2021. Tracing the geographical origin of Thai Hom Mali rice in three contiguous provinces of Thailand using stable isotopic and elemental markers combined with multivariate analysis [J]. Foods，10 (10)：2349.

Li J L，Zeng Y W，Pan Y H，et al.，2021a. Stepwise selection of natural variations at CTB2 and CTB4a improves cold adaptation during domestication of *japonica* rice [J]. New Phytol，231 (3)：1056-1072.

Li K，Jiang W K，Hui Y Y，et al.，2021b. Gapless indica rice genome reveals synergistic contributions of active transposable elements and segmental duplications to rice genome evolution [J]. Mol Plant，14 (10)：1745-1756.

Liang Z，Zhang Q，Ji C M，et al.，2021. Reorganization of the 3D chromatin architecture of rice genomes during heat stress [J]. BMC Biol，19：53.

Liu Y Q，Wang H R，Jiang Z M，et al.，2021. Genomic basis of geographical adaptation to soil nitrogen in rice [J]. Nature，590：600-605.

Luo W，Huan Q，Xu Y Y，et al.，2021. Integrated global analysis reveals a vitamin E-vitamin K1 sub-network，downstream of COLD1，underlying rice chilling tolerance divergence [J]. Cell Rep，36 (3)：109397.

Maung T，Yoo J，Chu S，et al.，2021. Haplotype variations and evolutionary analysis of the granule-bound starch synthase I gene in the Korean world rice collection [J]. Front Plant Sci，12：707237.

Mehmood S，Din I，Ullah I，et al.，2021. Agro-morphological and genetic diversity studies in rice (*Oryza sativa* L.) germplasm using microsatellite markers [J]. Mol Biol Rep，48 (11)：7179-7192.

Odjo T，Diagne D，Adreit H，et al.，2021. Structure of African populations of Pyricularia oryzae from rice [J]. Phtopathology，111 (8)：1428-1437.

Pan H，Schlappi M. 2021. Low temperature antioxidant activity QTL associate with genomic regions involved in physiological cold stress tolerance responses in rice (*Oryza sativa* L.) [J]. Genes，12 (11)：1700.

Pasion E，Badoni S，Misra G，et al.，2021. OsTPR boosts the superior grains through increase in upper secondary rachis branches without incurring a grain quality penalty [J]. Plant Biotechnol J，19

(7): 1396-1411.

Rodrigues J, Hsieh P, Ruan D, et al., 2021. Divergence among rice cultivars reveals roles for transposition and epimutation in ongoing evolution of genomic imprinting [J]. Proc NatlAcad Sci USA, 118 (29): e2104445118.

Shi S J, Wang H Y, Nie L Y, et al., 2021. Bph30 confers resistance to brown planthopper by fortifying sclerenchyma in rice leaf sheaths [J]. Mol Plant, 14 (10): 1714-1732.

Song J M, Xie W Z, Wang S, et al., 2021. Two gap-free reference genomes and a global view of the centromere architecture in rice [J]. Mol Plant, 14 (10): 1757-1767.

Su S, Hong J, Chen X F, et al., 2021. Gibberellins orchestrate panicle architecture mediated by DELLA-KNOX signalling in rice [J]. Plant Biotechnol J, 19 (11): 2304-2318.

Sudo M, Yesudasan R, Neik T, et al., 2021. The details are in the genome-wide SNPs: Fine scale evolution of the Malaysian weedy rice [J]. Plant Sci, 310: 110985.

Tu B, Tao Z, Wang S G, et al., 2021. Loss of Gn1a/OsCKX2 confers heavy-panicle rice with excellent lodging resistance [J]. J Inter Plant Biol, 64 (1): 23-38.

Wang A J, Shu X Y, Jing X, et al., 2021. Identification of rice (*Oryza sativa* L.) genes involved in sheath blight resistance via a genome-wide association study [J]. Plant Biotechnol J, 19 (8): 1553-1566.

Wei X, Qiu J, Yong K C, et al., 2021. A quantitative genomics map of rice provides genetic insights and guides breeding [J]. Nat Genet, 53: 243-253.

Xie X R, Du H L, Tang H W, et al., 2021. A chromosome-level genome assembly of the wild rice Oryzarufipogon facilitates tracing the origins of Asian cultivated rice [J]. Sci China Life Sci, 64 (2): 282-293.

Xu J, Shang L G, Wang J J, et al., 2021. The SEEDLING BIOMASS 1 allele from indica rice enhances yield performance under low-nitrogen environments [J]. Plant Biotechnol J, 19 (9): 1681-1683.

Zhai K R, Liang D, Li H L, et al., 2021. NLRs guard metabolism to coordinate pattern- and effector-triggered immunity [J]. Nature, 601: 245-251.

Zhang C Q, Yang Y, Chen S J, et al., 2021a. A rare Waxy allele coordinately improves rice eating and cooking quality and grain transparency [J]. J Inter Plant Biol, 63 (5): 889-901.

Zhang F, Hu Z Q, Wu Z C, et al., 2021b. Reciprocal adaptation of rice and *Xanthomonas oryzae* pv. *oryzae*: cross-species 2D GWAS reveals the underlying genetics [J]. The Plant Cell, 33 (8): 2538-2561.

Zhang F, Wang C C, Li M, et al., 2021c. The landscape of gene-CDS-haplotype diversity in rice: Properties, population organization, footprints of domestication and breeding, and implications for genetic improvement [J]. Mol Plant, 14 (5): 787-804.

Zhang S Y, Zhu L M, Shen C B, et al., 2021d. Natural allelic variation in a modulator of auxin homeostasis improves grain yield and nitrogen use efficiency in rice [J]. plant cell, 33 (3): 566-580.

Zhao J, Yang B, Li W J, et al., 2021. A genome-wide association study reveals that the glucosyltransferase OsIAGLU regulates root growth in rice [J]. J Exp Bot, 72 (4): 1119-1134.

Zhou C，Zhang Q，Chen Y，et al.，2021a. Balancing selection and wild gene pool contribute to resistance in global rice germplasm against planthopper [J]. J Inter Plant Biol，63 (10)：1695-1711.

Zhou H，Xia D，Li P B，et al.，2021b. Genetic architecture and key genes controlling the diversity of oil composition in rice grains [J]. Mol Plant，14 (3)：456-469.

第二章　水稻遗传育种研究动态

2021年，水稻分子遗传学研究精彩纷呈，重大成果不断涌现，有4项研究成果发表在世界顶级学术期刊上。中国科学院/中国科学院大学储成才团队关于“水稻土壤氮素的地理适应性的基因组基础”的研究发表在Nature上。该研究揭示了水稻耐受土壤低氮适应性的机制，为培育绿色超级稻提供了新基因，有望在提高产量的同时减少化肥施用。中国科学院何祖华团队关于“真菌效应子利用Ca^{2+}传感器介导的ROS清除抑制了水稻的免疫力”的研究发表在Cell上。该研究揭示了水稻钙离子感受器ROD1（RESISTANCE OF RICE TO DISEASES1）精细调控水稻免疫，平衡水稻抗病性与生殖生长和产量性状的分子机制，为开发高产抗病品种提供了新思路。另外，国内外科学家在其他国际主流高影响力学术期刊上也发表了重要研究成果。如上海师范大学黄学辉团队在*Nature Genetics*发表了题为“水稻数量性状基因图谱指导水稻遗传研究和育种”的论文；北京大学贾桂芳团队与美国芝加哥大学何川团队、贵州大学宋宝安团队合作在*Nature Biotechnology*上发表了题为“RNA去甲基化可提高水稻和马铃薯产量和生物量”的研究论文。这些研究涉及水稻生长发育的各个方面，鉴定和克隆了一批控制水稻产量、耐生物/非生物胁迫、元素吸收、生殖发育等重要农艺性状的基因，并解析其分子调控机制。

第一节　国内水稻遗传育种研究进展

一、水稻产量性状分子遗传研究进展

中山大学陈月琴团队在*Nature Communications*上发表了题为The parent-of-origin lncRNA MISSEN regulates rice endosperm development的研究论文（Zhou et al.，2021a）。发现了一个母本来源的lncRNA MISSEN（MIS-SHAPEN ENDOSPERM）在水稻胚乳早期发育中起重要作用。MISSEN通过与tubulin竞争结合HeFP，阻止HeFP参与胚乳发育的调控。MISSEN的表达量在授粉后会逐步下调，而这种表达下调是通过组蛋白H3K27me3修饰所介导。进一步通过杂交以及后续检测证明MISSEN是一个母本来源的lncRNA。MISSEN是第一个被确定为胚乳发育调节因子的lncRNA，在育种方面应用潜力巨大。

上海交通大学薛红卫团队在*Science Bulletin*上发表了题为Rice *SPL12* coevolved with *GW5* to determine grain shape的研究论文（Zhang et al.，2021a）。该研究发现水稻

OsSPL12 参与籼粳稻粒型差异的调控，转录激活域的一个单核苷酸多态性 SNP1066 导致籼稻 *OsSPL12* 具有更强的转录活性，低活性的粳稻 *OsSPL12* 能促进粒宽而高活性的籼稻 *OsSPL12* 则抑制粒宽。调控粒宽的关键基因 *GW5* 受籼稻 *OsSPL12* 特异调控，*GW5* 启动子上游约 5kb 处有一段 1212bp 的缺失，该区域富含大量 GTAC 基序且 *OsSPL12* 可以直接与该区域结合并调控下游基因的表达，推测在籼稻中 *OsSPL12* 与 1212bp 以增强子—启动子的方式促进了 *GW5* 的表达。该研究阐明了水稻驯化中 *OsSPL12* 与 *GW5* 存在共进化并协同决定水稻粒型，证明了 *OsSPL12* 在籼粳稻粒型分化上的重要作用，也为未来针对粒型改良的精准分子设计育种提供了重要的分子模块。

中国科学院卜庆云团队 2021 年在 *The Plant Cell* 上发表了题为 WRKY53 integrates classic brassinosteroid signaling and the mitogen-activated protein kinase pathway to regulate rice architecture and seed size 的研究论文。该研究通过分析 OsWRKY53 与 OsMAPKKK10-OsMAPKK4-OsMAPK6 组分的双突变体表型证明了 OsWRKY53 是 MAPK 信号的底物，能够参与调控水稻叶倾角和粒型。OsWRKY53 能够与 BR 信号负调控因子 OsGSK2 结合，且 OsGSK2 通过磷酸化 OsWRKY53 降低其蛋白稳定性。在 BR 信号转导通路中，OsWRKY53 是 OsGSK2 的靶基因之一。OsWRKY53 是 OsGSK2 和 OsMAPK6 的共同磷酸化底物，同时，OsGSK2 通过磷酸化 OsMAPKK4 降低其激酶活性，负向调控水稻粒型。该研究将为筛选水稻高产新株型提供理论依据，具有重要的指导和参考意义。

中国科学院李云海团队、姚善国团队和中国水稻研究所钱前团队等合作在 *The Plant Cell* 在线发表了题为 The LARGE2-APO1/APO2 regulatory module controls panicle size and grain number in rice 的研究论文（Huang et al.，2021a）。该研究报道了一个编码 HECT-domain E3 泛素连接酶 OsUPL2 的基因 *LAEGE2*，该基因通过影响分生组织活性进而调控水稻穗子大小和粒数。*LAEGE2* 编码一个 HECT domain E3 泛素连接酶，进一步分析发现其通过影响 APO1 和 APO2 蛋白稳定性，进而影响分生组织的活性和水稻穗子大小。该研究鉴定了一个影响水稻穗型的重要基因调控模块，对增加水稻高产育种具有重要意义。

华中农业大学李一博团队在 *Nature Communications* 发表了题为 The identification of grain size genes by RapMap reveals directional selection during rice domestication 的研究论文（Zhang et al.，2021b）。该研究介绍了一种利用 F_2 梯度群体（F_2GPs）快速绘制多 QTL 图的方法——RapMap。RapMap 通过共分离标准将 QTL 定位、QTL 效应验证和类近等基因系筛选三个 QTL 克隆关键环节实现“三位一体”。并使用该方法克隆了 8 个种子大小基因，克隆得到的 8 基因可以解释 77.2%的粒型变异，对粒长、粒宽和长宽比表型预测的准确度可达 0.82、0.79 和 0.87。RapMap 在农作物中的应用将加速基因发现和基因组育种，为复杂性状 QTL 基因定位克隆和遗传基础解析提供了有效手段，该研究发现的新基因和新等位基因为种子大小遗传改良提供了新基因资源，为水稻粒型研究提供了新见解。

中国科学院宋献军团队在 *The Plant Cell* 上发表了题为 The ubiquitin-interacting motif-type ubiquitin receptor HDR3 interacts with and stabilizes the histone acetyltransferase GW6a to control the grain size in rice 的研究论文（Gao et al.，2021a）。该研究发现 GW6a 与 HOMOLOG OF DA1 ON RICE CHROMOSOME 3（HDR3）存在互作，HDR3 是具有泛素结合活性的泛素受体，过表达 *HDR3* 的转基因水稻植株产生较大的谷粒，而 *HDR3* 基因敲除系与对照组相比产生较小的谷粒，HDR3 是水稻籽粒大小和粒重的正调控因子。细胞学数据表明，HDR3 调节谷粒大小的方式与 GW6a 相似，是通过改变小穗壳中的细胞增殖。从机制上讲，HDR3 以泛素依赖的方式与 GW6a 物理相互作用并使其稳定，延迟蛋白质被 26S 蛋白体降解。GW6a 降解的延迟导致 H3 和 H4 组蛋白的局部乙酰化急剧增强。此外，RNA 测序分析和染色质免疫沉淀试验显示，HDR3 和 GW6a 与启动子结合并调节一组共同的下游基因。此外，遗传分析表明，*HDR3* 与 *GW6a* 在相同遗传途径中发挥作用，调节谷粒大小。该研究中谷粒大小调控模块 HDR3-GW6a 是具有提高作物产量潜力标。

中国科学院植物研究所徐云远研究团队、华中农业大学张启发院士团队和中国科学院遗传与发育生物学研究所傅向东研究员团队合作在 *Molecular Plant* 上发表了题为 The RING E3 ligase CLG1 targets GS3 for degradation via the endosome pathway to determine grain size in rice 的研究论文（Yang et al.，2021a）。研究表明，编码 E3 连接酶的 Chang Li Geng 1（CLG1）通过靶向并泛素化 GS3 来调节谷粒大小。过量表达 CLG1 导致谷粒长度增加，而过表达有 3 个保守氨基酸变化的 CLG1 则减少了谷粒长度。进一步实验证明 CLG1 和 GS3 互作，通过泛素分子中 63 位赖氨酸（K63）对全长形式的 GS3-2 蛋白进行泛素化修饰，这种修饰的 GS3-2 被挑选进入内膜系统，进而在液泡中被降解，平衡 G 蛋白信号。而截短形式的 GS3-4 蛋白在细胞膜上滞留，抑制 G 蛋白信号导致较短籽粒。这些研究不但揭示了 E3 泛素连接酶介导的内膜系统降解调节 G 蛋白信号新机制，也为水稻粒型分子设计育种提供了新思路。

中国水稻研究所钱前组织的联合团队在 *Molecular Plant* 上发表了题为 A novel *miR167a-OsARF6-OsAUX3* module regulates grain length and weight in rice 的研究论文（Qiao et al.，2021）。该研究揭示了生长素响应因子 OsARF6 受 miR167a 调控，并与生长素信号负调控因子 OsIAA8/20 互作，结合生长素运输载体基因 OsAUX3 启动子上的响应元件，从而改变水稻颖壳细胞生长素的含量和分布，影响颖壳细胞大小进而调控水稻粒长和粒重。该研究揭示了一个新的 miR167a-OsARF6-OsAUX3 模块调控水稻的粒长和粒宽，为提高水稻产量提供了一个潜在目标。

中国科学院李云海团队和中国水稻研究所钱前团队合作在 *Molecular Plant* 上发表了题为 The GW2-WG1-OsbZIP47 pathway controls grain size and weight in rice 的研究论文（Hao et al.，2021）。该研究报告了控制水稻谷粒宽度和重量的 GW2-WG1-OsbZIP47 调控模块。*WG1* 编码一个谷氨酸酶蛋白，通过增加细胞增殖促进谷粒生长。WG1 与转录因子 OsbZIP47 直接互作，招募转录共抑制子 ASP1 来抑制 OsbZIP47 的转录活性，从而调控下游基因的表达。相反，OsbZIP47 通过减少细胞增殖来限制谷粒生长。进一步研究显示，E3 泛素连接酶 GW2 将 WG1 泛素化，并将其作为降解的目标。遗传分析证实，*GW2*、*WG1* 和 *OsbZIP47* 在一个共同的途径中发挥作用，控制谷粒生长。总之，该研究结果揭示了 GW2-WG1-OsbZIP47 调控模块控制籽粒大小和重量的遗传和分子框架，为改善农作物种子大小和重量提供了新的目标。

中国科学院王永红团队在 *Molecular Plant* 上发表了题为 Enhancing rice grain production by manipulating the naturally evolved cis-regulatory element-containing inverted repeat sequence of *OsREM20* 的研究论文（Wu et al.，2021）。该研究报告一个控制水稻每穗粒数的基因，即 *REPRODUCTIVE MERISTEM 20*（*OsREM20*），它编码一个 B3 域的转录因子。通过遗传分析和转基因验证发现 *OsREM20* 启动子的含 CArG 框的倒置重复（IR）序列的遗传变异改变了其表达水平，并导致了水稻品种间的 GNP 变化。此外，IR 序列通过影响 *OsMADS34* 与 IR 序列内 CArG 盒的直接结合来调节 *OsREM20* 的表达。*OsREM20* 启动子中的 IR 序列变异可以通过基因组编辑或传统育种方式用于种质改良。该研究描述了引起水稻 GNP 多样性的新的遗传变异，揭示了重要基因表达调控的潜在分子机制，并为通过操纵含顺式调控元件的 IR 序列来提高水稻产量提供了一个有希望的策略。

二、水稻耐生物/非生物胁迫分子遗传研究进展

中国科学院何祖华研究团队在 *Cell* 上发表了题为 Ca^{2+} sensor-mediated ROS scavenging suppresses rice immunity and is exploited by a fungal effector 的研究论文（Gao et al.，2021b）。该研究揭示了水稻钙离子感受器 ROD1（RESISTANCE OF RICE TO DISEASES1）精细调控水稻免疫，降低水稻因广谱抗病而引发的生存代价，平衡水稻抗病性与生殖生长和产量性状的分子机制。ROD1 通过降解 ROS 来抑制植物的防卫反应。在没有病原菌侵染时，植物的基础免疫维持在较低水平，有利于水稻生殖生长，进而提高产量。但当病原菌侵染时，植物降解 ROD1 减弱其功能，从而保证植物在抵御病原菌时能产生有效的防卫反应。该研究不仅拓宽了人们对于作物抗病性基础理论的认知，也为设计抗病基因、开发高产抗病作物品种提供了新的研发思路。

中国农业大学/吉林农业大学孙文献团队在 *Nature Communications* 上发表了题为 A bacterial kinase phosphorylates OSK1 to suppress stomatal immunity in rice 的研究论文（Wang et al.，2021a）。该研究报告了水稻细菌性条斑病菌保守效应蛋白家族 XopC2。XopC2 含有保守的激酶催化结构域，具有自磷酸化活性。XopC2 不属于任何已鉴定的蛋白激酶家族，是一类新型蛋白激酶。XopC2 能够磷酸化泛素连接酶复合体 SCFCOI1 中关键蛋白 OSK1 的第 53 位丝氨酸残基，有利于 SCFCOI1 复合体形成，促进在茉莉酸信号通路中转录抑制因子 JAZ 蛋白的降解，从而增强茉莉酸信号的响应，抑制水稻气孔关闭。该研究揭示了水稻细菌性条斑病菌打破水稻气孔免疫成功入侵水稻的重要机制，为

绿色防控水稻病害提供了思路。

中国科学院种康团队在 *Cell Reports* 上发表了题为 Integrated global analysis reveals a vitamin E-vitamin K1 sub-network，downstream of COLD1，underlying rice chilling tolerance divergence 的研究论文（Luo et al.，2021）。该研究报道了水稻低温感受器 COLD1 下游的维生素 E-K1 网络，揭示了 COLD1 调控的水稻耐寒新机制。该研究通过多组学与遗传材料相结合的分析手段揭示了低温信号被植物感知后的下游传导途径，深度挖掘了籼粳不同低温耐受性形成的关键调控点，为水稻耐寒分子育种奠定理论基础并提供可操作的靶点和材料。

浙江大学宋士勇团队在 *Molecular Plant* 在线发表了题为 Nuclear translocation of OsMFT1 that is impeded by OsFTIP1 promotes drought tolerance in rice 的研究论文（Chen et al.，2021a）。该研究发现 OsFTIP1 与 OsMFT1 相互作用，后者是促进水稻对干旱处理的 PEBP。进一步研究发现，OsMFT1 与两个关键的干旱相关转录因子 OsbZIP66 和 OsMYB26 相互作用，调节它们在干旱相关基因上的结合能力，从而提高水稻抗旱能力。该研究阐释了 OsFTIP1-OsMFT1-OsMYB26/OsbZIP66 分子模块参与水稻干旱胁迫应答的分子机理，揭示了水稻通过精细调控关键蛋白的核质穿梭进而影响正负调节因子调节下游基因表达的能力，以实现高效合理的干旱应答的新机制，为后续水稻抗旱遗传改良提供了新思路。

四川农业大学郑爱萍和李平授团队在 *Plant Biotechnology Journal* 发表了题为 Identification of rice（*Oryza sativa* L.）genes involved in sheath blight resistance via a genome-wide association study 的研究论文（Wang et al.，2021b）。该研究利用全基因组关联分析鉴定了水稻纹枯病抗性基因，并解析了水稻纹枯病抗性新机制。该研究利用 259 个水稻品种（含高抗纹枯病的地方品种资源）进行苗期、分蘖期、穗期纹枯病关键时期的全基因组关联分析，结合不同时空侵染的抗感材料转录组数据及抗性 QTL 位点分析，获得 653 个与水稻纹枯病抗性显著关联的基因。其中，水稻纹枯病抗性基因 *OsRSR*1 和 *OsRLCK*5 可通过抗坏血酸—谷胱甘肽循环系统调节 ROS 平衡以增强水稻对纹枯病的抗性，该发现可为水稻纹枯病抗性分子育种提供基因资源。

中国科学院刘俊研究组在 *Nature Communications* 上发表了题为 Poaceae-specific cell wall-derived oligosaccharides activate plant immunity via OsCERK1 during *Magnaporthe oryzae* infection in rice 的研究论文（Yang et al.，2021b）。该研究发现真菌病原体 *Magnaporthe oryzae* 在感染水稻期间会分泌葡聚糖内切酶 MoCel12A 和 MoCel12B。这些葡聚糖内切酶以水稻细胞壁的半纤维素为目标，释放两种特定的寡糖与免疫受体 OsCERK1 结合，诱导 OsCERK1 和 OsCEBiP 的二聚化。这些特异性的寡糖分子不能强烈激活双子叶植物拟南芥的免疫响应，说明 OsCERK1 识别水稻半纤维素降解的寡糖分子可能在进化上具有特异性。该研究发现的这些寡糖都具有 β-1,3-1,4-葡萄糖骨架，主要存在于禾本科植物的半纤维素中，并首次明确了来源于禾本科植物特有的半纤维素的寡糖作为 DAMPs 参与植物免疫反应的作用机制，同时发现了 OsCERK1 是这些寡糖在水稻中的潜在受体。

中国农业科学院黎志康和周永力团队在 *The Plant Cell* 上发表了题为 Reciprocal adaptation of rice and *Xanthomonas oryzae* pv. *oryzae*：cross-species 2D GWAS reveals the underlying genetic 的研究论文（Zhang et al.，2021c）。该研究采用1维/2维全基因组关联分析策略，利用701个水稻品种和23个不同的 *Xanthomonas oryzae* pv. *oryzae*（Xoo）菌株的全基因组测序和表型鉴定，研究水稻和Xoo相互适应的遗传系统。研究发现，47个Xoo毒力相关基因和318个水稻定量抗性基因（QR基因）主要位于41个基因组区域，毒力相关基因和QR基因之间存在全基因组的相互作用，Xoo生理小种之间的强分化与水稻的亚种分化相对应，水稻/Xoo种群的抗性/病毒性的强烈转变和所检测到的水稻QR基因和Xoo毒力基因的丰富遗传多样性，以及许多水稻QR基因和Xoo毒力基因之间以多对多方式的全基因组相互作用，可能是由直接蛋白质—蛋白质相互作用或遗传上位关系导致。这些结果为作物与其病原菌的共适应模式和相关机制研究提供了新线索。

南京农业大学蒋明义团队在 *The Plant Cell* 上发表了题为 Rice calcium/calmodulin-dependent protein kinase directly phosphorylates a mitogen-activated protein kinase kinase to regulate abscisic acid responses 的研究论文（Chen et al.，2021b）。研究发现OsDMI3直接磷酸化OsMKK1的N端Thr-25，这种Thr-25磷酸化在ABA信号传导中是OsDMI3特异性的。在ABA信号传导中，OsMKK1及其下游激酶OsMPK1的激活依赖于OsMKK1的Thr-25磷酸化。此外，ABA处理诱导OsMKK1激活环中的磷酸化，并且N端和激活环中的两个磷酸化是独立的。进一步分析发现，OsDMI3介导的OsMKK1的磷酸化对种子发芽、根系生长以及对水胁迫和氧化胁迫的耐受性中的ABA反应有积极的调节作用。该研究结果首次表明，OsMKK1是OsDMI3的直接靶蛋白，阐明OsDMI3介导的OsMKK1磷酸化在激活MAPK级联和ABA信号通路中的作用，进而揭示ABA信号途径中一条新的MAPKK直接活化途径。该研究有助于提高对植物细胞CCaMK参与植物抗逆反应的作用机制的认识，有助于拓展对ABA诱导植物细胞MAPK活化的信号转导机制的理解，对利用分子生物学手段提高作物的耐逆性具有重要意义。

武汉大学何光存团队在 *Molecular Plant* 上发表了题为 Bph30 confers resistance to brown planthopper by fortifying sclerenchyma in rice leaf sheaths 的研究论文（Shi et al.，2021）。研究发现 *Bph30* 是一个水稻抗BPH的基因，该基因的高表达强化了厚壁组织厚度及细胞壁的硬度，可以阻止BPH的口器到达韧皮部。*Bph30* 属于一个新的基因家族，编码一个具有两个富含亮氨酸结构域的蛋白质。该家族的另一个成员 *Bph*40，也对BPH存在抗性。该研究成功克隆了水稻抗褐飞虱新基因 *Bph30*，揭示了水稻抗褐飞虱的一种新机制，并为抗褐飞虱水稻育种提供了新的优异抗虫基因资源。

华中农业大学王石平团队在 *Molecular Plant* 上发表了题为 Pathogen-inducible OsMPKK10.2-OsMPK6 cascade phosphorylates the Raf-like kinase OsEDR1 and inhibits its scaffold function to promote rice disease resistance 的研究论文（Ma et al.，2021）。该研究

报告了一个编码 Raf-like MAPKKK 的基因 *OsEDR1*，在水稻对细菌性条斑病菌 *Xanthomonas oryzae* pv. *oryzicola* 的反应中起 MAPK 级联的调节作用。OsEDR1 通过互作抑制 OsMPKK10.2（一种 MAPK 激酶）的活性。在 Xoc 感染后，OsMPKK10.2 在 S304 处被磷酸化以激活 OsMPK6（一种 MAPK）。激活的 OsMPK6 在 S861 处磷酸化 OsEDR1，使 OsEDR1 失稳，从而释放对 OsMPKK10.2 的抑制，导致 OsMPKK10.2 活性增加，增强水稻植物对 Xoc 的抗性。这些结果为 Raf 类激酶在植物免疫中调节 MAPK 级联的功能提供了新的见解。

中国农业科学院万建民团队在 *Molecular Plant* 上发表了题为 Transcriptional activation and phosphorylation of *OsCNGC9* confer enhanced chilling tolerance in rice 的研究论文（Wang et al.，2021c）。该研究报告了一个编码环核苷酸门控的通道蛋白基因 *OsCNGC9*，通过介导水稻的细胞质钙的升高来积极地调节耐寒性。该研究发现 *OsCNGC9* 的功能缺失突变体在冷诱导的钙流入方面有缺陷，对长时间的冷处理更敏感，而 *OsCNGC9* 的过量表达则有更强的耐寒性。从机制上讲，该研究证明了在应对寒冷胁迫时，OsSAPK8（拟南芥 OST1 的同源物）会磷酸化并激活 *OsCNGC9* 以触发钙离子流入。此外，还发现 *OsCNGC9* 的转录被一个水稻脱水反应元件结合的转录因子 OsDREB1A 激活。该研究建立了一条从低温信号感知到钙离子通道激活的低温信号转导途径，填补了植物低温信号转导途径中缺失的重要一环，为利用 *OsCNGC9* 进行水稻抗逆遗传改良提供了理论依据。

中国农业科学院王国梁团队在 *Molecular Plant* 发表了题为 Two VOZ transcription factors link an E3 ligase and an NLR immune receptor to modulate immunity in rice 的研究论文（Wang et al.，2021d）。该研究发现，AVRPIZ-T INTERACTING PROTEIN 10（APIP10）与两个水稻转录因子 VASCULAR PLANT ONE-ZINC FINGER 1（OsVOZ1）和 OsVOZ2 相互作用，并通过 26S 蛋白体途径促进其降解。OsVOZ1 具有转录抑制活性，而 OsVOZ2 在植物体内赋予转录激活活性。在非 *Piz-t* 背景下，Osvoz1 和 Osvoz2 单一突变体对稻瘟病表现出适度但相反的抗性。然而，Osvoz1/osvoz2 双突变体表现出强烈的矮化和细胞死亡，通过 RNA 干扰沉默这两个基因也会导致矮化、轻度细胞死亡，以及在非 *Piz-t* 背景下对稻瘟病的抗性增强。OsVOZ1 和 OsVOZ2 都与 *Piz-t* 相互作用。在 *Piz-t* 背景下，OsVOZ1 和 OsVOZ2 的双重沉默降低了 Piz-t 蛋白的积累和转录、活性氧依赖的细胞死亡以及对含有 AvrPiz-t 的稻瘟病的抗性。该研究率先鉴定了泛素连接酶 APIP10 在水稻中的底物蛋白，为创制新的病害防控策略和抗病分子育种奠定了理论基础。

南京农业大学章文华研究团队在 *PNAS* 上发表了题为 An endoplasmic reticulum-localized cytochrome b_5 regulates high-affinity K^+ transport in response to salt stress in rice 的研究论文（Song et al.，2021a）。该研究发现了定位在内质网的细胞色素 b5（OsCYB5-2）与质膜上的高亲和力 K^+ 转运体（OsHAK21）相互作用。OsCYB5-2 与 OsHAK21 转运体的结合通过提高对 K^+ 结合的亲和力导致转运体活性的增加。血红

素与 OsCYB5-2 的结合对 OsHAK21 的调节至关重要。高盐度直接触发了 OsHAK21-OsCYB5-2 的相互作用，促进了 OsHAK21 介导的 K^+ 吸收，限制了 Na^+ 进入细胞；维持了水稻细胞内的 K^+/Na^+ 平衡。最后，*OsCYB5-2* 的过量表达增加了 OsHAK21 介导的 K^+ 运输，提高了水稻幼苗耐盐性。这项研究揭示了一个由细胞色素 b5 介导的 HAK 转运体活性的翻译后调控机制，并强调了两种蛋白在应对盐胁迫时感知 Na^+ 的协调行动。

中国农业大学刘俊峰和彭友良团队在 *PNAS* 上发表了题为 A designer rice NLR immune receptor confers resistance to the rice blast fungus carrying noncorresponding avirulence effectors 的研究论文（Liu et al.，2021a）。该研究报告了一种设计的水稻 NLR 受体 RGA5（HMA2），它携带一个 HMA 结构域（RGA5-HMA2），可以识别不对应的 MAX 效应物 AvrPib，并赋予表达 AvrPib 的稻瘟病分离株 RGA4 依赖性抗性。RGA5-HMA2 结构域是根据 AvrPib 与两个 MAX 效应物 AVR-Pia 和 AVR1-CO39 的高度结构相似性、AVR1-CO39 和 RGA5-HMA 之间的结合界面以及 AvrPib 和 RAG5-HMA 的不同表面电荷而设计的。具有 HMA 结构域的水稻 NLR 受体可以被设计成对稻瘟病分离出的非对应但结构相似的 MAX 效应物，这些效应物表现出同源的 NLR 受体介导的抗性。该研究成功将为培育出多系品种指导品种混种和布局以及培育具有广谱抗性的抗病基因的水稻品种提供重要的技术保障，使基于分子设计的作物持久抗病育种成为可能。

中国科学院王二涛研究团队在 *PNAS* 上发表了题为 Discriminating symbiosis and immunity signals by receptor competition in rice 的研究论文（Zhang et al.，2021d）。该研究发现，水稻共生受体和免疫受体之间的竞争分共生和免疫信号。一方面，共生受体 OsMYR1 及其短长度的壳寡糖配体抑制 OsCERK1 和 OsCEBiP 之间的复合体形成，并抑制 OsCERK1 对下游底物 OsGEF1 的磷酸化，从而降低水稻对微生物相关分子模式的敏感性。事实上，OsMYR1 过表达的品系对稻瘟病更易受影响，而 *Osmyr1* 突变体则表现出更高的抗性。另一方面，OsCEBiP 可以结合 OsCERK1，从而阻止 OsMYR1-OsCERK1 异构体的形成。一致的是，*Oscebip* 突变体在感染的早期阶段显示了更高的侵染率。这些研究表明，OsMYR1 和 OsCEBiP 两个受体竞争结合 OsCERK1，从而决定了共生和免疫信号的特异输出。

三、水稻元素吸收与转运分子遗传研究进展

中国科学院/中国科学院大学储成才团队在 *Nature* 上发表了题为 Genomic basis of geographical adaptation to soil nitrogen in rice 的研究论文（Liu et al.，2021b）。利用从不同生态地理区域收集的水稻种质资源进行全基因关联分析，鉴定到一个水稻氮高效基因 *OsTCP19*，其变异在低氮和中氮环境下可以显著提高水稻产量。同时还发现 *OsTCP19* 启动子区域 29bp 的 Indel 是决定不同水稻品种在低氮水平下对分蘖数起关键调控作用的

自然变异。*OsTCP19* 氮素应答相关的多分蘖等位基因在野生稻种群中普遍存在，栽培品种中已基本消失：这种消失与当地土壤氮含量的增加有关，这表明它可能有助于水稻的地理适应。低氮多分蘖等位基因的引入可以提高粮食产量和在低度或中度氮素水平下的氮素利用效率，在水稻育种和通过减少对作物的施氮来减少对环境影响中的应用潜力很大。

南京农业大学赵方杰团队在 *Nature Communications* 上发表了题为 A molecular switch in sulfur metabolism to reduce arsenic and enrich selenium in rice grain 的研究论文（Sun et al.，2021）。该研究报道了从水稻突变体库中筛选到一个耐砷的半显性突变体 *astol1*，*astol1* 突变体中第 189 位丝氨酸突变为天冬酰胺，丧失了 OAS-TL 酶活性，增强了与丝氨酸乙酰转移酶（SAT）形成的半胱氨酸合酶复合体（CSC）的稳定性，提高了水稻体内 SAT 酶活性，导致半胱氨酸合成的关键底物 O-乙酰丝氨酸（OAS）积累，正向调控硫和硒的吸收和同化，提高水稻体内硫和硒含量；同时增加硫代谢产物的合成，增强水稻对砷的解毒能力，将更多的砷截留在根部，从而达到水稻耐砷、稻米降砷、富硫和富硒的多重效果。该研究揭示了水稻半胱氨酸合酶复合体影响硫代谢和砷解毒能力，进而影响水稻籽粒砷、硫和硒积累的分子机制，为培育低砷富硒水稻新品种提供了新的基因资源。

南京农业大学资环学院朱毅勇与名古屋大学 Kinoshita Tashinori 合作在 *Nature Communications* 上发表了题为 Plasma membrane H^+-ATPase overexpression increases rice yield via simultaneous enhancement of nutrient uptake and photosynthesis 的研究论文（Zhang et al.，2021e）。该研究发现过表达质子泵基因 *OSA*1 有利于根部对铵的吸收和同化，增强光诱导的气孔开放，提高叶片的光合作用速率。*OSA*1 的过量表达会使水稻产量增加 33%，氮的利用效率增加 46%。由于 PM H^+-ATP 酶在植物中高度保守，可以协同改善 N 和 C 的利用，有可能为粮食安全和可持续农业提供一个重要工具。这一研究为农作物养分高效利用提供了理论基础，也为减少因过度施肥造成的环境污染问题及减缓温室效应提供了新的思路。

南京农业大学李姗研究团队和华南农业大学王少奎研究团队合作在 *The Plant Cell* 上发表了题为 Natural allelic variation in a modulator of auxin homeostasis improves grain yield and nitrogen use efficiency in rice 的研究论文（Zhang et al.，2021f）。该研究表明水稻 NUE 定量性状位点 *DULL NITROGEN RESPONSE1*（*qDNR1*）参与了生长素的平衡，反映了籼稻和粳稻品种之间在硝酸盐（NO_3^-）吸收、氮同化和产量提高方面的差异。携带 DNR1indica 等位基因的水稻植物表现出 DNR1 的 N 反应性转录和蛋白丰度的降低。这反过来又促进了生长素的生物合成，诱导了由 AUXIN RESPONSE FACTOR 介导的 NO_3^- 转运器和 N 代谢基因的激活，导致 NUE 和谷物产量的提高。*DNR1* 基因座的功能缺失突变与氮吸收和同化的增加有关，从而在中等水平的氮肥投入下提高水稻产量。该研究揭示的 N-DNR1-Auxin-OsARF 分子模块丰富了氮素—生长素—氮肥利用效率的认识，从分子水平上揭示了生长素稳态调控氮肥利用效率的机制。该研究也为培育高氮肥利用效率的水稻品种提供了重要靶点。

中国科学院左建儒、陈凡、钱文峰和林少扬，中国水稻研究所钱前，山东省水稻研究所谢先芝和中国科学院微生物研究所郭惠珊团队合作在 *Molecular Plant* 上发表了题为 The Ghd7 transcription factor represses *ARE1* expression to enhance nitrogen utilization and grain yield in rice 的研究论文（Wang et al.，2021e）。该研究发现 *Ghd7* 结合到 *ARE1* 基因上并抑制其表达，从而正调控水稻氮素利用和产量。值得指出的是，*Ghd7* 和 *ARE1* 单倍体型与土壤氮含量密切相关，且其在水稻亚群中呈现差异分布趋势，是水稻育种过程中被选择的两个位点。此外，二者优异等位基因的组合增加了氮素利用效率和低氮生长条件下的产量，为培育氮高效材料提供了遗传位点。该研究确定了一个基于 *Ghd7-ARE1* 的氮素利用调控机制，为水稻氮素利用率的遗传改良提供了有用目标。

四、水稻株型分子遗传研究进展

复旦大学罗小金、杨金水团队与湖南杂交水稻研究中心袁隆平团队合作在 *PANS* 上发表了题为 *OsPDCD5* negatively regulates plant architecture and grain yield in rice 的研究论文（Dong et al.，2021），该研究利用基因编辑创制了 *OsPDCD5* 敲除系列突变体，该突变体能在相对小的背景影响下改良水稻株型结构及籽粒产量，提高稻米精米率和胶稠度，降低直链淀粉含量。同时，*OsPDCD5* 通过调控赤霉素、细胞分裂素和生长素的生物合成和信号转导途径中的一些基因来影响水稻产量。此外，OsPDCD5 与 OsAGAP 互作可部分调控水稻的株型结构和产量。该研究结果揭示了 *OsPDCD5* 控制水稻株型结构和籽粒产量的分子特征，为超级稻育种提供了优良的基因资源。

上海交通大学张大兵团队在 *The Plant Cell* 上发表了题为 AUXIN RESPONSE FACTOR 6 and 7 control the flag leaf angle in rice by regulating secondary cell wall biosynthesis of lamina joints 的研究论文（Huang et al.，2021b），系统解析了生长素信号通路调控水稻剑叶夹角中的作用机制。研究发现两个在水稻叶枕组织中高度表达的生长素响应因子 OsARF6 和 OsARF17 的相互作用共同调节水稻的剑叶角度。功能缺失的双突变体 *osarf6 osarf17*（dm）剑叶角度增大，导致在密植条件下剑叶角度增大，粮食产量下降。OsARF6 和 OsARF17 通过促进下游基因 *ILA1* 的表达，促进旗叶叶枕厚壁细胞次生细胞壁的合成和增加叶枕的机械强度，进而调控剑叶夹角。该研究揭示了生长素信号转导调控次生细胞壁成分决定旗叶角度的机制，为水稻和其他谷物作物提供了育种目标。

华中农业大学张启发团队在 *Molecular Plant* 在线发表了题为 Bract suppression regulated by the *miR156/529-SPLs-NL1-PLA1* module is required for the transition from vegetative to reproductive branching in rice 的研究论文（Wang et al.，2021f）。研究人员发现，超量表达 *microRNA156/529* 或者突变 *SPL* 基因，水稻会在穗部形成异常发育的苞叶以及营养性分枝，并且 *SPL* 基因呈现苞叶原基特异表达的特征。*SPL* 在调控苞叶抑

制基因 *NL1* 表达的同时还与其发生互作，SPL 和 NL1 可能是通过调节共同的下游基因来抑制苞叶发育，SPL14 和 NL1 可以共同结合在另外一个苞叶抑制因子 PLA1 的启动子区域并调节其表达，PLA1 的超量表达可以在一定程度上恢复 SPL 和 NL1 突变体的表型，表明 PLA1 是 SPL 和 NL1 的共同下游因子。综上所述，该研究不仅阐述了 *microRNA156/529* 和 *SPL* 基因调控水稻分枝发育的新的分子机制，同时也揭示了苞叶抑制在穗发育过程中的关键作用，拓宽了对水稻株型建立的遗传和发育机制的理解，为今后水稻遗传改良提供了一个新的思考角度。

五、水稻生殖发育分子遗传研究进展

中山大学陈月琴/张玉婵团队在 *The Plant Cell* 上发表了题为 Ubiquitin-dependent Argonauteprotein MEL1 degradation is essential for rice sporogenesis and phasiRNA target regulation 的研究论文（Lian et al.，2021）。该研究表明 MEL1 被泛素化，随后在孢子发育后期通过体内的蛋白酶体途径被降解。减数分裂后 MEL1 的异常积累导致了半不育的表型。该研究鉴定了一个单子叶植物特有的 E3 泛素连接酶 XBOS36，XBOS36 在 MEL1 的 N 端四个 K 残基上进行的泛素化诱导其降解。重要的是，通过 *XBOS36* 的敲除或 *MEL1* 的过表达抑制 MEL1 的降解，可以防止小孢子期花粉的形成。进一步机制分析表明，破坏生殖细胞中 MEL1 的平衡导致 phasiRNA 靶基因的脱靶裂解。该研究为深入了解单子叶植物生殖发育过程中特异性 E3 连接酶和 AGO 蛋白之间的交流提供新视角。

华中农业大学周道绣团队在 *Molecular Plant* 上发表了题为 DNA demethylases remodel DNA methylation in rice gametes and zygote and are required for reproduction 的研究论文（Zhou et al.，2021b）。该研究描述了 DNA 甲基化模式，并研究了 DNA 糖基化酶在水稻卵子、精子、单细胞子实体和胚胎发育过程中的功能。研究发现，DNA 甲基化在受精后被局部重构，并在胚胎发生过程中被强化。遗传学、表观基因组学和转录组分析显示，三种水稻 DNA 糖基化酶 DNG702、DNG701 和 DNG704 在配子和合子内不同的基因组区域对 DNA 进行去甲基化，并且对合子内的基因表达和发育是必需的。总之，这些结果表明，在配子和合子体中发生了积极的 DNA 去甲基化，以局部重塑 DNA 甲基化，这对水稻的卵子和合子基因表达和繁殖至关重要。该研究利用单细胞测序技术对水稻受精前后的雌雄配子体和合子细胞进行 DNA 甲基化组和转录组分析，揭示了水稻受精过程中 DNA 甲基化的重塑机制。

中国科学院程祝宽团队在 *Cell Reports* 上发表了题为 The E3 ubiquitin ligase DESYNAPSIS1 regulates synapsis and recombination in rice meiosis 的研究论文（Ren et al.，2021）。该研究报告了一个功能性的 RING 指 E3 泛素连接酶基因 DESYNAPSIS1（DSNP1），在水稻减数分裂期间的联会和同源重组中起着重要作用。在 *dsnp1* 突变体中，同源染色体配对可以正常完成，但不能形成稳定的联会复合体结构，导致终变期及中期Ⅰ出现较多数目的单价体。*dsnp1* 花粉母细胞减数分裂前期Ⅰ的细胞核中，累积了大量以中央元件ZEP1为骨架，且包含HEI10、MER3、ZIP4等重组因子组成的块状蛋白复合物，致使这些重组元件不能正常定位到染色体上，以介导同源重组的发生，致使重组的数量显著降低。相关结果为深入解析泛素—蛋白酶体系统在减数分裂过程中的遗传调控机制提供了重要线索。

六、水稻分子遗传学其他方面研究进展

上海师范大学黄学辉团队在 *Nature Genetics* 上发表了题为 A quantitative genomics map of rice provides genetic insights and guides breeding 的论文（Wei et al.，2021），该研究构建了迄今为止最完善的水稻数量性状基因关键变异图谱，开发了一款智能化的水稻育种导航程序。研究将关键功能变异位点（QTN）锚定到水稻基因组精确的位置上，最终获得一张包含348个变异位点和562个等位基因的分子图谱。该图谱为每个QTN提供了精准的效应方向和强弱的数字化注解。利用水稻QTN图谱和遗传图，获得了育种设计路线的优化参数。该研究为水稻遗传研究提供了全面的数量性状基因信息，建立了水稻分子设计育种新方法，在水稻新品种快速培育方面应用潜力巨大。

中国农业科学院谷晓峰团队、华中农业大学吴昌银团队、中国农业科学院易可可团队合作在 *The Plant Cell* 在线发表了题为 Rice and Arabidopsis homologs of yeast CTF4 commonly interact with Polycomb complexes but exert divergent regulatory functions 的研究论文（Zhang et al.，2021g）。揭示了水稻表观遗传调控细胞周期和DNA损伤的新机制。该研究在水稻中鉴定了酵母CTF4同源蛋白DRW1，DRW1有助于维持分裂细胞中H3K27me3修饰水平，参与细胞周期中的DNA复制。水稻DRW1不仅参与影响DNA解旋酶活性、细胞周期S期DNA复制和损伤修复，还特异影响细胞周期中的表观遗传信息传递，表明DRW1在进化过程中既呈现保守的生物功能，又分化出特有的表观调控机制。水稻DRW1和拟南芥EOL1虽然都在分裂细胞旺盛的组织中表达，但CTF4的同源蛋白DRW1和EOL1在单双子叶植物中存在功能分化。上述研究表明，CTF4/EOL1/DRW1的生物学既有功能保守性，又兼具物种分化特异性，为后续研究CTF4同源蛋白物种进化提供了理论基础；进一步研究DRW1的功能为后续水稻生长发育、产量和抗逆相关性状的遗传改良提供了线索和应用前景。

海南大学罗杰团队在 *Science Bulletin* 上发表了题为 An Oryza-specific hydroxycinnamoyl tyramine gene cluster contributes to enhanced disease resistance 的研究论文（Shen et al.，2021）。该研究利用基于代谢物的全基因组关联分析、体外酶活力测定、植物稳定转化和烟草瞬时表达等多种手段在水稻10号染色体上定位并鉴定了一个芳香族酚胺基因簇——羟基肉桂酰酪胺（HT）基因簇，该基因终产物羟基肉桂酰酪胺具有植物抗毒素效应，能够显著提高水稻白叶枯和稻瘟病的抗性。HT基因簇在稻属AA基因组分支中特异存在，其关键组分在这些植物的基因组中存在基因拷贝数和相对位置的变异。综

上所述，该研究揭示了水稻芳香族酚胺基因簇的生化基础及其在水稻抗病中的作用，不仅为作物抗性育种提供新资源，也为植物中代谢基因簇的形成机制和进化模式提供了新的见解。

南京农业大学/得克萨斯大学奥斯汀分校 Z. Jeffrey Chen 团队在 *PNAS* 上发表了题为 DNA hypomethylation in tetraploid rice potentiates stress-responsive gene expression for salt tolerance 的研究论文（Wang et al.，2021g）。该研究发现，四倍体水稻与二倍体水稻相比钠离子吸收减少，在盐胁迫环境中有更强的存活能力。四倍体水稻逆境胁迫相关基因的 DNA 甲基化水平下降，对逆境胁迫的响应加强，而逆境胁迫后甲基化水平升高，抑制了转座子和逆境胁迫相关基因的表达。这种反馈调控作用增强了四倍体水稻对盐胁迫的适应能力。综上所述，该研究首次解析了多倍体水稻增强耐盐性的表观遗传机制，为多倍体物种在进化中增强环境适应性提供了新的分子机理。

华中农业大学吴昌银团队在 *Molecular Plant* 在线发表了题为 Phosphorylation of OsFD1 by OsCIPK3 promotes the formation of RFT1-containing florigen activation complex for long-day flowering in rice 的研究论文（Peng et al.，2021）。该研究发现，开花素 RFT1 与 14-3-3 蛋白与磷酸化的成花启动基因 OsFD1 蛋白互作形成成花素激活复合物（FAC），可以促进水稻长日照下开花，同时研究发现 OsCIPK3 与 OsFD1 相互作用并使其磷酸化，促进了 FAC 在核内的定位。该研究揭示了水稻适应长日照成花的分子复合物模型，为调控水稻品种地域适应性、提高产量提供了新的途径。

中国农业科学院宁约瑟/王国梁团队和海南大学罗杰团队合作在 *Science Bulletin* 上发表了题为 A monocot-specific hydroxycinnamoylputrescine gene cluster contributes to immunity and cell death in rice 的研究论文（Fang et al.，2021）。该研究在水稻中发现了一个 HP 生物合成基因簇，包括一个编码脱羧酶的基因（*OsODC*）和两个串联重复的编码腐植酸羟基肉桂酰基转移酶的基因（*OsPHT3* 和 *OsPHT4*）在不同组织中共同表达。OsODC 催化鸟氨酸转化为腐植酸，涉及 *OsPHT3* 和 *OsPHT4* 的 HP 生物合成。*OsPHT3* 或 *OsPHT4* 的过表达导致 HP 积累和细胞死亡，*OsPHT4* 的启动子可以被水稻免疫及细胞死亡负调控转录因子 APIP5 直接结合。APIP5 转录抑制 *OsPHT4* 的表达从而负调控 HP 的积累。该研究揭示了单子叶植物特异的脂肪族酚胺代谢基因簇的生物合成及其调控植物免疫和细胞死亡的新机制，为代谢水平上揭示植物细胞死亡及免疫机制提供了新思路，为抗病分子育种奠定了重要理论基础。

华中农业大学/广西大学陈玲玲团队及合作者在 *Molecular Plant* 上发表了题为 Two gap-free reference genomes and a global view of the centromere architecture in rice 的研究论文（Song et al.，2021b）。该论文发布了籼稻珍汕 97 和明恢 63 的无缺口参考基因组，系统分析了着丝粒结构和位于 11 号染色体末端水稻抗性相关的结构变异区域。所有水稻着丝粒区域共享具有不同拷贝数和结构的保守着丝粒特异性卫星基序。此外，同一染色体中 CentO 重复序列的相似性高于染色体间的相似性，支持了局部扩展和同质化模型。两个基因组都有超过 395 个非 TE 基因位于着丝粒区域，其中 41％的基因转录并在多个组织中表达。这是植物中首次报道的无缺口参考基因组，也是继2002年和2005年水稻基因组图谱发布后，水稻基因组学领域中又一里程碑事件。对着丝粒结构和基因含量的详细研究，尤其是对功能性着丝粒区的基因及其家族分析，将为解析杂种优势机理提供更好的研究基础，同时也为阐明杂种优势机理奠定了坚实基础。

北京大学贾桂芳团队与美国芝加哥大学何川团队、贵州大学宋宝安团队合作在*Nature Biotechnology*上表了题为RNA demethylation increases the yield and biomass of rice and potato plants in field trials的研究论文（Yu et al.，2021b）。该研究发现，在水稻中引入人类RNA去甲基化酶FTO，导致温室条件下谷物产量增加三倍以上。在田间试验中，水稻和马铃薯中FTO的转基因表达导致产量和生物量增加约50%。可实现针对RNA修饰m6A去甲基化，大幅提高作物产量和生物量。该研究开辟了全新的植物育种方向，是该领域的一项重大突破，对未来应对粮食危机，维护和改善生态体系和提供充足植物原材料提出了一种全新的技术。未来RNA表观遗传学改良育种新方向将有望对世界粮食作物和经济作物生产带来新的革命。

中国农业科学院谷晓峰团队、田健团队和普莉团队合作在*New Phytologist*上发表了题为A deep learning approach to automate whole-genome prediction of diverse epigenomic modifications in plants的研究论文（Wang et al.，2021h）。该研究构建了植物表观遗传修饰智能预测在线工具SMEP。该研究基于粳稻日本晴和籼稻93-11的表观修饰图谱以及从NCBI下载的RNA N6-甲基腺苷（m6A）甲基化、三种组蛋白H3K4me3、H3K27me3和H3K9ac的数据，利用人工智能（Artificial Intelligence，AI）的方法，深度学习植物DNA甲基化、RNA甲基化、组蛋白修饰等序列信息，系统实现了水稻、玉米等物种中表观修饰位点的预测，为作物功能基因组研究和智能设计育种提供工具和数据支撑。

南京农业大学杨东雷团队在*PNAS*上发表了题为The effect of RNA polymerase V on 24-nt siRNA accumulation depends on DNA methylation contexts and histone modifications in rice的研究论文（Zheng et al.，2021）。研究发现PolV、PolIV或OsRDR2突变均可造成水稻育性显著下降，RdDM（RNA-directed DNA methylation）基因沉默分子通路对于水稻的生殖发育极其重要；研究详细鉴定了单子叶植物PolV的生物学功能，阐明了水稻中PolV差异化调节siRNA合成的分子机制，为详细认识水稻表观基因组贡献了新的视角。这项研究首次对水稻的转基因沉默机制的进行系统研究，对于加速培育转基因作物提供了重要的理论指导。

海南大学罗杰团队在*Molecular Plant*在线发表了题为Rice metabolic regulatory network spanning its entire life cycle的研究论文（Yang et al.，2021c）。该研究使用珍汕97和明恢63整个生命周期不同组织的样品，结合靶向和非靶向代谢组学分析方法，注释并定量分析出825种代谢物，结合代谢组和同一时期的转录组数据构建了水稻代谢调控网络（RMRN）。该研究利用代谢组和转录组联合分析，构建了水稻全生育期主要组织器官的代谢调控网络并精准识别了调节关键代谢产物积累的调控基因，对水稻基础研究和育种实践具有重要意义。

河南农业大学姚文团队联合中国科学院章张团队在 *Nucleic Acids Research* 上发表了题为 LIRBase：a comprehensive database of long inverted repeats in eukaryotic genomes 的研究论文（Jia et al.，2021）。该研究系统鉴定了 424 个真核生物基因组中的长链反向重复序列（long inverted repeat，LIR），并构建了数据库 LIRBase。LIRBase 可以提供数据检索与下载以及多个在线分析功能。作为一站式数据库，LIRBase 将有助于推动真核生物 LIR 以及由 LIR 形成的 siRNA 的功能及进化机制研究。

中国科学院王佳伟团队在 *Nature Communications* 上发表了题为 Single-cell transcriptome atlas and chromatin accessibility landscape reveal differentiation trajectories in the rice root 的研究论文（Zhang et al.，2021h）。该研究将 scRNA-seq 和 ATAC-seq 技术应用到水稻根的研究，描绘了表皮分生组织细胞通过分裂和分化形成成毛体细胞或非成毛体细胞的发育过程，阐明了基本分生组织祖细胞分化形成皮层、厚壁组织和外皮层的分化轨迹，并揭示了双子叶植物和单子叶植物之间保守的根系发育途径。该研究通过使用时空模型从细胞特异性基因群中识别出一个水稻根系分生突变体，证明该平台在功能遗传研究方面的潜力。

中国科学院韩斌团队在 *Molecular Plant* 上发表了题为 Cytoplasmic and nuclear genome variations of rice hybrids and their parents inform the trajectory and strategy of hybrid rice breeding 的研究论文（Gu et al.，2021）。该研究分析了 1 495 个优良杂交水稻品种的细胞质基因组，确定了 5 种主要的细胞质类型，对应于不同的杂交生产体系。作为杂交种的细胞质供体，461 个 MS 系也根据细胞质和核基因组结构被分为五大类型。特定的核心种质与育种相关基因的协同作用驱动了 MS 系的序列差异。在不同类型的 MS 品系中，发现了几十个到几百个融合的和分歧的选择扫描，跨越了几个农艺性状相关的基因。进一步分析总结了不同类型的 MS 系和其相应的恢复系之间的交叉模式。该研究系统分析了水稻杂交种的细胞质基因组，揭示了它们与 MS 系的核基因组的关系，说明了杂交水稻育种轨迹和不同类型 MS 系的育种策略，为未来杂交水稻改良提供了新的启示。

华中农业大学谢为博团队在 *Molecular Plant* 上发表了题为 An inferred functional impact map of genetic variants in rice 的研究论文（Zhao et al.，2021）。该研究首先利用 4 726 份水稻品种的重测序数据鉴定出 17 397 026 个在至少 10 个品种中能重复鉴定到的变异位点，通过基因型填补，获得了各个品种准确完整的单倍型图谱。根据氨基酸残基保存情况，定量评估了每个单倍型中编码区错义突变的影响，得到了 918 848 个非冗余错义 GVs 的影响。此外，从 6 个有代表性的水稻组织中产生了高质量的染色质可及性（CA）数据，并利用这些数据训练深度模型来预测 5 067 405 个 GVs 对 CA 的影响，描述了 GV 效应的功能特性和组织特异性，并发现编码区和调控区的大效应 GVs 可能会受到不同方向的选择。为了方便更多研究者使用，该结果可在 RiceVarMap V2.0（http：//ricevarmap. ncpgr. cn）中自由查询，该图谱将成为加速水稻基因克隆和功能研究的有利工具。

南京大学卢山团队与华南农业大学高立志团队在 *Molecular Plant* 上发表了题为 Gapless indica rice genome reveals synergistic contributions of active transposable elements and segmental duplications to rice genome evolution 的研究论文（Li et al.，2021a）。该研究通过新的基因组组装方法，对籼稻品种明恢 63（MH63）进行无缺组装。最终获得的 397Mb 组装序列包含 12 个 contigs，各自对应一条完整的染色体，所有染色体的基因组序列都是无间隙的。与其他 15 个报道的高质量水稻基因组相比，新装配的基因组具有最高的完整性。与粳稻基因组的进一步比较表明，无间隙的籼稻基因组组合含有更多 TEs 和 SDs，后者产生许多重复的基因，可以通过剂量效应或次/新功能化影响农艺性状。TEs 的插入也可以影响重复基因的表达，这可能会推动这些基因的进化。该研究表明，重复基因是产生新基因和新基因功能发生适应性进化的基础。SD 产生大量的重复基因，并通过剂量效应或新/亚功能化影响植物性状；而 TE 的插入不仅影响了重复基因的表达，还加速了这些重复基因的进化。该研究揭示了 TE 和 SD 对水稻基因组进化的协同作用。

中国科学院刘春明团队在 *Molecular Plant* 上发表了题为 Defective mitochondrial function by mutation in *THICK ALEURONE 1* encoding a mitochondrion-targeted single-stranded DNA-binding protein leads to increased aleurone cell layers and improved nutrition in rice 的研究论文（Li et al.，2021b）。该研究报告了水稻厚胚层 1（ta1）突变体的鉴定和功能验证，该突变体显示了厚胚层细胞数量的增加和营养物质含量的增加，包括蛋白质、脂类、维生素、膳食纤维和微量元素。研究发现 *TA1* 基因在胚、糊粉层和亚糊粉层在籽粒中表达，它编码一个具有单链 DNA 结合活性的线粒体靶向蛋白，名为 OsmtSSB1。细胞学分析显示，*TA1* 中增加的赤霉烯细胞层源于亚赤霉烯向赤霉烯的发育转换，而不是野生型的淀粉质胚乳。研究发现 TA1/OsmtSSB1 与线粒体 DNA 重组酶 RECA3 和 DNA 螺旋酶 TWINKLE 相互作用，RECA3 或 TWINKLE 的下调也导致 *ta1* 的类似表型。研究进一步表明，TA1/OsmtSSB1 的突变会导致线粒体基因组的非正常重组，线粒体形态改变，能量供应受损，表明 OsmtSSB1 介导的线粒体功能在水稻的亚糊粉层细胞发育中起关键作用。

华中农业大学何予卿团队在 *Molecular Plant* 上发表了题为 Genetic architecture and key genes controlling the diversity of oil composition in rice grains 的研究论文（Zhou et al.，2021c）。该研究对 533 个水稻栽培品种中的油脂成分和油脂浓度进行了全基因组关联研究。观察到 11 个与油脂有关性状的高变异，稻谷的油脂成分在亚种群中表现出差异性。研究确定了 46 个与谷物油脂浓度或成分明显相关的基因座位，其中 16 个在 3 个重组自交系群体中检测到。从这 46 个基因座中发现了 26 个编码参与油脂代谢酶的候选基因，其中 4 个（*PAL6*、*LIN6*、*MYR2* 和 *ARA6*）被发现与油脂成分的自然变异相关，并在亚种群之间表现出差异性。同时群体遗传学分析显示，PAL6 和 LIN6 的特定单倍型在粳稻中被选择。基于这些结果，提出了稻谷中油脂生物合成途径，为稻谷中油脂生物合成的遗传基础提供了新的见解，并能促进基于标记的、具有更高的油脂和谷物质量的水稻品种培育。

中国农业科学院万建民团队在 *Molecular Plant* 上发表了题为 DHD4，a *CONSTANS*-like family transcription factor，delays heading date by affecting the formation of the FAC complex in rice 的研究论文（Cai et al.，2021）。该研究鉴定一个水稻抽穗期微效调控因子 Delayed Heading Date 4（DHD4）。与自然长日照条件下的野生型植物相比，*dhd4* 突变体表现出抽穗较早的性状，但没有明显产量损失。*DHD4* 编码一个类似 CONSTANS 的转录因子，定位在细胞核中。分子、生化和遗传试验表明，DHD4 能与 14-3-3 竞争，与 OsFD1 相互作用，从而影响 Hd3a-14-3-OsFD1 三蛋白 FAC 复合物的形成，导致 OsMADS14 和 OsMADS15 的表达减少，并最终延迟抽穗。该研究揭示了水稻抽穗期调控的新机制，对指导水稻抽穗期精细调控的分子育种和生产实践具有重要意义。

中国水稻研究所胡培松团队在 *Molecular Plant* 上发表了题为 Targeted mutagenesis of *POLYAMINE OXIDASE* 5 that negatively regulates mesocotyl elongation enables the generation of direct-seeding rice with improved grain yield 的研究论文（Lv et al.，2021）。该研究报道了水稻多胺氧化酶家族基因 *OsPAO5* 是水稻中胚轴伸长的负调控子，通过基因编辑定点突变 *OsPAO5* 能够显著促进直播水稻中胚轴伸长、提高直播出苗速率，同时还可以提高粒重等产量性状。核苷酸多态性分析显示，位于 *OsPAO5* 起始密码子上游 578 bp 的 SNP［PAO5（-578G/A）］改变了其表达，并在水稻中胚层驯化过程中被选择。长胚轴的 PAO5（-578G）基因型主要存在于野生稻、大多数 Aus 变种和一些粳稻品种中。敲除 *OsPAO5* 可以明显增加粒重、粒数和产量潜力。该研究结果揭示了水稻中胚轴性状形成的分子机理，为耐直播水稻品种分子育种提供了重要的理论依据和基因资源。

华中农业大学周道绣团队在 *PNAS* 上发表了题为 Histone deacetylases control lysine acetylation of ribosomal proteins in rice 的研究论文（Xu et al.，2021）。研究了编码细胞质定位的组蛋白去乙酰化酶（HDAC）对蛋白质乙酰化组的突变影响，发现 HDAC 蛋白 HDA714 是水稻非组蛋白的主要去乙酰化酶，包括许多核糖体蛋白（r-proteins）和翻译因子都被广泛地乙酰化。HDA714 功能缺失的突变增加了 Kac 水平，但降低了 r-蛋白的丰度。体外和体内实验表明，HDA714 与 r-蛋白相互作用并减少其 Kac。在几个 r-proteins 中用精氨酸替代赖氨酸（耗尽 Kac）会增强，而将赖氨酸突变为谷氨酰胺（模拟 Kac）会降低它们在瞬时表达系统中的稳定性。Ribo-seq 分析显示，*hda714* 突变导致核糖体停滞频率增加。该研究显示 Kac 是一种功能性的翻译后修饰，由组蛋白去乙酰化酶控制，将 Kac 在基因表达中的作用扩展到蛋白质翻译调节。

七、育种材料创制与新品种选育

（一）水稻育种新材料创制

开展水稻种质资源的收集、筛选和评价，创制一批优良新种质及中间材料，能够为水稻育种提供丰富的资源性材料。浙江省选育并审定通过了秀50A、甬粳12A、甬粳81A、浙粳11A、甬粳18A、甬粳94A、诚1A、中285A和宁粳87A等9个粳型不育系，这些粳型不育系开花习性好，配合力好，异交结实率较高；泰香A、内7S、华湘2S、华湘1S、华湘3S、浙大228S、浙大金1S、浙大紫1S、丝香1S、中零S、中签A、中兆A和中谷9A等13个籼型不育系，开花习性好，配合力较强。福建省选育并审定通过了明糯208A、明6A、双香585A、醇香6A、悠香123A、浓香173A、长香717A、青云A、永兴A、旗3A、庆源A、茂香A、农紫A、福兴A、明兴S、山S、秋杰S、闽36S、稠S、秝S、G1670S、闽糯1S、榕21S、珍S、银1S、贤S、鸿邦63S和品S等28个籼型不育系，这些不育系具有开花习性好、柱头外露高、品质优良、配合力好等特点。江西省选育并审定通过了穗2S、华S、惠S、显16S、弘S、格5121S、启元S、宏S、桔182S、京A、珍乡A、穗A、泰象A、秦香A、明泰A和荷丰A等16个籼型不育系，不育性较稳定，可恢复性较好，配合力较强。湖北省选育并审定通过了荆香A、E农6S、黄香占S、格276S、E农2S、EK3S、EK2S、EK1S、天源85S、华1165S和华6421S等11个籼型不育系。海南省选育并审定通过了中泰A籼型不育系。

（二）水稻新品种选育

在农业农村部主要农作物品种审定绿色通道政策实施以及商业化育种体系的引领和推动下，水稻审定品种数量继续呈现大幅增长。2021年全国水稻科研单位和种业企业等共选育 2 229个水稻新品种通过国家和省级审定，比2020年增加293个，增幅15.1%。通过国家审定品种677个（表2-1），比2020年增加103个，其中杂交稻品种589个、常规稻品种88个。杂交稻品种中，籼型三系杂交稻品种267个，占39.4%；籼型两系杂交稻品种301个，占44.5%；杂交粳稻品种17个，占2.5%；籼粳交三系杂交稻4个，占0.6%。常规稻品种中，常规粳稻71个，占80.7%；常规籼稻17个，占19.3%。分稻区育成品种结构看，东北稻区以常规粳稻品种为主，内蒙古、辽宁、吉林和黑龙江4省（自治区）合计审定通过282个水稻品种，比2020年增加33个，其中常规粳稻品种280个，辽宁育成2个杂交粳稻品种。华北地区审定通过水稻品种35个，比2020年增加12个。其中，山东审定通过了15个，比2020年增加12个；河南审定通过了11个，比2020年增加2个；天津审定通过了6个，与2020年审定数量相同；河北、山西分别审定2个和1个水稻品种。西北地区审定通过水稻品种8个，比2020年减少3个，其中陕西审定通过1个水稻品种，比2020年减少5个；宁夏审定通过2个水稻品种，比2020年减少3个；新疆审定通过5个水稻品种。西南地区审定品种仍以籼型三系杂交稻为主，重庆、四川、贵州和云南4省（直辖市）共计审定通过232个水稻品种，比2020年增加75个，其中籼型三系杂交稻品种169个，占72.8%；籼型两系杂交稻品种16个，占6.9%。云南省审定通过12个常规粳稻品种，贵州省审定通过2个常规粳稻品种和1个杂交粳稻品种。长江中下游稻区审定品种数量继续大幅增加，上海、江苏、浙江、安徽、江西、湖北和湖南7省（直辖市）合计审定通过水稻品种 603 个，比 2020 年增加 125 个，其中两系杂交水稻继续呈现快速发展势头，2021 年合计审定 192 个，占 31.8%，籼型三系杂交稻 116 个，占 19.2%；常规粳稻 144 个，占 23.9%；粳亚种间杂交水稻品种审定 19 个。华南地区审定品种有所减少，福建、广东、广西和海南 4 省（自治区）合计审定通过 392 个水稻新品种，比 2020 年减少 52 个，其中籼型三系杂交稻品种 211 个，占 53.8%；籼型两系杂交稻品种 76 个，占 19.4%；籼型不育系 29 个，占 7.4%。从选育单位来看，38.6%的品种由科研单位育成，61.4%的品种由种业公司育成，种业公司育成品种数量继续增加。

表 2-1　2021 年国家及主要产稻省（自治区、直辖市）审定品种情况

审定级别	总数	类型								第一选育单位	
		常规籼稻	常规粳稻	籼型三系杂交稻	籼型两系杂交稻	粳型不育系	籼型不育系	杂交粳稻	籼粳交三系杂交稻	科研单位	种业公司
国家	677	17	71	267	301			17	4	168	509
天津	6		6							6	0
河北	2		2							1	1
山西	1		1							1	0
内蒙古	26		26							10	16
辽宁	16		14					2		6	10
吉林	69		69							40	29
黑龙江	171		171							103	68
上海	10	1	6	1				2		8	2
江苏	90		77	3	4			4	2	56	34
浙江*	61	5	9	3	8	9	13	2	12	42	19
安徽	158	31	47	14	65			1		49	109
福建*	81	2		32	17		28		2	52	29
江西*	98	9	4	38	26		16	1	4	20	78
山东	15		15							10	5
河南	11		4	1	5			1		5	6
湖北*	103	19	1	28	40		11	3	1	38	65
湖南	83	5		29	49					9	74
广东	77	31		37	9					47	30
广西	223	34	1	137	47			1	3	57	166
海南*	11	2		5	3		1			6	5
重庆	27	8	1	16	2					21	6
四川	125	8		108	9					56	69
贵州	35	1	2	28	2			1	1	12	23
云南	45	12	12	17	3				1	34	11

（续表）

审定级别	总数	类型								第一选育单位	
		常规籼稻	常规粳稻	籼型三系杂交稻	籼型两系杂交稻	粳型不育系	籼型不育系	杂交粳稻	籼粳交三系杂交稻	科研单位	种业公司
陕西	1				1					0	1
宁夏	2		1					1		0	2
新疆	5		5							4	1

＊部分省份审定品种中含不育系

八、超级稻品种认定与示范推广

（一）新认定超级稻品种

2021 年，为规范超级稻品种认定，加强超级稻示范推广，根据《超级稻品种确认办法》（农办科〔2008〕38 号），经各地推荐和专家评审，新确认盐粳 15 号、南粳 3908、南粳 5718、Y 两优 305、荃优 212 等 5 个品种为 2021 年超级稻品种，取消因推广面积未达要求的莲稻 1 号、长白 25、N 两优 2 号等 3 个品种的超级稻冠名资格。截至 2021 年，由农业农村部冠名的超级稻示范推广品种共计 135 个。其中，籼型三系杂交稻 50 个，占 37.0%；籼型两系杂交稻 42 个，占 31.1%；粳型常规稻 26 个，占 19.3%；籼型常规稻 9 个，占 6.7%；籼粳杂交稻 8 个，占 5.9%。

（二）超级稻高产示范与推广

2021 年，在农业农村部水稻绿色高质高效创建等科技项目示范带动下，我国水稻绿色高质高效技术集成与示范力度继续加大，高产攻关也在多个方面取得新的突破，再创多项世界纪录。2021 年，新疆乌鲁木齐市三道坝镇 130 亩（15 亩＝1 hm^2，全书同）优质高产耐盐碱水稻新品种（系）新粳 8 号示范基地亩产达到 659.3 kg，比 2020 年增加了 109.3 kg，再创新高。湖南省衡南县早稻平均亩产 667.8 kg，双季晚稻平均亩产 936.1 kg，双季亩产 1 603.9 kg，成功突破双季亩产 1 500 kg的目标并创造新的纪录。河北省邯郸市永年区硅谷农业科学研究院“杂交水稻”创高产示范基地，亩产达到 1 326.8 kg，标志着我国再创水稻大面积种植单产世界最高纪录。湖北省孝感市 500 亩甬优 4949 再生稻高产示范片，再生季平均亩产为 595.8 kg，加上头季稻亩产 750 kg，以“头季＋再生季”亩产 1 345.8 kg 创造了湖北省再生稻新纪录。

第二节　国外水稻遗传育种研究进展

一、水稻生长发育的分子遗传研究进展

横滨市立大学 Kaoru Tonosaki 研究团队在 *The Plant Cell* 上发表了题为 Mutation of the imprinted gene *OsEMF2a* induces autonomous endosperm development and delayed cellularization in rice 的研究论文（Tonosaki et al.，2021）。该研究报告了一个水稻基因 *EMBRYONIC FLOWER2a*（*OsEMF2a*）的突变，该基因编码 PRC2 的一个含锌指的成分，会引发一个涉及中心细胞核的增殖与独立的细胞质域的自主的胚乳表型，即便在没有受精情况下。细胞学和转录组分析表明，自主胚乳可以产生贮藏化合物、淀粉颗粒和胚乳特有的蛋白体。转录组和 H3K27me3 ChIP-seq 分析利用 *emf2a* 突变体的胚乳确定了 PRC2 的下游目标，包括超过 100 个转录因子基因，如Ⅰ型 MADS-box 基因，这些基因可能是胚乳发育的必要基因。该研究证明，含有 OsEMF2a 的 PRC2 控制着受精前后的胚乳发育程序，为水稻胚乳发育研究提供新思路。

唐纳德植物科学中心 Thomas P. Brutnell 团队在 *Plant Biotechnology Journal* 上发表了题为 Engineering chloroplast development in rice through cell-specific control of endogenous genetic circuits 的研究论文（Lee et al.，2021）。该研究表明，当水稻转录激活因子 Cytokin GATA（OsCGA1）由维管特异性启动子驱动时，维管束鞘（BS）的叶绿体生物生成会得到加强。OsCGA1 的异位表达导致了 BS 叶绿体平面面积的增加和光合作用相关核基因（PhANG）的表达增加，这些基因是水稻 BS 细胞中光合作用叶绿体的生物生成所需要的。在同一细胞类型特异性启动子的驱动下，使用 DNAse dead Cas9（dCas9）激活模块进行了进一步的完善，当 gRNA 序列被 dCas9 模块传递到内源性 OsCGA1 基因的启动子上时，BS 细胞的叶绿体发育得到了增强。单个 gRNA 的表达足以介导内源性基因和与 OsCGA1 启动子融合的转基因 GUS 报告基因的反式激活。

二、水稻生物/非生物胁迫分子遗传研究进展

北卡罗来纳州立大学 Colleen J. Dohert 团队在 *PNAS* 上发表了题为 Warm nights disrupt transcriptome rhythms in field-grown rice panicles 的研究论文（Desai et al.，2021）。该研究发现，当夜间温度较高时有 1 000 多个基因在错误的时间表达，包括许多与光合作用相关的基因。以前被确定为 24 h 周期性表达的转录物和昼夜节律调节的转录因子对 WNT 比非节律性的转录因子更敏感。转录水平的系统性扰动表明，WNT 破坏了内部分子事件和环境之间紧密时间协调，导致水稻产量降低。进一步研究表明，许多受影响的基因受 24 个转录因子的调控。在这 24 个转录因子中，有 4 个转录因子被认为最有

希望用于培育耐受温暖夜晚的水稻品种。该研究揭示了驱动水稻对 WNT 敏感性的分子机制，并确定了可被用于增强水稻对 WNT 耐受性的候选基因。

剑桥大学 Julian M. Hibberd 团队在 *PNAS* 上发表了题为 Photosynthesis-independent production of reactive oxygen species in the rice bundle sheath during high light is mediated by NADPH oxidase 的研究论文（Xiong et al.，2021）。该研究利用水稻和 ROS 探针二氨基联苯胺和 2,7-二氯二氢荧光素二乙酸酯，发现在暴露于高光照后，ROS 在束鞘细胞中比叶肉细胞中产生得更快。这种反应不受二氧化碳供应或光呼吸的影响。对叶肉或束鞘细胞中分离的 mRNA 深度测序表明，编码光合器所有主要成分的转录物的平衡积累。然而，编码超氧化物/H_2O_2 生产酶 NADPH 氧化酶的几种转录本在束鞘细胞中比叶肉细胞更丰富。OsRBOHA 异构体在束鞘细胞存在优势表达，如果突变掉该基因会导致束鞘细胞中 ROS 产量降低；相反，过表达该基因会促进束鞘细胞中 ROS 的产生。植物对强光的局部 ROS 响应并不一定需要光合作用，但确实部分依赖于 NADPH 氧化酶的活性来介导该响应。

西班牙农业基因组学研究中心 Blanca San Segundo 团队在 *Plant Biotechnology Journal* 上发表了题为 A novel Transposable element-derived microRNA participates in plant immunity to rice blast disease 的研究论文（Campo et al.，2021）。该研究报告了水稻中一个新的 miR812 家族的成员 miR812w。miR812w 存在于栽培稻和野生稻中。miR812w 是一个 24nt 的长序列，需要 DCL3 进行生物合成，并被加载到 AGO4 蛋白中。而 miR812w 的过量表达提高了对稻瘟病真菌抗性，CRISPR/Cas9 介导的 MIR812w 编辑增强了病害的易感性。miR812w 来源于水稻 MITEs（微型反转可重复转座元素）的 Stowaway 类型，可将 MITE 拷贝整合到其 3 或 5 非翻译区的靶基因（ACO3、CIPK10、LRR 基因）上。miR812w 和整合到多个编码基因中的 Stowaway MITEs 之间的这种关系可能最终形成一个 miR812w 介导的基因表达调控网络，对水稻免疫有影响。该研究为提高水稻抗病性提供了新思路。

美国宾夕法尼亚州立大学 Sarah M. Assmann 团队在 *New Phytologist* 上发表了题为 The alpha subunit of the heterotrimeric G protein regulates mesophyll CO_2 conductance and drought tolerance in rice 的研究论文（Zait et al.，2021）。该研究报道了异源三聚体 G 蛋白在水稻叶肉导度和耐旱性中的突变体 *d1*，*d1* 突变体是 Galpha 亚基基因 RGA1 的无效突变，与野生型相比，Nipponbare 和 Taichung 65 的 *d1* 突变体都表现出叶肉导度增加，光合作用能力、灌溉水利用效率（WUEi）和耐旱性的提高。*d1* 突变体中叶肉细胞和叶绿体暴露在细胞间隙中的表面积增加，细胞壁和叶绿体厚度减少可以明显促进叶肉导度增加。该研究表明操纵异源三聚体 G 蛋白的信号传递有可能提高作物在干旱条件下的灌溉水利用效率和生产力。

三、水稻分子遗传学其他方面研究进展

加利福尼亚大学伯克利分校 Zilberman Daniel 团队在 *PNAS* 上发表了题为 Divergence among rice cultivars reveals roles for transposition and epimutation in ongoing evolution of genomic imprinting 的研究论文（Rodrigues et al.，2021）。该研究分析了跨越粳稻和籼稻亚种的 4 个栽培品种 Nipponbare、Kitaake、93-11 和 IR64 之间的印记分化。大多数印记基因在不同的栽培品种中都有印记表达，并富集了染色质和转录调控、发育和信号传导的功能。然而，4%～11%的印记基因显示出不同的印记。对 DNA 甲基化和小 RNA 的分析表明，胚乳特异性的 24-nt 小 RNA 位点显示出弱的 RNA 指导的 DNA 甲基化，经常与基因重叠，并且印记的频率是基因的 4 倍。然而，印记分化最常与局部 DNA 甲基化外表观突变相关，这些表观突变在亚种内基本稳定。表观遗传变异和遗传变异发生在关键的调控区域，即母性偏向基因的启动子和转录起始点，以及父性偏向基因的启动子和基因区。该研究结果进一步揭示了母系特异性 DNA 低甲基化在母系和父系偏向表达基因印记中的作用模型，并突出了转座和表观突变在水稻印记演化中的作用。

美国爱荷华州立大学 Reuben J. Peters 与中国农业大学李召虎团队在 *The Plant Cell* 上发表了题为 Interdependent evolution of biosynthetic gene clusters for momilactone production in rice 的研究论文（Kitaoka et al.，2021）。该研究通过有机化学及遗传学技术证明了两个细胞色素 P450，CYP76M8 及 CYP701A8 在水稻 momilactone 合成中分别扮演着 C6β-氢化酶及 C3β-氢化酶的功能。CYP76M8 是在 phyocassane 合成基因簇上，而 CYP701A8 与赤霉素合成关键酶 KO（CYP701A6）属于一个家族而串联在一起。对这两个基因簇大量系统发育分析发现，比较复杂的 phytocassane 基因簇在水稻中是先进化的，而 momilactone 基因簇是随后进化而来的。这种顺序的发生也证实了为什么 CYP76M8 是与 CYP76M7（合成 phytocassane 的酶）串联，位于 phytocassane 基因簇上而没有进化到 momilactone 基因簇上。类似的，CYP701A8 与赤霉素合成关键酶 KO（CYP701A6）串联，而没有进化在 momilactone 基因簇，因为赤霉素是二萜代谢产物中最先进化的。综上所述，水稻中合成 momilactone 和 phytocassane 的基因簇都是独立进化而来的。天然产物二萜代谢通路的研究可以为大量体外生物合成绿色无污染抗病除草等安全植保素提供依据，也对水稻绿色育种有着深远的影响；同时二萜合成基因簇独立进化的研究也可为植物中类似基因簇发掘与研究提供思路。

印度国家生物科学中心 Padubidri V. Shivaprasad 团队在 *New Phytologist* 上发表了题为 Essential role of gamma-clade RNA-dependent RNA polymerases in rice development and yield-related traits is linked to their atypical polymerase activities regulating specific genomic regions 的研究论文（Jha et al.，2021）。该研究利用遗传学、生物信息学和生物化学方法揭示了水稻 gamma-clade RDRs 参与了植物的发育以及编码和非编码 RNA 的表达调节。在转基因水稻和烟草植物中过量表达 gamma-clade RDRs 会表现出生长促进，而在水稻中沉默 RDRs 会显示出强烈的生长抑制。对 OsRDR3 错误表达株的小 RNA 和 RNA-seq 分析表明，它参与了基因组中富含重复区的调控。生物化学分析证实，OsRDR3 在（ss）RNA 和 ssDNA 模板上都有强大的聚合酶活性，与报道的 α-支系

RDRs AtRDR6 的活性相似。该研究首次阐明了伽马族 RDRs 在植物发育中的重要性及非典型生化活性以及它们对基因表达调控的贡献。

日本冈山大学 Jian Feng Ma 团队在 *New Phytologist* 上发表了题为 Three polarly localized ammonium transporter 1 members are cooperatively responsible for ammonium uptake in rice under low ammonium condition 的研究论文（Konishi et al.，2021）。该研究对属于铵转运体 1（AMT1）的 3 个成员进行了功能上的鉴定，并研究了它们对铵吸收的贡献。铵对 OsAMT1；1 和 OsAMT1；2 的上调表达和 OsAMT1；3 的下调表达在根成熟区高于根尖。所有的 OsAMT1 成员在冠状根和侧根的成熟区的外皮远端都有极性定位。暴露在铵中时，OsAMT1；1 和 OsAMT1；2 定位内质网中，但它们在质膜中的丰度没有变化。任何一个基因的敲除都不影响铵的吸收，但 3 个基因全部敲除导致铵的摄取减少 95%。但在高铵和硝酸盐供应下，野生型水稻和三基因突变体对氮的吸收没有差异。该研究表明，OsAMT1 的三个成员在水稻根部在低铵环境下吸收铵的过程是需要合作的，并且它们在对铵的反应中经历了不同的调节机制。

意大利米兰大学的 Fabio Fornara 团队在 *New Phytologist* 上发表了题为 OsFD4 promotes the rice floral transition via florigen activation complex formation in the shoot apical meristem 的研究论文（Cerise et al.，2021）。Hd3a、RFT1、bZIP 和 Gf14 组装成 FACs/FRCs，可调节叶和顶端分生组织向开花过渡。该研究发现 OsFD4 是促进芽尖分生组织开花的 FAC 的一个组成部分，位于 OsFD1 的下游。*osfd4* 突变体开花晚，促进花序发育的基因表达延迟。蛋白质—蛋白质的相互作用表明在几个 bZIPs 和 Gf14 蛋白之间有一个广泛的接触网络。该研究阐明了不同 bZIPs 在分生组织协调花的发生，FAC 虽然具有相同的组合结构域，但它们的 DNA-binding 是不同的，因此具有不同功能。

控制部分农艺性状的基因见表 2-2。

表 2-2 控制水稻重要农艺性状的部分基因

基因	基因产物	功能描述	参考文献
MISSEN	lncRNA	胚乳发育调节因子	Zhou et al.，2021a
OsSPL12	SPLs 转录因子	粒型差异的调控因子	Zhang et al.，2021a
OsWRKY53	WRKY 转录因子	调控水稻株型和粒型	Tian et al.，2021
LAEGE2	E3 泛素连接酶	调控水稻穗型	Huang et al.，2021a
HDR3	泛素受体	调控水稻籽粒大小	Gao et al.，2021a
CLG1	E3 泛素连接酶	调控水稻籽粒大小	Yang et al.，2021a
OsAUX3	生长素输入载体	调控水稻籽粒大小	Qiao et al.，2021
WG1	谷氨酸酶蛋白	促进谷粒生长	Hao et al.，2021
OsREM20	转录因子	控制水稻每穗粒数	Wu et al.，2021
ROD1	钙离子感受蛋白	钙离子感受器	Gao et al.，2021b

（续表）

基因	基因产物	功能描述	参考文献
XopC2	新型激酶	抑制气孔免疫	Wang et al.，2021a
COLD1	低温感受器	调控的耐寒新	Luo et al.，2021
OsFTIP1	成花素互作蛋白	提高抗旱能力	Chen et al.，2021a
OsMFT1	转录因子	提高抗旱能力	Chen et al.，2021a
OsRSR1	抗病性蛋白	过表达提高 ROS 的抵抗能力	Wang et al.，2021b
OsCERK1	LysM 受体类激酶	参与植物免疫反应	Yang et al.，2021b
OsDMI3	钙/钙调素依赖型蛋白激酶	抗干旱和 ROS 胁迫	Chen et al.，2021b
Bph30	两个富含亮氨酸结构域的蛋白质	抗褐飞虱	Shi et al.，2021
OsEDR1	Raf-like MAPKKK	提高稻瘟病抗性	Ma et al.，2021
OsCNGC9	环状核苷酸门控通道蛋白	调节耐寒性	Wang et al.，2021c
OsVOZ1	转录因子	提高稻瘟病抗性	Wang et al.，2021d
OsVOZ2	转录因子	提高稻瘟病抗性	Wang et al.，2021d
OsCYB5-2	细胞色素 b5 蛋白	过表达增强水稻幼苗的盐耐性	Song et al.，2021a
OsTCP19	转录因子	氮高效	Liu et al.，2021b
OsASTOL1	OAS-TL 蛋白	突变减少砷向籽粒中的转移	Sun et al.，2021
OSA1	细胞膜质子泵	过表达增加产量	Zhang et al.，2021e
qDNR1	吡哆醛磷酸依赖型的氨基转移酶	氮高效利用	Zhang et al.，2021f
ARE1	NUE 负调控因子	氮高效利用	Wang et al.，2021e
OsPDCD5	细胞程序性死亡	突变改良水稻株型结构及产量	Dong et al.，2021
OsARF6	生长素响应因子	调节水稻的剑叶角度	Huang et al.，2021b
OsARF7	生长素响应因子	调节水稻的剑叶角度	Huang et al.，2021b
microRNA156/529	miRNA	过表达导致部形成异常	Wang et al.，2021f
XBOS36	E3 泛素连接酶	生殖期 AGO 蛋白 MEL1 泛素化降解	Lian et al.，2021
DNG701	DNA 糖基化酶	对 DNA 进行去甲基化	Zhou et al.，2021b
DNG702	DNA 糖基化酶	对 DNA 进行去甲基化	Zhou et al.，2021b
DNG704	DNA 糖基化酶	对 DNA 进行去甲基化	Zhou et al.，2021b
DSNP1	E3 泛素连接酶	影响减数分裂的联会和同源重组	Ren et al.，2021
DRW1	酵母 CTF4 同源蛋白	参与细胞周期中的 DNA 复制	Zhang et al.，2021g

（续表）

基因	基因产物	功能描述	参考文献
HT	羟基肉桂酰酪胺	植物抗毒素效应	Shen et al.，2021
OsODC	鸟氨酸脱羧酶	过表达提高了对稻瘟菌的抗性	Fang et al.，2021
TA1	单链 DNA 结合线粒体靶向蛋白	影响亚糊粉层细胞发育	Li et al.，2021b
DHD4	抽穗期微效调控因子	突变导致抽穗较早	Cai et al.，2021
OsPAO5	多胺氧化酶	突变提高直播出苗速率	Lv et al.，2021
HDAC	组蛋白去乙酰化酶	对核糖体蛋白乙酰化修饰的调控	Xv et al.，2021
OsEMF2a	PRC2 的锌指成分	受精前后的胚乳发育	Tonosaki et al.，2021
OsCGA1	转录激活因子	促进维管束鞘的叶绿体生物生成	Lee et al.，2021
OsRBOHA	NADPH 氧化酶	过表达促进束鞘细胞中 ROS	Xiong et al.，2021
miR812w	miRNA	过表达提高了对稻瘟病抗性	Campo et al.，2021
RGA1	异源三聚体 G 蛋白	提高干旱条件下的 WUEi 和生产力	Zait et al.，2021
CYP76M8	C6β-氢化酶	安全植保素	Kitaoka et al.，2021
CYP701A8	C3β-氢化酶	安全植保素	Kitaoka et al.，2021
OsRDR3	gamma-clade RDRs	调节发育以及 RNA 的表达	Jha et al.，2021
OsAMT1；1	铵转运体 1	保证铵吸收	Konishi et al.，2021
OsFD4	铁氧还蛋白	调节叶和分生组织向开花过渡	Cerise et al.，2021

参考文献

Cai M H，Zhu S S，Wu M M，et al.，2021. DHD4，a CONSTANS-like family transcription factor，delays heading date by affecting the formation of the FAC complex in rice［J］. Molecular Plant，14：330-343.

Cerise M，Giaume F，Galli M，et al.，2021. OsFD4 promotes the rice floral transition via florigen activation complex formation in the shoot apical meristem［J］. New Phytologist，229：429-443.

Chen M，Ni L，Chen J，et al.，2021b. Rice calcium/calmodulin-dependent protein kinase directly phosphorylates a mitogen-activated protein kinasekinase to regulate abscisic acid responses［J］. Plant Cell，33：1790-1812.

Chen Y，Shen J，Zhang L，et al.，2021a. Nuclear translocation of OsMFT1 that is impeded by OsFTIP1 promotes drought tolerance in rice［J］. Molecular Plant，14：1297-1311.

Desai J S，Lawas L M F，Valente A M，et al.，2021. Warm nights disrupt transcriptome rhythms in field-grown rice panicles［J］. Proceedings of the National Academy of Sciences of the United States of America，118：e2025899118.

Dong S Q, Dong X X, Han X K, et al., 2021. OsPDCD5 negatively regulates plant architecture and grain yield in rice [J]. Proceedings of the National Academy of Sciences of the United States of America, 118: e2018799118.

Fang H, Shen S Q, Wang D, et al., 2021. A monocot-specific hydroxycinnamoylputrescine gene cluster contributes to immunity and cell death in rice [J]. Science Bulletin, 66: 2381-2393.

Gao M J, He Y, Yin X, et al., 2021b. Ca^{2+} sensor-mediated ROS scavenging suppresses rice immunity and is exploited by a fungal effector [J]. Cell, 184: 5391-5404.

Gao Q, Zhang N, Wang W Q, et al., 2021a. The ubiquitin-interacting motif-type ubiquitin receptor HDR3 interacts with and stabilizes the histone acetyltransferase GW6a to control the grain size in rice [J]. Plant Cell, 33: 3331-3347.

Gu Z L, Zhu Z, Li Z, et al., 2021. Cytoplasmic and nuclear genome variations of rice hybrids and their parents inform the trajectory and strategy of hybrid rice breeding [J]. Molecular Plant, 14: 2056-2071.

Hao J Q, Wang D K, Wu Y B, et al., 2021. The GW2-WG1-OsbZIP47 pathway controls grain size and weight in rice [J]. Molecular Plant, 14: 1266-1280.

Huang G Q, Hu H, van de Meene A, et al., 2021b. Auxin response factors 6 and 17 control the flag leaf angle in rice by regulating secondary cell wall biosynthesis of lamina joints [J]. Plant Cell, 33: 3120-3123.

Huang L J, Hua K, Xu R, et al., 2021a. The LARGE2-APO1/APO2 regulatory module controls panicle size and grain number in rice [J]. Plant Cell, 33: 1212-1228.

Jha V, Narjala A, Basu D, et al., 2021. Essential role of γ-clade RNA-dependent RNA polymerases in rice development and yield-related traits is linked to their atypical polymerase activities regulating specific genomic regions [J]. New Phytologist, 232: 1674-1691.

Jia L H, Li Y, Huang F F, et al., 2021. LIRBase: A comprehensive database of long inverted repeats in eukaryotic genomes [J]. Nucleic Acids Research, 50: D174-D182.

Konishi N, Ma J F. 2021. Three polarly localized ammonium transporter 1 members are cooperatively responsible for ammonium uptake in rice under low ammonium condition [J]. New Phytologist, 232: 1778-1792.

Lee D Y, Hua L, Khoshravesh R, et al., 2021. Engineering chloroplast development in rice through cell-specific control of endogenous genetic circuits [J]. Plant Biotechnology Journal, 19: 2291-2303.

Li K, Jiang W K, Hui Y Y, et al., 2021a. Gapless indica rice genome reveals synergistic contributions of active transposable elements and segmental duplications to rice genome evolution [J]. Molecular Plant, 14: 1745-1756.

Li D Q, Wu X B, Wang H F, et al., 2021b. Defective mitochondrial function by mutation in THICK ALEURONE 1 encoding a mitochondrion-targeted single-stranded DNA-binding protein leads to increased aleurone cell layers and improved nutrition in rice [J]. Molecular Plant, 14: 1343-1361.

Lian J P, Yang Y W, He R R, et al., 2021. Ubiquitin-dependentArgonauteprotein MEL1 degradation is essential for rice sporogenesis and phasiRNA target regulation [J]. Plant Cell, 33: 2685-2700.

Liu Y Q, Wang H R, Jiang Z M, et al., 2021b. Genomic basis of geographical adaptation to soil nitrogen in rice [J]. Nature, 590: 600-605.

Liu Y, Zhang X, Yuan G X, et al., 2021a. A designer rice NLR immune receptor confers resistance to the rice blast fungus carrying noncorresponding avirulence effectors [J]. Proceedings of the National Academy of Sciences of the United States of America, 118: e2025899118.

Luo W, Huan Q, Xu Y Y, et al., 2021. Integrated global analysis reveals a vitamin E-vitamin K1 sub-network, downstream of COLD1, underlying rice chilling tolerance divergence [J]. Cell Reports, 36: 109397.

Lv Y S, Shao G N, Jiao G A, et al., 2021. Targeted mutagenesis of POLYAMINE OXIDASE 5 that negatively regulates mesocotyl elongation enables the generation of direct-seeding rice with improved grain yield [J]. Molecular Plant, 14: 344-351.

Ma H G, Li J, Ma L, et al., 2021. Pathogen-inducible OsMPKK10.2-OsMPK6 cascade phosphorylates the Raf-like kinase OsEDR1 and inhibits its scaffold function to promote rice disease resistance [J]. Molecular Plant, 14: 620-632.

Peng Q, Zhu C M, Liu T, et al., 2021. Phosphorylation of OsFD1 by OsCIPK3 promotes the formation of RFT1-containing florigen activation complex for long-day flowering in rice [J]. Molecular Plant, 14: 1135-1148.

Qiao J Y, Jiang H Z, Lin Y Q, et al., 2021. A novel miR167a-OsARF6-OsAUX3 module regulates grain length and weight in rice [J]. Molecular Plant, 14: 1683-1698.

Ren L J, Zhao T T, Zhao Y Z, et al., 2021. The E3 ubiquitin ligase DESYNAPSIS1 regulates synapsis and recombination in rice meiosis [J]. Cell Reports, 37: 109941.

Rodrigues J A, Hsieh P H, Ruan D, et al., 2021. Divergence among rice cultivars reveals roles for transposition and epimutation in ongoing evolution of genomic imprinting [J]. Proceedings of the National Academy of Sciences of the United States of America, 118.

Shen S Q, Peng M, Fang H, et al., 2021. An Oryza-specific hydroxycinnamoyl tyramine gene cluster contributes to enhanced disease resistance [J]. Science Bulletin, 66: 2369-2380.

Shi S J, Wang H Y, Nie L Y, et al., 2021. Bph30 confers resistance to brown planthopper by fortifying sclerenchyma in rice leaf sheaths [J]. Molecular Plant, 14: 1714-1732.

Song T Z, Shi Y Y, Shen L K, et al., 2021a. An endoplasmic reticulum-localized cytochrome b5 regulates high-affinity K (+) transport in response to salt stress in rice [J]. Proceedings of the National Academy of Sciences of the United States of America, 118: e2114347118.

Song J M, Xie W Z, Wang S, et al., 2021b. Two gap-free reference genomes and a global view of the centromere architecture in rice [J]. Molecular Plant, 14: 1757-1767.

Sun S K, Xu X, Tang Z, et al., 2021. A molecular switch in sulfur metabolism to reduce arsenic and enrich selenium in rice grain [J]. Nature Communications, 12: 1392.

Tonosaki K, Ono A, Kunisada M, et al., 2021. Mutation of the imprinted gene OsEMF2a induces autonomous endosperm development and delayed cellularization in rice [J]. Plant Cell, 33: 85-103.

Wang L F, Cao S, Wang P T, et al., 2021g. DNA hypomethylation in tetraploid rice potentiates stress-responsive gene expression for salt tolerance [J]. Proceedings of the National Academy of Sciences of the United States of America，118：e2023981118.

Wang S Z，Li S，Wang J Y，et al.，2021a. A bacterial kinase phosphorylates OSK1 to suppress stomatal immunity in rice [J]. Nature Communications，12：5479.

Wang J C，Ren Y L，Liu X，et al.，2021c. Transcriptional activation and phosphorylation of OsCNGC9 confer enhanced chilling tolerance in rice [J]. Molecular Plant，14：315-329.

Wang A J，Shu X Y，Jing X，et al.，2021b. Identification of rice（*Oryza sativa* L.）genes involved in sheath blight resistance via a genome-wide association study [J]. Plant Biotechnology Journal，19：1553-1566.

Wang Q，Su Q M，Nian J Q，et al.，2021e. The Ghd7 transcription factor represses ARE1 expression to enhance nitrogen utilization and grain yield in rice [J]. Molecular Plant，14：1012-1023.

Wang J Y，Wang R Y，Fang H，et al.，2021d. Two VOZ transcription factors link an E3 ligase and an NLR immune receptor to modulate immunity in rice [J]. Molecular Plant，14：253-266.

Wang Y，Zhang P，Guo W，et al.，2021h. A deep learning approach to automate whole-genome prediction of diverse epigenomic modifications in plants [J]. New Phytologist，232：880-897.

Wang L，Ming L C，Liao K Y，et al.，2021f. Bract suppression regulated by the miR156/529-SPLs-NL1-PLA1 module is required for the transition from vegetative to reproductive branching in rice [J]. Molecular Plant，14：1168-1184.

Wei X，Qiu J，Yong K C，et al.，2021. A quantitative genomics map of rice provides genetic insights and guides breeding. Nature Genetics，53：243-253.

Wu X W，Liang Y，Gao H B，et al.，2021. Enhancing rice grainproduction by manipulating the naturally evolved cis-regulatory element-containing inverted repeat sequence of OsREM20 [J]. Molecular Plant，14：997-1011.

Xiong H Y，Hua L，Reyna-Llorens I，et al.，2021. Photosynthesis-independent production of reactive oxygen species in the rice bundle sheath during high light is mediated by NADPH oxidase [J]. Proceedings of the National Academy of Sciences of the United States of America，118：1-10.

Xu Q T，Liu Q，Chen Z T，et al.，2021. Histone deacetylases control lysine acetylation of ribosomal proteins in rice [J]. Nucleic Acids Research，49：4613-4628.

Yang C，Liu R，Pang J H，et al.，2021b. Poaceae-specific cell wall-derived oligosaccharides activate plant immunity via OsCERK1 during Magnaporthe oryzae infection in rice [J]. Nature Communications，12：1-13.

Yang C K，Shen S Q，Zhou S，et al.，2021c. Rice metabolic regulatory network spanning the entire life cycle [J]. Molecular Plant，15：258-275.

Yang W S，Wu K，Wang B，et al.，2021a. The RING E3 ligase CLG1 targets GS3 for degradation via the endosome pathway to determine grain size in rice [J]. Molecular Plant，14：1699-1713.

Yu Q，Liu S，Yu L，et al.，2021b. RNA demethylation increases the yield and biomass of rice and potato plants in field trials [J]. Nature Biotechnology，39：1581-1588.

Zait Y，Ferrero-Serrano Á，Assmann S M，2021. The α subunit of the heterotrimeric G protein regulates mesophyll CO_2 conductance and drought tolerance in rice [J]. New Phytologist，232：2324-2338.

Zhang T Q, Chen Y, Liu Y, et al., 2021h. Single-cell transcriptome atlas and chromatin accessibility landscape reveal differentiation trajectories in the rice root [J]. Nature Communications, 12: 2053.

Zhang C, He J M, Dai H L, et al., 2021d. Discriminating symbiosis and immunity signals by receptor competition in rice [J]. Proceedings of the National Academy of Sciences of the United States of America, 118: 2-9.

Zhang F, Hu Z Q, Wu Z C, et al., 2021c. Reciprocal adaptation of rice and *Xanthomonas oryzae* pv. *oryzae*: Cross - species 2D GWAS reveals the underlying genetics [J]. Plant Cell, 33: 2538-2561.

Zhang M X, Wang Y, Chen X, et al., 2021e. Plasma membrane H^+-ATPase overexpression increases rice yield via simultaneous enhancement of nutrient uptake and photosynthesis [J]. Nature Communications, 12: 7356.

Zhang X F, Yang C Y, Lin H X, et al., 2021a. Rice SPL12 coevolved with GW5 to determine grain shape [J]. Science Bulletin, 66: 2353-2357.

Zhang J C, Zhang D J, Fan Y W, et al., 2021b. The identification of grain size genes by RapMap reveals directional selection during rice domestication [J]. Nature Communications, 12: 5673.

Zhang P X, Zhu C M, Geng Y K, et al., 2021g. Rice and Arabidopsis homologs of yeast CHROMOSOME TRANSMISSION FIDELITY PROTEIN 4 commonly interact with Polycomb complexes but exert divergent regulatory functions [J]. Plant Cell, 33: 1417-1429.

Zhang S Y, Zhu L M, Shen C B, et al., 2021f. Natural allelic variation in a modulator of auxin homeostasis improves grain yield and nitrogen use efficiency in rice [J]. Plant Cell, 33: 566-580.

Zhao H, Li J C, Yang L, et al., 2021. An inferred functional impact map of genetic variants in rice [J]. Molecular Plant, 14: 1584-1599.

Zheng K Z, Wang L L, Zeng L J, et al., 2021. The effect of RNA polymerase V on 24-nt siRNA accumulation depends on DNA methylation contexts and histone modifications in rice [J]. Proceedings of the National Academy of Sciences of the United States of America, 118: e2100709118.

Zhou S L, Li X, Liu Q, et al., 2021b. DNA demethylases remodel DNA methylation inrice gametes and zygote and are required for reproduction [J]. Molecular Plant, 14: 1569-1583.

Zhou H, Xia D, Li P B, et al., 2021c. Genetic architecture and key genes controlling the diversity of oil composition in rice grains [J]. Molecular Plant, 14: 456-469.

Zhou Y F, Zhang Y C, Sun Y M, et al., 2021a. The parent-of-origin lncRNA MISSEN regulates rice endosperm development [J]. Nature Communications, 12: 6525.

第三章　水稻栽培技术研究动态

2021年，我国水稻栽培技术研究在水稻高产栽培理论创新、高产高效栽培技术研发与推广等方面做了大量工作，取得了丰硕成果。一些代表性科研成果已经转化为生产力，推动我国水稻产业绿色高质量发展。多项科研成果荣获国家级、省部级科技进步奖励，如广东省农业科学院水稻研究所钟旭华研究员等研发的“南方水稻‘三控’绿色丰产关键技术创建与应用”获2021年神农中华农业科技奖二等奖，该成果能稳定实现水稻减肥增产增收，具有高产稳产、节本增收、安全环保、操作简便等特点，近10多年来在南方稻区得到广泛应用；中国水稻研究所张玉屏研究员等研发的“水稻高低温灾害预警及防控技术创新与应用”获2021年神农中华农业科技奖三等奖，该成果创建了耐高低温品种评价与筛选方法，揭示水稻结实期高低温障碍机理，建立灾损评价方法，构建水稻高低温监测预警系统，研制抗冷害专用肥料及缓解高温制剂，集成水稻高低温灾害防控技术，在我国高低温易发稻区进行生产应用，实现水稻稳产高产，提高水稻抗灾能力；华南农业大学唐湘如教授等研发的“香稻增香增产关键技术创建与应用”获2021年度广东省科技进步奖一等奖，该成果创建了多苗稀植、精准施肥、少水灌溉、适时早收等香稻增香增产关键栽培技术，增香15%以上，香气含量超过泰国著名香米水平，亩增产12%以上，双季香稻创造了亩产1 300 kg的高产纪录。

在水稻高产栽培理论研究方面，播期对产量的影响、稻田温室气体排放与减排、绿色优质丰产协调规律与广适性等方面研究取得了积极进展，进一步丰富和发展了水稻栽培技术理论体系；在水稻机械化生产技术方面，杂交稻精准播种育秧机插技术、杂交稻暗化催芽无纺布覆盖高效育秧技术等一批新技术、新体系逐步推广。此外，针对生产中存在的过量施用氮肥、水肥利用效率低、气象灾害预防与补救等问题，科研工作者在深施肥、肥料运筹、灌溉模式、防灾减灾等方面也开展了相关研究。通过上述研究，不断提升国内水稻栽培理论研究与技术创新水平。

第一节　国内水稻栽培技术研究进展

一、水稻高产高效栽培理论

（一）播期对产量的影响

不同地区温光资源差异较大，水稻适宜播期也有所不同。合理的播期使水稻的灌浆期处于较好的光温状态，是高产高效栽培管理中的重要技术；适宜播期可以有效利用温光资源，充分发挥品种生产潜力。潘高峰等（2021）研究发现，在鄂中北地区稻麦周年轮作模式下，随着播期推迟，各类型粳稻生育期均显著缩短，常规迟熟中粳缩短幅度最大，籼粳杂交早熟中粳缩短幅度最小；各类型粳稻全生育期有效积温及其利用率降低，日照时数及其利用率呈减少趋势；各类型粳稻每穗颖花数和结实率显著降低，产量显著降低。鄂中北地区稻麦周年轮作模式下，粳稻应首选籼粳杂交中熟中粳和常规迟熟中粳，其次是籼粳杂交早熟中粳，籼粳杂交中熟中粳和常规迟熟中粳的最佳播期为5月9—15日。白晨阳等（2021）研究发现，分期播种对旱作水稻的穗数和每穗粒数影响显著。随着播期推迟，穗数先增后减，穗粒数先减后增。在播期选择上，应根据品种熟期类型确定适当播期，中、晚熟品种适当早播有利于获得高产；早熟品种适当推迟播期，可以获得更高产量。钟晓媛等（2021）研究了播期对机插杂交籼稻不同茎蘖部位稻穗枝梗数和颖花数的影响，发现随着播期推迟主茎和一次分蘖的一次、二次颖花数及二次枝梗数呈增加趋势，认为选择大穗型籼稻品种进行机插更有利于获取较高的稻穗枝梗数和颖花数，早播期在保证较高一次分蘖数的基础上，应注重提高每穗枝梗数及颖花数以提高产量；迟播期在保证较高每穗颖花数的基础上，应注重提高结实率、千粒重来稳定产量。邹丹等（2021）认为播期是影响再生稻产量形成的一个重要因素，头季稻产量随着播期推迟呈抛物线变化，再生季产量随着播期推迟而降低。但是头季稻产量与再生季稻产量存在一定矛盾，播种过早，头季稻产量太低；播种过迟，再生季稻产量太低。因此可以通过适当早播，配合留桩高低，调整品种的生育期，合理利用光温资源，协调头季稻与再生季稻产量之间的矛盾，实现再生稻两季高产。

（二）稻田温室气体排放与减排

2021年，中共中央、国务院印发的《关于完整准确全面贯彻新发展理念做好碳达峰碳中和工作的意见》发布。我国农业生产过程排放了大量温室气体 CH_4 和 N_2O，为了积极响应双碳政策，我国稻作工作者也开展了大量有关温室气体排放与减排的研究工作。唐刚等（2021）研究认为，稻田秸秆还田后，翻耕处理可能会破坏土壤甲烷菌生存的厌氧环境，从而降低 CH_4 排放。在秸秆全量还田条件下，与传统浅旋耕处理相比，晚稻季翻耕显著降低了稻田 CH_4 排放、综合温室效应和温室气体排放强度。Li等（2021）研究发现，深施氮肥可以提高水稻产量和氮肥利用效率，同时减少温室气体排放。深施肥处理可以获得更大的总根长和总根体积促进水稻生长，从而产生更多的 O_2 输送至土壤中将 CH_4 氧化。与撒肥相比，深施肥处理下的 CH_4 和 N_2O 排放量分别下降22.13%和24.44%。王鸿浩等（2021）研究了不同水分管理条件下添加生物碳对琼北地区水稻土 N_2O 排放的影响，发现不同水分条件下添加生物碳均可减少 N_2O 的排放，在干湿交替条件下生物碳对 N_2O 的减排效果更佳，认为生物碳在琼北地区水稻田 N_2O 减排方面具有较大的利用价值。也有研究认为，再生稻根区分层施用控释尿素在提高产量的同时对温室气体排放具有减排作用，且干湿交替模式节水、增加再生稻产量，也具有一定的减排作用，因此分层施氮与干湿交替协同是实现再生稻种植的轻简化操作的可行措施（丁紫娟等，2021）。

（三）绿色优质丰产协调规律与广适性

稻米产品的消费需求结构已经发生显著变化，不仅要解决吃饱的问题，而且要满足吃得好、吃得安全、吃得健康。水稻栽培必须坚持理论与实践相结合的研究方法，在主攻稻米品质的同时，稳定或提高稻米产量（张洪程等，2021）。2021年，我国稻作科研工作者在水稻绿色优质丰产协调规律与广适性方面开展了大量研究工作，并取得了一定成果。彭显龙等（2021）研究发现，合理密植能够增加水稻产量，降低籽粒无机氮含量，改善稻米食味品质，增密减氮有利于水稻节肥、高产和优质。王丹英等（2021）研究认为，水稻高产与优质栽培协同关键在于通过适当的氮肥前移和穗肥早施，减数分裂期之后少施或不施氮肥，控制结实期植株氮素水平，协调好蛋白质与淀粉合成两者之间的平衡。张庆等（2021）研究了不同氮肥水平下优质高产软米粳稻的产量与品质差异，发现优质食味软米在240 kg/hm^{2}和300 kg/hm^{2}条件下取得产量和品质的协调，240 kg/hm^{2}是品质、产量和效益兼顾的最佳施氮量。

二、水稻机械化生产技术

（一）杂交稻精准播种育秧机插技术

杂交稻优势的发挥需要少本稀植，如何实现低播量下的高质量机插成为杂交稻规模化机插种植的“卡脖子”问题。目前应用的钵苗摆栽和印刷播种技术，虽然解决了杂交稻少本稀植问题，但是播种和育秧过程较为繁琐，产业化瓶颈需要进一步突破。对此，中国水稻研究所朱德峰团队联合相关企业，研发了杂交稻精准播种育秧机插技术。杂交稻精准播种调整传统机插秧盘撒播为精准穴播或条播，调整传统机插播种按秧盘的种子克数播种为按机插丛的种子粒数播种，调整传统机插种子随机撒播为种子定位定量精准条播，标准7寸秧盘或9寸秧盘横向分别为14条或16条，种子播种量每盘35～60 g可调。杂交稻精准播种流水线包括秧盘自动供盘、基质自动上料、秧盘底土铺放、秧盘定位压穴或条、秧盘定位定量气吸播种、定量覆土浇水。杂交稻精准播种后，采用叠盘出苗技术，确保出苗整齐，成秧率达到80%以上，秧苗健壮。杂交稻精准播种与定量取秧机插配套，根据杂交稻种植品种类型和种植季节，确定每丛机插苗数和播种粒数、秧龄和每盘取秧次数。研究表明，杂交稻通过精准播种育秧机插能显著降低漏秧率、提高插苗均匀度和增产节本。单季杂交稻甬优1540在盘播种量35 g、45 g和69 g条件下，精准条播育秧的机插漏秧率分别为2.1%、0.5%和0.3%，较撒播育秧机插漏秧率平均降低9个百分点。连作晚稻杂交稻精准条播机插，在盘播种量45 g和70 g条件下，精准条播机插每丛2～3苗的比例达80%，而撒播机插仅为47%～50%。与传统播种量的撒播育秧机插相比，单季稻和连作晚稻杂交稻精准播种育秧机插，用种量节省 29.2%，产量提高 10.2%，增产 759.0 kg/hm^2，同时减少因机插漏秧缺苗补苗用工，节本增产增效显著。

（二）杂交稻暗化催芽无纺布覆盖高效育秧技术

针对传统育秧方法培育秧苗难度大，难以培育出高质量适合机插秧苗的问题，四川农业大学任万军研究团队研发了杂交稻暗化催芽无纺布覆盖高效育秧技术。该技术以流水线播种、叠盘暗化催芽、无纺布覆盖为主要技术特点，培育的秧苗出苗整齐度高、生长均匀、白根数多、盘根力强，且节省用工及农资成本，用无纺布替代地膜育秧，解决了塑料薄膜污染环境的问题。该技术宜采用塑料硬盘育秧，育秧播种流水线进行机械化播种，播种量控制在每盘 3 000～3 500 粒为宜，调节底土厚度 1.8～2.0 cm，并用 0.3%的敌磺钠兑水浇透底土，盖土厚度 0.2～0.3 cm，以覆盖不露种为宜。播种后，秧盘应叠放在托盘上进行暗化催芽，催芽过程中应注意测温控温，上层温度超过 35℃时须通风降温。待种芽立针（80%芽长 0.5～1.0 cm）时运至秧田进行摆盘，秧床要平整以便于灌水，秧盘应紧贴床土，避免悬空失水。摆盘后应灌透底水并用稀泥封边，再覆盖无纺布保温保湿，利于出苗齐苗。2021 年，该技术被列为农业农村部主推技术。

三、水稻肥水管理技术

（一）水稻氮肥高效利用技术

植物的生长发育需要各种营养元素，氮素是植物最主要的营养元素，对于植物生长发育必不可少。对于水稻而言，“高效氮肥”是提高产量的关键，重点是提高氮肥利用率，充分发挥氮肥在水稻生长期的作用。秸秆还田是一项有助于改善农田水土条件、增加土壤有机质含量的保护性耕作措施的有效方式，能够促进水稻生长发育、提高产量、提高肥料利用效率以及土壤养分有效性。孔丽丽等（2021）研究发现，在秸秆还田条件下，基蘖氮肥和穗氮肥比例为 8：2 最有利于提高水稻齐穗期至成熟期的氮积累量，促进氮素向籽粒转运，使水稻产量的氮素利用效率协同提高。

合理的种植密度及配套的氮肥管理是实现水稻高产氮高效利用的关键。Fu 等（2021）研究了华南双季稻密植、缓施、减施氮肥条件下水稻产量形成、氮素利用效率和光能利用效率，认为合理密植、减少氮肥投入、延迟施氮能提高产量、氮素利用效率和光能利用效率。褚光等（2021a）研究也发现，优化栽培模式（增密减氮、前氮后移和干湿交替灌溉）可以改善水稻根系形态与生理特征，提高地上部生理活性，进而在获得相似产量水平下拥有较高的水、氮利用效率。无机肥结合有机肥，在基肥：分蘖肥：促花肥：保花肥为 4：2：2：2 的条件下，结合干湿交替灌溉，可以协调灌浆过程中的库源关系，提高产量、水分利用效率和肥料利用效率（Zhang et al.，2021）。

2021 年，水稻机插同步侧深施肥技术被列为农业农村部主推技术，深入探究不同类型氮肥机械侧深施用对机插水稻产量及氮素利用效率的影响，有利于提高水稻机械化种植水平，为机插水稻节本增效提供理论依据。黄恒等（2021）研究了侧深施氮对水稻产量及氮素吸收利用的影响，发现与常规施肥相比，侧深施肥不仅可以提高水稻产量，而且可以提高水稻的吸氮效率和氮素利用效率，减少肥料流失带来的环境污染；在相同施氮量的条件下，70％基肥侧深施＋30％穗肥的氮素农学利用率、氮素生理利用率、氮素吸收利用率和氮素偏生产力更高。Zhao 等（2021）也发现，侧深施肥条件下降低施氮频率和每次施氮量，可以提高水稻单产和氮素利用效率。双季稻机插同步侧深施肥拥有较高的叶面积指数、叶绿素含量、养分吸收效率、分蘖成穗率等，与人工撒施肥相比，可以在减少 20％～30％氮肥投入的情况下提高产量（Zhong et al.，2021）。

（二）水稻节水灌溉技术

随着人口增长、工业化城镇化发展、全球气候变化以及环境污染加重，灌溉水资源越来越匮乏，寻求节约用水、提高稻田用水生产效率的途径，发展节水灌溉，成为兼顾水稻高产和水资源高效利用的迫切需求。干湿交替灌溉是目前水稻生产中应用最为广泛的一种节水灌溉技术，节水效果明显。Zhang 等（2021）研究发现，全生育期在干湿交替灌溉条件下的灌溉用水量仅为长淹灌溉的 77.9％；在相同施氮条件下，干湿交替灌溉的产量较长淹灌溉提高 7.0％～15.5％，可以提高水分利用效率和产量。扬州大学陈云等（2021）研究指出，与长淹灌溉相比，干湿交替灌溉复水后根际和非根际土壤硝态氮含量高，脲酶和蔗糖酶活性强，有利于改善水稻灌浆期根系形态和维持较高的根系活力，促进水稻灌浆结实，提高结实率与千粒重，进而提高产量。也有研究指出，籼粳杂交稻在干湿交替模式下可以获得更高的产量和水分利用效率；较好的根系性能和地上部较强的生理活性是其在干湿交替模式下获得高产与水分高效利用的重要生理基础（褚光等，2021b）。但是干湿交替灌溉的程度不同对水稻的生长有着不同影响。与传统灌溉相比，轻度干湿交替灌溉（-20 kPa）能够改善根系形态，提高根系代谢功能，协调地上部生长，提高水稻产量及氮素利用效率；重度干湿交替灌溉（-40 kPa）不利于水稻根系生长，抑制代谢（徐国伟等，2021）。

四、水稻抗灾栽培技术

（一）高温

随着气候变化加剧，水稻生产过程中遭遇高温的概率增加，频繁发生的极端高温事件给水稻生产造成了严重损失。闫浩亮等（2021）研究了不同水稻品种在高温逼熟下的表现及其与气象因子的关系，认为垩白度、整精米率和千粒重可以作为品种对高温逼熟响应的代表性农艺性状；田间形成高温逼熟危害的气象条件是以温湿度为主导的综合气象条件。Xu等（2021）总结了近年来高温胁迫对水稻影响的相关文献，指出在分蘖期遭受高温会导致分蘖数和生物量减少，在花期遭遇高温会降低花粉活力，降低结实率，灌浆期高温会增加灌浆速率，但是减少了总灌浆时间，导致籽粒大小改变，千粒重和产量降低，稻米品质和整精米率降低，垩白度增加；适当应用CTK、SA、BR和ACC等生长调节剂可以减轻高温对水稻的损伤，开花期喷雾处理可以迅速降低稻田温度，延缓叶片衰老，提高抗氧化酶活性，减轻高温引起的产量损失。张明静等（2021）研究发现，随着温度升高，水稻茎叶向穗的干物质转运量、转运率均呈递减趋势，产量亦随之降低，高温延长叶片持绿时间，抑制物质从源向库的转运；选择采用移栽种植方式和长生育期品种，表现出对温度升高较好的抗性。甄博等（2021）研究指出，水稻孕穗期若遭遇极端高温天气，将田间水层保持在15 cm左右，可以缓解高温对水稻造成的热害。

（二）干旱

干旱是最常见的非生物胁迫之一，严重影响植物生长和发育。水稻生殖生长阶段，干旱胁迫对水稻生长发育具有显著抑制作用，且在不同生育时期对水稻生理影响的机理存在明显差异。杨喆等（2021）研究了外源6-BA和BR对干旱胁迫下水稻分蘖期光合色素含量及抗氧化系统的影响，认为水稻叶片喷施6-BA和BR溶液能够有效提高叶片总叶绿素含量和类胡萝卜素含量，促进抗氧化酶活性，暂时抑制细胞内氧化物产生，提高细胞防御水平，能有效缓解分蘖期干旱胁迫对水稻生理代谢功能的损伤，并促进复水后的功能修复，加快物质积累。杨晓龙等（2021）研究发现，灌浆期干旱胁迫下水稻叶片各生理活性显著降低，干旱结束后复水可使叶片的生理活性恢复到正常水平；产量没有明显变化，但改善了稻米品质；认为适当在生育后期阶段减少水分的投入，不仅可以节约农业用水，稳定籽粒产量，还有利于改善稻米品质。Cheng等（2021）研究发现，遭受干旱胁迫时，与施尿素相比，施用硝酸盐可以增加土壤中硝态氮和氨态氮的比例，导致地上部更小、更紧凑、活性降低但根系更大，降低了水稻植株的需水量和吸水量，减缓土壤水势下降的速度，认为硝酸盐会提高水稻对干旱胁迫引起的土壤变化的适应性，降低产量损失。

第二节 国外水稻栽培技术研究进展

在水稻机械化生产技术方面，以日本、韩国等为代表的国家目前已经形成了适应全程机械化生产的水稻栽培理论与技术体系。以美国、意大利和澳大利亚等为代表的国家则形成了以水稻机械化直播为主体的水稻直播体系，大幅降低生产成本。一项调查研究显示，南亚的尼泊尔、印度和孟加拉等国家农业机械化发展迅速，拖拉机是其拥有和使用最多的农业机械，其次是脱粒机和收割机，尽管这些国家机械拥有率较低，但是使用率很高（Jeetendra et al.，2021）。

耗水量大、水分利用率低是当前水稻生产面临的突出问题，发展节水灌溉对于稳定水稻生产和水资源高效利用具有重要意义。Elliott 和 Kazuki（2021）研究发现，在科特迪瓦中部，与常规灌溉相比，采用干湿交替灌溉，可以提高水稻产量、水分利用效率和稻米品质，降低杂草生物量和灌溉水输入量，减少对灌溉和除草的劳动力需求。Stefano 等（2021）研究表明，在意大利北部稻区采用轻度干湿交替灌溉，对产量无显著影响，但是显著提升了水分利用效率，降低了稻米中的砷浓度，增加了镉浓度。

在水稻抗灾栽培技术方面，稻作工作者也做了大量研究。日本九州大学的 Yuji Matsue 团队研究了成熟期高温胁迫下不同水分管理措施对水稻产量、外观品质和适口性的影响；指出与间歇灌溉和漫灌相比，饱和灌溉的土壤温度全天保持较低水平，根系活力较高，产量显著提高，整精米率和糙米率较高，适口性较好。Maria 等（2021）总结了近年来干旱和高温胁迫对水稻生理影响的文献，指出水稻在干旱或高温胁迫下的基本本能是将更多的光合产物分配给根系生长，以期找到更多的水来满足蒸腾需求；将更多同化的碳分配给生殖结构和籽粒灌浆对于在胁迫期间保持水稻产量和质量至关重要。

随着信息技术和农机装备生产技术的发展，与水稻栽培管理紧密结合开发的精准农业装备也不断投入生产实践。如精确变量施肥装备通过实时监测水稻群体营养状况、土壤养分与水分供应水平，在运行过程中实时调整施肥量，实现精确施肥；采用无人机获取作物生长动态信息，结合数据解析后，指导 GPS 引导的自动施肥机械变量施肥和管理，可以实现丰产优质精确定量管理。

参考文献

白晨阳，姜浩，苏庆旺，等，2021. 旱作条件下水稻生长指标、产量对播期的响应特征 [J]. 灌溉排水学报，40 (2)：24-31.

褚光，徐冉，陈松，等，2021a. 优化栽培模式对水稻根—冠生长特性、水氮利用效率和产量的影响 [J]. 中国水稻科学，35 (6)：586-594.

褚光，徐冉，陈松，等，2021b. 干湿交替灌溉对籼粳杂交稻产量与水分利用效率的影响及其生理基础 [J]. 中国农业科学，54 (7)：1499-1511.

丁紫娟，徐洲，田应兵，等，2021. 再生稻干湿交替灌溉与根区分层施氮减少温室气体排放 [J]. 灌溉排水学报，40 (7)：51-58.

黄恒，姜恒鑫，刘光明，等，2021. 侧深施氮对水稻产量及氮素吸收利用的影响 [J]. 作物学报，47 (11)：2232-2249.

孔丽丽，侯云鹏，尹彩侠，等，2021. 秸秆还田下寒地水稻实现高产高氮肥利用率的氮肥运筹模式 [J]. 植物营养与肥料学报，27 (7)：1282-1293.

潘高峰，汪本福，陈波，等，2021. 播期对鄂中北地区不同类型粳稻产量、生育期及温光利用的影响 [J]. 作物杂志，(4)：105-111.

彭显龙，匡旭，李鹏飞，等，2021. 协调水稻产量和品质的植株临界氮浓度的确定 [J]. 土壤通报，52 (1)：109-116.

唐刚，廖萍，眭锋，等，2021. 秸秆全量还田下晚稻季翻耕对双季稻田温室气体排放和产量的影响［J］. 作物杂志，（6）：101-107.

王丹英，徐春梅，褚光，等，2021. 水稻高产与优质栽培的冲突与协调［J］. 中国稻米，27（4）：58-62.

王鸿浩，谭梦怡，王紫君，等，2021. 不同水分管理条件下添加生物炭对琼北地区水稻土 N_2O 排放的影响［J］. 环境科学，42（8）：3943-3952.

徐国伟，赵喜辉，江孟孟，等，2021. 轻度干湿交替灌溉协调水稻根冠生长、提高产量及氮肥利用效率［J］. 植物营养与肥料学报，27（8）：1388-1396.

闫浩亮，王松，王雪艳，等，2021. 不同水稻品种在高温逼熟下的表现及其与气象因子的关系［J］. 中国水稻科学，35（6）：617-628.

杨喆，唐才宝，钱婧雅，等，2021. 外源6-BA和BR对干旱胁迫下水稻分蘖期光合色素含量及抗氧化系统的影响［J］. 分子植物育种，19（8）：2733-2739.

杨晓龙，程建平，汪本福，等，2021. 灌浆期干旱胁迫对水稻生理性状和产量的影响［J］. 中国水稻科学，35（1）：38-46.

钟晓媛，邓飞，陈多，等，2021. 播期对机插杂交籼稻不同茎蘖部位稻穗枝梗数和颖花数的影响［J］. 作物学报，47（10）：2012-2027.

邹丹，王慰亲，郑华斌，等，2021. 播期对再生稻生长影响的研究进展［J］. 杂交水稻，36（4）：6-10.

张洪程，胡雅杰，杨建昌，等，2021. 中国特色水稻栽培学发展与展望［J］. 中国农业科学，54（7）：1301-1321.

张庆，郭保卫，胡雅杰，等，2021. 不同氮肥水平下优质高产软米粳稻的产量与品质差异［J］. 中国水稻科学，35（6）：606-616.

张明静，韩笑，胡雪，等，2021. 不同种植方式下温度升高对水稻产量及同化物转运的影响［J］. 中国农业科学，54（7）：1537-1552.

甄博，郭瑞琪，周新国，等，2021. 孕穗期高温与涝对水稻光合特性和产量的影响［J］. 灌溉排水学报，40（4）：45-51.

Cheng B，Hu S L，Cai M L，et al.，2021. Nitrate application induced a lower yield loss in rice under progressive drought stress［J］. Plant Growth Regulation，95（2）：149-156.

Elliott R D Y，Kazuki S，2021. Impact of management practices on weed infestation，water productivity，rice yield and grain quality in irrigated systems inCôte d' Ivoire［J］. Field Crops Research，270：108209.

Fu Y Q，Zhong X H，Zeng J H，et al.，2021. Improving grain yield，nitrogen use efficiency and radiation use efficiency by dense planting，with delayed and reduced nitrogen application，in double cropping rice in South China［J］. Journal of Integrative Agriculture，20（2）：565-580.

Jeetendra P A，Dil B R，Ganesh T，et al.，2021. Mechanisation of small-scale farms in South Asia：Empirical evidence derived from farm households survey［J］. Technology in Society，65：101591.

Li L，Tian H，Zhang M H，et al.，2021. Deep placement of nitrogen fertilizer increases rice yield and nitrogen use efficiency with fewer greenhouse gas emissions in a mechanical direct-seeded cropping system［J］. The Crop Journal，9（6）：1386-1396.

Maria V J D C，Yamunarani R，Venkategowda R，et al.，2021. Combined drought and heat stress in rice: Responses, phenotyping and strategies to improve tolerance [J]. Rice Science, 28 (3): 233-242.

Xu Y F, Chu C C, Yao S G, 2021. The impact of high-temperature stress on rice: Challenges and solutions [J]. The Crop Journal, 9 (5): 963-976.

Yuji M, Katsuya T, Jun A, 2021. Water Management for Improvement of Rice Yield, Appearance Quality and Palatability with High Temperature During Ripening Period [J]. Rice Science, 28 (4): 409-417.

Zhao C, Huang H, Qian Z H, et al., 2021. Effect of side deep placement of nitrogen on yield and nitrogen use efficiency of single season late japonica rice [J]. Journal of Integrative Agriculture, 20 (6): 1487-1502.

Zhang H, Jing W J, Zhao B H, et al., 2021. Alternative fertilizer and irrigation practices improve rice yield and resource use efficiency by regulating source-sink relationships [J]. Field Crops Research, 265: 108124.

Zhang W Y, Yu J X, Xu Y J, et al., 2021. Alternate wetting and drying irrigation combined with the proportion of polymer-coated urea and conventional urea rates increases grain yield, water and nitrogen use efficiencies in rice [J]. Field Crops Research, 268: 108165.

Zhong X M, Peng J W, Kang X R, et al., 2021. Optimizing agronomic traits and increasing economic returns of machine-transplanted rice with side-deep fertilization of double-cropping rice system in southern China [J]. Field Crops Research, 270: 108191.

第四章　水稻植保技术研究动态

2021年，全国水稻病虫草害发生面积约14.2亿亩次，比2020年略有减少；发生程度总体为中等至中等偏重，部分病虫局部严重发生。二化螟、稻飞虱和稻纵卷叶螟发生偏重，局部大发生；白叶枯病和细菌性条斑病等细菌性病害流行范围增大、程度加重，局部造成严重危害。区域性严重发生或呈上升趋势的次要病虫害包括：大螟、叶蝉、稻秆潜蝇和跗线螨，恶苗病、南方水稻黑条矮缩病、细菌性条斑病和根结线虫病。国内水稻植保技术研究在病虫害发生规律与预测预报技术、化学防治替代技术、水稻与病虫害互作关系和水稻病虫害分子生物学等方面均取得显著进展。在化学防治替代技术方面，筛选出二氧化硅纳米颗粒和壳聚糖—海藻酸盐水凝胶微球等农药新剂型，为水稻害虫的绿色防控提供了新途径。在水稻与病虫害互作研究方面，李云河团队揭示了两种重大害虫二化螟和褐飞虱通过协作，合力应对水稻直接和间接防御，实现“互利共存”的生态机制及生化和分子机理。研究结果打破了人们对共享寄主昆虫种间竞争排斥关系的普遍认知，明确了在同一植株取食为害的两种昆虫可因生态位分异实现种间互利，拓展和深化了“生态位分异理论”的内涵。

第一节　国内水稻植保技术研究进展

一、水稻主要病虫害防控关键技术

（一）病虫害发生规律与预测预报技术

Qin等（2021）建立了诱发水稻秧苗稻瘟病操作流程，实现均匀和一致的病原菌感染，有助于准确评估水稻材料的幼苗抗瘟性。针对水稻灯诱昆虫图像中稻飞虱自动检测存在严重误检和漏检的问题，姚青等（2021）建立了改进CornerNet的水稻灯诱飞虱自动检测方法，该方法预测白背飞虱和褐飞虱的平均精确率和召回率分别为95.53%和95.50%。针对测报灯下褐飞虱鉴定费时费力这一问题，罗举等（2021）建立了基于重组酶介导扩增和侧流层析试纸条的快速鉴定体系（RAA-LFD），用于褐飞虱及其近似种快速区分。林峰（2021）采用性诱技术和红外感应技术，实现了对稻纵卷叶螟的自动监测，田间检测率为91.0%。

(二) 化学防治替代技术

1. 病害生防菌的筛选与应用

Zhao 等 (2021b) 发现天然产生的柠檬醛显著抑制稻瘟病菌的生理和代谢，提出利用植物微生物组增强作物抗病性是化学农药的新兴替代途径。Wang 等 (2021i) 将内切β-1，3-葡聚糖酶 MoGluB 与稻瘟病菌分生孢子孵育，抑制稻瘟病菌分生孢子萌发和附着胞形成。Wang 等 (2021g) 揭示了新型壳聚糖酶 AqCoA 制备的几丁质低聚糖在真菌病害防治中的应用。Wang 等 (2021h) 发现水稻中β-1，3-葡聚糖酶 GNS6 对稻瘟病菌的抗真菌活性。Wu 等 (2021) 揭示了 GroEL 蛋白能够增强水稻对稻瘟病的抗性。Anjago 等 (2021) 分析了血根碱对稻瘟病菌抑制作用的分子机制。

Yang 等 (2021e) 筛选获得一株 *Pseudomonas oryziphila* 生防菌，可以有效抑制水稻细菌性条斑病菌。Zhao 等 (2021d) 从紫荆中分离到一株内生真菌 *Alternaria alternata*，其代谢物对水稻白叶枯病菌具有抑菌作用。Chen 等 (2021h) 评估了 *Bacillus velezensis* ZW10 对稻瘟病菌的拮抗作用。Lin 等 (2021d) 发现，伯克霍尔德利亚菌株 BBB-01 释放的挥发性有机化合物具有杀菌活性。Perumal 等 (2021) 报道一种新型绿茶精油纳米乳液的制备与表征，揭示了其抗稻瘟病的作用机制。

2. 虫害的非化学防治技术

Zhao 等 (2021c) 发现，昆虫病原真菌 *Isaria javanica* 对褐飞虱若虫有较强致死作用，能够降低初孵成虫的存活率与繁殖力，其制成颗粒剂对田间褐飞虱的防治效果达 28d 以上。王谆静等 (2021) 发现八角茴香正己烷、二氯甲烷浸提液抑制白背飞虱取食，减低昆虫蜜露量和产卵量，具有潜在应用价值。宋星陈等 (2021) 制备了松香·海藻酸钠膜剂，通过喷雾法测定了其对室内外褐飞虱的防控效果。

Peng 等 (2021) 等通过连续 8 年的田间应用试验发现，金龟子绿僵菌 CQMa421 菌株能够有效防控稻纵卷叶螟和二化螟等靶标害虫，对水稻产量、天敌等有益生物影响较小。刘琴等 (2021) 明确了亚致死剂量的稻纵卷叶螟颗粒体病毒 (CnmeGV) 对稻纵卷叶螟的化蛹、羽化和产卵等过程具有一定影响。

(三) 化学防治技术

1. 农药新品种、新剂型研究

Li 等 (2021f) 合成吩嗪-1-羧基-三唑化合物的衍生物，发现 3 个化合物对稻瘟病菌表现出很好的抑制活性。Lu 等 (2021d) 设计并合成了 4H-铬类似物，可作为琥珀酸脱氢酶的潜在抑制剂。Pan 等 (2021) 明确了源自链霉菌属 YG7 的环己酰亚胺异构体的抑菌活性。

Chen 等 (2021c)、Dai 等 (2021) 和 Ding 等 (2021) 分别发现杨梅黄酮衍生物、肉桂酸衍生物和三唑硫脂类衍生物对白叶枯病原菌的抑制作用。Fan 等 (2021) 和 Huang 等 (2021b) 报道了菲类衍生物和优化的咔唑药剂对病原细菌的抑菌作用。Kang

等（2021）发现光稳定化合物 3-（3′-三氟甲基）苯基丙烯醇衍生物具有防控真菌和细菌的应用价值。Liu 等（2021c）报道了含喹唑啉酮结构的杨梅黄酮衍生物的合成和抗菌作用机理。Long 等（2021）制备了多功能的吡唑酰肼衍生物，可用于真菌、卵菌和细菌病菌。Mou 等（2021）报道了含有酰胺结构的丁烯醇衍生物具有很好的抑制细菌作用，其机制是提高防卫相关酶活性并上调了蛋白氧化磷酸化水平。

Yang 等（2021b）以溶胶—凝胶法制备的介孔二氧化硅纳米颗粒（Mesoporous silica nanoparticle，MSNs）为核，以聚 N-异丙基丙烯酰胺［Poly（N-isopropylacrylamide）］为壳，制备了噻嗪酮制剂，不仅抑制噻嗪酮降解，还能增强吸附性。Cheng 等（2021a）报道了荧光二氧化硅在水稻中的传导作用，参与植物与病原菌互作、植物激素信号转导、糖代谢以及固碳途径相关基因的表达，促进水稻幼苗生长、增加水稻木质素含量和硅细胞数量，提高水稻对褐飞虱的抗性。Yang 等（2021c）通过物理包埋、离子交联等方法，以香茅醇作为油相，合成了含氯虫苯甲酰胺的壳聚糖—海藻酸盐水凝胶微球（CCAM），测定了其形态、粒径、包封率、载药量、体外缓释动力学和漂浮能力。周晨等（2021）使用壳聚糖、碳量子点（Carbon quantum dot，CQD）和 lipofectamine 2000 作为代表性纳米粒子，制作了 3 种不同的 dsRNA 复合颗粒，发现壳聚糖和 CQD 纳米载体提高了灰飞虱对 dsRNA 的敏感性。

2. 施药新技术

魏琪等（2021）利用液相色谱串联质谱法测定植保无人机和背负式喷雾器喷施不同种类农药后，药液在水稻植株上的农药沉积率，发现植保无人机喷施后水稻中上部的农药沉积率为 34.83%，高于背负式喷雾器的农药沉积率（15.30%），并探讨了水稻冠层喷雾过程中非靶标部位药剂沉积对褐飞虱防治效果的影响，为优化水稻病虫害综合防控技术和提高农药利用率提供科学依据。

二、水稻病虫害的应用基础研究

（一）水稻与病虫害互作关系

1. 水稻抗病性及其机制

Li 等（2021b）鉴定了参与水稻广谱持久抗稻瘟病的 miRNA 分子 RNase P。Li 等（2021g）发现，抑制水稻 miR1871 能够提高水稻对稻瘟病的抗性和产量。Wang 等（2021b）研究表明，抑制水稻 miR168 能够提高水稻产量、开花时间和免疫。Zhao 等（2021a）报道了稻瘟病菌的 22 个 sRNA、77 个分泌蛋白，它们可作为效应因子参与稻瘟病菌的侵染过程。

Li 等（2021d）揭示水稻 RNase P 蛋白亚基 Rpp30 参与广谱抗真菌和细菌病原。Liang 等（2021）发现水稻 casbane 型二萜植保素 ent-10-oxodepressin 生物合成基因簇，解析 casbane 型二萜植保素 ent-10-oxodepressin 的代谢机制。Lin 等（2021a）揭示水稻

CBL 互作蛋白激酶 31 通过细胞钾离子水平调控水稻对稻瘟病的抗性。Wang 等（2021c）报道 2 个 VOZ 转录因子，它们参与 E3 连接酶和 NLR 免疫受体的途径，调控水稻免疫。Liu 等（2021e）发现，水稻泛素结合酶 OsUBC26 调节 WRKY45 的转录，同时参与 E3 连接酶 APIP6 与 AvrPiz-t 的互作。Qiu 等（2021）发现 PPR 蛋白编码基因 *OsNBL3* 对线粒体的发育和功能至关重要。Yang 等（2021a）揭示 Poaceae 细胞壁的寡糖在水稻稻瘟病侵染期间，通过激活 OsCERK1 调节植物免疫力。Yuan 等（2021）发现 NAC 转录激活因子 ONAC066 调节 OsWRKY62 和 3 个细胞色素 P450 基因的表达，正向调控水稻对稻瘟病菌的免疫力。Du 等（2021）揭示 NB-LRR 抗性蛋白 OsRLR1 与转录因子 OsWRKY19 互作，调控 OsPR10 的启动子激活防卫反应，参与水稻对稻瘟病菌的抗性。Han 等（2021）发现效应蛋白 Avr-Pita 增强水稻线粒体细胞色素 c 氧化酶活性，抑制水稻的先天性免疫。Hu 等（2021）发现抑制 *OsMESL* 表达能够激活活性氧介导的水稻广谱抗病性。

Chen 等（2021a）发现水稻 Raf1 样的 MAPKKK OsILA1 蛋白激酶抑制 OsMAPKK4-OsMAPK6 信号通路，促进水稻对白叶枯病菌的抗性。Chen 等（2021d）揭示络氨酸磷酸酶 Paladin 参与 Xa21 介导的水稻免疫途径。Chen 等（2021g）报道了新的 R 基因 *Xa7*，参与水稻对白叶枯病的抗性。Kong 等（2021）研究表明 OsPHR2 调节磷酸饥饿诱导的 OsMYC2 信号通路，参与水稻对白叶枯病菌的抗性。Li 等（2021c）发现 OsMPKK6-OsMPK4 信号通路中 2 个 VQ 蛋白，参与了水稻对白叶枯病菌的防卫反应。Liu 等（2021a）发现第三类过氧化物酶 OsPrx30 在转录上受 AT 勾状蛋白 OsATH1 调控，并调控水稻白叶枯病菌诱导的 ROS 积累。Luo 等（2021）揭示 *Xa7* 抗病基因可以保护水稻感病基因 *SWEET14*，阻止其被白叶枯病菌利用。Ma 等（2021a）揭示了病原诱导的 OsMPKK10.2-OsMPK6 磷酸化 Raf 样的激酶 OsEDR1，抑制其作为骨架蛋白的功能，促进水稻病害抗性。Ni 等（2021b）通过突变白叶枯病菌感病基因 *OsSWEET11*、*OsSWEET14* 和 *OsSULTR3* 的启动子，阻断白叶枯病菌效应子结合感病基因，提高白叶枯病菌抗性。Tao（2021）通过 CRISPR/Cas9 编辑感病基因 *Pi21*、*Bsr-d1* 和 *Xa5* 显著提高水稻对稻瘟病菌和白叶枯病菌的抗性。Wang 等（2021a）报道 OsMPK6 的 R89K 位点突变导致其磷酸化活性下降，诱导水稻细胞死亡。

2. 水稻抗虫性及害虫致害机制

Liu 等（2021b）发现当二化螟单独为害水稻时，水稻迅速启动防御反应，表现为相关防御基因显著上调、蛋白酶抑制剂迅速累积，抑制了二化螟的持续危害；但当褐飞虱与二化螟共同为害水稻时，则可显著抑制二化螟诱导的水稻防御反应，并系统阐述了二化螟和褐飞虱通过协作作用抵御水稻抗虫反应、实现“互利共存”的生态机制，揭示了种间互利关系的生态和分子机理。

Ji 等（2021）通过 RNA 干扰、植物防御信号分子测定以及蛋白互作等方法，发现白背飞虱取食并分泌卵黄原蛋白（Vitellogenin，Vg）的 C 端多肽（VgC）至水稻中，在细胞核中与 OsWRKY71 互作后抑制其转录活性，进而抑制 OsWRKY71 介导的白背飞虱抗性。Wen等（2021）研究发现，miRNA介导的*Csu-novel-260*转基因水稻可抑制二化螟和稻纵卷叶螟的化蛹，且与Cry1C无交互抗性。

（二）水稻重要病虫害的抗药性及机理

1. 抗药性监测

Datta等（2021）报道了我国褐飞虱种群对吡虫啉、噻虫嗪、噻嗪酮和呋虫胺表现出较高的抗性水平，对烯啶虫胺和氟啶虫胺腈表现出低至中度抗性，对三氟苯嘧啶敏感。Liao等（2021）汇总了2015—2018年不同地理种群褐飞虱的抗药性监测情况，结果表明褐飞虱对噻虫嗪、吡虫啉、噻嗪酮表现出高抗性水平，对呋虫胺、噻虫胺和灭扑威表现出中至高抗性水平，对毒死蜱和烯啶虫胺表现出低至中水平抗性，对氟啶虫胺腈、三氟苯嘧啶和醚菊酯表现出敏感或低抗性水平。

Huang等（2021a）等报道了2019—2020年，我国28个地理种群二化螟对氯虫苯甲酰苯胺的抗性差异，提出其抗药性呈现增强趋势，且与靶标受体*RyR*的双突变有关。李增鑫等（2021）采用叶片浸渍法测定了2015—2019年湖北、湖南、江西、安徽和河南等10个地区稻纵卷叶螟田间种群对毒死蜱、茚虫威、乙基多杀菌素、阿维菌素、氯虫苯甲酰胺、溴氰虫酰胺和氟苯虫酰胺7种杀虫剂的敏感性现状，发现稻纵卷叶螟田间种群对7种杀虫剂敏感性差异明显，对同种杀虫剂的敏感性差异不明显，且目前华中地区稻纵卷叶螟的田间种群对氯虫苯甲酰胺等的敏感性下降趋势明显。

2. 抗药性机制

Ni等（2021a）报道ATP依赖的蛋白酶ClpP和亚基ClpA，ClpB和ClpX参与田间白叶枯病原菌对双异丙噻唑的抗性。Cai等（2021）通过杀菌剂适应筛选获得四株对氟环唑具有抗性的菌株，这些抗性菌株生长产孢和致病力跟野生型菌株比均显著下降。

Pang等（2021）通过对褐飞虱的吡虫啉高抗性个体和相对敏感个体进行基因组重测序，在候选基因中发现过氧化物酶基因（*NlPrx*）与农药代谢过程有较强相关性；后续研究发现，该基因启动子存在一个潜在的修饰等位基因（*T65549*），可导致其在抗性个体中显著上调表达，携带*T65549*的褐飞虱抗性个体中*NlPrx*的表达水平上调，且能增强其消除ROS的能力。

Cheng等（2021b）发现吡虫啉抗性品系褐飞虱的肝细胞核因子4（*HNF4*）的表达水平显著低于敏感种群，基因沉默后会导致褐飞虱P450和UGT介导的解毒代谢途径相关基因上调，其中*UGT-1-7*、*UGT-2B10*和*CYP6ER1*的过表达与吡虫啉的抗性相关。Mao等（2021）鉴定了29个*CarEs*基因，发现烯啶虫胺、三氟苯嘧啶、毒死蜱、灭扑威和醚菊酯可以诱导大部分*CarEs*基因的表达，其中*NlCarE1*和*NlCarE19*可能与抗药性相关。Wang等（2021d）利用基因沉默和转基因技术证明了*NlCYP6CS1*可能参与褐飞虱对吡蚜酮抗性产生。Zhang等（2021c）发现*NlUGT386F2*过表达可导致褐飞虱对噻虫胺抗性增强，而抑制褐飞虱ROS活性，提高褐飞虱对噻虫胺的敏感性。Jin等（2021b）发现噻虫胺抗性种群褐飞虱转录因子激活蛋白1（AP-1）的表达水平高于敏感种群，且噻虫胺可以显著诱导 AP-1 的表达，并明确 *NlAP-1* 与 *CYP6ER1* 启动子的互作关系。

（三）水稻病虫害分子生物学研究进展

1. 水稻病害

Li 等（2021a）研究发现海藻糖磷酸合成酶复合体介导的海藻糖-6-磷酸在平衡稻瘟病菌发育和致病之间起着非常重要的作用。Lin 等（2021b）揭示了翻译起始因子 eIF3k 结构域蛋白具有调节稻瘟病菌产孢、附着胞膨压、致病力和逆境响应等作用。Batool 等（2021）揭示了翻译起始因子 eIF4E 参与正向调节丝状真菌稻瘟病菌的分生孢子形成、宿主侵袭和逆境响应等作用。Lin 等（2021c）报道了稻瘟病菌核膜蛋白 Nup84 在有丝分裂过程中的荧光动态。Wu 等（2021a）揭示了由 MoYpt7 招募的逆转录子 CSC 亚复合物，可促进稻瘟病菌的有效产孢和致病性。Aron 等（2021）分析发现 MoGLN2 对稻瘟病菌的营养生长、细胞壁完整性的维持和发病机制至关重要。

Qu 等（2021）揭示了 PoRal2 可通过调节 Pmk1 MAPK 途径参与稻瘟病附着胞的形成和毒力。Sun 等（2021）报道称 ESCRT-0 内含体分选复合物对于稻瘟病菌发育、致病性、自噬和内质网自噬十分重要。Zhu 等（2021c）揭示了液泡蛋白质分选受体 MoVps13 调节稻瘟病菌的分生孢子和致病性。Zhu 等（2021d）鉴定到 VASt 结构域蛋白，并分析了其调节稻瘟病菌中的自噬、膜张力和甾醇稳态。

Liu 等（2021e）通过对比稻瘟病菌野生型和甘露糖转移酶缺失突变体的分泌组，鉴定到与致病力和细胞壁完整性相关的蛋白。Zhou 等（2021b）报道了 COMPASS 类复合物可通过调节稻瘟病菌中 H3K4me3 介导的靶向基因表达来调节真菌的发育和发病机制。Chen 等（2021c）揭示了稻瘟病菌氧甾酮结合蛋白相关蛋白 MoORPs 可以调节植物先天性免疫，并参与稻瘟病菌发育和致病过程。

Du 等（2021c）对江苏穗颈瘟病原分离鉴定后确定为不同于已知的稻瘟病菌，并将其病原命名为 *Pyricularia* sp. *jiangsuensis*。Qian 等（2021）揭示了磷酸酶相关蛋白 MoTip41 与磷酸酶 MoPpe1 的相互作用，并介导稻瘟病真菌侵染期间 TOR 信号和细胞壁完整性信号传导之间的交联。Xiao 等（2021c）为 MoMsn2 的调节机制提供证据，MoMsn2 靶向 MoAUH1 以调节其转录本水平，从而打乱线粒体融合与裂变的平衡。Yu 等（2021b）揭示了稻瘟病真菌 MoRgs1 在 cAMP 信号传导和致病性中的作用受酪蛋白激酶 MoCk2 磷酸化调控作用。

Shi 等（2021a）揭示了 MoWhi2 通过调控稻瘟病菌的 MoTor 信号通路调节附着胞的形成和致病力。Wu 等（2021f）通过 ChIP-seq 试验鉴定出与稻瘟病菌中功能靶基因结合的组蛋白甲基化（如 H3K4me3）的全基因组分布，并提出了一套在全基因组范围内分析组蛋白修饰的实验方案，由此识别稻瘟病菌和其他丝状真菌发病机制中新的靶基因。Lin 等（2021a）揭示了稻瘟病菌组蛋白去乙酰化酶 MoRpd3 和 MoHst4 在调控稻瘟病菌生长、产孢和致病力中的作用。Wei（2021）揭示水稻黄单胞菌 *PdeK-PdeR* 双组

分系统促使 *FimX* 单向定位和纤毛延伸。Wu 等（2021b）通过蛋白质和转录组分析，揭示了寄主诱导的碳水化合物代谢在水稻黄单胞病菌毒力和水稻与黄单胞病菌互作中的重要作用。Wu 等（2021e）鉴定到一个关键的反义 sRNA，可参与调控水稻细菌性条斑病菌氧化逆境响应和毒力。Xue 等（2021b）发现国内出现由 *Enterobacter asburiae* 和 *Pantoea ananatis* 引起的水稻细菌性白叶枯可能具有不同侵染机制。Yu 等（2021a）在中国东南地区也报道 *P. ananatis* 引起的水稻新型细菌性白叶枯。

2. 水稻虫害

Zhuo 等（2021）报道了参与调控 *Doublesex* 可变剪接的两个新基因 *Nlfmd* 和 *Nlfmd2*，揭示两者形成的复合体结合 *Doublesex* 外显子 4 上的重复元件（G/A）AA-GAA 可参与调控褐飞虱雌虫发育。

Wang 等（2021f）首次利用大尺度三维电镜技术重构出稻飞虱纳米分辨率的三维结构，揭示了其内部组织器官尤其是口器和气管系统结构与功能的关系；同时还收集了长 600 μm 的褐飞虱若虫在休息和刺入水稻组织状态下的完整三维电镜数据，并利用计算机处理技术重构了其消化、神经、呼吸等生理系统并解析了取食过程中口器刺入植物的过程。

Ma 等（2021b）使用 PacBio 和 Illumina 平台重新组装了褐飞虱、白背飞虱和灰飞虱的基因组，鉴定了褐飞虱、白背飞虱和灰飞虱的 X 染色体以及褐飞虱的 Y 染色体。三种稻飞虱的性染色体基因含量差异较大，表明与性连锁的基因进化较快，且所有染色体都表现出高度的同步性。三种稻飞虱基因组组装将为未来分子生态学的广泛研究提供有价值的资源。Ye 等（2021b）利用第三代测序技术和 Hi-C 数据生成了一个高质量的雄性褐飞虱装配体，鉴定出 14 条常染色体和 2 条性染色体（X+Y），筛选出 7 个对褐飞虱雄性发育有重要影响的 Y 染色体基因。

水稻害虫重要功能基因的研究取得一些进展（表 4-1）。Wang 等（2021e）鉴定了 15 个 *Rpn* 以及其同源基因的序列，分析了其时空表达谱，发现这些基因主要在雌虫卵巢以及卵中高表达，在雄虫中低表达；沉默 *NlRpn* 会降低雌虫脂肪体和卵巢中蛋白酶体的蛋白水解活性，阻碍脂肪酶和卵黄蛋白原基因的转录，并最终导致卵巢中甘油三酯含量减少。

Dong 等（2021b）发现 *NlFoxO* 可以与核糖体蛋白 6 激酶（*NlS6K*）以及丝氨酸/苏氨酸蛋白激酶 *mTOR*（*NlTOR*）的启动子结合，增加其表达水平，发现 *NlFoxO* 直接与卵黄蛋白原（*NlVg*）外显子结合，特异性抑制其表达，沉默 *NlFoxO* 会导致褐飞虱雌虫产卵数量和孵化率显著降低。Zhang 等（2021b）首先利用单基因或双基因干扰 *InR1* 或 *InR2* 表达的方法确定了 5 龄早期（若虫最后一个龄期）是褐飞虱翅型转换的关键窗口期，进一步发现 *vestigial* 的转录受胰岛素信号通路调控。Xue 等（2021）研究了褐飞虱 *NlInR2* 的生理功能，结果表明 *NlInR2* 缺失不会导致死亡而会加速翅细胞中的 DNA 复制和细胞增殖，从而导致短翅型重新定向为长翅型。

表 4-1 水稻害虫功能基因鉴定

基因名	功能	参考文献
褐飞虱		
NlHSP70s 和 *NlDNAJ* 家族	卵巢发育、胚胎发育、生殖、蜕皮等	Chen et al.（2021f）
NCER	生殖	Shi et al.（2021）
NlCSAD	生殖	Chen et al.（2021b）
NlAAAP 家族	生殖、发育	Yue et al.（2021b）
KIF2A	卵巢发育	Gao et al.（2021）
NlATG3	蜕皮、生殖	Ye et al.（2021a）
JHBP	雌虫交配前的腹部振动（AV）	Su et al.（2021）
NlAPC09	生殖	Yue et al.（2021a）
NlGr11	取食	Chen et al.（2021e）
NlPCE3	生殖	Zheng et al.（2021）
KNRL nuclear receptor	胚胎发育	Lu et al.（2021b）
MagR	生殖	Liu et al.（2021d）
Nlix	胚胎发生、生殖系统发育	Zhang et al.（2021a）
NGRGs	蜕皮	Yang et al.（2021d）
NlCHS1	卵孵化率	Lu et al.（2021a）
GFAT、*PFK*	发育	Xu et al.（2021a）
TPS	几丁质含量、甲壳素合成	Zhou et al.（2021a）
IscA1	觅食方向偏好	Zhang et al.（2021d）
NlInR1、*NlInR2*	翅型发育	Li et al.（2021e）
NlAMPK	能量平衡	Lin et al.（2021c）
NlFoxO	翅型分化	Xu et al.（2021b）
Ilp	发育、生殖、海藻糖代谢	於卫东等（2021）
nlapn1 和 *nlapn4*	消化	林莉等（2021）
灰飞虱		
LsECP1	取食	Tian et al.（2021）
LsPDI1	作为激发子诱导钙、活性氧和茉莉酸信号通路来增强植物对昆虫的抗性	
二化螟		
CsPgp	杀虫剂抗药性	孟祥坤等（2021）
ND、*GPDH*、*MSL3*	发育	Jin et al.（2021a）
CsPrip	水分平衡	Lu et al.（2021c）
Cshsp19.0	环境胁迫、生理活动	Dong et al.（2021a）

（续表）

基因名	功能	参考文献
稻纵卷叶螟		
CXE66	酯类植物挥发物的降解	李尧等（2021）
CmCHSB	发育	Zhang et al.（2021e）
CmUAP	发育	Zhou et al.（2021b）

第二节　国外水稻植保技术研究进展

一、水稻病虫害防控技术

（一）非化学农药防治技术

Lam 等（2021）揭示了芽孢杆菌环状脂肽通过直接拮抗作用和诱导自身抵抗力来控制稻瘟病菌在盆栽和酸性硫酸盐土壤中的发病情况。Prasanna 等（2021）揭示了天鹅芽孢杆菌菌株的多样性和生物潜力。Quoc 等（2021）开发了与稻瘟病真菌 *Magnaporthe oryzae* 致病性相关的 SCAR 标记。Sheoran 等（2021）利用稻瘟病菌的基因组辅助分子和病理分析，揭示了具有高毒力多样性的遗传同质种群。Rana 等（2021）开发了一种基于石墨烯的电化学 DNA 生物感应器来检测稻曲病菌的方法。

Joshi 等（2021a）通过筛选 318 个植物化合物鉴定到了 8 种化合物，可作为抑制白叶枯病原的潜在药剂。Joshi 等（2021b）从夜香牛抽提液中鉴定到具有抑制白叶枯病菌的潜在天然杀菌剂，发现 Rutin 和 Methanone 与 D-丙氨酸连接酶具有很好的亲和力，diisooctyl ester 对肽脱甲酰基酶具有很好的结合能力。Adamu 等（2021）等发现生姜精油可以通过抑制水稻白叶枯病菌生物膜的形成从而有效限制生物膜的生长和产生。Pal 等（2021）发现使用胆汁酸和甘氨酸的结合物进行叶面喷施或浸种可激活植物防卫基因并阻止白叶枯病发生。

Shahriari 等（2021）通过形态学和分子生物学方法对采集的标本进行培养和鉴定，研究了二化螟幼虫相关的昆虫病原真菌，经过疏水蛋白含量、蛋白酶、几丁质酶和脂肪酶活性等一系列测定，鉴定出球孢双歧杆菌（包括 BBRR1、BBAL1）是二化螟相关真菌中最具毒力和环境适应性的分离株。

（二）化学农药防治技术及抗药性

Bohnert 等（2021）建立了一种基于靶标的体内测试系统，用于鉴定作用于 HOG 通路的新型杀菌剂。Bezerra 等（2021）提供稻瘟病菌对三环唑适应性的证据。Namburi 等

(2021) 利用 TN1 水稻品种的叶片提取物合成纳米银，在盆栽试验中施用可有效减轻白叶枯病。Adak 等 (2021) 利用紫色水稻叶片抽提液合成纳米银，也可有效抑制水稻立枯丝核菌、水稻胡麻叶斑病菌和水稻白叶枯病菌的发生。

Fouad 等 (2021) 利用不同还原剂成功制备了两种纳米银颗粒 (H4L-AgNP 和 TBAPy-AgNP)，并测定了其理化性质及对褐飞虱的毒性，结果表明 H4L-AgNPs 在 20 mg/L 的低浓度下也表现出较高毒性，处理 168 h 后 LC_{50} = 3.9 mg/L；而 TBAPy-AgNPs 在相同浓度下毒性较小，LC_{50} = 4.6 mg/L，这一研究结果表明使用这两种配体合成的 AgNPs 可能是一种安全、廉价、有效的褐飞虱杀虫剂。Yokoi 等 (2021) 发现，多个抗吡虫啉的褐飞虱品系 CYP6ER1 的表达水平均上调，与敏感品系相比，抗性品系褐飞虱 CYP6ER1 的编码区存在 3 个核苷酸缺失，敲除 *CYP6ER1* 基因可增加抗性品系对吡虫啉的敏感性。Ghareeb 等利用 4- [(2-oxo-1, 2-dihydroquinolin-3-yl) methylene] -2-phenyloxazol-5(4H) -one (3) 为基础研发了一系列含喹啉骨架的氮杂环化合物，其中包括咪唑啉酮、苯并咪唑、三嗪酮、三氮唑和噻唑衍生物。

二、水稻病虫害的分子生物学机制

(一) 主要病原菌的致病性

Li 等 (2021a) 详细介绍了稻瘟病菌低丰度蛋白复合体的亲和纯化方法。Lin 等 (2021b) 通过结构化照明显微镜和自适应光学对多细胞厚样品进行亚细胞三维成像。Oliveira-Garcia 等 (2021) 分析了稻瘟病菌的效应子分泌系统。

Chadha (2021) 对稻瘟病菌的遗传变异和基因组不稳定性进行了分析，并提出两种称为反转录转座子间扩增多态性 (IRAP) 和反转录转座子—微卫星扩增多态性 (REMAP) 的标记系统，可以用于稻瘟病菌的遗传多样性研究。Kadeawi 等 (2021) 分析讨论了来自印度尼西亚的稻瘟病菌分离株的致病性。Asuke 等 (2021) 报道了基因组区域与稻瘟病菌分化过程中宿主特异性决定因素功能丧失的对比模式相关性。

Joe 等 (2021) 发现白叶枯病菌侵染寄主时 HrpX 可以诱导 *raxX-raxST* 基因表达参与致病过程。Kakkar 等 (2021) 分析了水稻白叶枯病菌 13 个 c-di-GMP 调控基因缺失突变体，揭示这类基因在白叶枯病菌毒力方面的贡献。Kim 等 (2021) 通过转录组和蛋白质组分析了白叶枯病原菌与植物接触后的动态变化，该过程涉及细胞运动、无机离子运输和效应子等。Ogasawara 和 Dairi (2021) 对肽聚糖合成途径的研究进展进行了报道，并提出一条肽聚糖合成抑制剂的开发途径。Yu 等 (2021c) 通过转录组分析揭示 RpoN1 和 RpoN2 在白叶枯病菌转移、毒力和生长中的调控角色。Sharanabasav 等 (2021) 从形态—分子和交配型角度分析了印度南部地区稻曲病菌的生物多样性。

(二) 水稻的抗病虫害机制

Divya 等 (2021) 利用 TN1 和抗虫品种 RP2068 的杂交后代 TR3RR，研究了水稻防御褐飞虱和白背飞虱的分子机理，发现褐飞虱和白背飞虱为害导致海藻糖生物合成、脯氨酸运输和甲基化程度的上调，硫代葡萄糖苷生物合成、氧化胁迫应答、蛋白水解和胞质分裂途径的下调，诱导MYB转录因子介导的防御机制。Javvaji等（2021）筛选10个中度抗性品系，评估了可能有助于抗性分析的形态特征。Singh等（2021）报道了施用Si元素上调茉莉酸和水杨酸的含量，诱导植物挥发物产生和吸引天敌，增强自然生物控制能力。

（三）水稻病虫害分子生物学研究进展

1. 水稻病害

Campo等（2021）发现一种新型转座子衍生的microRNA，参与植物对稻瘟病的免疫力。Dangol等（2021）揭示了丝裂原活化蛋白激酶OsMEK2和OsMPK1信号传导参与了水稻—稻瘟病菌相互作用。Kumar等（2021）通过使用时间维度转录组分析了穗瘟发生时抗、感水稻品种与米曲霉的相互作用。

2. 水稻虫害

Gupta等（2021）分析了环境波动（取食不同抗性水稻、杀虫剂胁迫）下褐飞虱转座因子2（Tf2）反转录转座子的动态。Horgan等（2021）研究了在25℃和30℃条件下，褐飞虱和白背飞虱的种间竞争，褐飞虱发育的最适温度为30℃，而白背飞虱为25℃。Ahmad等（2021）研究了章鱼胺（OA）信号在褐飞虱生殖中的作用，沉默编码酪胺β-羟化酶的基因能够抑制cAMP/PKA信号的传导，减少褐飞虱体重、缩短寿命、降低繁殖力。Ojha等（2021）分离并鉴定了一个褐飞虱糖受体蛋白NlGr7，该蛋白与凝集素、脂类（磷脂和鞘磷脂）和铜等配体结合，抑制雌虫卵巢中的卵黄原蛋白。Yamamoto等（2021）鉴定了褐飞虱Cu/Zn-SOD家族中的超氧化物歧化酶基因*Nl-SOD1*。

参考文献

李尧，王楚楚，杜海涛，等，2021. 基于稻纵卷叶螟触角转录组的羧酸酯酶类气味降解基因*CXE66*鉴定及其表达谱［J］. 植物保护学报，48（6）：1291-1302.

李增鑫，李亮，朱坤森，等，2021. 华中地区稻纵卷叶螟对7种杀虫剂的敏感性监测［J］. 华中农业大学学报，40（2）：130-141.

林峰，2021. 基于红外感应的稻纵卷叶螟智能监测装置的设计与实现［J］. 浙江农业科学，62（7）：1451-1454+1460.

林莉，余小强，关雄，等，2021. 褐飞虱中肠两种氨肽酶N的鉴定及蛋白特性分析［J］. 昆虫学报，64（7）：771-780.

刘琴，李传明，韩光杰，等，2021. 稻纵卷叶螟颗粒体病毒亚致死作用对宿主生长、繁殖和生理生化的影响［J］. 中国生物防治学报：1-12.

罗举，唐健，王爱英，等，2021. 基于重组酶介导扩增—侧流层析试纸条的褐飞虱快速鉴定方法

[J]. 中国水稻科学，36 (1)：96-104.

孟祥坤，吴赵露，杨雪梅，等，2021. 二化螟 P 糖蛋白基因的克隆分析及对杀虫剂的诱导响应 [J]. 中国农业科学，54 (19)：4121-4131.

宋星陈，韩晶波，李明，等，2021. 松香・海藻酸钠膜剂的制备及其对褐飞虱的防控效果 [J]. 农药学学报，23 (4)：788-796.

王谆静，项楚一，金路，等，2021. 八角茴香浸提液对白背飞虱的取食、产卵选择性及杀虫活性的影响 [J]. 植物保护学报，48 (4)：907-913.

魏琪，万品俊，何佳春，等，2021. 不同作业方式和施药模式下杀虫剂对褐飞虱的防治效果 [J]. 植物保护学报，48 (3)：483-492.

姚青，吴叔珍，蒯乃阳，等，2021. 基于改进 CornerNet 的水稻灯诱飞虱自动检测方法构建与验证 [J]. 农业工程学报，37 (7)：183-189.

於卫东，刘永康，罗雨嘉，等，2021. 沉默类胰岛素多肽（Ⅱp）基因对褐飞虱翅和卵巢发育及海藻糖代谢的影响 [J]. 昆虫学报，64 (4)：428-438.

周晨，朱先敏，朱凤，等，2021. 纳米粒子载体对灰飞虱 RNAi 效率的影响 [J]. 昆虫学报，64 (10)：1153-1160.

Adak T，Swain H，Munda S，et al.，2021. Green silver nano-particles：synthesis using rice leaf extract，characterization，efficacy，and non-target effects [J]. Environmental Science and Pollution Research，28 (4)：4452-4462.

Adamu A，Ahmad K，Siddiqui Y，et al.，2021. Ginger essential oils-loaded nanoemulsions：potential strategy to manage bacterial leaf blight disease and enhanced rice yield [J]. Molecules，26 (13)：3902.

Ahmad S，Chen Y，Zhang J Y，et al.，2021. Octopamine signaling is involved in the female postmating state in *Nilaparvata lugens* Stål (Hemiptera：Delphacidae) [J]. Archives of Insect Biochemistry and Physiology，107 (4)：e21825.

Anjago W M，Zeng W L，Chen Y X，et al.，2021. The molecular mechanism underlying pathogenicity inhibition by sanguinarine in *Magnaporthe oryzae* [J]. Pest Management Science，77 (10)：4669-4679.

Aron O，Wang M，Lin L Y，et al.，2021. MoGLN2 is important for vegetative growth，conidiogenesis，maintenance of cell wall integrity and pathogenesis of *Magnaporthe oryzae* [J/OL]. Journal of Fungi，7 (6). doi：10.3389/fmicb.2021.682829

Asuke S，Magculia N J，Inoue Y，et al.，2021. Correlation of genomic compartments with contrastive modes of functional losses of host specificity determinants during pathotype differentiation in *Pyricularia oryzae* [J]. Molecular Plant-Microbe Interactions，34 (6)：680-690.

Batool W，Shabbir A，Lin L L，et al.，2021. Translation initiation factor eIF4E positively modulates conidiogenesis，appressorium formation，host invasion and stress homeostasis in the filamentous fungi *Magnaporthe oryzae* [J/OL]. Front Plant Sci，12：646343.

Bezerra G A，Chaibub A A，Oliveira M I S，et al.，2021. Evidence of *Pyricularia oryzae* adaptability to tricyclazole [J]. Journal of Environmental Science and Health，Part B，56 (10)：869-876.

Bohnert S，Neumann H，Jacob S，2021. A target-based in vivo test system to identify novel fungicides with mode of action in the HOG pathway [J]. Methods in Molecular Biology, 2356: 121-127.

Cai M, Miao J Q, Chen F P, et al., 2021. Survival cost and diverse molecular mechanisms of *Magnaporthe oryzae* isolate resistance to epoxiconazole [J]. Plant Dis, 105 (2): 473-480.

Campo S, Sánchez-Sanuy F, Camargo-Ramírez R, et al., 2021. A novel transposable element-derived microRNA participates in plant immunity to rice blast disease [J]. Plant Biotechnol J, 19 (9): 1798-1811.

Chadha S, 2021. Analysis of genetic variations and genomic instabilities in *Magnaporthe oryzae* [J]. Methods in Molecular Biology 2356: 211-224.

Chen J, Wang L H, Yang Z Y, et al., 2021a. The rice Raf-like MAPKKK OsILA1 confers broad-spectrum resistance to bacterial blight by suppressing the OsMAPKK4-OsMAPK6 cascade [J]. J Integr Plant Biol, 63 (10): 1815-1842.

Chen J X, Li W X, Lyu J, et al., 2021b. CRISPR/Cas9-mediated knockout of the NlCSAD gene results in darker cuticle pigmentation and a reduction in female fecundity in *Nilaparvata lugens* (Hemiptera: Delphacidae) [J]. Comparative Biochemistry and Physiology: Part A, 256: 110921.

Chen M, Tang X M, Liu T T, et al., 2021c. Antimicrobial evaluation of myricetin derivatives containing benzimidazole skeleton against plant pathogens [J]. Fitoterapia, 149: 104804.

Chen T C, Chern M, Steinwand M, et al., 2021d. Paladin, a tyrosine phosphatase-like protein, is required for XA21-mediated immunity in rice [J]. Plant Commun, 2 (4): 100215.

Chen W W, Kang K, Lv J, et al., 2021e. Galactose-NlGr11 inhibits AMPK phosphorylation by activating the PI3K-AKT-PKF-ATP signaling cascade via insulin receptor and Gβγ [J]. Insect Science, 28 (3): 735-745.

Chen X, Li Z D, Li D T, et al., 2021f. HSP70/DNAJ family of genes in the brown planthopper, *Nilaparvata lugens*: Diversity and function [J]. Genes (Basel), 12 (3): 394.

Chen X F, Liu P C, Mei L, et al., 2021g. Xa7, a new executor R gene that confers durable and broad-spectrum resistance to bacterial blight disease in rice [J]. Plant Commun, 2 (3): 100143.

Chen Z, Zhao L, Dong Y L, et al., 2021h. The antagonistic mechanism of *Bacillus velezensis* ZW10 against rice blast disease: Evaluation of ZW10 as a potential biopesticide [J/OL]. PLOS ONE, 16 (8): e0256807.

Cheng B X, Chen F R, Wang C X, et al., 2021a. The molecular mechanisms of silica nanomaterials enhancing the rice (*Oryza sativa* L.) resistance to planthoppers (*Nilaparvata lugens* Stål) [J]. Science of the Total Environment, 767: 144967.

Cheng Y B, Li Y M, Li W R, et al., 2021b. Inhibition of hepatocyte nuclear factor 4 confers imidacloprid resistance in *Nilaparvata lugens* via the activation of cytochrome P450 and UDP-glycosyltransferase genes [J]. Chemosphere, 263: 128269.

Dai Z, Wan X, Munir S, et al., 2021. Novel cinnamic acid derivatives containing the 1, 3, 4-oxadiazole moiety: design, synthesis, antibacterial activities, and mechanisms [J]. 3 Biotech, 69 (40): 11804-11815.

Dangol S, Nguyen N K, Singh R, et al., 2021. Mitogen-activated protein kinase OsMEK2 and OsMPK1 signaling is required for ferroptotic cell death in rice-*Magnaporthe oryzae* interactions [J].

Frontiers in Plant Science，12：710794.

Datta J，Wei Q，Yang Q X，et al.，2021. Current resistance status of the brown planthopper *Nilaparvata lugens*（Stål）to commonly used insecticides in China and Bangladesh［J］. Crop Protection，150：105789.

Ding M H，Wan S R，Wu N，et al.，2021. Synthesis，structural characterization，and antibacterial and antifungal activities of novel 1，2，4-triazole thioether and thiazolo［3，2-b］-1，2，4-triazole derivatives bearing the 6-fluoroquinazolinyl moiety［J］. Journal of Agricultural and Food Chemistry，69（50）：15084-15096.

Divya D，Sahu N，Reddy P S，et al.，2021. RNA-sequencing reveals differentially expressed rice genes functionally associated with defense against BPH and WBPH in RILs derived from a cross between RP2068 and TN1［J］. Rice，14（1）：27.

Dong C L，Zhu F，Lu M X，et al.，2021a. Characterization and functional analysis of Cshsp19.0 encoding a small heat shock protein in *Chilo suppressalis*（Walker）［J］. International Journal of Biological Macromolecules，188：924-931.

Dong Y，Chen W W，Kang K，et al.，2021b. FoxO directly regulates the expression of TOR/S6K and vitellogenin to modulate the fecundity of the brown planthopper［J］. Science China Life Sciences，64（1）：133-143.

Du D，Zhang C W，Xing Y D，et al.，2021. The CC-NB-LRR OsRLR1 mediates rice disease resistance through interaction with OsWRKY19［J］. Plant Biotechnol J，19（5）：1052-1064.

Du Y，Qi Z Q，Liang D，et al.，2021c. *Pyricularia* sp. *jiangsuensis*，a new cryptic rice panicle blast pathogen from rice fields in Jiangsu Province，China［J］. Environ Microbiol，23（9）：5463-5480.

Fan X J，Kong D，He S，et al.，2021. Phenanthrene derivatives from asarum heterotropoides showed excellent antibacterial activity against phytopathogenic bacteria［J］. Journal of Agricultural and Food Chemistry，69（48）：14520-14529.

Fouad H，Yang G Y，El-Sayed A A，et al.，2021. Green synthesis of AgNP-ligand complexes and theirtoxicological effects on *Nilaparvata lugens*［J］. Journal of Nanobiotechnology，19（1）：318.

Gao H，Zhang Y，Li Y，et al.，2021. KIF2A regulates ovarian development via modulating cell cycle progression and vitollogenin levels［J］. Insect Molecular Biology，30（2）：165-175.

Ghareeb E A，Mahmoud N F H，El-Bordany E A，et al.，2021. Synthesis，DFT，and eco-friendly insecticidal activity of some N-heterocycles derived from 4-（（2-oxo-1，2-dihydroquinolin-3-yl）methylene）-2-phenyloxazol-5（4H）-one［J］. Bioorganic Chemistry，112：104945.

Gupta A，Nair S，2021. Methylation patterns of Tf2 retrotransposons linked to rapid adaptive stress response in the brown planthopper（*Nilaparvata lugens*）［J］. Genomics，113（6）：4214-4226.

Han J L，Wang X Y，Wang F P，et al.，2021. The fungal effector Avr-Pita suppresses innate immunity by increasing COX activity in rice mitochondria［J］. Rice，14（1）：12.

Horgan F G，Arida A，Ardestani G，et al.，2021. Positive and negative interspecific interactions between coexisting rice planthoppers neutralise the effects of elevated temperatures［J］. Functional Ecology，35（1）：181-192.

Hu B, Zhou Y, Zhou Z H, et al., 2021. Repressed *OsMESL* expression triggers reactive oxygen species- mediated broad - spectrum disease resistance in rice [J]. Plant Biotechnol J, 19 (8): 1511-1522.

Huang J M, Sun H, He L F, et al., 2021a. Double ryanodine receptor mutations confer higher diamide resistance in rice stem borer, *Chilo suppressalis* [J]. Pest Management Science, 77 (11): 4971-4979.

Huang X, Liu H W, Long Z Q, et al., 2021b. Rational optimization of 1, 2, 3-triazole-tailored carbazoles as prospective antibacterial alternatives with significant in vivo control efficiency and unique mode of action [J]. Journal of Agricultural and Food Chemistry, 69 (16): 4615-4627.

Javvaji S, Telugu U M, Venkata R D B, et al., 2021. Characterization of resistance to rice leaf folder, *Cnaphalocrocis medinalis*, in mutant Samba Mahsuri rice lines [J]. Entomologia Experimentalis et Applicata, 169 (9): 859-875.

Ji R, Fu J M, Shi Y, et al., 2021. Vitellogenin from planthopper oral secretion acts as a novel effector to impair plant defenses [J]. New Phytologist, 232 (2): 802-817.

Jin H H, Abouzaid M, Lin Y J, et al., 2021a. Cloning and RNAi-mediated three lethal genes that can be potentially used for *Chilo suppressalis* (Lepidoptera: Crambidae) management [J]. Pesticide Biochemistry and Physiology, 174: 104828.

Jin R H, Wang Y, He B Y, et al., 2021b. Activator protein-1 mediated CYP6ER1 overexpression in the clothianidin resistance of *Nilaparvata lugens* (Stål) [J]. Pest Management Science, 77 (10): 4476-4482.

Joe A, Stewart V, Ronald P C, 2021. The HrpX protein activates synthesis of the RaxX sulfopeptide, required for activation of XA21-mediated immunity to *Xanthomonas oryzae* pv. *oryzae* [J]. Molecular Plant-Microbe Interactions, 34 (11): 1307-1315.

Joshi T, Joshi T, Sharma P, et al., 2021a. Molecular docking and molecular dynamics simulation approach to screen natural compounds for inhibition of *Xanthomonas oryzae* pv. *oryzae* by targeting peptide deformylase [J]. Journal of Biomolecular Structure and Dynamics, 39 (3): 823-840.

Joshi T, Pandey S C, Maiti P, et al., 2021b. Antimicrobial activity of methanolic extracts of *Vernonia cinerea* against *Xanthomonas oryzae* and identification of their compounds using in silico techniques [J/OL]. PLoS One, 16 (6): e0252759.

Kadeawi S, Nasution A, Hairmansis A, et al., 2021. Pathogenicity of isolates of the rice blast pathogen (*Pyricularia oryzae*) from Indonesia [J]. Plant Dis, 105 (3): 675-683.

Kakkar A, Verma R K, Samal B, et al., 2021. Interplay between the cyclic di-GMP network and the cell- cell signalling components coordinates virulence - associated functions in *Xanthomonas oryzae* pv. *oryzae* [J]. Environ Microbiol, 23 (9): 5433-5462.

Kang J, Zhou M, Zhang M, et al., 2021. Photostable 1-trifluoromethyl cinnamyl alcohol derivatives designed as potential fungicides and bactericides [J]. Journal of Agricultural and Food Chemistry, 69 (19): 5435-5445.

Kim S, Jang W E, Park J, et al., 2021. Combined analysis of the time-resolved transcriptome and proteome of plant pathogen *Xanthomonas oryzae* pv. *oryzae* [J]. Front Microbiol, 12: 1354.

Kong Y Z, Wang G, Chen X, et al., 2021. OsPHR2 modulates phosphate starvation-induced OsMYC2 signalling and resistance to *Xanthomonas oryzae* pv. *oryzae* [J]. Plant Cell and Environment, 44 (10): 3432-3444.

Kumar V, Jain P, Venkadesan S, et al., 2021. Understanding rice-*Magnaporthe Oryzae* interaction in resistant and susceptible cultivars of rice under panicle blast infection using a time-course transcriptome analysis [J]. Genes (Basel), 12 (2): 301.

Lam V B, Meyer T, Arias A A, et al., 2021. Bacillus cyclic lipopeptides iturin and fengycin control rice blast caused by *Pyricularia oryzae* in potting and acid sulfate soils by direct antagonism and induced systemic resistance [J]. Microorganisms, 9 (7): 1441.

Li A, Chen X, Abubakar Y S, et al., 2021a. Trehalose phosphate synthase complex-mediated regulation of trehalose 6-phosphate homeostasis is critical for development and pathogenesis in *Magnaporthe oryzae* [J/OL]. mSystems, 26; 6 (5): e0046221.

Li G, Wilson R A, 2021b. Tandem affinity purification (TAP) of low-abundance protein complexes in filamentous fungi demonstrated using *Magnaporthe oryzae* [J]. Methods in Molecular Biology, 2356: 97-108.

Li J L, Zhang H, Yang R, et al., 2021c. Identification of miRNAs contributing to the broad-spectrum and durable blast resistance in the Yunnan local rice germplasm [J]. Frontiers in Plant Science, 12: 749919.

Li N, Yang Z Y, Li J, et al., 2021d. Two VQ proteins are substrates of the OsMPKK6-OsMPK4 cascade in rice defense against bacterial blight [J]. Rice, 14 (1): 39.

Li W, Xiong Y, Lai L B, et al., 2021e. The rice RNase P protein subunit Rpp30 confers broad-spectrum resistance to fungal and bacterial pathogens [J]. Plant Biotechnol J, 19 (10): 1988-1999.

Li X, Zhao M H, Tian M M, et al., 2021f. An InR/mir-9a/NlUbx regulatory cascade regulates wing diphenism in brown planthoppers [J]. Insect Science, 28 (5): 1300-1313.

Li X J, Zhang W, Zhao C N, et al., 2021g. Synthesis and fungicidal activity of phenazine-1-carboxylic triazole derivatives [J]. J Asian Nat Prod Res, 23 (5): 452-465. doi: 10.1080/10286020.2020.1754400.

Li Y, Li T T, He X R, et al., 2021h. Blocking Osa-miR1871 enhances rice resistance against *Magnaporthe oryzae* and yield [J]. Plant Biotechnol J, 20 (4): 646-659.

Liang J, Shen Q Q, Wang L P, et al., 2021. Rice contains a biosynthetic gene cluster associated with production of the casbane-type diterpenoid phytoalexin ent-10-oxodepressin [J]. New Phytologist, 231 (1): 85-93.

Liao X, Xu P F, Gong P P, et al., 2021. Current susceptibilities of brown planthopper *Nilaparvata lugens* to triflumezopyrim and other frequently used insecticides in China [J]. Insect Science, 28 (1): 115-126.

Lin C X, Cao X, Qu Z W, et al., 2021a. The histone deacetylases MoRpd3 and MoHst4 regulate growth, conidiation, and pathogenicity in the rice blast fungus *Magnaporthe oryzae* [J/OL]. mSphere, 6 (3): e0011821.

Lin Q J, Kumar V, Chu J, et al., 2021e. CBL-interacting protein kinase 31 regulates rice resistance to blast disease by modulating cellular potassium levels [J]. Biochemical and Biophysical Research Communications，563：23-30.

Lin R Z，Kipreos E T，Zhu J，et al.，2021b. Subcellular three-dimensional imaging deep through multicellular thick samples by structured illumination microscopy and adaptive optics [J]. Nature Communications，12 (1)：1-14.

Lin Y G，Ji H J，Cao X C，et al.，2021c. Knockdown of AMP-activated protein kinase increases the insecticidal efficiency of pymetrozine to *Nilaparvata lugens* [J]. Pesticide Biochemistry and Physiology，175：104856.

Lin Y T，Lee C C，Leu W M，et al.，2021d. Fungicidal activity of volatile organic compounds emitted by *Burkholderia gladioli* strain BBB-01 [J]. Molecules，26 (3)：745.

Liu H，Dong S Y，Li M，et al.，2021a. The Class Ⅲ peroxidase gene *OsPrx30*，transcriptionally modulated by the AT-hook protein OsATH1，mediates rice bacterial blight-induced ROS accumulation [J]. J Integr Plant Biol，63 (2)：393-408.

Liu Q S，Hu X Y，Su S L，et al.，2021b. Cooperative herbivory between two important pests of rice [J]. Nature Communications，12 (1)：6772.

Liu T T，Peng F，Cao X，et al.，2021c. Design，synthesis，antibacterial activity，antiviral activity，and mechanism of myricetin derivatives containing a quinazolinone moiety [J]. ACS Omega，6 (45)：30826-30833.

Liu X，Chen G，He J，et al.，2021d. Transcriptomic analysis reveals the inhibition of reproduction in rice brown planthopper，*Nilaparvata lugens*，after silencing the gene of MagR (IscA1) [J]. Insect Molecular Biology，30 (3)：253-263.

Liu X，Song L，Zhang H，et al.，2021e. Rice ubiquitin-conjugating enzyme OsUBC26 is essential for immunity to the blast fungus *Magnaporthe oryzae* [J]. Molecular Plant Pathology，22 (12)：1613-1623.

Lu J B，Guo J S，Chen X，et al.，2021a. Chitin synthase 1 and five cuticle protein genes are involved in serosal cuticle formation during early embryogenesis to enhance eggshells in *Nilaparvata lugens* [J]. Insect Science，29 (2)：363-378.

Lu K，Cheng Y B，Li Y M，et al.，2021b. The KNRL nuclear receptor controls hydrolase-mediated vitellin breakdown during embryogenesis in the brown planthopper，*Nilaparvata lugens* [J]. Insect Science，28 (6)：1633-1650.

Lu M X，He F J，Xu J，et al.，2021c. Identification and physiological function of CsPrip，a new aquaporin in *Chilo suppressalis* [J]. International Journal of Biological Macromolecules，184：721-730.

Lu T，Yan Y K，Zhang T T，et al.，2021d. Design，synthesis，biological evaluation，and molecular modeling of novel 4H-chromene analogs as potential succinate dehydrogenase inhibitors [J]. Journal of Agricultural and Food Chemistry，69 (36)：10709-10721.

Luo D，Huguet-Tapia J C，Raborn R T，et al.，2021. The Xa7 resistance gene guards the rice susceptibility gene SWEET14 against exploitation by the bacterial blight pathogen [J]. Plant Commun，2 (3)：100164.

Ma H G，Li J，Ma L，et al.，2021a. Pathogen-inducible OsMPKK10. 2-OsMPK6 cascade phosphorylates the Raf-like kinase OsEDR1 and inhibits its scaffold function to promote rice disease resistance

[J]. Mol Plant, 14 (4): 620-632.

Ma W H, Xu L, Hua H X, et al., 2021b. Chromosomal-level genomes of three rice planthoppers provide new insights into sex chromosome evolution [J]. Molecular Ecology Resources, 21 (1): 226-237.

Mao K K, Ren Z J, Li W H, et al., 2021. Carboxylesterase genes in nitenpyram-resistant brown planthoppers, *Nilaparvata lugens* [J]. Insect Science, 28 (4): 1049-1060.

Mou H L, Shi J, Chen J X, et al., 2021. Synthesis, antibacterial activity and mechanism of new butenolides derivatives containing an amide moiety [J]. Pesticide Biochemistry and Physiology, 178: 104913.

Namburi K R, Kora A J, Chetukuri A, et al., 2021. Biogenic silver nanoparticles as an antibacterial agent against bacterial leaf blight causing rice phytopathogen *Xanthomonas oryzae* pv. *oryzae* [J]. Bioprocess and Biosystems Engineering, 44 (9): 1975-1988.

Ni Y, Hou Y P, Kang J B, et al., 2021a. ATP-dependent protease ClpP and its subunits ClpA, ClpB, and ClpX involved in the field bismerthiazol resistance in *Xanthomonas oryzae* pv. *oryzae* [J]. Phytopathology, 111 (11): 2030-2040.

Ni Z, Cao Y Q, Jin X, et al., 2021b. Engineering resistance to bacterial blight and bacterial leaf streak in rice [J]. Rice, 14 (1): 38.

Ogasawara Y, Dairi T, 2021. Discovery of an alternative pathway of peptidoglycan biosynthesis: A new target for pathway specific inhibitors [J]. Journal of Industrial Microbiology and Biotechnology, 48 (9-10). doi: 10.1093/jimb/kuab038.

Ojha A, Zhang W Q, 2021. Characterization of gustatory receptor 7 in the brown planthopper reveals functional versatility [J]. Insect Biochemistry and Molecular Biology, 132: 103567.

Oliveira-Garcia E, Valent B, 2021. Characterizing the secretion systems of *Magnaporthe oryzae* [J]. Methods in Molecular Biology, 2356: 69-77.

Pal G, Mehta D, Singh S, et al., 2021. Foliar application or seed priming of cholic acid-glycine conjugates can mitigate/prevent the rice bacterial leaf blight disease via activating plant defense genes [J]. Frontiers in Plant Science, 29: 2033.

Pan J M, Chen H Q, Wang H, et al., 2021. New antifungal cycloheximide epimers produced by *Streptomyces* sp. YG7 [J]. J Asian Nat Prod Res, 23 (2): 110-116.

Pang R, Xing K, Yuan L Y, et al., 2021. Peroxiredoxin alleviates the fitness costs of imidacloprid resistance in an insect pest of rice [J/OL]. PLOS Biology, 19 (4): e3001190.

Peng G X, Xie J Q, Guo R, et al., 2021. Long-term field evaluation and large-scale application of a *Metarhizium anisopliae* strain for controlling major rice pests [J]. Journal of Pest Science, 94 (3): 969-980.

Perumal A B, Li X, Su Z, et al., 2021. Preparation and characterization of a novel green tea essential oil nanoemulsion and its antifungal mechanism of action against *Magnaporthae oryzae* [J]. Ultrason Sonochem, 76: 105649.

Prasanna S, Prasannakumar M K, Mahesh H B, et al., 2021. Diversity and biopotential of *Bacillus velezensis* strains A6 and P42 against rice blast and bacterial blight of pomegranate [J]. Archives of

Microbiology, 203 (7): 4189-4199.

Qian B, Liu X Y, Ye Z Y, et al., 2021. Phosphatase-associated protein MoTip41 interacts with the phosphatase MoPpe1 to mediate crosstalk between TOR and cell wall integrity signalling during infection by the rice blast fungus *Magnaporthe oryzae* [J]. Environ Microbiol, 23 (2): 791-809.

Qin P, Hu X C, Jiang N, et al., 2021. A procedure for inducing the occurrence of rice seedling blast in paddy field [J]. Plant Pathol J, 37 (2): 200-203.

Qiu T C, Zhao X S, Feng H J, et al., 2021. OsNBL3, a mitochondrion-localized pentatricopeptide repeat protein, is involved in splicing nad5 intron 4 and its disruption causes lesion mimic phenotype with enhanced resistance to biotic and abiotic stresses [J]. Plant Biotechnol J, 19 (11): 2277-2290.

Quoc N B, Trang H T T, Phuong N D N, et al., 2021. Development of a SCAR marker linked to fungal pathogenicity of rice blast fungus *Magnaporthe oryzae* [J]. International Microbiology, 24 (2): 149-156.

Qu Y M, Wang J, Huang P Y, et al., 2021. PoRal2 is involved in appressorium formation and virulence via Pmk1 MAPK pathways in the rice blast fungus *Pyricularia oryzae* [J]. Front Plant Sci, 12: 702368.

Rana K, Mittal J, Narang J, et al., 2021. Graphene based electrochemical DNA biosensor for detection of false smut of rice (*Ustilaginoidea virens*) [J]. Plant Pathol J, 37 (3): 291-298.

Shahriari M, Zibaee A, Khodaparast S A, et al., 2021. Screening and virulence of the entomopathogenic fungi associated with *Chilo suppressalis* Walker [J]. Journal of Fungi, 7 (1): 34.

Sharanabasav H, Pramesh D, Prasannakumar M K, et al., 2021. Morpho-molecular and mating-type locus diversity of *Ustilaginoidea virens*: an incitant of false smut of rice from Southern parts of India [J]. J Appl Microbiol, 131 (5): 2372-2386.

Sheoran N, Ganesan P, Mughal N M, et al., 2021. Genome assisted molecular typing and pathotyping of rice blast pathogen, *Magnaporthe oryzae*, reveals a genetically homogenous population with high virulence diversity [J]. Fungal Biology, 125 (9): 733-747.

Shi H B, Meng S, Qiu J H, et al., 2021a. MoWhi2 regulates appressorium formation and pathogenicity via the MoTor signalling pathway in *Magnaporthe oryzae* [J]. Mol Plant Pathol, 22 (8): 969-983.

Shi X X, Zhu M F, Wang N, et al., 2021. Neutral ceramidase is required for the reproduction of brown planthopper, *Nilaparvata lugens* (Stål) [J]. Frontiers in Physiology, 12: 629532.

Singh H, Sarao P S, Sharma N, 2021. Quantification of antibiosis and biochemical factors in rice genotypes and their role in plant defense against *Cnaphalocrocis medinalis* (Gùenee) (Lepidoptera: Pyralidae) [J]. International Journal of Tropical Insect Science, 42: 1605-1617.

Su Q, Lv J, Li W X, et al., 2021. Identification of putative abdominal vibration-related genes through transcriptome analyses in the brown planthopper (*Nilaparvata lugens*) [J]. Comparative Biochemistry and Physiology, Part D, 39: 100856.

Sun L X, Qian H, Liu M Y, et al., 2021. Endosomal sorting complexes required for transport-0 (ESCRT-0) are essential for fungal development, pathogenicity, autophagy and ER-phagy in *Magna-*

porthe oryzae [J]. Environ Microbiol, 24 (3): 1076-1092.

Tao H, SHi X T, He F, 2021. Engineering broad-spectrum disease-resistant rice by editing multiple susceptibility genes [J]. Rice (N Y), 63 (9): 1639-1648.

Tian T, Ji R, Fu J M, et al., 2021. A salivary calcium-binding protein from *Laodelphax striatellus* acts as an effector that suppresses defense in rice [J]. Pest Management Science, 77 (5): 2272-2281.

Wang D F, Wang H, Liu Q N, et al., 2021a. Reduction of OsMPK6 activity by a R89K mutation induces cell death and bacterial blight resistance in rice [J]. Plant Cell Rep, 40 (5): 835-850.

Wang H, Li Y, Chern M, et al., 2021b. Suppression of rice miR168 improves yield, flowering time and immunity [J]. Nat Plants, 7 (2): 129-136.

Wang J Y, Wang R Y, Fang H, et al., 2021c. Two VOZ transcription factors link an E3 ligase and an NLR immune receptor to modulate immunity in rice [J]. Mol Plant, 14 (2): 253-266.

Wang L X, Tao S, Zhang Y, et al., 2021d. Mechanism of metabolic resistance to pymetrozine in *Nilaparvata lugens*: Over-expression of cytochrome P450 CYP6CS1 confers pymetrozine resistance [J]. Pest Management Science, 77 (9): 4128-4137.

Wang W, Yang R R, Peng L Y, et al., 2021e. Proteolytic activity of the proteasome is required for female insect reproduction [J]. Open Biology, 11 (2): 200251.

Wang X Q, Guo J S, Li D T, et al., 2021f. Three-dimensional reconstruction of a whole insect reveals its phloem sap-sucking mechanism at nano-resolution [J/OL]. Elife, 10: e62875.

Wang Y X, Li D, Liu M X, et al., 2021g. Preparation of active chitooligosaccharides with a novel chitosanase AqCoA and their application in fungal disease protection [J]. Journal of Agricultural and Food Chemistry, 69 (11): 3351-3361.

Wang Y X, Liu M X, Wang X W, et al., 2021h. A novel β-1, 3-glucanase Gns6 from rice possesses antifungal activityagainst *Magnaporthe oryzae* [J]. J Plant Physiol, 265: 153493.

Wang Y X, Zhao Y Q, Wang X W, et al., 2021i. Functional characterization of the novel laminaripentaose-Producing β-1, 3-Glucanase MoGluB and its biocontrol of *Magnaporthe oryzae* [J]. Journal of Agricultural and Food Chemistry, 69 (33): 9571-9584.

Wei C, Wang S Z, Liu P W, 2021. The PdeK-PdeR two-component system promotes unipolar localization of FimX and pilus extension in *Xanthomonas oryzae* pv. *oryzicola* [J/OL]. Sci Signal, 14 (700): eabi9589.

Wen N, Chen J J, Chen G, et al., 2021. The overexpression of insect endogenous microRNA in transgenic rice inhibits the pupation of *Chilo suppressalis* and *Cnaphalocrocis medinalis* [J]. Pest Management Science, 77 (9): 3990-3999.

Wu C X, Lin Y H, Zheng H W, et al., 2021a. The retromer CSC subcomplex is recruited by MoYpt7 and sequentially sorted by MoVps17 for effective conidiation and pathogenicity of the rice blast fungus [J]. Molecular Plant Pathology, 22 (2): 284-298.

Wu G C, Zhang Y Q, Wang B, et al., 2021b. Proteomic and transcriptomic analyses provide novel insights into the crucial roles of host-induced carbohydrate metabolism enzymes in *Xanthomonas oryzae* pv. *oryzae* virulence and rice-Xoo interaction [J]. Rice (N Y), 14 (1): 57.

Wu X Y, Chen Y, Li C Q, et al., 2021c. GroEL protein from the potential biocontrol agent Rhodopseudomonas palustris enhances resistance to rice blast disease [J]. Pest Management Science, 77 (12): 5445-5453.

Wu Y, Wang S, Nie W H, et al., 2021e. A key antisense sRNA modulates the oxidative stress response and virulence in *Xanthomonas oryzae* pv. *oryzicola* [J]. PLoS Pathog, 17 (7): e1009762.

Wu Z C, Sun W Y, Zhou S D, et al., 2021f. Genome-wide analysis of histone modifications distribution using the chromatin immunoprecipitation sequencing method in *Magnaporthe oryzae* [J/OL]. J Vis Exp, (172). doi: 10.3791/62423.

Xiao Y H, Liu L P, Zhang T, et al., 2021c. Transcription factor MoMsn2 targets the putative 3-methylglutaconyl-CoA hydratase-encoding gene MoAUH1 to govern infectious growth via mitochondrial fusion/fission balance in *Magnaporthe oryzae* [J]. Environ Microbiol, 23 (2): 774-790.

Xu C D, Liu Y K, Qiu L Y, et al., 2021a. GFAT and PFK genes show contrasting regulation of chitin metabolism in *Nilaparvata lugens* [J]. Scientific Reports, 11 (1): 5246.

Xu N, Wei S F, Xu H J, 2021b. Transcriptome analysis of the regulatory mechanism of FoxO on wing dimorphism in the brown planthopper, *Nilaparvata lugens* (Hemiptera: Delphacidae) [J/OL]. Insects, 12 (5). doi: 10.3390/insects12050413.

Xue W H, Xu N, Chen S J, et al., 2021a. Neofunctionalization of a second insulin receptor gene in the wing-dimorphic planthopper, *Nilaparvata lugens* [J/OL]. PLoS Genetics, 17 (6): e1009653.

Xue Y, Hu M, Chen S S, et al., 2021b. *Enterobacter asburiae* and *Pantoea ananatis* causing rice bacterial blight in China [J]. Plant Dis, 105 (8): 2078-2088.

Yamamoto K, Yamaguchi M, 2021. Characterization of a novel superoxide dismutase in *Nilaparvata lugens* [J/OL]. Archives of Insect Biochemistry and Physiology: e21862.

Yang C, Liu R, Pang J H, et al., 2021a. Poaceae-specific cell wall-derived oligosaccharides activate plant immunity via OsCERK1 during *Magnaporthe oryzae* infection in rice [J]. Nature Communications, 12 (1): 1-13.

Yang J H, Feng J G, He K L, et al., 2021b. Preparation of thermosensitive buprofezin-loaded mesoporous silica nanoparticles by the sol-gel method and their application in pest control [J]. Pest Management Science, 77 (10): 4627-4637.

Yang L P, Wang S Y, Wang R F, et al., 2021c. Floating chitosan-alginate microspheres loaded with chlorantraniliprole effectively control *Chilo suppressalis* (Walker) and *Sesamia inferens* (Walker) in rice fields [J]. Science of the Total Environment, 783: 147088.

Yang Q, De Schutter K, Chen P Y, et al., 2021d. RNAi of the N-glycosylation-related genes confirms their importance in insect development and alpha-1,6-fucosyltransferase plays a role in the ecdysis event for the hemimetabolous pest insect *Nilaparvata lugens* [JOL]. Insect Science. doi: 10.1111/1744-7917.12920.

Yang R H, Li S Z, Li Y L, et al., 2021e. Bactericidal effect of *Pseudomonas oryziphila* sp. nov., a novel Pseudomonas species against *Xanthomonas oryzae* reduces disease severity of bacterial leaf streak of rice [J]. Front Microbiol, 12: 759536.

Ye C L, Feng Y L, Yu F F, et al., 2021a. RNAi-mediated silencing of the autophagy-related gene

NlATG3 inhibits survival and fecundity of the brown planthopper, *Nilaparvata lugens* [J]. Pest Management Science, 77 (10): 4658-4668.

Ye Y X, Zhang H H, Li D T, et al., 2021b. Chromosome-level assembly of the brown planthopper genomewith a characterized Y chromosome [J]. Molecular Ecology Resources, 21 (4): 1287-1298.

Yokoi K, Nakamura Y, Jouraku A, et al., 2021. Genome-wide assessment and development of molecular diagnostic methods for imidacloprid-resistance in the brown planthopper, *Nilaparvata lugens* (Hemiptera: Delphacidae) [J]. Pest Management Science, 77 (4): 1786-1795.

Yu C, Nguyen D P, Yang F, et al., 2021c. Transcriptome analysis revealed overlapping and special regulatory roles of RpoN1 and RpoN2 in motility, virulence, and growth of *Xanthomonas oryzae* pv. *oryzae* [J/OL]. Front Microbiol, 12 (453). doi: 10.3389/fmicb.2021.653354.

Yu L, Yang C D, Ji Z J, et al., 2021a. First report of new bacterial leaf blight of rice caused by *Pantoea ananatis* in southeast China [J/OL]. Plant Dis. doi: 10.1094/PDIS-05-21-0988-PDN.

Yu R, Shen X T, Liu M X, et al., 2021b. The rice blast fungus MoRgs1 functioning in cAMP signaling and pathogenicity is regulated by casein kinase MoCk2 phosphorylation and modulated by membrane protein MoEmc2 [J/OL]. PLoS Pathog, 17 (6): e1009657.

Yuan X, Wang H, Bi Y, et al., 2021. ONAC066, a stress-responsive NAC transcription activator, positively contributes to rice immunity against *Magnaprothe oryzae* through modulating expression of OsWRKY62 and three cytochrome P450 genes [J]. Frontiers in Plant Science, 12: 749186.

Yue L, Guan Z, Zhong M, et al., 2021a. Genome-Wide identification and characterization of amino acid polyamine organocation transporter family genes reveal their role in fecundity regulation in a brown planthopper species (*Nilaparvata lugens*) [J]. Frontiers in Physiology, 12: 708639.

Yue L, Pang R, Tian H, et al., 2021b. Genome-Wide analysis of the amino acid auxin permease (AAAP) gene family and identification of an AAAP gene associated with the growth and reproduction of the brown planthopper, *Nilaparvata lugens* (Stål) [J/OL]. Insects, 12 (8). doi: 10.3390/insects12080746.

Zhang H H, Xie Y C, Li H J, et al., 2021a. Pleiotropic roles of the orthologue of the *Drosophila melanogaster* intersex gene in the brown planthopper [J/OL]. Genes (Basel), 12 (3). doi: 10.3390/genes12030379.

Zhang J L, Fu S J, Chen S J, et al., 2021b. Vestigial mediates the effect of insulin signaling pathway on wing-morph switching in planthoppers [J/OL]. PLoS Genetics, 17 (2): e1009312.

Zhang Y, Liu C, Jin R, et al., 2021c. Dual oxidase-dependent reactive oxygen species are involved in the regulation of UGT overexpression-mediated clothianidin resistance in the brown planthopper, *Nilaparvata lugens* [J]. Pest Management Science, 77 (9): 4159-4167.

Zhang Y, Pan W, 2021d. Removal or component reversal of local geomagnetic field affects foraging orientation preference in migratory insect brown planthopper *Nilaparvata lugens* [J/OL]. Peer J, 9. doi: 10.7717/peerj.12351.

Zhang Z J, Xia L, Du J, et al., 2021e. Cloning, characterization, and RNAi effect of the chitin synthase B gene in *Cnaphalocrocis medinalis* [J]. Journal of Asia-Pacific Entomology, 24 (1):

486-492.

Zhao E S, Zhang H, Li X Q, et al., 2021a. Construction of sRNA regulatory network for *Magnaporthe oryzae* infecting rice based on multi-omics data [J]. Front Genet, 12: 763915.

Zhao Q J, Ding Y, Song X C, et al., 2021b. Proteomic analysis reveals that naturally produced citral can significantly disturb physiological and metabolic processes in the rice blast fungus *Magnaporthe oryzae* [J]. Pesticide Biochemistry and Physiology, 175: 104835.

Zhao Q, Ye L, Wang Z L, et al., 2021c. Sustainable control of the rice pest, *Nilaparvata lugens*, using the entomopathogenic fungus *Isaria javanica* [J]. Pest Management Science, 77 (3): 1452-1464.

Zhao S S, Wang B, Tian K L, et al., 2021d. Novel metabolites from the Cercis chinensis derived endophytic fungus *Alternaria alternata* ZHJG5 and their antibacterial activities [J]. Pest Management Science, 77 (5): 2264-2271.

Zheng R E, Ji J, Wu J, et al., 2021. PCE3 plays a role in the reproduction of male *Nilaparvata lugens* [J/OL]. Insects, 12 (2). doi: 10.3390/insects12020114.

Zhou M, Shen Q D, Wang S S, et al., 2021a. Regulatory function of the trehalose-6-phosphate synthase gene TPS3 on chitin metabolism in brown planthopper, *Nilaparvata lugens* [J/OL]. Insect Molecular Biology. doi: 10.1111/imb.12754.

Zhou Y J, Du J, Li S W, et al., 2021b. Cloning, characterization, and RNA interference effect of the UDP-N-Acetylglucosamine pyrophosphorylase gene in *Cnaphalocrocis medinalis* [J/OL]. Genes (Basel), 12 (4). doi: 10.3390/genes12040464.

Zhuo J C, Zhang H H, Hu Q L, et al., 2021. A feminizing switch in a hemimetabolous insect [J]. Sci Adv, 7 (48): eabf9237. doi: 10.1126/sciadv.abf9237.

Zhu X, Li L, Wang J, et al., 2021c. Vacuolar protein-sorting receptor MoVps13 regulates conidiation and pathogenicity in rice blast fungus *Magnaporthe oryzae* [J/OL]. J Fungi (Basel), 7 (12). doi: 10.3390/jof7121084.

Zhu X M, Li L, Cai Y Y, et al., 2021d. A VASt-domain protein regulates autophagy, membrane tension, andsterol homeostasis in rice blast fungus [J]. Autophagy, 17 (10): 2939-2961.

第五章　水稻基因组编辑技术研究动态

CRISPR/Cas系统及其衍生系统具有准确性、通用性和灵活性的优点。对水稻进行基因编辑可以加快水稻驯化、丰富水稻基因库、提高水稻产量与品质。2021年，水稻基因组编辑工具的优化及其应用取得了较多成果。基因编辑工具的优化主要是在提高碱基编辑系统和引导编辑系统的编辑效率和降低脱靶效应两方面。此外，利用基因编辑技术也创制了一系列颇具经济效益的种质资源，如广谱抗病水稻、芳香型水稻等。

第一节　基因组编辑技术在水稻中的研究进展

一、提高编辑效率、降低脱靶率

基因编辑效率直接决定实验成本，脱靶率则直接与安全性和有效性挂钩。因此，编辑效率和脱靶效率是基因编辑工具应用过程中必须要探讨的问题。2021年，一些学者将这几方面优化重心放至碱基编辑器（BEs）和引导编辑器（PEs）上，并取得较大进展。

电子科技大学张勇、马里兰大学戚益平、扬州大学张韬课题组合作，基于MS2-MC策略，使sgRNA可以额外招募四个MCP-UGI拷贝，并由此开发出的A3A/Y130FCBE_V04可以在不改变编辑窗口的情况下，提高编辑效率，同时减少插入副产物的产生（Ren et al.，2021b）。中国科学院武汉植物园钟彩虹团队则将目光投至于引导RNA上，在ABE8e的基础上开发了带有多顺反子tRNA-gRNA表达盒的PTG-ABE8e，使腺嘌呤碱基编辑效率得到提高，同时没有发现潜在的非靶点编辑事件（Wang et al.，2021e）。中国农业科学院植物保护研究所周焕斌团队也以在水稻中编辑能力较优的ABE8e为基础，将来自TadA8.17和TadA8.20两种腺嘌呤脱氨酶变体的V82S和Q154R突变整合到TadA8e中，并将这个新变体命名为TadA9，使胞嘧啶碱基编辑活力在多个测试位点中编辑效率达56.25%～97.92%（Yan et al.，2021）。众多研究表明，ABE6.3、ABE7.8、ABE7.9、ABE7.10以及ABE7.10的进一步优化版本（ABEmax）伴随着旁编辑效应，在对腺嘌呤碱基脱氨的同时会在靶点诱导胞嘧啶脱氨基。除了以上版本，脱氨能力增强的TadA8（即ABE8.17-m或ABE8）以及TadA8e变体（即ABE8e和ABE8e-V106w），都显示出了保守的胞嘧啶催化活性，这也意味着编辑的准确性存在缺陷。来自韩国首尔国立大学医学院Sangsu Bae团队，在TAD7.10的基础上引入

D108Q 突变使优化的腺嘌呤碱基编辑器的胞嘧啶脱氨活性降低了 10 倍，在人细胞中有效减轻了旁编辑效应对腺嘌呤碱基编辑器准确率的影响，为水稻中腺嘌呤碱基编辑器的优化提供了一定指导（Jeong et al.，2021）。上海师范大学生命科学学院张辉团队和中国科学院上海植物逆境生物学研究中心朱健康团队合作开发了一种结合单体 TadA8e V106W、bpNLS 和密码子优化的高效水稻 ABE 碱基编辑器 rABE8e，相比于目前广泛应用的 ABEmax 系统，rABE8e 在靶位点编辑效率和碱基纯合替换效率方面都有实质性提高（Wei et al.，2021a）。

2020 年，中国科学院遗传与发育生物学研究所高彩霞团队构建了适于植物表达的引导编辑工具（PE），并成功在水稻和小麦中完成了 DNA 的精确编辑。成都电子科技大学张勇团队、中国农业科学院作物研究所夏兰琴团队、北京市农林科学院杨进孝团队、中国科学院上海植物逆境生物学研究中心朱健康团队、沙特阿拉伯阿卜杜拉国王科技大学 Mahfouz 团队以及安徽省农业科学院的魏鹏程团队陆续报道了引导编辑系统在水稻中的应用。但是，引导编辑系统在植物基因组中许多位点编辑效率依旧偏低，需要进一步优化。2021 年，中国科学院遗传与发育生物学研究所高彩霞研究组与李家洋研究组合作，在对 PBS 最适 Tm 值探索的基础上开发了能够针对所需突变，同时靶向 DNA 两条链的双 pegRNA 的策略，使 PE 系统在水稻中的编辑效率提高 2.9～17.4 倍（Lin et al.，2021a）。北京市农林科学院玉米 DNA 指纹及分子育种北京市重点实验室基因组编辑团队与北京大学等单位合作通过在 nCas 的 N 端融合逆转录酶，以及在 RT 模板中引入同义错配碱基，使 PE 在水稻中的编辑效率提高，检测位点的平均编辑频率高达 24.3%（Xu et al.，2022）。

总之，研究人员的注意力主要集中于改变构成基因编辑系统的元件结构及数量上，通过优化提高了基因编辑工具的编辑效率，降低了脱靶效率。

二、拓宽基因编辑工具应用范围

为了进一步拓宽基因编辑工具的应用范围，研究者们从降低编辑工具对 PAM 的依赖性，进而开发出更多类型的基因编辑工具以满足各种需求。对于细菌和古细菌来说，PAM 位点主要用于区别自身序列和外源序列，是识别、切割所必需的。但作为基因编辑工具，对 PAM 位点的依赖性反而会限制其基因靶向的灵活性。而更多类型的工具开发，可以满足更多的研究需求，总之这两个方面对于拓宽基因编辑工具应用范围来说非常重要。

2021 年，安徽省农业科学院魏鹏程团队利用 PmCDA1 同源基因构建了一个具有放大编辑窗口的植物 CT-CBE。此外，在该 CT-CBE 的基础上进一步将 TadA8e 集成，其中开发了一种植物双碱基编辑系统（pDuBE1），并在水稻中进行测试，发现编辑效率可达 87.6%。在稳定转化的植物细胞中，A-G 和 C-T 并行转换的频率高达 49.7%（Xu et al.，2021b）。中国科学院微生物研究所邱金龙团队和中国科学院遗传与发育生物学研究所王延鹏团队合作在Cas12a家族蛋白MAD7（与CRISPR-LbCas12a系统相比，在水稻中的基因编辑效率相似，并且有较高特异性的）基础上开发出MAD7新变体，使用CRISPR-MAD7提高了基因组可编辑范围，编辑效率最高可达65.5%（Lin et al.，2021b）。中国农业科学院植物保护研究所周焕斌团队研究了ScCas9的变异体Sc++在水稻基因组中不同的NNG PAM位点上的表现（Sc++含有T1227K突变和一个带正电的环的替换）。并将nSc++与高效的腺嘌呤碱基编辑器rBE73b结合，使优化的rBE73b在水稻中获得对NVG PAM靶向的能力，并对靶位点产生高效的A-G替代（Ma et al.，2021）。中国水稻研究所王克剑团队通过定点突变的方法对水稻中广泛使用的SpCas9蛋白进行了改造，获得了两种Cas9蛋白变体SpG和SpRY。SpG变体在水稻中可以有效识别NGN PAM，并具有较高的基因编辑效率；SpRY变体近乎不受PAM序列的限制，但其对NNR和NRN PAM（R=A/G）具有偏好性（Ren et al.，2021a）。电子科技大学生命科学与技术学院张勇团队和美国马里兰大学戚益平团队合作在水稻中选择Cas12a直系同源物变体（Mb2Cas12a-RVRR）作为核酸酶进行基于CRASPR/Cas12a系统的多位点基因编辑。使水稻中可编辑范围也拓宽了两倍左右，同时具有较强的多位点编辑的能力（Zhang et al.，2021）。华南农业大学刘耀光和祝钦泷团队通过密码子优化的方式将SpCas9n++有效应用到水稻基因编辑中，同时在此基础上将SpCas9n++与进化胞苷脱氨酶PmCDA1融合生成了一个新的胞嘧啶碱基编辑器PevoCDA1-ScCas9n++。实现了在NNG-PAM位点稳定高效的多序列碱基编辑，具有更宽的编辑窗口，且没有靶序列上下文偏好（Liu et al.，2021a）。中国农业科学院植物保护研究所周焕斌团队与周雪平团队就是否可以利用SpG、SpRY和TadA8e来改善水稻的基因组编辑展开了研究，发现在水稻中SpG表现出对NGD PAM的偏好性。而SpRY核酸酶对广泛位点实现了有效编辑，表现出对NGD和NaN PAM的偏好。接着在此基础上将SpRY切口酶与TadA8e结合，开发出对PAM识别范围更广的腺嘌呤碱基编辑器（Xu et al.，2021e）。

上述工作拓宽了基因编辑工具的应用范围，为植物功能基因组学研究和作物遗传改良提供了有力的研究工具。

三、大片段基因删除及替代

2021年，美国马萨诸塞大学薛文课题组，通过RT模板互补的pedRNA分别靶向目标片段的两侧，利用功能齐全的Cas9切割、反转录酶反转录，开发了一款能够在没有外源DNA模板的情况下，直接用所需的序列（最多60bp）替换从1 kb到10 kb的基因组片段的PE系统，并命名为PEDA（Anzalone et al.，2021）。华盛顿大学西雅图分校Jay Shendure，也通过类似方式开发了PRIME-Del，删除了长达10 kb的基因组片段（Choi et al.，2021）。美国哈佛大学David R. Liu团队，使用一个引导编辑蛋白，两个pegRNA分别靶向DNA两条链的不同位点，并以相反链互补DNA的合成为模板，取代了引导编辑器切口位点之间的内源性DNA序列。通过这种策略实现了大约800 bp的精确插入、替换、删除。当与位点特异的丝氨酸重组酶结合时，twinPE还能整合大于5 000 bp的基因片段以及解决40 kb的靶向序列倒置实现大片段的精准插入（Anzalone et al.，2021）。

利用引导编辑系统，可以实现精确修复的同时敲除大片段。此外还可以在目标片段两侧引入重组酶结合位点，同时结合重组酶可以实现大片段的替换。虽然这些工具在水稻应用中还未见报道，但其具有基因编辑灵活性的优势，对相关研究来说颇具意义。

第二节　基因组编辑技术在水稻育种中的应用

一、通过基因编辑手段提高水稻产量

水稻产量主要由穗数、每穗粒数、千粒重等决定，但这些性状背后伴随着一个复杂且精细的调控网络间接控制着水稻产量。因此，利用基因编辑手段对负调控基因进行编辑能够有效提高水稻产量。如：通过编辑负调控水稻生物量的主效QTL *SBM1*，可以提高水稻株高、穗粒数、生物量和产量。同时，使水稻在低氮条件下也能表现出较高的氮肥利用效率和谷粒产量（Xu et al.，2021a）；通过突变*OsPDCD5*，会影响生长素、赤霉素和细胞分裂素的生物合成和信号转导进而提高水稻株高、穗型、粒型、产量（Dong et al.，2021）；利用基因编辑技术敲除影响光合作用相关基因表达的*NRP1*可以提高水稻叶片的光合作用进而提高产量（Chen et al.，2021）；敲除*OsHXK1*会使饱和点、气孔导度、耐光性、光合作用产物增加，进而提高水稻的每穗粒数和单株产量（Chen et al.，2021）。

此外，从miRNA途径入手也可以对水稻性状进行改造。miRNA是内源长度为19～24个碱基的非编码单链RNA，通过调控靶基因的表达，进而影响植物生长发育和逆境响应。如：*miR1871*负调控*OsMFAP1*，而*OsMFAP1*与水稻稻瘟病抗性和产量呈正相关。此外，通过敲除*miR1871*可以提高水稻产量和稻瘟病抗性（Li et al.，2021c）；*MiR319*起抑制*OsTCP21*和*OsGAmyb*表达的功能，通过敲除*miR319*促进了水稻分蘖的形成以及分蘖芽的发育（Wang et al.，2021a）。

二、利用基因编辑手段提高水稻品质

随着物质水平提高，人们对稻米品质的需求日益提升，培育具有优良品质的水稻品种，如不同程度的软米、芳香米等越来越重要。稻米品质主要包括加工品质、外观品质、蒸煮食用品质等，是影响稻米市场价格的重要因素。与传统育种方式相比，利用基因编辑技术对相关基因进行定点编辑可达到基因快速进化的目的。利用ABEmaxnCas9NG系统、Anc689CEBmax-nCas9NG系统对Wx蛋白的中间结构域进行编辑，筛选出了*waxyabe2*突变体（T237A），发现该突变体具有直链淀粉含量低的优点，有效改善了水稻的口感和外观（Huang et al.，2021）。利用编辑效率较高且对PAM位点识别范围更广的PevoCDA1-ScCas9n++工具对*Wx*的11、13外显子进行编辑，同样开发出了直链淀粉含量降低的水稻种质（Liu et al.，2021a）。此外，在粳稻宁粳1号和籼稻黄华占背景下，对*OsBADH2*新优质等位基因进行创制。在得到香味适中的等位基因系的基础上分别与香型三系不育系桃农1A杂交，获得了具有较高籽粒香气的三系杂交品种B-桃优香占（Hui et al.，2021）。此外，利用CRISPR/Cas9基因编辑技术敲除*OsGH3-2*，解除了对脱落酸（ABA）信号转导的抑制，提高了水稻的贮藏能力（Yuan et al.，2021）。

三、利用基因编辑手段提高水稻对胁迫的抗性

生物和非生物胁迫严重影响我国乃至世界粮食安全，随着全球人口数量不断增加、极端气候事件发生频率变高。如何保证粮食安全值得深思。利用分子手段提高水稻对生物和非生物胁迫的抗性，是一条较为经济、有效的途径，也是实现绿色生态农业的重要保障。

（一）利用基因编辑手段提高水稻对非生物胁迫的抗性

*OsVDE*基因敲除的水稻幼苗在盐胁迫下气孔关闭量、ABA含量和*OsNCEDS*表达量均增加，进而提高了水稻耐盐性（Wang et al.，2021d）。对*OsWRKY5*进行基因编辑，产生的*Oswrky5-2*、*Oswrky5-3*敲除突变体通过影响ABA信号通路使水稻耐旱性得到加强（Lim et al.，2021）。利用引导编辑系统对*OsACC1*的六个保守残基处进行了饱和突变，产生了16种对除草剂具有抗性的新等位基因，提高了水稻除草剂的抗性（Xu et al.，2021c）。此外，从结构变异出发也是一条比较有潜力的途径，如利用基因编辑手段使1号染色体上*CP12*和*PPO1*之间的911 kb片段发生倒位，2号染色体*HPPD*和*Ubiquitin2*基因之间的338kb片段产生重复，使*PPO1*和*HPPD*基因表达量提高了数十倍，显著增强了水稻除草剂抗性（Lu et al.，2021b）。通过酵母双杂交手段分离了一个Rho蛋白家族成员OsRacD的互作基因*OsRhoGDI2*，对其敲除后获得了具有抗倒伏特征的半矮化水稻（Lu et al.，2021b）。

（二）利用基因编辑手段提高水稻对生物胁迫的抗性

稻瘟病菌（*Magnaporthe grisea*）和水稻黄单胞细菌（*Xanthomonas oryzae*，Xo）是影响水稻生产的重要病原菌。稻瘟病菌容易引起稻瘟病，而水稻黄单胞细菌的*X. oryzae* pv. *oryzae*（Xoo）和*X. oryzae* pv. *oryzicola*（Xoc）变种分别会引发白叶枯病和细菌性条斑病。这段时间内，研究者们利用基因编辑手段提高水稻对病原菌的抗性主

要从加强水稻监测能力、减弱病原菌与水稻相互作用两方面入手。

1. 提高水稻对白叶枯病的抗性

Xa23 基因源于野生稻，在栽培稻中也广泛存在开放读码框，但启动子区缺乏监测白叶枯病菌的元件，所以相对容易染病。Wei 等（2021b）利用 CRISPR/Cas9 介导的同源重组技术把监测元件插入到易感病品种的基因组种，实现了水稻对白叶枯病的广谱抗性。Lu 等（2021a）利用 CRISPR-Cpf1 基因编辑系统构建了 *OsPRAF2* 的敲除株系，突变株系获得了白叶枯病抗性（Lu et al.，2021a）。此外，在越南主要优良品种 TBR225 背景下，对 *OsSWEET14* 启动子进行编辑，也提高了 TBR225 对白叶枯病的抗性（Duy et al.，2021）。

2. 提高水稻对多种病原菌的抗性

Xo 侵染植物主要通过其转录激活效应因子与宿主靶标位点结合从而激活下游致病基因的表达。通过敲除 *OsSULTR3；6* 启动子区的 Xo 转录激活效应因子靶标位点可以降低该基因对病原菌的敏感性（Xu et al.，2021d）。在贵红 1 号和中花 11 的背景下，利用 CRISPR/Cas9 敲除三个易感病基因（*OsSWEET11*，*OsSWEET14* 和 *OsSULTR3；6*）的 Xo 转录激活效应因子靶标位点，提高了水稻对 Xoo 和 Xoc 的抗病性（Ni et al.，2021）。此外，Tao 等（2021）通过对 *Pi21*、*BSR-D1* 和 *Xa5* 三个易感病基因进行编辑，使水稻获得稻瘟病和白叶枯病抗性的同时保证了株高、每穗粒数、穗数、结实率、千粒重等主要农艺性状。Li 等（2021b）从敲除 *HDT701* 入手，使 HDT701 与核糖核酸酶 RNase P 蛋白亚基 OsRpp30 相互作用减弱，最终获得水稻抗稻瘟病和白叶枯病的能力。Zhou 等（2021）利用 CRISPR/Cas9 对杂交水稻骨干不育系隆科 638S 的感病基因进行敲除，发现 *Pi21* 或 *ERF922* 基因的突变可以同时提高杂交水稻骨干不育系隆科 638S 的白叶枯病和稻瘟病的抗性。Wang 等（2021b）利用 CRISPR/Cas9 技术对 *eIF4G* 第一个外显子进行点突变，产生的新的纯合等位基因能够通过降低 *eIF4G* 与水稻黑条矮缩病毒（RBSDV）P8 蛋白互作，显著提高水稻对 RBSDV 的抗性，而不影响水稻条纹病毒（RSV）的侵染和正常植株生长。

四、利用基因编辑手段控制开花时间

通过人工手段，精确提前或延后开花时间能使优良品质在不同区域种植拥有更高的适应性。*Hd2* 是一种抑制开花的基因，对其 uORFs 区域进行编辑，会使其蛋白表达量提高进而实现开花时间延后 4.6～11.2 d（Liu et al.，2021b）。此外，Li 等（2021a）在南粳 46 的背景下，利用 CRISPR/Cas9 基因编辑技术编辑关键的成花抑制因子基因 *PHYC*，获得的两个纯合突变体 *phyc-1* 与 *phyc-2*，使抽穗期提前了 7 d 左右。Wang 等（2021c）在解析了 *OsEC1* 协调水稻开花和耐盐性的分子机理的基础上，通过敲除 *OsEC1* 赋予了水稻耐盐和促进长日照条件下抽穗期提前的表型。

参考文献

Anzalone A V，Gao X D，Podracky C J，et al.，2021. Programmable deletion，replacement，integration and inversion of large DNA sequences with twin prime editing [J]. Nature Biotechnology，40：731-740.

Chen F M，Zheng G Y，Qu M N，et al.，2021. Knocking out NEGATIVE REGULATOR OF PHOTOSYNTHESIS 1 increases rice leaf photosynthesis and biomass production in the field [J]. Journalof Experimental Botany，72：1836-1849.

Choi J，Chen W，Suiter C C，et al.，2021. Precise genomic deletions using paired prime editing [J]. Nature Biotechnology，40：218-226.

Dong S Q，Dong X X，Han X K，et al.，2021. OsPDCD5 negatively regulates plant architecture and grain yield in rice [J]. Proceedings of the National Academy of Sciences，118：e2018799118.

Duy P N，Lan D T，Pham Thu H，et al.，2021. Improved bacterial leaf blight disease resistance in the major elite Vietnamese rice cultivar TBR225 via editing of the OsSWEET14 promoter [J/OL]. PLoS One，16：e0255470.

Huang X R，Su F，Huang S，et al.，2021. Novel Wx alleles generated by base editing for improvement of rice grain quality [J]. Journal of Integrative Plant Biology，63：1632-1638.

Hui S Z，Li H J，Mawia A M，et al.，2021. Production of aromatic three-line hybrid rice using novel alleles of BADH2 [J]. Plant Biotechnology Journal，20：59-74.

Jeong Y K，Lee S，Hwang G H，et al.，2021. Adenine base editor engineering reduces editing of bystander cytosines [J]. Nature Biotechnology，39：1426-1433.

Li B，Du X，Fei Y Y，et al.，2021a. Efficient Breeding of Early-Maturing Rice Cultivar by Editing PHYC via CRISPR/Cas9 [J]. Rice，14：86.

Li W，Xiong Y，Lai L B，et al.，2021b. The rice RNase P protein subunit Rpp30 confers broad -spectrum resistance to fungal and bacterial pathogens [J]. Plant Biotechnology Journal，19：1988-1999.

Li Y，Li T T，He X R，et al.，2021c. Blocking Osa-miR1871 enhances rice resistance against Magnaporthe oryzae and yield [J]. Plant Biotechnology Journal，20：646-659.

Lim C，Kang K，Shim Y，et al.，2021. Inactivating transcription factor OsWRKY5 enhances drought tolerancethrough abscisic acid signaling pathways [J]. Plant Physiology，188：1900-1916.

Lin Q P，Jin S，Zong Y，et al.，2021a. High-efficiency prime editing with optimized，paired pegRNAs in plants [J]. Nature Biotechnology，39：923-927.

Lin Q P，Zhu Z X，Liu G W，et al.，2021b. Genome editing in plants with MAD7 nuclease [J]. Journal of Genetics and Genomics，48：444-451.

Liu T L，Zeng D C，Zheng Z Y，et al.，2021a. The ScCas9（++）variant expands the CRISPR toolbox for genome editing in plants [J]. Journal of Integrative Plant Biology，63：1611-1619.

Liu X X，Liu H L，Zhang Y Y，et al.，2021b. Fine-tuningflowering time via genome editing of upstream open reading frames of Heading Date 2 in rice [J]. Rice，14：59.

Lu J L，Li Q L，Wang C C，et al.，2021a. Identification of quantitative trait loci associated with resistance to Xanthomonas oryzae pv. oryzae pathotypes prevalent in South China [J]. The Crop Journal，10：498-507.

Lu Y，Wang J Y，Chen B，et al.，2021b. A donor-DNA-free CRISPR/Cas-based approach to gene knock-up in rice [J]. Nature Plants，7：1445-1452.

Ma G，Kuang Y，Lu Z，et al.，2021. CRISPR/Sc（++）-mediated genome editing in rice [J]. Journal of Integrative Plant Biology，63：1606-1610.

Ni Z，Cao Y Q，Jin X，et al.，2021. Engineering Resistance to Bacterial Blight and Bacterial Leaf Streak in Rice [J]. Rice，14：38.

Ren J，Meng X B，Hu F Y，et al.，2021a. Expanding the scope of genome editing with SpG and SpRY variants in rice [J]. Sci China Life Sci，64：1784-1787.

Ren Q Y，Sretenovic S，Liu G Q，et al.，2021b. Improved plant cytosine base editors with high editing activity，purity，and specificity [J]. Plant Biotechnology Journal，19：2052-2068.

Tao H，Shi X T，He F，et al.，2021. Engineering broad-spectrum disease-resistant rice by editing multiple susceptibility genes [J]. Journal of Integrative Plant Biology，63：1639-1648.

Wang R N，Yang X Y，Guo S，et al.，2021a. MiR319-targeted OsTCP21 and OsGAmyb regulate tillering and grain yield in rice [J]. Journal of Integrative Plant Biology，63：1260-1272.

Wang W，Ma S H，Hu P，et al.，2021b. Genome Editing of Rice eIF4G Loci Confers Partial Resistance to Rice Black-Streaked Dwarf Virus [J]. Viruses，13：2100.

Wang X L，He Y Q，Wei H，et al.，2021c. A clock regulatory module is required for salt tolerance and control of heading date in rice [J]. Plant，Cell & Environment，44：3283-3301.

Wang X C，Ren P X，Ji L X，et al.，2021d. OsVDE，a xanthophyll cycle key enzyme，mediates abscisic acid biosynthesis and negatively regulates salinity tolerance in rice [J]. Planta，255：6.

Wang Z P，Liu X Y，Xie X D，et al.，2021e. ABE8e with Polycistronic tRNA-gRNA Expression Cassette Sig-Nificantly Improves Adenine Base Editing Efficiency in Nicotiana benthamiana [J]. International Journal of Molecular Sciences，22：5663.

Wei C，Wang C，Jia M，et al.，2021a. Efficient generation of homozygous substitutions in rice in one generation utilizing an rABE8e base editor [J]. Journal of Integrative Plant Biology，63：1595-1599.

Wei Z，Abdelrahman M，Gao Y，et al.，2021b. Engineering broad-spectrum resistance to bacterial blight by CRISPR-Cas9-mediated precise homology directed repair in rice [J]. Molecular Plant，14：1215-1218.

Xu J，Shang L G，Wang J J，et al.，2021a. The SEEDLING BIOMASS 1 allele from indica rice enhances yield performance under low-nitrogen environments [J]. Plant Biotechnology Journal，19：1681-1683.

Xu R F，Kong F N，Qin R Y，et al.，2021b. Development of an efficient plant dual cytosine and adenine editor [J]. Journal of Integrative Plant Biology，63：1600-1605.

Xu R F，Liu X S，Li J，et al.，2021c. Identification of herbicide resistance OsACC1 mutations via in planta prime-editing-library screening in rice [J]. Nature Plants，7：888-892.

Xu W，Yang Y X，Yang B Y，et al.，2022. A design optimized prime editor with expanded scope and capability in plants [J]. Nature Plants, 8: 45-52.

Xu X M, Xu Z Y, Li Z Y, et al., 2021d. Increasing resistance to bacterial leaf streak in rice by editing the promoter of susceptibility gene OsSULRT3; 6 [J]. Plant Biotechnology Journal, 19: 1101-1103.

Xu Z Y, Kuang Y J, Ren B, et al., 2021e. SpRY greatly expands the genome editing scope in rice with highly flexible PAM recognition [J]. Genome Biology, 22: 6.

Yan D Q, Ren B, Liu L, et al., 2021. High-efficiency and multiplex adenine base editing in plants using new TadA variants [J]. Molecular Plant, 14: 722-731.

Yuan Z Y, Fan K, Wang Y T, et al., 2021. OsGRETCHENHAGEN3-2 modulates rice seed storability via accumulation of abscisic acid and protective substances [J]. Plant Physiology, 186: 469-482.

Zhang Y X, Ren Q R, Tang X, et al., 2021. Expanding the scope of plant genome engineering with Cas12a orthologs and highly multiplexable editing systems [J]. Nature Communications, 12: 1944.

Zhou Y B, Xu S C, Jiang N, et al., 2021. Engineering of rice varieties with enhanced resistances to both blast and bacterial blight diseases via CRISPR/Cas9 [J]. Plant Biotechnology Journal, 20: 876-885.

第六章　稻米品质与质量安全研究动态

水稻是我国最主要的口粮作物，全国60%以上居民以大米为主食，稻米品质和质量安全事关人民生命健康，日益成为国内外学者研究的焦点。2021年，国内外稻米品质与质量安全研究取得积极进展。在国内稻米品质研究方面，继续围绕稻米品质的理化基础、不同地区的稻米品质差异、生态环境和农艺措施对品质的影响等方面开展研究工作；在国内稻米质量安全研究方面，重点围绕水稻重金属积累的遗传调控研究、水稻重金属胁迫耐受机理研究、水稻重金属污染控制技术研究以及稻米中重金属污染状况及风险评价等方面。国外稻米品质与质量安全研究主要集中在稻米品质的理化基础、营养功能，稻米品质与生态环境的关系，水稻对重金属转运的调控机理研究，水稻重金属胁迫耐受机理研究，减少稻米重金属吸收及相关修复技术研究以及稻米重金属污染风险评估研究等方面。

第一节　国内稻米品质研究进展

一、稻米品质的理化基础

淀粉是稻米的主要成分，其中直链淀粉含量是决定稻米蒸煮食味品质的重要因素。旷娜等（2021）以衡阳实验点种植的8个不同品种再生季稻米为材料，研究了蒸煮食味品质、糊化特性及淀粉晶体结构的相关性，发现不同品种再生季稻米的直链淀粉含量与相对结晶度显著负相关；相对结晶度与碱消值呈显著负相关，与胶稠度呈显著正相关；1 047/1 022 cm^{-1} 值与峰值时间、最低黏度呈显著负相关。说明再生季稻米中直链淀粉含量变化会影响淀粉的晶体结构，改变其糊化特性，导致稻米蒸煮食味品质的差异。

蛋白质是稻米中最重要的营养成分之一，对稻米品质也有重要影响。刘慧芳等（2021）通过氮、硫配施，改变稻米中蛋白的含量、组成和积累形态，分析对稻米品质有何影响。结果表明，在富硫条件下，蛋白质积累过程中形成较多的巯基及二硫键，并通过二硫键来改变含巯基的蛋白质亚基之间的聚合程度，形成不同分子量的谷蛋白聚合体，使蛋白质的积累形态发生明显改变，进而使稻米相关品质性状发生改变。谷蛋白是稻米中的主要蛋白，宁俊帆等（2021）采用拉曼和红外光谱表征了陈化中谷蛋白的变化，并对其功能性质差异进行比较。结果表明，陈米谷蛋白和陈化谷蛋白比新米谷蛋白的α-螺旋减少，含硫氨基酸残基氧化产物增多，酪氨酸残基更加暴露，色氨酸残基更加埋藏，分子间结合程度更高，说明陈化中谷蛋白发生了氧化，并体现在蛋白功能性质变化上；陈米谷蛋白溶解性、持水性、乳化性和乳化稳定性均比新米谷蛋白低，而持油性比新米谷蛋白高，谷蛋白在陈化中发生了氧化变化。

脂肪是稻米中第三丰富的重要营养组分，对稻米食味品质影响较大。吴焱等（2021）以直链淀粉含量和蛋白质含量相近的20个粳稻品种为材料，采用聚类分析将稻米脂肪含量分为低脂、中脂和高脂三种类型，研究不同脂肪含量稻米回生过程中淀粉热力学特性、米饭食味品质、质构特性变化差异。结果表明，中脂类型品种未脱脂米粉具有较高的糊化热焓值、较低的回生热焓值和回生度，米饭食味品质和质构特性显著优于低脂类型品种和高脂类型品种；与0 d米饭相比，回生1 d后中脂类型品种米饭质构特性未发生显著劣变，而低脂和高脂类型品种米饭质构特性发生极显著劣变；回生7 d后，3类品种米饭质构特性均发生极显著劣变；中脂类型品种稻米抑制淀粉糊化和回生的能力更强，更能延缓回生过程中米饭质构特性与食味品质的劣变。脂肪酸是脂类的主要成分，是影响稻米食味品质的重要因子。周香玉等（2021）对20批次北京市不同区域京西稻米中的脂肪酸进行分析测定，发现京西稻米中脂肪酸种类多达14种，总脂肪酸含量为0.514～1.327 g/100 g，其中饱和脂肪酸9种，以棕榈酸为主；单不饱和脂肪酸3种，以油酸为主；多不饱和脂肪酸2种，以亚油酸为主。另有少量ω-3系多不饱和脂肪酸α-亚麻酸，均在人体内不能合成，为人体必需脂肪酸。

张文彦等（2021）分析了墨江紫米米糠和哈尼梯田红米米糠的营养成分，发现紫米米糠和红米米糠蛋白质含量分别为15.02%和14.98%，脂肪质量含量分别为14.21%和14.02%，碳水化合物含量分别为50.26%和50.15%，粗纤维含量分别为8.32%和8.47%，花青素含量分别为205.2 μg/g和182.5 μg/g。唐倩等（2021）通过HPLC-MS/MS分析4种黑米花色苷单体成分组成。结果表明，4种黑米花色苷均由芍药素-3-O-葡萄糖苷、矢车菊素-3-O-葡萄糖苷和锦葵色素-3-O-葡萄糖苷单体构成。陈涛等（2021）分析了4种不同种类黑米的总花色苷含量，发现黑米中的总花色苷含量为16.7～94.6 mg/g。杨米等（2021）分析了滇香紫1号稻米的矢车菊色素含量，结果表明矢车菊素含量为65.24 μg/g。

二、不同地区的稻米品质差异

张卫星等（2021）系统分析了2016—2020年我国水稻三大优势产区稻米品质现状及区域差异。结果表明，不同产区间优质率差异明显，东北平原为71.38%，显著高于东南沿海的30.83%和长江流域的25.78%；东北三省优质率最高（黑龙江、吉林、辽宁分别为69.65%、75.13%、76.87%），其次是华南地区（广东37.20%、广西31.92%）、江淮地区（江苏31.88%、安徽34.88%、河南33.57%）和云贵高原（贵州31.16%、云南24.76%），川渝盆地和湘赣平原优质率有待提升。总体看，东北平原稻米品质各项指标表现较为适宜，长江流域和东南沿海整精米率低、垩白多，是限制稻米优质率提高的主要因素；整精米率优质达标率总体仅为54.82%，东北平原、长江流域和东南沿海三大优势产区分别为84.59%、47.74%、46.17%，是我国稻米品质地区差异的关键因子之一。

张丽娜等（2021）分析了辽宁省不同地域的稻米品质差异。结果表明，在外观品质上，沿海平原稻区垩白粒率和垩白度明显高于其他稻区，总体上有沿海平原稻区高于内陆平原或山地丘陵稻区的趋势；在营养品质上，沿海平原稻区水稻蛋白质含量明显高于其他稻区，而直链淀粉含量则明显低于其他稻区；但在食味值和米饭综合评分上却没有明显的优势，在不同年份表现出一定的波动性；中部平原亚区米饭外观和口感明显低于东北部山地丘陵亚区；在稻谷的宽度、厚度、千粒重及糙米率、精米率和整精米率上，沿海平原稻区优势比较明显，谷粒明显偏大，千粒重和出米率较高。

三、生态环境对品质的影响

不同生态环境对稻米品质有较大影响，包括温度、CO_2浓度等。姜树坤等（2021）以耐热高产品种龙稻21和热敏感优质品种龙稻18为材料，研究了不同生育时期增温对稻米品质的影响。结果表明，增温对千粒重存在负向作用；分蘖期和拔节期增温能够增加糙米率和精米率；孕穗期、抽穗期和灌浆期增温导致糙米率、精米率下降以及垩白米率、垩白度升高；增温对稻米食味值、蛋白质含量和直链淀粉含量的影响较小。褚春燕等（2021）以龙粳29、龙粳31和龙粳46为材料，研究了水稻抽穗—灌浆期低温（17℃/3d和16℃/5d）对稻米品质的影响。结果表明，低温导致水稻糙米率、精米率和整精米率下降，蛋白质含量上升，稻米RVA谱特征参数的最高黏度和热浆黏度降低；直链淀粉含量在不同年份表现不同，2016年低温促进直链淀粉合成，2017年低温对抽穗—灌浆前期直链淀粉的合成有抑制作用，对灌浆中后期有促进作用；适宜低温会提高强耐冷性品种的食味评分，降低一般耐冷性品种的食味评分；不同低温对不同品种在不同生育期的崩解值、消减值和回复值影响不同。吕艳梅等（2021）以黄华占和隆晶优570为材料，研究抽穗期低温胁迫（17℃）对水稻干物质积累、光合速率、产量性状和稻米品质的影响。结果表明，抽穗期低温胁迫会严重影响水稻的光合速率，降低水稻的干物质积累量、结实率、千粒重以及稻米的精米率、整精米率和直链淀粉含量，造成严重减产，同时抽穗期低温冷害还会提高水稻的垩白度、垩白粒率和蛋白质含量，降低稻米品质，且随着低温胁迫时间延长影响越大；黄华占的抗低温能力明显强于隆晶优570。李辰彦等（2021）以岳优27、昌粳225和泰丰优208、黄华占为材料，研究了抽穗扬花期低温胁迫对稻米品质的影响。结果表明，随着低温处理时间的延长，各晚稻品种精米率降低，垩白粒率、垩白度和胶稠度增加，直链淀粉与粗蛋白含量先增后降；峰值黏度、崩解值逐渐降低，冷胶黏度、回复值和消减值逐渐升高；与冷敏感品种泰丰优208和黄华占相比，耐冷品种岳优27和昌粳225抽穗扬花期表现出较强的耐受低温胁迫能力。

牛玺朝等（2021）研究了大气CO_2浓度升高对稻米加工品质、外观品质、食味品质以及部分营养品质的影响及其种间差异。结果表明，与背景 CO_2 浓度相比，高 CO_2 浓度（增 200 μmol/mol，FACE）处理下稻米的糙米率、精米率和整精米率略降，但单位面积糙米、精米和整精米产量平均分别极显著增加 23.7%、23.5%和 20.9%；FACE 处理对整精米长度、宽度和长宽比影响较小，但使整精米垩白率和垩白度平均分别增加 18.6%和 31.8%，均达极显著水平；使所有品种稻米直链淀粉含量和胶稠度平均分别下降 6.5%和 3.1%，但均未达显著水平；使所有品种峰值黏度和崩解值平均增加 1.3%和 6.9%，使热浆黏度、冷胶黏度和消减值分别下降 2.2%、5.1%和 65.6%，其中消减值达显著水平；使所有品种整精米植酸含量平均增加 5.3%，而蛋白质含量平均减少 9.9%，均达显著水平。不同品种稻米品质性状对高 CO_2 浓度的响应方向和程度存在一定差异，其中 FACE 处理与品种对整精米长度、垩白率、垩白度、峰值黏度、热浆黏度和最终黏度存在显著互作效应。

四、农艺措施对品质的影响

（一）灌溉方式

熊若愚等（2021）研究了常规灌溉、持续淹水灌溉和间歇灌溉等不同灌溉方式对南方优质食味晚籼稻品质的影响。结果表明，间歇灌溉处理改善了稻米加工和蒸煮食味的适口性，降低了消减值及蛋白质含量，提升了胶稠度、峰值黏度、热浆黏度及崩解值，但不利于外观品质的改善；而持续淹水灌溉有利于改善稻米外观品质。薛菁芳等（2021）研究了节水灌溉和常规灌溉两种灌溉方式对 16 个水稻品种的稻米加工品质、营养品质和淀粉 RVA 谱特征值的影响。结果表明，节水灌溉使 10 个品种的糙米率提高 0.56%～6.94%；8 个品种的精米率提高 0.88%～8.09%；11 个品种的蛋白质含量降低 0.81%～15.00%；9 个品种的直链淀粉含量降低 0.34%～5.21%；8 个品种的食味评分提高 1.33%～13.06%；11 个品种的峰值黏度升高，5 个品种的热浆黏度和冷胶黏度降低，9 个品种的崩解值升高，10 个品种的消减值降低。王肖凤等（2021）以两优 6326 为试验材料，研究了头季稻种植过程中常规水层灌溉和干湿交替灌溉两种水分管理方式对再生稻稻米品质的影响。结果表明，与干湿交替灌溉相比，常规水层灌溉条件下头季稻米的糙米率、精米率、整精米率分别显著增加了 3.78%、4.45%、13.03%，再生季稻米的糙米率、精米率、整精米率分别显著增加了 1.63%、1.26%、8.03%，垩白度显著降低了 14.9%，铁含量显著增加了 127.41%；而不同水分管理方式下再生稻稻米的食味品质没有显著差异。

（二）肥力

氮素作为影响水稻生长发育和产量最敏感的因素，对全球水稻产量增长发挥了重要作用。然而过量施用氮肥不仅增加农业生产成本，还会导致环境污染等一系列问题。侯红燕等（2021）发现氮肥用量提高可以显著提高稻米的加工品质和外观品质，但显著降低了其食味品质，食味值由72分（不施肥）降至67分（40 kg/667 m^2）。邵文娟等（2021）发现穗肥减施氮肥2 kg/667 m^2，稻米蛋白质含量下降0.7%，直链淀粉含量下降0.9%；孕穗期喷施硅肥可增产7.64%，稻米蛋白质含量下降0.6%，直链淀粉含量下降0.7%。黄佑岗等（2021）在施氮总量180 kg/hm^2条件下，设置了3种基蘖肥与穗肥的施氮比例（N5-5、N6-4和N7-3），研究了不同施氮比例对稻米品质的影响。结果表明，不同施氮比例对稻米精米率和整精米率影响虽不显著，但以N5-5处理的精米率与整精米率最高；对稻米垩白粒率和垩白度有较大影响，N6-4处理的垩白粒率显著低于N5-5和N7-3，而N5-5和N6-4处理的垩白度显著低于N7-3；对蛋白质和直链淀粉含量的影响不显著。张庆等（2021）在总施氮量300 kg/hm^2条件下，氮素穗肥分别于倒5叶、倒4叶、倒3叶、倒2叶、倒1叶和粒肥施用，研究氮素穗肥不同施用时期对南粳46、南粳5055稻米品质的影响。结果表明，随着氮素穗肥施用时期延后，糙米率、精米率和整精米率先增后减，倒3叶最高；垩白粒率和垩白度先减后增，倒3叶最低。推迟施用穗肥，直链淀粉含量降低，胶稠度长度和蛋白质含量增加，米饭食味值降低，倒5叶和倒4叶差异不显著。饶梅力（2021）发现施用有机肥在一定程度上可以影响稻米品质，随着有机肥替代比例增加，稻米中粗蛋白和直链淀粉含量也相应增加，进而改善稻米品质；有机肥完全替代化肥时稻米的蒸煮品质、食味品质最佳。

硅和氮是水稻生长发育过程中起重要作用的营养元素。潘韬文等（2021）研究了不同氮肥（120 kg/hm^2、180 kg/hm^2和240 kg/hm^2）和硅肥（225 kg/hm^2和450 kg/hm^2）配施对桂农占和黄华占品质的影响。结果表明，两个品种稻米整精米率均随硅含量增加而升高，而直链淀粉含量呈降低趋势，硅肥和氮肥配施有助于改善稻米品质。

富硒栽培能够提高食物链中的硒水平，补充人体所需的硒元素。赵双玲等（2021）发现喷施硒肥能提高稻米整精米率，降低垩白粒率、蛋白质含量、直链淀粉含量和脂肪含量。

（三）播期收获期

徐俊豪等（2021）研究了播期对双季晚籼稻稻米品质的影响。结果表明，随着播期推迟，晚籼稻品种加工品质、外观品质和蒸煮品质变优，但不利于改善食味品质，对营养品质无显著影响。李博等（2021）研究了四川盆地不同地点间播期对杂交籼稻米饭外观、口感、综合评分以及硬度和黏度的影响。结果表明，不同地点间适度推迟播期可以提高米饭外观、口感和综合评分，提高米饭食味品质；在大邑播期推迟10 d具有较好的综合评分且稳定性好；在南部和射洪，播期推迟10～20 d具有较高的综合评分，且稳定性较好；综合看，在四川盆地，播期推迟10～20 d可以使水稻灌浆结实期处于较合理的温光环境，有效改善杂交籼稻米饭的食味品质，提高综合评分和稳定性。邹禹等（2021）探讨了不同播期、收获期、储存期对稻米整精米率的影响。结果表明，随着播期推迟，灌浆成熟期气温降低，全生育期明显缩短，整精米率、垩白粒率、垩白度总体呈下降趋势，且日均温与整精米率、垩白度、垩白粒率呈极显著正相关关系；优质长粒籼稻在完全成熟收获且储存 40 d 后的加工整精米率较高。

(四) 种植方式

车阳等（2021）研究了稻虾、稻鳖、稻鳅、稻鲶鱼、稻锦鲤和稻鸭等 6 种稻田综合种养模式与稻麦两熟模式下水稻生产（CK）模式对稻米品质的影响。稻田综合种养模式较 CK 显著降低稻米整精米率 2.40%～4.37%，显著降低垩白度 8.14%～11.14%，增加直链淀粉含量 9.35%～13.80%，降低蛋白质含量 6.29%～10.01%，显著提高食味值评分 3.91%～11.69%，其中稻鲶鱼、稻虾、稻鳅模式在提升稻米食味品质上的作用更加明显。稻田综合种养模式下稻米淀粉 RVA 谱特征值峰值黏度、热浆黏度、最终黏度以及崩解值较对照升高 2.75%～12.65%、3.24%～19.63%、2.47%～14.79%、1.67%～5.78%，消减值降低 2.54%～15.15%，稻米品质变优。李文博等（2021）研究了稻虾共作模式对稻米品质的影响，与水稻单作相比，稻虾共作不投食的稻米精米率和蛋白质含量分别提高 3.0%和 8.4%，垩白粒率、直链淀粉含量和胶稠度则分别降低 25.1%、7.5%和 6.6%，稻虾共作能够改善水稻品质。纪力等（2021）研究了连年规模化稻鸭共养对稻米品质的影响。结果表明，与常规水稻种植相比，连续 10 年稻鸭共养后的稻鸭田稻米的糙米率和精米率分别提高了 4.8%和 3.6%，垩白粒率和垩白度显著下降，蛋白质含量提高 7.5%，直链淀粉含量和胶稠度与常规田相比差异不显著。

周文涛等（2021）研究不同耕作方式与秸秆还田耦合条件下水稻产量和品质的表现。结果表明，秸秆还田与耕作方式互作对早、晚稻米的垩白粒率、早稻 RVA 谱特性、晚稻消减值具有极显著影响，而对其他外观、加工品质影响不显著。不同耕作方式下稻米外观品质差异不明显，“秸秆还田＋早晚稻均免耕”处理稻米加工品质最优，而“秸秆还田＋早稻旋耕＋晚稻翻耕”处理稻米 RVA 谱特性最佳。综合得出，“秸秆还田＋早稻旋耕＋晚稻翻耕”蒸煮品质最优。

陈丽明等（2021）比较人工撒直播（AS）和同步开沟起垄精量穴直播（PHDD）对早晚兼用双季直播稻稻米品质的影响。结果表明，与 AS 相比，PHDD 显著提高湘早籼 45 号早季的精米率、整精米率和垩白度以及泰优 398 晚季的垩白粒率，显著降低泰优 398 早季的整精米率及湘早籼 45 号晚季的垩白粒率、垩白度和蛋白质含量，直链淀粉含量无显著差异；PHDD 显著提高泰优 398 晚季米粉的峰值黏度、热浆黏度、崩解值和最终黏度，显著降低糊化温度。总体来说，PHDD 有利于显著改善湘早籼 45 号早季加工品质及晚季外观品质，降低泰优 398 的早季加工品质及晚季外观品质，但改善其晚季蒸煮食味品质，PHDD 下晚季直播稻稻米品质改善明显。

第二节　国内稻米质量安全研究进展

2014 年公布的《全国土壤污染状况调查公报》显示，土壤无机污染物超标点位数占全部超标点位的82.8%，主要是镉、汞、砷、铜、铅、铬、锌、镍8种重金属，其中镉点位超标率达7%，居八大超标金属元素之首，并且镉的含量在全国范围内普遍增加。与其他谷类作物相比，水稻根系具有更高的镉吸收能力，易导致稻米镉含量超标，通过食物链传递对人身健康造成威胁。因此，对稻米重金属镉污染的研究引起了国内外学者的广泛关注。

一、重金属

（一）水稻重金属积累的遗传调控研究

大量研究表明，不同水稻品种由于遗传上的差异，在对稻田重金属元素的吸收和分配上存在很大差异。王萍（2021）通过盆栽试验，研究了10个水稻品种在不同水平Cd胁迫下稻米对Cd的吸收累积情况。结果表明，水稻对Cd具有很强的吸收累积能力，但不同品种对Cd的吸收存在显著差异，相同条件下不同水稻品种稻米的Cd最高与最低含量差异值高达7.36 mg/kg。

水稻不同器官对重金属元素的吸收蓄积能力存在很大差异。赵怀敏等（2021）利用涪江流域采集的水稻植株，通过富集系数、转移系数，分析和比较了重金属镉在水稻植株中的分布特征。结果表明，水稻各器官对重金属Cd的富集能力不同，富集系数由大到小的顺序为：根＞茎＞可食用部分＞叶，说明根是水稻富集镉能力最强的器官。张悦妍等（2021）通过人工模拟镉污染的盆栽试验，研究不同镉污染程度（轻微、轻度、中度及重度污染）土壤对分蘖期和成熟期水稻各器官镉积累、富集能力及土壤—水稻系统各部分间转运特征的影响。结果表明，水稻各器官镉积累量及富集能力均随土壤镉污染程度增加而增大，镉在水稻中的富集能力表现为根系＞茎叶＞糙米。镉在土壤—水稻系统各环节转运能力表现为土壤—根系＞根系—茎叶＞茎叶—稻米。镉在水稻不同部位的含量与土壤中镉浓度呈正相关关系。

基于品种间Cd含量的遗传差异，国内学者利用QTL、分子生物学等技术初步探讨了水稻Cd积累的遗传机制。潘晨阳等（2021）以籼稻品种华占（HZ）为父本、粳稻品种热研2号（Nekken2）为母本，连续自交多代后得到120个重组自交系群体，对其镉积累进行检测和分析，同时利用遗传图谱进行QTL作图。结果共检测到7个QTLs，分别位于水稻第2、3、9和12号染色体上，其中1个LOD值高达4.97。对这些QTL区间内与耐金属离子胁迫相关的候选基因进行定量分析，发现*LOC_Os02g50240*、*LOC_Os02g52780*、*LOC_Os09g31200*、*LOC_Os09g35030*和*LOC_Os09g37949*这5个基因在双亲间的表达量差异显著，结合亲本对不同金属离子的浓度积累数据，推测*LOC_Os02g50240*、*LOC_Os09g31200*及*LOC_Os09g35030*的高表达可能极大地提高了水稻对镉离子的吸收和胁迫耐受能力。研究结果为进一步筛选和培育耐镉胁迫的水稻品种创造了条件，为阐明水稻镉积累的分子调控机制奠定了基础。

（二）水稻重金属胁迫耐受机理研究

许多重金属都是植物必需的微量元素，对植物生长发育具有十分重要的作用。但是，当环境中重金属含量超过某一临界值时，就会对植物产生一定的毒害作用，如降低抗氧化酶活性、改变叶绿体和细胞膜的超微结构以及诱导产生氧化胁迫等，严重时可致植物死亡。植物在适应污染环境的同时，逐渐形成了一系列忍耐和抵抗重金属毒害的防御机制。

定位稻种耐 Cd 胁迫相关 QTLs，对于指导水稻耐 Cd 育种具有重要意义。黄诗颖等（2021）为发掘 Cd 胁迫相关基因，以粳稻 02428 和籼稻昌恢 891 衍生的 124 个回交重组自交系群体为材料，对水稻萌芽期的根长、芽长进行了分析，并对萌芽期与 Cd 胁迫相关的 QTLs 进行了定位分析。结果显示，Cd 胁迫处理下，02428 和昌恢 891 根长和芽长均受到显著抑制（$P<0.01$），其中 Cd 对根长的抑制强于芽长；QTL 分析共检测到 5 个萌芽期与 Cd 胁迫相关的 QTLs：*qCdBL3*、*qCdRL7*、*qCdBL8.1*、*qCdBL8.2* 和 *qCdBL9* 分别位于水稻第 3、7、8、8 和 9 号染色体上，贡献率为 6.45%～19.46%。其中，*qCdBL3*、*qCdBL8.1*、*qCdBL8.2* 和 *qCdBL9* 与芽长相关，*qCdRL7* 与根长相关。同时，检测到 2 个在对照条件下（水溶液）影响根长和芽长的 QTLs：*qCKBL8* 和 *qCKRL4*，分别位于第 8 和第 4 号染色体上，贡献率为 10.53%和 10.89%。比较显示，对照和 Cd 处理条件下控制水稻萌芽期根长或芽长的 QTLs 均不相同，说明 Cd 胁迫条件下，控制水稻根长和芽长的遗传机制可能不同于非 Cd 胁迫条件。研究结果为耐 Cd 基因的克隆和耐 Cd 水稻新品种的选育提供了参考。

（三）水稻重金属污染控制技术研究

1. 低重金属积累品种的筛选

刘湘军等（2021）采用田间小区试验方法，分析 18 个水稻品种的镉、砷吸收积累差异。结果表明，18 个品种的平均产量为（5.62±0.22）t/hm^2，其中有较大减产风险的水稻品种有 5 个，其产量比平均产量减产超过 5%。18 个水稻品种的平均稻米镉含量为（0.25 ± 0.06）mg/kg，变异系数为 0.44；平均稻米砷含量为（0.13 ± 0.04）mg/kg，变异系数为 0.28，且稻米镉、砷含量与茎叶镉、砷含量呈极显著正相关。基于稻米镉砷含量的聚类分析结果表明，镉高积累水稻品种有 P15、P16、P18，不宜在镉污染稻田种植；镉低积累水稻品种有 P1、P6，适于轻中度镉污染稻田的安全利用。

柳赛花等（2021b）利用基因型主效加基因型—环境互作效应（GGE）双标图分析品种稻米镉砷低累积能力、稳定性、环境适应性，进一步通过最佳线性无偏预测（BLUP）法验证和筛选出镉砷同步低累积水稻品种。根据稻米镉砷含量综合 BLUP 值筛选出镉砷同步低累积最优品种为品种 14（Y 两优 19），其次是品种 9（晶两优华占），和 GGE 模型评价的结果基本一致。张上都等（2021）以 87 个主栽品种为研究对象，通过对这些品种在镉污染稻田中的镉积累特征进行分析，并联合4个已知的低镉连锁位点进行基因型鉴定，分析供试品种的稻米镉积累特征并筛选稻米镉的低积累品种。最终筛选出含有镉低积累主效基因 *qCd7.1* 位点的9个水稻品种，如大粒香、D优35和成优33，其籽粒中的镉含量显著低于不含任何低镉位点基因的品种。本试验通过分子辅助手段结合表型鉴定进行低镉品种的筛选，为稻田镉污染的水稻耕种区提供了可行的选种建议。

2. 农艺措施

张雨婷等（2021）以南方典型成土母质花岗岩、板页岩和紫色砂页岩发育的3种水稻土为对象，通过盆栽试验对比分析了淹水和干湿交替两种水分管理模式对水稻镉吸收累积的影响。结果表明，淹水处理使3种稻田土中糙米镉含量较干湿交替降低了57.84%～93.79%，且花岗岩、板页岩发育水稻土淹水处理降镉效果显著（$P<0.05$）。相关性及结构方程模型（SEM）分析结果表明，淹水降低稻米镉累积主要是通过提高土壤pH值及增加土壤Fe的有效性，从而降低土壤Cd的有效性，并且改变水稻根表铁膜对镉的吸附固定量。此外，水分管理模式调控稻米镉累积效应在不同土壤母质类型间存在明显差异，因此，水分管理调控水稻镉吸收累积应根据成土母质类型区别进行。邹文娴等（2021）采用水稻盆栽试验，设置全生育期湿润（CK）、全生育期淹水（YS）、分蘖—拔节期淹水（FB）、抽穗期淹水（CS）和灌浆—成熟期淹水（GC）5个处理，探索水稻关键生长时期的淹水模式对两种土壤（淡涂黏田和洪积泥砂田）上水稻镉累积转运的影响。结果表明，水稻关键时期淹水处理通过影响根表Cd含量和Cd从茎向籽粒的转运能力来影响水稻籽粒Cd的累积。抽穗期是淡涂黏田水稻降Cd的关键淹水时期，水稻籽粒Cd含量比CK处理下降49.99%，而在洪积泥砂田中是分蘖—拔节期和抽穗期，水稻籽粒Cd含量分别比CK处理下降50.52%和44.85%。不同土壤中水稻铁膜对籽粒Cd积累的影响不同，导致两种土壤的关键淹水时期有所差异。

易镇邪等（2021）在湖南省湘潭县中度镉污染稻田开展大田试验，探讨镉污染稻区油菜—中稻模式替代双季稻种植的可行性。结果表明，双季稻、油菜—中稻模式均能在10月20日前成熟；双季稻早、晚稻产量分别为5 233.7 kg/hm^{2}和6 298.3 kg/hm^2，油菜和中稻产量分别为1 875.5 kg/hm^{2}和7 531.0 kg/hm^2，中稻产量较早、晚稻产量分别提高43.9%和19.6%；与双季稻模式相比，油菜—中稻模式成本降低13.5%，产值提高2.1%，纯收入提高42.6%，总纯收入与劳动力比值升高38.5%；早、中、晚稻根、茎、叶和籽粒等器官镉含量差异明显，均表现为晚稻＞中稻＞早稻的趋势；糙米镉含量为0.43～0.82 mg/kg，油菜籽镉含量为0.11 mg/kg。综合种植季节、产量、经济效益和籽粒镉含量来看，油菜—中稻模式可作为镉污染双季稻区替代双季稻的种植模式。

杨定清等（2021）以成都平原稻麦轮作土壤为对象，研究秸秆还田和不还田对水稻镉吸收累积的影响。结果表明，与秸秆不还田相比，秸秆还田稻米Cd含量提高了18.1%，土壤溶解性有机碳（DOC）含量，有效态Cd含量分别提高了28.5%～95.7%

和7.7%～18.9%，且DOC含量差异达显著水平（$P<0.05$）。赵方杰等（2021）通过对文献报道的数据进行模拟计算，以评估水稻秸秆移除对降低土壤镉含量的效果。基于田间试验数据，水稻秸秆Cd含量与土壤Cd含量呈显著的线性关系。根据回归方程和秸秆平均生物量估算，在土壤总Cd含量为0.5～5.0 mg/kg范围内，单季水稻秸秆可移除的Cd占耕层土壤Cd总量的0.23%～0.37%（平均值为0.27%），秸秆和籽粒Cd总移除率的平均值大约为0.30%。研究表明，水稻秸秆移除对降低耕层土壤Cd含量效果非常有限。

蒋玉根等（2021）为开发功能型有机缓释肥，进行不同有机缓释肥用量在水稻安全利用上的效果试验。结果表明，不同用量有机缓释肥处理都能降低水稻籽粒对镉的吸收，籽粒富集系数降幅为11.0%～23.2%。如果将有机缓释肥在配方上进行优化，加大吸附性功能性材料的比例，可以实现施肥与控制重金属吸收的双倍功效。杨梢娜（2021）通过大田试验，探究不同的水肥管理技术对稻米镉含量与水稻产量的影响。结果表明，施加硅肥和有机肥可以降低稻米镉含量并增加水稻产量；全生育期淹水会减少稻米镉含量，但会降低水稻产量。降镉效果最好的处理是全生育期淹水添加有机肥，稻米镉含量降低了65.4%，达到显著水平（$P<0.05$）；产量最高的为常规灌溉添加有机肥，比对照增产3.6%。

3. 土壤修复

（1）物理/化学修复

污染土壤修复常用的物理方法有客土法、换土法、翻土法、电动力修复法等。客土法、换土法、翻土法是常用的物理修复措施，通过对污染地土壤采取加入净土、移除旧土和深埋污土等方式来减少土壤中镉污染。化学修复是指向污染稻田投入改良剂或抑制剂，通过改变pH值、Eh等理化性质，使稻田重金属发生氧化、还原、沉淀、吸附、抑制和拮抗等作用，降低有毒重金属的生物有效性。目前国内对重金属镉污染稻田土壤修复以化学修复法居多，常用技术如下。

①固定/钝化

通过施用石灰、草炭、粉煤灰、褐煤和海泡石等改良剂，可以有效降低土壤中重金属的有效性，降低有毒重金属在糙米中的累积。

陈文荣等（2021）以水稻品种油牙占为材料，在珠三角中轻度Cd污染土壤上对其进行铁基生物炭（IB）、生石灰（L）、零价铁（ZVI）、叶面硅肥（FS）、淹水（F）等措施的一元及多元处理，分别测定了第1、第2个生长季后土壤Cd含量、理化性质、水稻不同器官Cd含量及籽粒生物量。结果表明，L和IB处理均显著降低早稻根、茎、叶、籽粒Cd含量；FS处理对水稻各部位Cd积累未见影响，而FS-F处理显著降低水稻Cd含量；FS-L-F和FS-L-ZVI处理极显著降低了晚稻各器官的Cd含量，其中茎部Cd积累量降幅最大；对转运系数（TF）的分析结果显示，与对照相比，L处理使早稻TF（茎—叶）提高71.44%，而TF（叶—籽粒）下降40.90%。综上，根据不同措施的阻控效果及机制，推荐的水稻Cd阻控措施为生石灰—零价铁—淹水联合处理。研究成果为各类土壤改良剂和农艺措施阻控水稻镉吸收、积累提供依据。

宋肖琴等（2021）通过大田试验，分析不同钝化剂对水稻田土壤镉污染的修复效果及对水稻生长的影响。结果表明，石灰、生物炭、有机肥、钙镁磷肥处理均能显著增加土壤pH值，分别增加12.9%、5.7%、4.7%和5.5%。石灰、生物炭与钙镁磷肥处理能显著降低土壤有效态Cd含量，降低作用表现为石灰＞生物炭＞钙镁磷肥，分别降低50.0%、33.7%与15.1%。石灰、有机肥、钙镁磷肥处理能显著增加水稻产量，增幅分别达16.2%、20.1%和11.1%。石灰处理的水稻籽粒中Cd含量下降幅度最大，达41.3%。石灰对镉污染水稻田土壤修复方面表现出高效的修复潜力，可为浙江省水稻田镉污染土壤修复治理提供科学依据。

周亮等（2021）在湖南省选取43个县（区）的典型镉污染稻田作为试验点，以常规栽培作为对照，研究施用石灰（1 200 kg/hm^2）后对不同污染程度稻田土壤pH值、土壤有效镉含量、稻米镉含量以及稻米富集系数的变化。结果表明，从Cd污染稻田整体角度分析，与常规栽培相比，施用石灰能够极显著降低早、晚稻米Cd含量均值，降幅分别为31.0%和28.6%；从不同稻季下不同污染程度稻田的角度分析，相比常规栽培，施用石灰能够降低早稻季中度、重度和严重污染稻田的稻米Cd含量均值，降幅分别为37.0%、38.7%和22.6%；施用石灰能够降低晚稻季轻度、中度、重度和严重污染稻田的稻米Cd含量均值，降幅分别为2.0%、31.3%、31.8%和22.9%。不同污染程度稻田施用石灰后能够提高土壤pH值，降低土壤有效镉含量，使稻米Cd富集系数明显下降，实现对稻米Cd含量的调控。因此，以石灰施用为基础，结合其他降镉措施，实施“分稻季分污染程度”和“晚稻优先于早稻”的治理思路，能提高大田生产稻米镉含量调控的稳定性并降低治理成本。

冯敬云等（2021）以氧化钙镁（NL）、生物炭（B）和碳酸盐岩（SRC）3种钝化剂在大冶市轻度（S1）、中度（S2）镉污染农田土壤开展田间试验，研究不同钝化剂对土壤有效态Cd含量及对水稻籽粒Cd吸收的影响。结果表明，3种钝化剂处理均显著降低水稻籽粒Cd含量。与对照相比，试验点S1、S2水稻籽粒Cd含量分别降低了42.88%～67.29%和38.25%～52.59%，其中试验点S2水稻籽粒Cd含量达到了食品安全国家标准（GB 2762—2017，Cd≤0.2 mg/kg）。NL、B、SRC处理能不同程度降低土壤有效态Cd含量，与对照相比，试验点S1、S2土壤有效态Cd含量分别降低了14.09%～17.51%、30.38%～37.60%、9.22%～10.54%。试验点S1、S2土壤有效态Cd含量与水稻籽粒呈一定正相关。施用3种钝化剂显著提高试验点S1的土壤pH值，土壤pH值与水稻籽粒Cd含量呈显著负相关，相关系数（R^2）达0.7278。3种钝化处理下对水稻产量没有显著影响，且达到NY/T 3343—2018评价标准中重金属钝化剂施用后作物减产不超过10%的要求。3种钝化剂原位钝化修复中度、轻度Cd污染稻田土壤效果表现为生物炭＞氧化钙镁＞碳酸盐岩。

吴义茜等（2021）选取湖南和四川典型镉污染水稻土，分别以两个水稻品种为模式作物开展盆栽试验，在水稻生育期代表性阶段开展土壤—植物协同采样，探究巯基化凹凸棒石作为钝化剂在土壤—水稻体系中对镉的钝化效应的动态特征规律。结果表明，巯基化凹凸棒石以剂量 1 mg/kg 和 2 mg/kg 施用后，水稻分蘖期根茎叶镉含量明显降低 40%以上，土壤有效态镉含量减少 35.80%～55.08%。该快速显著的钝化效应，在水稻扬花期和成熟期维持稳定，收获时糙米镉含量最大降幅分别为 76.65%和 64.67%。巯基化凹凸棒石对土壤有效态镉的钝化过程符合二级动力学方程，钝化速率较快，高剂量组 3d 可达到反应平衡。巯基化凹凸棒石对土壤 pH 值无明显影响，可略微提高土壤氧化还原电位，增加土壤总硫和有效态硫含量，同时提升分蘖期水稻根系与根系表面铁和硫元素含量，降低分蘖期水稻根系对镉的生物富集系数和从根向茎的转运系数。综合土壤有效态镉含量和水稻吸收累积镉含量这两个核心因素，巯基化凹凸棒石在水稻—土壤体系中对镉具有快速且稳定的钝化效应。

②离子拮抗

利用金属间的协同作用或拮抗作用来缓解重金属对植株的毒害，并抑制重金属吸收和向作物可食部分转移，从而达到降低重金属含量的目的。

锰（Mn）对土壤镉的固定作用对防治稻田土壤镉污染和保障粮食安全具有重要理论意义。周一敏等（2021）为了探究叶面喷施纳米 MnO_2 对水稻富集 Cd 的影响机制，在水稻抽穗早期叶面喷施 0.1%、0.3%和 0.5%的纳米 MnO_2 溶液。结果表明，与对照组相比，叶面喷施不同浓度的纳米 MnO_2 可以有效降低水稻叶、壳和糙米中的 Cd 含量，增加所有部位的 Mn 含量，但对水稻产量影响不大。叶面喷施纳米 MnO_2 后，提高了叶片光合作用效果，抑制了叶片脂质过氧化，增加了氧化应激酶的含量，缓解 Cd 对水稻的胁迫。此外，叶面喷施纳米 MnO_2 增加了水稻根表铁锰胶膜的含量，强化了铁锰胶膜对 Cd 的吸附/共沉淀作用，从而限制水稻根系吸收 Cd。因此，在水稻抽穗早期叶面喷施纳米 MnO_2 是一种增加糙米中 Mn 含量和减少 Cd 含量的有效措施。

外源施硅（Si）和硒（Se）对水稻镉积累和毒害有显著缓解作用。杨庆波等（2021）为探讨硅肥对农田土壤 Cd 污染的修复效果，在田间试验条件下，研究了不同硅肥处理对 Cd 轻度污染农田水稻的修复效果。结果表明，不同硅肥处理可以降低 Cd 轻度污染农田中水稻糙米 Cd 含量，降幅为 2.02%～16.00%，提高土壤 pH 值 0.36～0.45，降低土壤有效态 Cd 含量，降幅为 34.88%～45.47%，水稻产量增加 3.63%～6.23%，基施与叶面喷施联合施用硅肥对农田土壤 Cd 污染的修复效果最好。唐守寅等（2021）在中度镉污染区开展水稻喷施不同用量掺杂硒（7 500 ml/hm^2）、硫（7 500 ml/hm^2、9 000 ml/hm^2）的硅基叶面阻控剂的田间小区试验，研究掺杂硒、硫的硅基叶面阻控剂对水稻富集镉的影响。结果表明，施用掺杂硒、硫的硅基叶面阻控剂，可使稻谷产量增加 1.87%～8.97%；稻米 Cd 含量降低 25.93%～46.67%；茎中 Cd 含量增加 14.38%～37.89%，对根、叶中 Cd 含量的影响不大；Cd 从茎到籽实的转运系数显著降低，降幅达 34.48%～62.50%。研究表明，采用硅、硒、硫耦合原理抑制 Cd 在水稻植株内的迁移是可行有效的；抑制 Cd 从茎到籽实的转运是能够显著降低稻米 Cd 含量的主要原因。

硫（S）肥也对水稻镉吸收有显著影响。赵娜娜等（2021）为研究叶面喷施不同形态硫对水稻镉的阻控效果，以湘早籼 45 号为材料，采用盆栽试验及田间试验的方法，设计两种不同喷施次数（分蘖盛期喷施一次，分蘖盛期与孕穗期共喷施两次），3 种不同形态硫元素（—SH 形态的半胱氨酸、SO_4^{2-} 形态的硫酸钾及 S^{2-} 形态的硫化钾）的叶面喷施试验。结果表明，3 种形态的硫及硅较自来水对照对糙米降镉效果显著，降镉能力为半胱氨酸（Cys）＞硫化钾（K_2S）＞硅（Si）＞硫酸钾（K_2SO_4），其盆栽试验喷施两次叶面肥的糙米镉含量分别降低 53.57%、46.43%、39.29%和 28.57%，KNO_3 对水稻无降镉效果。田间试验喷施两次叶面肥 Cys、K_2S、K_2SO_4 的糙米镉含量依次降低 47.18%、39.49%和 27.69%。喷施不同形态叶面硫肥及硅肥是通过降低茎部向叶部镉转运系数，进而降低糙米镉含量。研究表明，3 种不同形态的硫对水稻糙米的降镉效果为 Cys＞K_2S＞K_2SO_4，喷施 Cys 和 K_2S 能使盆栽试验和田间试验糙米的镉含量在 0.2 mg/kg 以下，且喷施两次效果更好。

（2）生物修复

污染土壤生物修复法主要可分为植物修复法和微生物修复法。植物修复法大都是通过种植超积累植物实现的。利用超积累植物吸收污染土壤中的重金属并在地上部积累，收割植物地上部分从而达到去除污染物的目的。另外，土壤中一些微生物对重金属具有吸附、沉淀、氧化、还原等作用，因此可以通过工程菌培养、微生物投放来降低污染土壤中重金属的活性和毒性。

柳赛花等（2021b）为探究高镉累积水稻品种扬稻 6 号和玉珍香对镉污染农田土壤的修复潜力，通过大田小区试验，测定 6 个不同生育期（返青、分蘖、孕穗、齐穗、蜡熟、完熟）5 个部位（根、茎 0～10 cm、茎 10～20 cm、茎 20 cm 以上和谷）稻草的镉含量，开展高镉累积水稻镉累积规律、移除时间和移除高度研究。结果表明，扬稻 6 号和玉珍香各部位镉含量随生育期的延长而增加，孕穗期增幅最大，完熟期达到最大值，在同一时期不同部位镉含量分布随株高呈递减趋势；完熟期扬稻 6 号和玉珍香的根、茎 0～10 cm、茎 10～20 cm、茎 20 cm 以上部分和谷中镉含量分别为 19.3 mg/kg、11.8 mg/kg、9.4 mg/kg、8.1 mg/kg 和 3.9 mg/kg 与 19.5 mg/kg、16.3 mg/kg、14.3 mg/kg、9.7 mg/kg 和 3.7 mg/kg，其对应的镉富集系数均大于 1，对镉表现出高积累特性；稻草镉的移除含量在全生育期均表现依次为整株收割＞地上部全收割＞离地 10 cm 收割＞离地 20 cm 收割，完熟期整株移除情况下，扬稻 6 号稻草镉累积移除含量达 1 652.11 μg/株，玉珍香稻草镉累积移除含量达 1 547.70 μg/株；一年种植一季水稻扬稻 6 号和玉珍香，整株移除情况下土壤镉移除效率分别为 9.1%和 8.5%，地上部全移除情况下土壤镉移除效率分别为 7.2%和 7.1%。因此为兼顾水稻移除修复效果和可操作性，建议稻草在完熟后按地上部全收割的方式移除。研究结果可为镉污染稻田的植物修复治理提供新的思路。

范美玉等（2021）探究了阿氏芽孢杆菌 T61 缓解水稻受镉胁迫的效应。结果表明，菌株 T61 对 Cd^{2+} 的最大耐受浓度达到 500 μmol/L；在含镉液体培养基中培养 24h 后，菌株 T61 对 Cd^{2+} 的去除率超过 50%。菌株 T61 可以合成植物促生性物质吲哚乙酸（6.2 μg/ml）和铁载体（46.6 μmol/l），并具有溶磷能力（37.1 μg/ml）。菌株 T61 可以在水稻根和茎上定殖。大田条件下，T61 菌剂可以降低营养期水稻茎叶丙二醛含量和抗氧化酶活性，并使水稻 728B 和 NX1B 籽粒中的镉含量分别降低 13.5%和 11.2%。研究表明，阿氏芽孢杆菌 T61 是一株具有植物促生性的耐镉细菌，可以缓解某些水稻品种遭受的镉胁迫，在镉污染稻田的微生物修复方面具有一定的应用前景。

(四) 稻米中重金属污染状况及风险评价

稻米食用安全性问题受到社会广泛关注，尤其是毒性大、蓄积能力强的重金属污染问题。随着我国农产品风险监测与评估技术的发展，基于稻米重金属污染数据，大米膳食摄入量数据和风险评价模型等对稻米食用安全风险进行科学评估已成为我国农产品质量安全领域研究的热点之一。

张昌等（2021）为调查黑龙江省水稻主产区大米中的重金属镉元素含量，2018 年在查哈阳、五常、方正、响水、建三江 5 个地区抽样 110 份，采用电感耦合等离子质谱仪（ICP-MS）进行检测，并采用 Monte Carlo 方法推算黑龙江省居民通过食用大米途径镉的膳食暴露量进行镉的膳食暴露评估。结果表明，镉含量总体平均值为 0.004 mg/kg，变异系数为 2.009。镉每月摄入量的平均值、P50、P75、P90 和 P95 分别为 1.819 μg/（kg・BW）、0.220 μg/（kg・BW）、0.818 μg/（kg・BW）、2.415 μg/（kg・BW）和 4.922 μg/（kg・BW），分别占暂定每月耐受摄入量的 7.2%、0.8%、3.2%、9.6%和 19.6%，均未超出规定水平［25 μg/(kg・BW）］。结果表明黑龙江省大米中镉含量符合国家标准；同时镉的膳食暴露评估结果显示，镉的膳食暴露浓度对摄入量达到并超过 12 280 g/d 的人群产生健康风险的概率为 0.5%。以期为黑龙江省大米中镉的安全和环境保护提供理论指导和决策依据。

马佳燕等（2021）于 2018 年选择嘉兴市典型水稻主产区域开展调查分析，在水稻收获期进行土壤和水稻协同采样，测定土壤和大米样品中镉、铅、铬和砷等 4 种重金属元素质量分数，采用单因子污染指数法和内梅罗综合污染指数法、潜在生态风险指数法及生态风险预警指数法等对水稻土重金属污染水平及污染风险进行评价。结果表明，研究区域土壤镉、铅、铬和砷质量分数变幅分别为 0.01～1.92 mg/kg、17.60～34.80 mg/kg、47.00～123.00 mg/kg、3.97～9.89 mg/kg，平均质量分数分别为 0.36 mg/kg、25.78 mg/kg、72.73 mg/kg 和 7.55 mg/kg；土壤重金属镉质量分数超过水稻生产的土壤安全阈值（GB/T 36869—2018《水稻生产的土壤镉、铅、铬、汞、砷安全阈值》）的样本比例占 31.82%；4 种重金属的潜在生态风险由强至弱依次为镉、砷、铅、铬，区域整体上表现为轻微潜在生态风险；部分土壤镉质量分数超标，但水稻籽粒镉质量分数均没有超标。研究表明，试验区稻米各项指标均符合 GB 2762—2017《食品中污染物限量》，土壤总体处于安全水平。在今后的水稻生产管理中仍需加强动态监测，关注土壤镉形态转化和有效性的变化，保障水稻生产安全。

第三节　国外稻米品质与质量安全研究进展

一、稻米品质

（一）理化基础

作为稻米的主要成分之一，淀粉直接影响稻米品质。关于稻米淀粉结构和特性的研究是品质基础研究的重要方面。Van Leeuwen 等（2021）测定了米粉中的（超分子）淀粉结构。在表观直链淀粉含量的狭窄范围内，可以观察到平均分枝程度和片层结构的差异。结果显示，稻米中不同直链淀粉/支链淀粉的化学结构之间的差异不可忽略。Jeong 等（2021）研究了 4 个从不同直链淀粉含量的韩国品种中分离的稻米淀粉在淀粉—水体系中的相变行为和分子结构，并探讨了结构特征对淀粉相变的影响。长链（DP≥37）的最高比例和短链（DP 6～12）的最低比例，显示出最高的糊化和回生温度。稻米淀粉的冰冻融焓和玻璃化转变温度随直链淀粉含量增加和短支链淀粉比例降低而增加，因为这些结构特征与淀粉的较高热稳定性有关。结果表明，直链淀粉含量和支链淀粉长度分布对大米淀粉的相变行为有很大影响。Tamura 等（2021a）通过体外消化模型研究蒸煮方法对稻米淀粉水解的影响。用电饭煲的有限水法（LWM）和用平底锅的过量水法（EWM）两种不同方法烹制了 3 种不同的短粒、中粒和长粒稻米。结果表明，蒸煮方式对稻米水分、粗蛋白、总淀粉和抗性淀粉含量有影响。在 210 min 时，通过 LWM 烹饪的中粒和长粒稻米的淀粉水解率（分别为 75.1%和 87.5%）高于 EWM 烹饪的稻米（分别为 65.8%和 64.5%）。通过 LWM 和 EWM 煮熟稻米的显微镜观察表明，前者在整个谷物中有更大的空隙，并且比后者有更多的细胞壁损伤，证实了微观结构特征决定了更好的酶可及性和更高的淀粉水解度。不同蒸煮方法对稻米淀粉消化率的影响取决于蒸煮方法对组织结构的破坏。Tamura 等（2021b）利用新鲜大米（FR）、陈化大米（AR）和加速陈化大米（AAR），探讨了陈化稻米淀粉消化率与理化性质之间的关系。尽管熟食大米之间的表面硬度没有显著差异，但熟 AAR 的表面黏附性和黏附性明显低于熟 FR 和 AR。显微镜观察表明，糊粉层的细胞内破坏倾向于按 AR＞AAR＞FR 的顺序增加。结果表明，稻米组织结构因老化发生变化，影响其脂质劣化，这与熟谷物的淀粉消化率有关。Zhao 等（2021）比较分析了澳大利亚野生稻（AWR）与驯化稻（DRs）的淀粉结构特性。结果表明，AWR 的直链淀粉含量比大多数 DRs 高，导致糊化温度更高；AWR 的支链淀粉短链更少，导致糊化焓更高；AWR 较多的直链淀粉短链和支链淀粉长链，都会导致体外消化速度较慢。AWR 的结构特征与 DRs 没有显著差异。

稻米中理化性质互作对其品质存在影响。Siaw 等（2021）报道了大米的理化性质受其化学成分及其相互作用的影响。研究通过热处理的蛋白质变性（PD）、通过溶剂萃取的脂质去除（LR）及其组合处理对 4 种糙米粉的糊化和糊化特性、膨胀力和水溶性的影响。结果表明，PD 提高了糊化温度，而 LR 降低了糊化温度；PD 和 LR 都降低了糊化特性和膨胀性能，PD 的下降幅度大于 LR。由此说明淀粉—脂质—蛋白质相互作用对糙米粉理化性质的重要性。

水分对稻米品质产生一定影响。Almeida 等（2021）研究了不同水热预处理对红米淀粉理化性质和干燥动力学的影响。实验测定了淀粉的提取率、颜色、水结合能力和原花青素。与其他处理相比，稻米蒸煮和淀粉高压蒸煮的预处理效果更好，干燥时间更短（450 min 和 510 min），产率更高（48.60%和 53.54%）。

（二）营养功能

稻米中的大量营养成分是其品质的重要组成部分。花青素作为生物活性化合物是稻米中存在的重要营养物质，主要存在于有色米。Sari 等（2021）研究了印度尼西亚爪哇岛当地 3 种黑米，包括东爪哇黑米（BRJ）、中爪哇黑米（BRCJ）和西爪哇黑米（BRWJ），并与白米和红米进行了比较。研究表明，爪哇黑米中的花青素成分多种多样。在 BRWJ 中，花青素含量最高，而在 BREJ 中，芍药苷-3-O-葡萄糖苷含量最高。黑米品种的蛋白质组学分析表明，可能与花青素合成水平有关的蛋白质表达存在差异。稻米中矿物质含量和植酸也是营养研究热点之一。Hama Salih 等（2021）分析了伊拉克库尔德斯坦哈拉布贾市大米的铁（Fe）、锌（Zn）、植酸（PA）含量。结果显示，稻米 Fe 和 Zn 含量分别为 10.8～45.3 mg/kg 和 8.66～17.4 mg/kg，熟米饭中分别为 10.0～45.2 mg/kg 和 6.03～15.5 mg/kg；稻米 PA/Fe 和 PA/Zn 比值分别为 0.25～1.35 和 39.7～110，熟米饭 PA/Zn 比值分别为 0.11～0.89 和 23.0～125.0。浸泡和烹饪过程导致 Fe、Zn 和 PA 浓度分别降低 22.4%、5.5%和 27.7%。PA/Fe 和 PA/Zn 摩尔比的结果表明，铁的生物利用度适中，而锌的生物利用度较低。

抗性淀粉作为稻米功能性营养成分，其相关研究也从未间断。Tuaño 等（2021）分析了 4 个菲律宾水稻品种的抗性淀粉（RS）含量、淀粉消化率和水解指数（HI）。这些品种在熟食糙米和精米中的表观直链淀粉含量（AC）和血糖指数（GI）不同。研究了淀粉消化率曲线与 AC 和 GI 值的关系。结果显示，熟米 RS 水平为 0.15%～0.99%（平均值为 0.45%），相应熟糙米的 RS 含量为 0.24%～1.61%（平均值为 1.05%）。HI 的范围为 59.3%～102.2%，糯米的 HI 最高，而相应糙米 HI 显著较低，范围为 49.2%～66.9%。RS、非抗性淀粉及 HI 都与 AC 高度相关。Ashwar 等（2021）研究了 4 个喜马拉雅水稻品种的抗性淀粉特性。结果显示，抗性淀粉样品的糊化特性显著（$P \leqslant 0.05$）低于天然大米淀粉样品。抗性淀粉表现出剪切变稀行为。DSC 结果显示抗性淀粉的糊化温度和焓均显著降低。

（三）稻米品质与生态环境的关系

在种植过程中，水稻所处环境的水分（湿度）与稻米品质紧密联系。Hussain 等

（2021）研究了不同水分管理对巴基斯坦旁遮普中部水稻生长的影响。结果显示，不同处理和品种间籽粒产量差异显著。除干湿交替和连续淹水的千粒重和收获指数外，灌溉处理间总干重和产量的差异主要与产量属性的变化相关。Ishfaq 等（2021）研究了水分管理技术对不同水稻生产系统（常规水坑移栽水稻 TPR、旱直播水稻 DDSR）中香稻米品质的影响。在 DDSR 系统中，碎米、垩白粒、败育粒和不透明粒的比例较高（分别为5%～8%、20%、19%和 25%）。然而，在 DDSR 系统下，籽粒支链淀粉含量降低了9%。在干湿交替灌溉中，与有氧灌溉相比，糙米、白米和籽粒蛋白质含量显著增加。因此，DDSR 与干湿交替组合栽培有助于改善稻米品质。水分胁迫是影响水稻产量的主要因素。Ichsan 等（2021）研究了水分胁迫对水稻早期形态和生理变化的影响。结果表明，水分胁迫显著影响分蘖数，节间长度，脯氨酸，叶绿素 a、b 含量和总含量，叶片卷曲，干燥评分和叶片恢复，在营养生长期，这些变化因品种而异。Matsue 等（2021）认为有效的水分管理可提高稻米外观质量和适口性。饱和灌溉可使精米率高，糙米粒厚；而且，由于蛋白质含量和硬度/黏附率均较低，熟米饭的适口性较好。

大气是水稻生长环境中较为重要的因素，CO_2 是水稻生产及稻米品质的主要威胁之一。Jena 等（2021）研究了 CO_2 浓度的升高对印度 3 个水稻品种（Badshabhog、IR36 和 Swarna）籽粒蔗糖运输和积累的差异效应。随着 CO_2 浓度和气温的增加，IR36 和 Swarna 的产量下降了 12%，而 Badshabhog 的产量增加了 8%。结果显示，开花后 14 d 和 21 d，IR36 和 Swarna 籽粒中的非还原糖含量降低，而 Badshabhog 则相反。

高温对水稻生育期、稻米产量及品质有不利影响。Hossain 等（2021）分析了高温对孟加拉国水稻品种 BRRI dhan28 的产量、生育期和作物需水量等的影响。结果显示，季节平均温度分别增加 1℃、2℃、3℃和 4℃，预计粮食产量将比正常情况减少 0～17%、16%～35%、31%～49%和 39%～61%。在 1℃、2℃、3℃和 4℃的升温条件下，全国平均大米作物需水量分别比正常条件下降低了 5%、8%、12%和 17%。在 1°C 的升温条件下，BRRI dhan28 的生育期缩短了 6.4 d，粮食产量减少了 695 km，需水量减少了 14 mm。Okpala 等（2021）研究了温度对米饭伸长、膨胀和香味的影响。在低温条件下生长的籼稻籽粒具有最高的米饭延伸率和膨胀率，而在高温条件下生长的粳稻籽粒具有最高的米饭延伸率和膨胀率。与中高温条件下生长的淀粉粒相比，低温条件下生长的粳稻淀粉粒更致密、更大。相反，与在中低温条件下生长的粳稻相比，在高温条件下生长的粳稻淀粉颗粒更紧密、更大。代谢组学分析表明，温度影响了大米的代谢组，环己醇可能是造成米饭伸长率和膨胀率差异的原因。然而，低温处理的籽粒中 2-AP 含量最高，*badh2* 基因的表达水平最低。

水稻生长所需的肥料也是影响稻米品质的因素。Mirtaleb 等（2021）认为叶面喷施氨基酸（AA）和钾肥（K）可以改善稻米营养品质。与对照处理相比，叶面喷施 AA 和 AA+K 改善了两个水稻品种糙米和精米的矿质营养（铁、铜、锰、锌、钙和镁）浓度、蛋白质和直链淀粉含量。叶面喷施 AA+K 还显著增加了两个水稻品种糙米和精米的必需和非必需氨基酸含量。Abdou 等（2021）利用高氮施肥调节在缺灌溉条件下低地水稻的形态生理反应、产量和水分生产力。结果显示，在半干旱条件下，施用较高的氮肥可以缓解水分胁迫对低地水稻的有害影响。Khampuang 等（2021）研究了土壤施氮和叶面施氮对稻米产量和籽粒锌、氮浓度的影响。结果显示，土壤氮肥提高了 5 个水稻品种的籽粒锌含量，但对产量的影响不同。在锌含量较低的高产品种中，籽粒锌含量的增加与籽粒产量的增加有关，而在中等产量和中等锌含量的品种中，籽粒锌含量的增加对籽粒产量无影响。在高锌和低产品种中，施氮对籽粒锌的最大增加与产量降低有关，而叶面氮对籽粒产量影响不大。籽粒氮和锌在浓度和含量上均呈正相关。Sadati Valojai 等（2021）研究了纳米肥料对水稻产量和稻米品质的影响。实验采用了 10 种纳米和/或常规肥料，即对照（不施肥）、常规氮（N）、磷（P）、钾（K）、NPK 和纳米 N（nN）、纳米 P（nP）、纳米 K（nK）和纳米 NPK（nNPK）及其组合（NPK＋nNPK）。结果表明，施用常规肥料和纳米肥料，尤其是 NPK、nNPK 及其组合（NPK＋nNPK）提高了籽粒产量和精米产量。施肥处理，尤其是 N、nN、nNPK 和 NPK＋nNPK，通过提高碾磨品质（糙米率、精米率和整精米率）、伸长率和糊化温度以及降低凝胶稠度和直链淀粉含量，改善了稻米品质。与常规肥料（N 和 NPK）相比，nN 和 nNPK 的施用显著提高了精米率。此外，施用 nK 的稻米品质（碾磨品质、延伸率、凝胶稠度和直链淀粉含量）高于施用 K 的稻米。然而，施用 N、nN、nNPK 和 NPK＋nNPK 肥料的稻米品质最好，而施用 nNPK 和 NPK＋nNPK 对精米品质更有效。Fongfon 等（2021）研究了氮（N）和锌（Zn）肥料对紫米产量，籽粒 N、Zn 和花青素浓度的影响。结果显示，随着施氮量增加，大多数紫米的产量增加了 21%～40%，部分紫米的花青素浓度和 Zn 含量有所增加。与对照相比，土壤施锌可使产量增加 16%～94%，但花青素和氮浓度降低；叶面喷施锌将籽粒锌浓度提高了 40%～140%，并且不会对籽粒花青素或氮浓度产生不利影响。

二、稻米质量安全

（一）水稻对重金属转运的调控机理研究

水稻籽粒富集重金属的基本过程是：根系对重金属的活化和吸收，木质部的装载和运输，经节间韧皮部富集到水稻籽粒中。近年来，国外学者利用图位克隆、QTL 定位和转基因等分子生物学手段陆续鉴定出了一些参与水稻籽粒重金属富集的基因，这些基因在水稻对重金属的吸收、转运和再分配等不同过程中发挥重要作用。

Yang 等（2021a）研究了 C 型 ABC 转运蛋白 OsABCC9 在水稻镉耐性和积累中的作用。OsABCC9 蛋白定位于液泡膜上，主要在镉胁迫下的根系中柱中表达。*OsABCC9* 基因的表达受 Cd 胁迫的诱导，并且这种诱导作用有浓度依赖性。与野生型相比，*OsABCC9* 基因敲除突变体对 Cd 胁迫更加敏感，并且突变体根、茎中镉含量均显著增加。此外，敲除株系中木质部汁液和籽粒中的 Cd 浓度也显著增加，表明突变体中 Cd 从根部向地上部和籽粒的转运增加。*OsABCC9* 在酵母中的异源表达增强了酵母对 Cd 的耐受性和细胞内的 Cd 含量。综上所述，*OsABCC9* 通过调控 Cd 的液泡区隔来介导水稻中 Cd 的耐性和积累。

（二）水稻重金属胁迫耐受机理研究

植物金属伴侣蛋白（Metallochaperones）是一类特定的金属结合蛋白，可介导金属的分布和体内稳态，参与水稻对有毒金属镉的耐受性。Feng 等（2021）揭示了水稻金属伴侣蛋白（OsHMP）在调控镉积累中的表观遗传学机制。OsHMP 定位于细胞质和细胞核中，受 Cd 胁迫诱导，并与 Cd 离子直接结合。过表达 *OsHMP* 缓解了 Cd 胁迫对水稻生长的抑制作用，但增加了水稻中 Cd 的积累，而敲除或下调 *OsHMP* 则出现相反结果。染色体免疫共沉淀结合重亚硫酸氢盐测序技术结果显示，Cd 胁迫显著降低了 *OsHMP* 上游 CpG（胞嘧啶鸟嘌呤）和组蛋白 H3K9me2 标记的 DNA 甲基化。利用两个 DNA 甲基化和组蛋白修饰缺陷突变体 *Osmet1* 和 *Ossdg714*，发现 Cd 诱导的特定区域低甲基化与 *OsHMP* 过表达有关，其中 *OsMET1* 处于 *OsHMP* 上游并抑制其表达。研究表明，*OsHMP* 基因在缓解水稻镉解毒中起着重要作用，镉诱导的特定区域低甲基化可增强 *OsHMP* 表达，从而增强水稻对环境镉污染的适应性。

植物细胞壁是抵御重金属离子进入的第一道屏障。Yu 等（2021）以水稻 Cd 安全材料 D62B 为研究对象，普通材料 Luhui17 为对照，通过吸附实验和傅里叶变换红外光谱（FTIR）分析，研究了果胶和半纤维素 1（HC1）在根细胞壁（RCW）固持镉中的作用。在离子转移或交换的作用下，镉以多层、非均匀的化学吸附方式吸附在两个水稻品系的 RCW 上。与 Luhui17 相比，随着果胶的去除，D62B 的 RCW 对镉的吸附速率、最大吸附量和羧基偏移程度急剧下降，HCl 的连续去除进一步降低了镉的最大吸附量和羟基的偏移程度。结果表明，果胶中的羧基和 HC1 中的羟基等官能团有助于 Cd 安全水稻材料 RCW 对镉的吸附，从而限制镉向地上部的转移，减少糙米中镉的积累。

（三）减少稻米重金属吸收及相关修复技术研究

1. 低镉品种选育

Norton 等（2021）对来自孟加拉国的 266 份水稻 aus 品种进行了全基因组关联作图，鉴定控制低镉积累的 QTL 和候选基因。水稻种植于连续淹水和交替干湿（AWD）两种不同的水分处理下。结果表明，水分处理、基因型和基因型与水分处理的互作效应显著。连续两年 AWD 处理下水稻籽粒中镉含量平均增加了 49.6% 和 108.8%，镉含量上升幅度为 4.6～28.0 倍。共检测到 58 个影响镉含量的 QTLs，大部分 QTL 位点在不同水分处理和不同年份间均稳定表达。检测到的 QTL 位点主要位于 7 号染色体（7.23～7.61、8.93～9.04 和 29.12～29.14 Mb）、5 号染色体（8.66～8.72 Mb）和 9 号染色体（11.46～11.64 Mb）上。在 7 号染色体（8.93～9.04 Mb）上鉴定到一个控制镉含量的候选基因 *OsNRAMP1*，*OsNRAMP1* 基因上游（8 964 600～8 965 003）缺失的水稻品种比未缺失的品种积累更高的镉。利用 SNP 对上述水稻品种进行聚类分析，可将其分为 4 种等位型，其中 1，2β 型含有不同程度缺失的 *Os-*

NRAMP1 基因，而 4 型含有未缺失的 *OsNRAMP1* 基因。进一步对其他 3 000 份水稻种质资源分析发现，*OsNRAMP1* 基因上游缺失主要存在于 aus 水稻品种中，在其他品种中不常见，但在低镉育种中应避免。

2. 农艺措施

Spanu 等（2021）选择 4 种土壤（未受污染的土壤，55 mg/kg 砷污染的土壤，40 mg/kg 镉污染的土壤，50 mg/kg 砷和 50 mg/kg 镉联合污染的土壤），采用大田试验研究了喷灌（SP）技术对污染土壤中水稻籽粒砷和镉积累的影响。结果表明，在砷镉联合污染条件下，采用喷灌后水稻籽粒中砷和镉含量较传统淹水灌溉显著下降，分别为（90±10）μg/kg 和（50±20）μg/kg，是欧盟最大限量（200 μg/kg）的 50%和 25%左右。因此，喷灌是一种经济、有效的在重金属污染的土壤中生产安全稻米的方法。

3. 土壤修复

（1）物理/化学修复

①固定/钝化

Zong 等（2021）为了评估受镉污染水稻秸秆生物炭中镉的潜在环境风险，以镉污染土种植水稻秸秆为原料，通过热解处理制备秸秆热解产物，测定产物中镉的形态分布和生物有效性。结果表明，随着热解温度升高，生物炭中镉含量和镉的生物有效性降低，生物炭中残余态镉含量增加，酸交换态镉含量减少。磷酸盐改性生物炭可显著降低生物炭中总镉和 DTPA 可提取态镉含量。沉淀和共沉淀、物理吸附、表面静电作用和官能团络合可能是生物炭中镉固定的机制。研究结果表明，受镉污染的水稻秸秆热解转化为生物炭可以有效缓解镉的潜在环境风险。

Zhang 等（2021）在稻壳生物炭表面共沉淀纳米 Fe_3O_4，制备了纳米 Fe_3O_4 改性生物炭（BC-Fe），并利用盆栽试验，研究了不同施用量 BC-Fe（0.05%～1.6%，w/w）对土壤中镉的生物有效性以及对水稻镉积累的影响。结果表明，施用 BC-Fe 增加了水稻植株的生物量（除根系），并改变了植株中 Cd 和 Fe 的含量。0.05%、0.2%和 0.4%的 BC-Fe 处理下糙米中 Cd 含量分别显著降低了 48.9%、35.6%和 46.5%。施用 BC-Fe（0.05%～1.6%）后，土壤阳离子交换量（CEC）增加了 9.4%～164.1%，而土壤有效 Cd 降低了 6.81%～25.0%。但是，0.8%～1.6%的 BC-Fe 处理促进了 Cd 向叶片的运输，可能会增加糙米中 Cd 积累风险。此外，施用 BC-Fe 促进了铁膜的形成，将 Cd 截留在根系，降低了镉对水稻根系的毒性，但这种屏障效应有限，存在一个区间阈值（DCB-Fe：22.5～27.3 g/kg）。

Yang 等（2021b）进行了批量吸附试验及温室试验，以探究石灰石处理土壤中抑制水稻吸收 Cd 的最佳 pH 值和无定形锰含量（Mnox）。土壤/石灰石混合物中 Cd 的吸附/释放行为主要由吸附位点的结构和密度决定，其次是吸附条件，而吸附条件主要受土壤 pH 值和可交换态 Ca^{2+} 的影响。土壤要素之间的相互作用受石灰石和植物响应的影响。水稻对 Cd 的吸收与所施用的石灰石添加量不相匹配，随着石灰石处理量的增加，pH 值的升高和 Mnox 的降低可能对水稻吸收 Cd 产生相反影响。该研究提出了一个权衡模型来验证土壤 pH 值和 Mnox 的相互作用如何影响水稻对 Cd 的吸收。结果表明，以 0.25%的比例施用石灰石，达到最佳 pH 值 6.5 mg/kg 和 95 mg/kg 的 Mnox，可以使酸性水稻土中收获稻米中 Cd 的积累量最小。

Liao 等（2021）通过对 35 篇文献报道的数据进行 meta 分析，研究施用石灰对水稻产量和籽粒镉浓度的影响。结果表明，施用石灰显著提高了水稻产量（12.9%）和土壤 pH 值（0.85），降低了籽粒镉浓度（48%）。施用石灰后，籽粒对镉的吸收和土壤有效态镉含量分别减少了 48%和 44%。相比 pH 值≥4.5 土壤，在 pH 值<4.5 土壤中施用≥3.0 t/hm^2 石灰能更有效地提高水稻产量。随着石灰用量的增加，籽粒镉浓度和土壤有效态镉含量呈降低的趋势。施用石灰 1.0～6.0 t/hm^2 可使籽粒平均镉浓度降低至 FAO/WHO 和国家限量标准以下。

②离子拮抗

Huang 等（2021a）采用水培试验，评估了镉胁迫下单独和同时施用硅（Si）和硒（Se）对水稻镉含量、植株生长及相关生化参数和基因表达的影响。结果表明，Si 和 Se 协同有效缓解了水稻植株的 Cd 毒害，表现为同时施用 Si 和 Se 促进稻株生长，降低 Cd 的转运系数，从而导致茎叶中 Cd 含量显著降低 73.2%。此外，Si 和 Se 协同作用显著降低根和地上部的丙二醛（MDA）含量，增加谷胱甘肽（GSH）和植物螯合素（PC）的含量，增加 Cd 在根细胞壁和细胞器中的分布。基因表达分析还表明，Si 和 Se 协同作用促进 *OsHMA2* 基因的相对表达下调，而 *OsNramp1* 和 *OsMHA3* 的相对表达上调。Ma 等（2021）通过盆栽试验，研究了不同矿物硅处理（0、1%和 5%）对镉污染土壤中土壤基本理化性质、酶活性、镉生物有效性及不同水稻品种中（高镉品种 H 和低镉品种 L）镉积累的影响。结果表明，与非矿物硅处理相比，矿物硅处理下水稻生物量分别提高了 17.7%～27.3%（H）和 26.2%～33.4%（L），籽粒产量分别提高了 14.7%～19.1%（H）和 21.3%～30.3%（L），并且土壤交换态镉（EX-Cd）含量分别降低了 3.9%～13.3%（H）和 2.3%～10.7%（L），水稻籽粒中镉含量显著降低了 29.5%～31.3%（H）和 34.9%～35.2%（L）。同时，矿物硅处理提高了两个品种的脲酶、蔗糖酶和中性磷酸酶活性，但抑制了 H 中的过氧化氢酶活性。矿物硅处理下细菌群落结构没有显著变化，表明矿物硅处理对微生物群落无不利影响。研究表明，矿物硅可以降低土壤镉的风险和保持健康土壤，是一种生态友好、低成本的土壤修复剂。

Huang 等（2021b）合成了聚丙烯酸酯包膜缓释锰肥，利用盆栽试验，研究了包膜缓释锰肥和未包膜锰肥单独或与石灰联合施用对土壤中锰、镉有效性及锰、镉在水稻体内迁移的影响。结果表明，施用包膜缓释锰肥相比未包膜锰肥提高了土壤中溶解态锰的含量，并且显著提高了对糙米的降镉效率（从 9.7%增加到 45.8%）；常规土壤酸性改良方式（施石灰）降低了土壤中的溶解态锰，并且根系 *OsHMA3* 基因的相对表达下调，而 *OsNramp5* 的相对表达上调，导致糙米降镉效率降低（43.0%）；石灰和包膜缓释锰肥联合施用抑制了石灰对土壤锰和根系基因表达的影响，从而使糙米降镉率高达 70%左右。

Riaz 等（2021）利用水培实验，研究了硼（B）对水稻幼苗镉毒害的缓解作用。结果表明，单独的 Cd 处理显著抑制植物生长，引起脂质过氧化，导致水稻植株叶片出现明显的毒害症状，而镉胁迫下施加 B 有效缓解水稻植株的 Cd 毒害，植株中 Cd 浓度降低、抗氧化系统增强。此外，施加 B 后细胞壁官能团增加，细胞壁吸附的镉也显著增加。研究结果表明，硼可以通过抑制 Cd 吸收、促进 CW 对 Cd 的吸附以及激活抗氧化系统来缓解 Cd 胁迫的毒害作用。

Huang 等（2021c）利用盆栽实验，设置 4 种硫（S）施用量（0、30 mg/kg、60 mg/kg、120 mg/kg）和 2 种镉污染水平（低镉 0.35 mg/kg 和高镉 10.35 mg/kg），研究了硫调控糙米镉积累的机制。结果表明，无论低镉还是高镉土壤，随着 S 施用水平增加，糙米中镉含量也随之增加，在 60 mg/kg 时达到峰值。对于高镉土壤，与未施用 S 相比，施用 30 mg/kg、60 mg/kg 和 120 mg/kg 的 S 使糙米中镉含量分别增加了 57%、228%和 100%。低 S 水平（0～60 mg/kg）增加糙米镉含量的主要原因是施 S 增加了土壤孔隙水的硫酸盐含量，促进了水稻根系对 Cd 的吸收，另外施 S 诱导叶片中的 S 含量增加，促进了 Cd 向糙米的转运。高 S 水平（120 mg/kg）降低糙米镉含量的主要原因是土壤中镉生物有效性降低，抑制根系对镉的吸收。因此，不建议在镉污染的水稻土上施用含硫肥料。

Wang 等（2021a）通过盆栽试验，研究了 4 种叶面铁肥在不同施用剂量（20 mg/L、50 mg/L 和 100 mg/L）下对水稻光合能力、抗氧化能力、产量和镉积累的影响。结果表明，与对照相比，叶面喷施铁肥使水稻叶片净光合速率提高了 19.3%，过氧化物酶（POD）、超氧化物歧化酶（SOD）和过氧化氢酶（CAT）活性分别提高了 18.2%、26.9%和 19.6%，且产量提高了 7.2%。同时，叶面喷施铁肥显著降低了糙米中的镉含量（15.9%），并抑制了镉从根系向其他组织的转运。施用中等剂量（50 mg/L）螯合亚铁对降低水稻镉积累（糙米中镉浓度降低 29.0%）和缓解水稻镉毒性（丙二醛降低 23.2%，POD、SOD 和 CAT 分别增加 54.4%、51.6%和 45.7%）的效果最好，其主要原因是相比其他铁肥，螯合亚铁更稳定。水稻内镉浓度与铁浓度呈负相关，叶片中高浓度的铁降低了镉从根系向其他组织转运，表明高剂量铁肥可能通过抑制铁转运蛋白的表达，从而降低镉的转运和积累。研究表明，叶面施用螯合亚铁是一种促进水稻生长和控制水稻重金属镉积累的有效方法。

（2）生物修复

Xu 等（2021a）从丛枝菌根对镉超积累植物龙葵（*Solanum nigrum* L.）与农作物旱稻间作体系镉吸收、转运、累积的影响及相关作用机制入手。该研究发现了菌根—龙葵—旱稻复合体系提高了超镉富集植物龙葵生物量与镉累积量，并显著降低旱稻各部位的镉含量，而糙米镉达到国际食品安全标准，证明了该复合体系具有“边生产边修复”镉污染土壤的潜力。同时，该研究进一步用根盒原位试验探讨了菌根—龙葵—旱稻复合体系中根系互作过程、根系空间分布与土壤有效态镉的空间分布的相互关系。明确了菌根可以通过调节龙葵/旱稻体系的根际响应以影响两者的镉吸收，同时证实了龙葵与旱稻不同的根际响应过程。除此之外，该研究还报道了间作和菌根共生对旱稻关键镉吸收，转运基因 *Nramp5*、*HMA3* 和 *HMA2* 表达的影响，并首次发现旱稻根系 Mn 元素

对镉吸收关键基因 *Nramp5* 的负反馈调节作用。该研究为超富集植物与农作物间作的植物组合筛选与相关调控机制提供了重要参考。

Wang 等（2021b）通过盆栽试验，研究了在镉污染条件下接种耐镉假单胞菌 TCd-1 对水稻镉吸收、土壤酶活性和根际土壤镉生物有效性的影响。结果表明，在 5 mg/kg 镉处理下，成熟期接种假单胞菌 TCd-1 后水稻的根、茎、叶、壳和糙米中的镉含量分别降低了 60.7%、47.7%、50.6%、58.1%和 47.9%，水稻的镉生物富集系数（BCF）降低了 66.2%。同时，根际土壤中 pH 值增加 0.05，交换态镉（EX-Cd）和铁锰氧化物结合态镉（OX-Cd）含量分别增加 107.8%和 33.5%，而有机质结合态镉（OM-Cd）和残留态镉（Res-Cd）含量分别减少 31.9%和 60.0%，并且酸性磷酸酶（ACP）活性提高 28.3%，过氧化氢酶（CAT）、蔗糖酶（SUC）活性分别降低 28.5%和 26.0%。在 10 mg/kg 镉处理下，接种假单胞菌 TCd-1 后水稻的根、秆、叶、壳和糙米中的镉含量分别降低了 42.1%、42.5%、58.0%、50.3%和 68.8%，BCF 降低了 57.1%。同时，土壤 pH 值增加 0.06，CAT、SUC、脲酶（URE）、ACP 活性分别下降 26.4%、34.6%、63.8%和 15.3%。此外，相关性分析表明，接种 TCd-1 改变了水稻镉含量与根叶生物量、根际土壤 pH、CAT、PPO、URE 活性、OM-Cd 的相关性。研究表明，假单胞菌 TCd-1 通过调控土壤 pH 值、酶活性和镉生物有效性，降低了水稻对镉的吸收和积累。

Gao 等（2021）通过水培试验，研究了接种丛枝菌根真菌（AMF）对水稻根细胞壁组分和水稻镉吸收和转运的影响。结果表明，在镉胁迫下，接种 AMF 能显著提高水稻地上部生物量、株高和根长（$P<0.05$），并且降低地上部和根系中的镉含量。根系中的镉主要分布在细胞壁的果胶和半纤维素 1（HC1）组分中。AMF 的接种提高了细胞壁中果胶、HC1 和木质素含量，同时增加了 L-苯丙氨酸解氨酶（PAL）和果胶甲基酯酶（PME）的活性。傅里叶变换红外光谱进一步表明，与对照相比，接种 AMF 处理的根细胞壁中羟基和羧基官能团显著增加。研究表明，接种 AMF 可能通过改变根细胞壁的组分，从而影响细胞壁对镉的固定和减少镉从根系向地上部运输。

Xu 等（2021b）应用了 5 种土壤改良剂（$CaCO_3$ 以及生物炭和稻草，单独使用或与 $CaCO_3$ 结合使用），评估细菌和真菌群落的丰富和稀有分类群对不同土壤改良剂的响应及对土壤生态系统多功能性的贡献。结果表明，与丰富的群落相比，稀有细菌群落对土壤 pH 值和 Cd 物种形成的生态位宽度更窄，并且对不同土壤改良剂改变的环境变化更敏感。然而，土壤改良剂对稀有和丰富的真菌群落具有类似影响。稀有和丰富细菌群落的组装分别受可变选择和随机过程（扩散限制和非支配过程）的支配，而稀有和丰富真菌群落的组装则受扩散限制控制。土壤改良剂引起的土壤 pH、Cd 形态和土壤有机质（SOM）的变化可能在稀有细菌类群的群落组装中发挥重要作用。此外，通过不同修正恢复的生态系统多功能性与特定关键物种的恢复密切相关，特别是稀有细菌类群（Gemmatimonadaceae 和 Haliangiaceae）和稀有真菌类群（Ascomycota）。

参考文献

车阳，程爽，田晋钰，等，2021. 不同稻田综合种养模式下水稻产量形成特点及其稻米品质和经济效益差异［J］. 作物学报，47（10）：1953-1965.

陈丽明，王文霞，熊若愚，等，2021. 同步开沟起垄精量穴直播对南方双季籼稻产量和稻米品质的影响［J］. 农业工程学报，37（1）：28-35.

陈涛，孙术国，唐倩，等，2021. 四种黑米储藏期理化指标及食用品质的测定和研究［J］. 中国粮油学报，36（6）：114-121＋142.

陈文荣，马旭佳，郭燕萍，等，2021. 镉污染土壤低吸收水稻阻隔技术研究及应用［J］. 浙江师范大学学报（自然科学版）（4）：420-428.

褚春燕，孙桂玉，张洪梅，等，2021. 抽穗—灌浆期不同低温处理对三江平原水稻主栽品种品质的影响［J］. 农业工程，11（10）：131-136.

范美玉，黎妮，贾雨田，等，2021. 耐镉阿氏芽孢杆菌缓解水稻受镉胁迫的研究［J］. 农业环境科学学报，40（2）：279-286.

冯敬云，聂新星，刘波，等，2021. 不同钝化剂修复镉污染稻田及其对水稻吸收镉的影响［J］. 湖北农业科学，60（22）：51.

侯红燕，董晓亮，周红，等，2021. 滨海盐碱地不同氮肥用量对水稻干物质转运及稻米品质的影响［J］. 中国稻米，27（1）：27-31.

黄诗颖，谭景艾，王鹏，等，2021. 以回交重组自交系定位水稻萌芽期耐镉胁迫相关 QTLs［J］. 生物技术进展，11（2）：176.

黄佑岗，罗德强，江学海，等，2021. 不同施氮比例对宜香优 2115 产量和品质的影响［J］. 杂交水稻，36（5）：94-99.

纪力，邵文奇，陈富平，等，2021. 连年规模稻鸭共养对稻田土壤性状、稻米产量及品质的影响［J］. 中国农学通报，37（13）：1-7.

姜树坤，王立志，杨贤莉，等，2021. 不同生育时期增温对寒地水稻产量和品质的影响［J］. 中国农业科技导报，23（13）：130-139.

蒋玉根，陈慧明，裘雪龙，等，2021. 应用有机缓释肥降低水稻籽粒镉含量的效果探讨［J］. 浙江农业科学，62（1）：1-3.

旷娜，周蔚，张相，等，2021. 再生季稻米蒸煮食味品质与糊化特性、淀粉晶体结构研究［J］. 中国粮油学报，36（1）：21-26.

李博，张驰，曾玉玲，等，2021. 播期对四川盆地杂交籼稻米饭食味品质的影响［J］. 作物学报，47（7）：1360-1371.

李辰彦，李祖军，田雪飞，等，2021. 抽穗扬花期低温胁迫对双季晚稻生理特性的影响［J］. 核农学报，35（11）：2634-2644.

李文博，刘少君，叶新新，等，2021. 稻虾共作对水稻氮素累积及稻米品质的影响［J］. 生态与农村环境学报，37（5）：661-667.

刘慧芳，吴乎桂，聂佳俊，等，2021. 水稻种子蛋白质的组成和积累形态对稻米品质的影响［J］. 热带作物学报，42（4）：1113-1119.

刘湘军，刘汇川，刘嫦娥，等，2021. 应急性镉砷低积累水稻品种筛选［J］. 湖南生态科学学报.

柳赛花，陈豪宇，纪雄辉，等，2021a. 高镉累积水稻对镉污染农田的修复潜力［J］. 农业工程学报，37（10）：175-181.

柳赛花，纪雄辉，谢运河，等，2021b. 基于 GGE 双标图和 BLUP 分析筛选镉砷同步低累积水稻品种［J］. 生态环境学报，30（2）：405-411.

吕艳梅，周昆，唐善军，等，2021. 抽穗期低温胁迫对水稻产量性状及稻米品质的影响［J］. 湖南农业科学，（12）：23-25＋29.

马佳燕，马嘉伟，柳丹，等，2021. 杭嘉湖平原水稻主产区土壤重金属状况调查及风险评价［J］. 浙江农林大学学报，38（2）：336-345.

宁俊帆，郭玉宝，宋睿，等，2021. 稻米陈化中谷蛋白变化光谱解析及其对功能性质的影响［J］. 光谱学与光谱分析，41（11）：3431-3437.

牛玺朝，户少武，杨阳，等，2021. 大气 CO_2 浓度增高对不同水稻品种稻米品质的影响［J］. 中国生态农业学报（中英文），29（3）：509-519.

潘晨阳，叶涵斐，周维永，等，2021. 水稻籽粒镉积累 QTL 定位及候选基因分析［J］. 植物学报，56（1）：25.

潘韬文，陈俣，蔡昆争，2021. 硅肥和氮肥配施对优质稻植株养分含量、产量和品质的影响［J］. 生态与农村环境学报，37（1）：120-126.

饶梅力，2021. 有机肥部分替代化肥对水稻产量和品质的影响［J］. 现代化农业，（5）：13-14.

邵文娟，王坚纲，2021. 肥料及水浆调控对优良食味稻米产量及品质的影响［J］. 北方水稻，51（3）：28-30.

宋肖琴，陈国安，马嘉伟，等，2021. 不同钝化剂对水稻田镉污染的修复效应［J］. 浙江农业科学（3）：474-476+480.

唐倩，肖华西，孙术国，等，2021. 不同种黑米储藏期中花色苷的测定及微观结构分析［J］. 中国粮油学报，36（7）：123-128.

唐守寅，胡露，熊琪，等，2021. 掺杂硒·硫的硅基叶面阻控剂对水稻富集镉的影响［J］. 安徽农业科学（17）：61-64.

王萍，不同水平 Cd 胁迫下低累积 Cd 水稻品种筛选［J］. 中国稻米，2021，27（1）：75.

王肖凤，汪吴凯，夏方招，等，2021. 水分管理对再生稻稻米品质的影响［J］. 华中农业大学学报，40（2）：103-111.

吴焱，袁嘉琦，张超，等，2021. 粳稻脂肪含量对淀粉热力学特性及米饭食味品质的影响［J］. 中国粮油学报 36（4）：1-7＋29.

吴义茜，宋常志，徐应明，等，2021. 巯基化凹凸棒石对水稻土中镉钝化效应的动态变化特征［J］. 环境科学学报，41（9）：3792-3802.

熊若愚，解嘉鑫，谭雪明，等，2021. 不同灌溉方式对南方优质食味晚籼稻产量及品质的影响［J］. 中国农业科学，54（7）：1512-1524.

徐俊豪，解嘉鑫，熊若愚，等，2021. 播期对南方双季晚籼稻温光资源利用、产量及品质形成的影响［J］. 中国稻米，27（5）：115-120.

薛菁芳，蔡永盛，陈书强，2021. 节水灌溉栽培模式对稻米品质和淀粉 RVA 谱的影响［J］. 作物杂志，（4）：86-92.

杨定清，李霞，周娅，等，2021. 秸秆还田配施石灰对水稻镉吸收累积的影响［J］. 农业环境科学学报，40（6）：1150-1158.

杨米，普世皇，于洋，等，2021. 紫糯‘滇香紫1号’稻米香气成分和矢车菊色素含量分析［J］. 分子植物育种，19（20）：6867-6875.

杨庆波，鲍广灵，张宁，等，2021. 硅肥对农田镉轻度污染水稻修复效果的研究［J］. 环境监测管理与技术（1）：54-56+60.

杨梢娜，2021. 水肥管理对重金属镉在稻米中积累的影响［J］. 浙江农业科学（4）：661-663.

易镇邪，王元元，谷子寒，等，2021. 镉污染稻区油菜—中稻替代双季稻种植的可行性研究［J］. 作物杂志，37（3）：65-69.

张昌，任晓雨，崔航，等，2021. 黑龙江省水稻主产区大米中镉含量及膳食暴露评估［J］. 黑龙江八一农垦大学学报（2）：55-61.

张丽娜，易军，本间香贵，等，2021. 辽宁省不同地域稻米品质比较分析［J］. 沈阳农业大学学报，52（6）：729-735.

张庆，胡雅杰，郭保卫，等，2021. 氮素穗肥施用时期对软米粳稻产量和品质的影响［J］. 扬州大学学报（农业与生命科学版），42（5）：72-77.

张上都，伍祥，彭菊，等，2021. 贵州省水稻耕种区主栽品种镉积累特征分析及低镉积累品种的筛选［J］. 种子（11）：15-21.

张卫星，马晨怡，袁玉伟，等，2021. 我国水稻三大优势产区稻米品质现状及区域差异［J］. 中国稻米 27（5）：12-18.

张文彦，杨晓帆 and 李琛，2021. 云南2种色稻米糠营养成分及储存品质分析［J］. 粮食与饲料工业（1）：23-26.

张雨婷，田应兵，黄道友，等，2021. 典型污染稻田水分管理对水稻镉累积的影响［J］. 环境科学，42（5）：2512-2521.

张悦妍，郭兴强，莫桂兰，等，2021. 重金属镉在土壤—水稻中迁移转化特征［J］. 贵州农业科学（9）：143-149.

赵方杰，赵星宇，陶祎敏，等，2021. 秸秆移除对降低土壤镉含量的效果有限［J］. 农业环境科学学报，40（4）：693-699.

赵怀敏，李艳，刘丽萍，等，2021. 水稻和大豆对重金属 Cd 的富集效应差异性比较［J］. 绵阳师范学院学报（2）：60-64.

赵娜娜，彭鸥，刘玉玲，等，2021. 不同形态硫叶面喷施对水稻镉积累影响［J］. 农业环境科学学报（7）1387-1401.

赵双玲，银永安，黄东，等，2021. 富硒肥对膜下滴灌水稻农艺性状、产量及品质的影响［J］. 中国稻米，27（2）：93-94＋97.

周亮，肖峰，肖欢，等，2021. 施用石灰降低污染稻田上双季稻镉积累的效果［J］. 中国农业科学，54（4）：780-791.

周文涛，毛燕，唐志伟，等，2021. 长期定位试验不同耕作方式与秸秆还田对水稻产量和稻米品质的影响［J］. 中国稻米，27（5）：45-49.

周香玉，赵榕，赵海燕，等，2021. 京西稻米中脂肪酸构成与评价［J］. 食品安全质量检测学报，12（10）：4069-4075.

周一敏，黄雅媛，刘晓月，等，2021. 叶面喷施纳米 MnO_2 对水稻富集镉的影响机制［J］. 环境科学，42（2）：932-940.

邹文娴，周于宁，顾思婷，等，2021. 关键时期淹水对不同土壤上水稻镉累积和转运的影响［J］. 浙江大学学报（农业与生命科学版），47（1）：74-88.

邹禹，钱宝云，占新春，等，2021. 不同播期、收获期和储存期对优质长粒籼稻整精米率的影响［J］. 中国稻米，27（2）：47-50.

Abdou N M，Abdel-Razek M A，El-Mageed S A A，et al.，2021. High nitrogen fertilization modulates morpho-physiological responses，yield，and water productivity of lowland rice under deficit irrigation［J］. Agronomy，11：1291.

Almeida R L J，Santos N C，Padilha C E，et al.，2021. Impact of hydrothermal pretreatments on physicochemical characteristics and drying kinetics of starch from red rice（*Oryza sativa* L.）［J］. Journal of Food Processing and Preservation，45：e15448.

Ashwar B A，Gani A，Ashraf Z，et al.，2021. Prebiotic potential and characterization of resistant starch developed from four Himalayan rice cultivars using β-amylase and transglucosidase enzymes［J］. LWT - Food Science and Technology，143：111085.

Feng S J，Liu X S，Cao H W，et al.，2021. Identification of a rice metallochaperone for cadmium tolerance by an epigenetic mechanism and potential use for clean up in wetland［J］. Environmental Pollution，288：117837.

Fongfon S，Prom-u-thai C，Pusadee T，et al.，2021. Responses of purple rice genotypes to nitrogen and zinc fertilizer application on grain yield，nitrogen，zinc，and anthocyanin concentration［J］. Plants，10：1717.

Gao M Y，Chen X W，Huang W X，et al.，2021. Cell wall modification induced by an arbuscular mycorrhizal fungus enhanced cadmium fixation in rice root［J］. Journal of Hazardous Materials，416：125894.

Hama Salih K H K，Rasheed M S，Mohammed H J，et al.，2021. The estimation of iron，zinc，phytic acid contents and their molar ratios in different types of bread and rice consumed in Halabja City，Iraqi Kurdistan［J］. IOP Conf. Series：Earth and Environmental Science，910：012131.

Hossain M B，Roy D，Maniruzzaman M，et al.，2021. Response of crop water requirement and yield of irrigated rice to elevated temperature in Bangladesh［J］. International Journal of Agronomy，2021：9963201.

Huang G X，Ding C F，Guo N J，et al.，2021a. Polymer-coated manganese fertilizer and its combination with lime reduces cadmium accumulation in brown rice（*Oryza sativa* L.）［J］. Journal of Hazardous Materials，415：125597.

Huang H L，Li M，Rizwan M，et al.，2021b. Synergistic effect of silicon and selenium on the alleviation of cadmium toxicity in rice plants［J］. Journal of Hazardous Materials，401：123393.

Huang L，Hansen H C B，Yang X，et al.，2021c. Effects of sulfur application on cadmium accumulation in brown rice under wheat-rice rotation［J］. Environmental Pollution，287：117601.

Hussain S，Hussain S，Aslam Z，et al.，2021. Impact of different water management regimes on the growth，productivity，and resource use efficiency of dry direct seeded rice in central Punjab-Pakistan

[J]. Agronomy, 11: 1151.

Ichsan C N, Bakhtiar, Efendi, et al., 2021. Morphological and physiological change of rice (*Oryza sativa* L.) under water stress at early season [J]. IOP Conf. Series: Earth and Environmental Science, 644: 012030.

Ishfaq M, Akbar N, Zulfiqar U, et al., 2021. Influence of water management techniques on milling recovery, grain quality and mercury uptake in different rice production systems [J]. Agricultural Water Management, 243: 106500.

Jena U R, Bhattacharya S, Swain D K, et al., 2021. Differential effect of elevated carbon dioxide on sucrose transport and accumulation in developing grains of three rice cultivars [J]. Plant Gene, 28: 100337.

Jeong D, Lee J H, Chung H, 2021. Effect of molecular structure on phase transition behavior of rice starch with different amylose contents [J]. Carbohydrate Polymers, 259: 117712.

Khampuang K, Rerkasem B, Lordkaew S, et al., 2021. Nitrogen fertilizer increases grain zinc along with yield in high yield rice varieties initially low in grain zinc concentration [J]. Plant Soil, 467: 239-252.

Liao P, Huang S, Zeng Y J, et al., 2021. Liming increases yield and reduces grain cadmium concentration in rice paddies: a meta-analysis [J]. Plant and Soil, 465 (1): 157-169.

Lien K W, Pan M H, Ling M P, 2021. Levels of heavy metal cadmium in rice (*Oryza sativa* L.) produced in Taiwan and probabilistic risk assessment for the Taiwanese population [J]. Environmental Science and Pollution Research, 28 (22): 28381-28390.

Ma C, Ci K, Zhu J, et al., 2021. Impacts of exogenous mineral silicon on cadmium migration and transformation in the soil-rice system and on soil health [J]. Science of the Total Environment, 759: 143501.

Matsue Y, Takasaki K, Abe J, 2021. Water management for improvement of rice yield, appearance quality and palatability with high temperature during ripening period [J]. Rice Science, 28 (4): 409-416.

Mirtaleb S H, Niknejad Y, Fallah H, 2021. Foliar spray of amino acids and potassic fertilizer improves the nutritional quality of rice [J]. Journal of Plant Nutrition, 44: 2029-2041.

Norton G J, Travis A, Ruang-Areerate P, et al., 2021. Genetic loci regulating cadmium content in rice grains [J]. Euphytica, 217 (3): 1-16.

Okpala N E, Potcho M P, Imran M, et al., 2021. Starch morphology and metabolomic analyses reveal that the effect of high temperature on cooked rice elongation and expansion varied in *Indica* and *Japonica* rice cultivars [J]. Agronomy, 11: 2416.

Riaz M, Kamran M, Fang Y, et al., 2021. Boron supply alleviates cadmium toxicity in rice (*Oryza sativa* L.) by enhancing cadmium adsorption on cell wall and triggering antioxidant defense system in roots [J]. Chemosphere, 266: 128938.

Sadati Valojai S T, Niknejad Y, Amoli HF, et al., 2021. Response of rice yield and quality to nano-fertilizers in comparison with conventional fertilizers [J]. Journal of Plant Nutrition, 44: 1971-1981.

Sari D R T, Paemanee A, Roytrakul S, et al., 2021. Black rice cultivar from Java Island of Indonesia revealed genomic, proteomic, and anthocyanin nutritional value [J]. Acta biochimica Polonica, 68: 55-63.

Siaw M O, Wang Y, McClung A M, et al., 2021. Effect of protein denaturation and lipid removal on rice physicochemical properties [J]. LWT - Food Science and Technology, 150: 112015.

Spanu A, Langasco I, Serra M, et al., 2021. Sprinkler irrigation in the production of safe rice by soils heavily polluted by arsenic and cadmium [J]. Chemosphere, 277: 130351.

Tamura M, Kumagai C, Kaur L, et al., 2021a. Cooking of short, medium and long-grain rice in limited and excess water: Effects on microstructural characteristics and gastro-small intestinal starch digestion in vitro [J]. LWT - Food Science and Technology, 146: 111379.

Tamura M, Tsujii H, Saito T, et al., 2021b. Relationship between starch digestibility and physicochemical properties of aged rice grain [J]. LWT - Food Science and Technology, 150: 111887.

Tuaño A P P, Barcellano E C G, Rodriguez M S, 2021. Resistant starch levels and in vitro starch digestibility of selected cooked Philippine brown and milled rices varying in apparent amylose content and glycemic index [J]. Food Chemistry: Molecular Sciences, 2: 100010.

Van Leeuwen M P, Toutounji M R, Mata J, et al., 2021. Assessment of starch branching and lamellar structure in rice flours [J]. Food Structure, 29: 100201.

Wang X Q, Deng S H, Zhou Y M, et al., 2021a. Application of different foliar iron fertilizers for enhancing the growth and antioxidant capacity of rice and minimizing cadmium accumulation [J]. Environmental Science and Pollution Research, 28 (7): 7828-7839.

Wang Y J, Zheng X Y, He X S, et al., 2021b. Effects of Pseudomonas TCd-1 on rice (Oryza sativa) cadmium uptake, rhizosphere soils enzyme activities and cadmium bioavailability under cadmium contamination [J]. Ecotoxicology and Environmental Safety, 218: 112249.

Xu M, Huang Q Y, Xiong Z Q, et al., 2021a. Distinct responses of rare and abundant microbial taxa to in situ chemical stabilization of cadmium-contaminated soil [J]. Msystems, 6 (5): e01040-21.

Xu Y G, Feng J Y, Li H S, 2021b. How intercropping and mixed systems reduce cadmium concentration in rice grains and improve grain yields [J]. Journal of Hazardous Materials, 402: 123762.

Yang G Z, Fu S, Huang J J, et al., 2021a. The tonoplast-localized transporter OsABCC9 is involved in cadmium tolerance and accumulation in rice [J]. Plant Science, 307: 110894.

Yang Y, Li Y L, Wang M E, et al., 2021b. Limestone dosage response of cadmium phytoavailability minimization in rice: a trade-off relationship between soil pH and amorphous manganese content [J]. Journal of Hazardous Materials, 403: 123664.

Yu H Y, Yang A Q, Wang K J, et al., 2021. The role of polysaccharides functional groups in cadmium binding in root cell wall of a cadmium-safe rice line [J]. Ecotoxicology and Environmental Safety, 226: 112818.

Zhang J Y, Zhou H, Zeng P, et al., 2021. Nano-Fe3O4-modified biochar promotes the formation of iron plaque and cadmium immobilization in rice root [J]. Chemosphere, 276: 130212.

Zhao Y, Henry R J, Gilbert R G, 2021. Starch structure-property relations in Australian wildrices compared to domesticated rices [J]. Carbohydrate Polymers, 271: 118412.

Zong Y T, Xiao Q, Lu S G, 2021. Biochar derived from cadmium-contaminated rice straw at various pyrolysis temperatures: cadmium immobilization mechanisms and environmental implication [J]. Bioresource Technology, 321: 124459.

第七章　稻谷产后加工与综合利用研究动态

大米加工是稻谷产业链的中心环节。近年来，国内外稻米加工的新工艺、新技术、新产品得到了快速发展和应用，大米加工产业结构不断优化，规模效应逐渐显现，技术水平明显提高，能够充分满足市场需要和供给侧结构性改革，满足人们对高品质主食日益增长的需求。2021年，国内外稻米加工工艺不断优化，成熟度不断提升，稻米副产品的综合利用不断向新产品新技术扩展，糙米的食味品质不断提升以适应市场发展需求，米糠、米胚、碎米、大米蛋白等副产品的综合利用技术开发也在向提高整体资源利用率方向发展，稻米种植土壤、稻米中的镉、砷残留等安全问题通过物理以及微生物等一系列手段去研究解决办法，稻壳、秸秆在向生物炭、二氧化硅的制备方向不断延伸，以期提高稻谷全产业链综合利用水平。

第一节　国内稻谷产后加工与综合利用研究进展

一、稻谷产后处理与加工

随着国民生活水平不断提高，以及对健康饮食观念的不断增强，人们对稻米食品的要求也在不断改变。从片面追求大米的精、白、亮，逐渐向营养健康方向发展。而过度加工所导致大米的营养损失多、能量消耗大等问题也在近些年成为水稻加工行业的重要议题。如何提高稻米的整体可食用率，降低加工过程中产生的稻米损失和营养损失是稻米加工中重要的一环，科研人员也在稻米烘干技术、砻谷技术以及适度碾米技术等方面不断探索创新，并逐渐进入产业化阶段。

（一）稻谷干燥技术

干燥是稻谷储藏前处理的一个重要环节，直接影响稻谷储藏品质和加工品质。稻谷籽粒由外壳、种皮、胚和胚乳组成，外壳在稻谷干燥过程中会阻碍籽粒内部水分转移，导致稻谷干燥难度较大，有着不同于其他谷物的干燥特性。与此同时，稻谷也是一种高热敏性物料，由于籽粒水分梯度和温度梯度产生应力，在干燥过程中选择的干燥工艺参数不合适会导致稻谷爆腰，对稻谷品质造成严重影响。目前在稻谷干燥过程的相关研究中，提出了射频干燥、负压干燥、热风干燥、微波干燥等联合使用的干燥技术。

1. 射频干燥

射频（RF）加热是一种基于电磁波（3 kHz～300 MHz）的新型加热技术，利用热风辅助射频（HA-RF）加热可以改善射频加热均匀性，提高加工效率，降低加工能耗，解决传统热风干燥所带来的能耗高、效率低等问题。汤英杰等（2021）探究 HA-RF 在稻谷干燥方面的效能，开发稻谷 HA-RF 干燥工艺并研究相关品质变化。结果表明：极板间距为 10.0 cm（射频加热速率 6.10℃/min），干燥温度为 60℃，样品厚度为 3.0 cm 时，稻谷 HA-RF 干燥效能最佳；HA-RF 与热风（HA）干燥相比可缩短干燥时间 34.6%，单位能耗也更低。此外，HA-RF 与 HA 干燥相比对稻谷精米率、整精米率和爆腰率的影响无显著差异，但 HA-RF 干燥可以更好保留维生素 E，且对样品颜色和微观结构的影响也较小。HA-RF 是一种比 HA 干燥更加高效节能的技术，且干燥后稻谷品质更好，具有一定应用潜力。

2. 负压干燥

车刚等（2021）对水稻竖箱式干燥过程中气流分布不均匀、干燥效率与干后品质同步性差等问题，设计了一种变径开孔式角状管用于改善竖箱式干燥室角状管内风量分配关系，并建立了水稻竖箱式干燥室的负压干燥特性解析模型，用于进一步提高水稻干燥均匀性。研究表明：采用变径开孔式角状管，可有效解决管内风速高、流动大等问题，干燥室风场不均匀性得到良好改善，可为水稻均匀干燥提供设备保障。该研究采用自主研制的 5HSN-1 型负压循环干燥试验机，应用四因素五水平二次正交旋转试验方法进行了参数优化试验，建立了以热风温度、表现风速、排粮辊转速、初始含水率为试验因素，干燥速率和爆腰增值率为试验指标的回归模型，并通过优化分析，得出优化工作参数组合：表现风速为 0.75 m/s、热风温度为 40℃、排粮辊转速为 3.2 r/min、初始含水率为 16.9%时，干燥速率为 1.407%/h、爆腰增值率为 0.574%，试验验证值与优化值的相对误差为 6.2%～7.4%，拟合良好。该负压干燥解析模型有效，干燥效率高，干燥后综合品质优良，优化工艺参数具有实际应用价值。

3. 热风干燥

王丹阳等（2021）为提高稻谷干燥特性与营养品质，探究了缓苏温度、缓苏起始时刻、缓苏时长、缓苏循环次数等缓苏工艺参数对稻谷爆腰增率、整精米率、蛋白质质量分数与脂肪酸值等干燥品质指标的影响。结果表明：优化参数组合为缓苏温度 45℃、缓苏起始含水率 21%、缓苏时长 1.61 h，此参数组合下稻谷干燥后的爆腰增率 6.63%、蛋白质质量分数 5.39%、脂肪酸值 11.68%，明显改善了稻谷干燥品质，为生产实践及深入探究稻谷品质变化机理提供理论基础。

陈涛（2021）探究连续干燥、等温缓苏干燥和低温干燥—高温缓苏干燥三种不同热风干燥方式对复水稻谷清两优 225 和黄花占、新鲜稻谷奥龙丝苗和盛泰优 018 的干燥效果影响。结果表明，连续干燥后，水分迁移非常剧烈，爆腰增率最高，比低温干燥—高温缓苏高 1.67～9.33 个百分点，出糙率最低，同时直链淀粉含量增加，干燥过程稻米弹性、硬度和咀嚼性都呈上升趋势。与其他干燥处理对比，其米饭弹性和咀嚼性增加幅度最小，硬度增加幅度最大。连续干燥处理的稻米外观、口感和综合得分都显著低于其他干燥处理。在蛋白质分子结构中，连续干燥处理导致其二级结构变化最剧烈，在这种干燥方式处理稻谷品种中，盛泰优018变化幅度相对最小，但幅度也达到了4.4个百分点。相对于其他两种干燥方式，低温干燥—高温缓苏干燥处理使稻米蛋白质二级结构变化最小，在这种干燥方法处理稻谷品种中，清两优225变化幅度最大，但仅为3.97个百分点，通过不同热风干燥方式的对比，连续干燥的效果最差，低温干燥的效果最好。

（二）砻谷技术

常规稻谷加工的过程由清理、砻谷、碾米、抛光、分级、色选等工段组成，随着稻谷加工原料品质的多样化和加工工艺的日趋复杂，在加工过程中碎米越来越多，其中砻谷是直接产生碎米的第一道工序，数据显示，70%以上的碎米产生在砻谷脱壳和碾白工序中，因此砻谷工序是控制碎米产生的重要环节之一。

多倍体水稻茎秆粗壮，叶片果实种子较大，且稻米中糖类和蛋白质含量较高，但籽粒强度较低，加工时碎米率较高。王锐等（2021）针对常规稻谷砻谷机和碾米机无法满足多倍体稻谷加工工艺要求的现状，开展多倍体稻谷加工优化试验。砻谷时，胶辊采用简支支撑，提高胶辊在运行期间的平稳性；胶辊采用压坨式紧辊，辊间压力可调；组配3组传动带轮，胶辊材质采用丁腈橡胶（邵氏硬度为90 A），糙碎率可从30.39%降至3.51%。结合碾米工艺参数的优化，多倍体稻谷的碎米率可以显著降低。

冯叶陶（2021）为优化砻谷的工艺条件及碎米率，对砻谷室内部温度场及流场进行分析和研究，以期改进砻谷室结构和吸风通道对砻谷室的结构和呼吸风通道。首先使用红外热成像仪及热敏风速仪对加工过程中砻谷室内温度和气流速度进行了测量，结果发现，砻谷室内最高温度为砻谷胶辊的啮合点55.9℃，最低温度为8.2℃，最大气流速度为吸风通道17.37 m/s；利用此数据创建砻谷室温度场和流场研究的数值模拟环境，然后运用Fluent流体仿真软件对砻谷室温度场和流场的分布情况数值模拟分析；最后将砻谷室温度场和流场数值模拟结果与试验结果进行对比分析，通过对比分析砻谷室优化前后两个相同位置截面的温度云图、速度矢量图，发现优化后砻谷室截面1、截面2、截面3温度云图与优化前相比较有明显变化，砻谷室砻谷胶辊附近区域的温度云图颜色由红色转变为绿色，说明砻谷室砻谷胶辊附近区域的温度有所降低，表明砻谷室内温度场和流场得到改善，有利于降低砻谷加工时的碎米率。

（三）适度碾米技术

稻谷中各种营养成分分布不均，其中维生素和矿物质绝大部分存在于胚和皮层中，加工后大多数营养元素被转移到副产品中。过度加工碾磨，不仅会产生碎米，还会导致大米营养流失和能耗升高。降低大米加工精度是实现稻谷加工“节粮减损、节能降耗、增效保供”的重要途径之一，但会影响大米的蒸煮特性和感官品质，因此筛选出适宜的加工精度使大米既能保留较完整的营养组分，又具备良好的蒸煮食味品质，对大米加工具有重要意义。

1. 适度碾磨工艺

安红周等（2021）为探究籼米的适度加工范围，以 6 种不同品种的籼糙米为研究对象，将其分别碾磨成不同加工精度的籼米，通过对比碾米和精碾米的感官品质和营养品质来判断加工精度。结果表明：随着加工精度逐步提高，米饭感官评分整体呈升高趋势；根据感官评价和喜好度确立了籼米的适度加工范围为留皮度大约在 1.90%～3.95%，此范围内的籼米比过度加工籼米保留了更多营养成分，相对于过度加工籼米蛋白质提高 2.20%～5.24%、脂肪提高 11.59%～35.29%、膳食纤维提高 46.03%～180.61%、V_E 提高 44.24%～465.90%、V_{B_1} 提高 12.40%～59.35%、锌提高 4.10%～12.47%、钙提高 8.30%～10.6%，可作为适度加工范围。

吴永康等（2021）为探究碾减率对籼米米饭挥发性物质组成的影响，以籼稻隆科早 1 号为原料制备理想碾减率为 0～14%的籼米，同时采用气相色谱—离子迁移色谱（GC-IMS）测定米饭的挥发性物质，并根据指纹图谱结合多元统计分析籼米米饭中挥发性物质差异。结果表明：当碾减率为 8%时，籼米米饭的感官评分最高。米饭中挥发性物质主要是醛类、酮类、醇类及少量呋喃类等。大部分挥发性物质在碾减率为 0～6%的籼米米饭中含量较高；当碾减率为 10%～14%时，米饭中的挥发性物质组成无明显差异。因此适度碾磨制作的米饭能够具有良好的气味和感官品质。

谢丹等（2021）为了探究加工精度对大米品质的影响，以龙粳 31、长粒香、嘉禾 2183 种稻谷作为研究对象，将其加工成不同加工精度的大米试样，研究加工精度对大米留胚率、直链淀粉含量、白度以及 γ-氨基丁酸含量的影响。结果表明：随着加工精度提高，大米留胚率和 γ-氨基丁酸含量逐渐降低，直链淀粉含量和白度逐渐升高。同时，对不同加工精度大米进行蒸煮特性试验，发现随着大米糙出白率降低，加热吸水率、膨胀体积、米汤碘蓝值均呈升高趋势。

孙瑞等（2021）收集了重庆市江津区 7 个乡镇的 19 种含硒稻米，探究了碾磨加工对稻米中硒含量的影响。结果表明，受稻米品种和种植环境影响，不同稻米碾减率、米糠硒含量及碾磨过程中的硒损失情况不同，渝香 203 和旌 1 优华珍的米糠中硒含量较高，最高可达 0.82 mg/kg，可作为加工过程中产生的富硒副产物被广泛利用。所有样品均表现为随碾磨时间延长，稻米碾减率增大，加工精度越高，硒的损失率越大，最高损失率可达 44.39%。贾嗣镇种植的旌 1 优华珍和晶两优 510、白沙镇种植 Q 香优 100 及中山镇种植的渝香 203 在碾磨加工过程中硒的损失量较小，累计碾磨 80s 后，一级精米中硒含量仍可达到富硒水平。

2. 适度碾磨产品

留胚米作为一种适度去除糙米表层蜡质、种皮及部分糊粉层后制得的加工产品，具有非常丰富的营养成分，但是留胚米的米胚中脂肪含量较高，加上自身呼吸作用，很容易吸潮和酸败。徐鹏程等（2021）以新鲜加工的留胚米为研究对象，采用普通、充 N_2、充 CO_2、真空和真空＋脱氧剂等 5 种方式进行包装，探究储藏过程中留胚米水分含量、脂肪酸值、脂肪酶活和食味品质的变化。结果表明，储藏期间留胚米的水分含量呈下降趋势，而脂肪酸值显著升高；以脂肪酸值 35 mg/100g（KOH）为储藏界限，25℃和 37℃下普通包装留胚米的保质期最短（均为 15 d），真空和真空＋脱氧剂包装的保质期最长（均为 75 d）；随着储藏时间延长，5 种包装留胚米的脂肪酶活均呈先升高后降低趋势，但是普通包装的酶活上升速度更快且峰值也更大；在食味品质方面，5 种包装方式留胚米的外观、口感和综合评分均呈下降趋势，硬度显著增大，黏度则略有增加。总体而言，真空和真空＋脱氧剂包装对留胚米食味品质劣化具有更好的抑制效果。

李婷等（2021）探究了紫外、微波处理对留胚米理化性质及储藏期的影响，判断紫外、微波处理后的留胚米是否宜储藏。结果表明：与其他两种方式相比，微波处理留胚米时出现部分糊化，其最低黏度从 1 819 cp 升至 1 838 cp，最终黏度从 3 038 cp 升至 3 145 cp。储藏期方面，未处理、紫外、微波处理后留胚米的储藏期分别约为 39 d、113 d、152 d，微波处理更具优势。在口感方面，微波处理的留胚米饭初始口感差于未处理的和紫外照射的留胚米饭，但随着储藏时间增加，其感官评分的变化趋于平缓，不同处理方式对留胚米的储藏影响存在一定差异。

（四）稻米安全性问题

稻米不同于其他食品，其供应网络复杂、循环流通周期长，且各环节风险因素与危害物种类多、分布环节广、差异大。许继平等（2021）针对稻米供应链业务主体复杂、信息流转冗长、数据利用率低、监管覆盖性差等问题，构建了区块链驱动的稻米供应链信息监管模型，并以湖南省常德市某粮油企业为例，进行了应用案例实证分析。结果表明，构建的稻米供应链信息监管模型及原型系统能够解决稻米供应链数据隐私加密、安全存储及权限管理等问题，实现供应链信息互联互通和有效监管，为稻米质量安全监管和追溯提供一种可行的应用方法。

1. 农残检测

朱琳等（2021）利用超高效液相色谱—三重四极杆质谱仪（UPLC-MS/MS），建立了大米中 14 种农药残留的快速测定方法。样品经直接提取稀释后，利用 C_{18} 色谱柱分离，通过动态多反应监测（DMRM）模式进行定量分析。结果表明，14 种农药残留具有良好的线性关系，加标回收率为 87.0%～115.6%，相对标准偏差为 0.5%～8.7%。该方法简便、快速，可满足大米农药残留的日常检测和监测工作需要。

2. 重金属积累防控

周亮等（2021）探究了石灰对污染稻田上种植双季稻镉（Cd）积累的影响。结果显示，从 Cd 污染稻田整体的角度分析，相比常规栽培，施用石灰能够极显著降低早、晚稻米 Cd 含量均值，降幅分别为 31.0%和 28.6%；从不同稻季下不同污染程度稻田的角度分析，相比常规栽培，施用石灰能够降低早稻季中度、重度和严重污染稻田的稻米 Cd 含量均值，降幅分别为 37.0%、38.7%（$P<0.05$）和 22.6%；施用石灰能够降低晚稻季轻度、中度、重度和严重污染稻田的稻米 Cd 含量均值，降幅分别为 2.0%、31.3%（$P<0.05$）、31.8%和 22.9%。不同污染程度稻田施用石灰后能够提高土壤

pH 值，降低土壤有效镉含量，使稻米 Cd 富集系数明显下降，实现对稻米 Cd 含量的调控。

文典等（2021）选取市面上销量较大的 4 种土壤调理剂，通过早、晚两季水稻大田验证试验结果来评价调理剂对水稻生长的影响。结果表明，施用土壤调理剂可以增加水稻产量，增幅为 2%～6%；使稻米的镉（Cd）含量降低 18%～48%，调理剂的增产控 Cd 效果表现为早稻优于晚稻。稻米中直链淀粉含量有不同程度增加，晚稻效果更加明显，含量均处于国家优质米直链淀粉含量（14%～20%）区间。各处理稻米蛋白质含量均有提高，晚稻稻米中蛋白质含量整体高于早稻。施用调理剂可以增加矿物质元素 Ca、Mg、Cu、Zn、Fe、Mn 在稻米中的积累。相关性分析结果表明，稻米中 6 种矿物质元素 Ca、Mg、Cu、Zn、Fe、Mn 均与稻米中 Cd 含量呈现负相关关系，并达到显著或极显著水平，说明提高稻米中矿物质元素含量能有效抑制镉向稻米中转移。

张永兰等（2021）以乳酸菌发酵降镉后的大米作为研究对象，通过 Osborne 分级提取法分离出蛋白质后，分层提取大米白淀粉、大米黄淀粉。分析乳酸菌发酵降镉对大米淀粉的微观形态、结晶度、热特性、糊化特性、溶解度和膨润力的影响。结果表明，乳酸菌发酵降镉对大米白淀粉、大米黄淀粉的表面有轻微损害；晶型未改变，为 A 型，但结晶度降低；糊化初始温度增加，吸热焓降低；随着糊化温度和峰值时间增加，崩解值减小；溶解度和膨润力均有小幅度增加。

与其他农作物相比，水稻更容易吸收砷元素，如果长期食用砷超标的大米，会引发各种疾病，严重影响人体健康。张玉超等（2021）为探究不同前处理方法对原子荧光光谱法检测大米中总砷含量的影响，通过单因素实验优化得到湿法消解和干法消化的前处理条件，再从空白回收率、试剂成本和前处理耗时方面综合比较两种方法。结果表明：实验所得湿法消解和干法灰化的最优条件下处理的质控大米中总砷的测定值与标准值最接近，且空白加标回收率符合要求。但是湿法消解在精密度、处理时间和试剂成本上存在优势，为原子荧光光谱法检测大米中总砷含量提供参考。

二、稻谷精深加工及副产品的综合利用

（一）糙米综合利用

糙米保留了米粒的皮层、胚和胚乳，为全谷物食品，不仅蛋白质、膳食纤维、维生素以及钙、铁、锌等重要矿物元素的含量显著高于精白米，还富含多酚、谷胱甘肽和 γ-氨基丁酸等精白米中未检出或含量很低的活性成分，具有降血糖、降血脂、预防心脑血管疾病、改善新陈代谢及调节免疫等保健功效。近年来，发芽和挤压膨化是目前糙米加工中应用较多的技术，不仅有助于改善糙米的营养品质与消化特性，而且对于产品的风味品质也会产生良好影响。

1. 发芽和挤压膨化糙米

陈焱芳等（2021）通过分析糙米经发芽和挤压膨化前后挥发性风味化合物的变化，探讨发芽及挤压膨化处理对糙米挥发性风味化合物的影响效应，为评价和提升糙米挥发性风味提供参考。结果共鉴定出挥发性风味化合物 28 种，主要为醛类、醇类、萜烯类、酯类、杂环及芳香烃化合物。糙米经挤压膨化，醛类、杂环及芳香烃等化合物含量显著增加，醇类和萜烯类含量显著减少，新检出酯类物质；糙米经发芽处理，醇类含量有所增加，醛类、萜烯类、杂环及芳香烃化合物含量减少，未检出酯类物质；发芽糙米经挤压膨化，醛类、萜烯类、杂环及芳香烃化合物含量增加，醇类化合物含量减少，新检出酯类物质，且发芽糙米经挤压膨化后，醛类、萜烯类、酯类和杂环化合物含量显著高于糙米。整体看，挤压膨化对糙米及发芽糙米中醛类、酯类、杂环及芳香烃等大部分挥发性化合物的形成有明显促进作用，尤其是发芽糙米挤压膨化后，醛类、酯类、萜烯类和杂环化合物含量增加更为显著，其挥发性风味化合物的含量及增加幅度均显著高于糙米；糙米及发芽糙米挤压膨化后整体风味强度均上升，其中果香和坚果气味强度显著增加。

刘晓飞等（2021）对发芽糙米不同极性溶剂提取物的抗氧化活性及其成分进行分析，采用 DPPH 自由基清除率、羟基自由基清除率、超氧阴离子自由基清除率和铁离子还原能力为指标进行抗氧化活性评价，同时探究不同极性溶剂提取物中总酚、总黄酮、γ-氨基丁酸、糖蛋白和多糖的含量及其对抗氧化活性的影响。结果表明：发芽糙米不同极性溶剂提取物均具有抗氧化活性，并呈现一定的量效关系。其中蒸馏水提取物的 DPPH 自由基清除率、羟基自由基清除率和铁离子还原能力较高，而无水乙醇提取物的超氧阴离子自由基清除率较高。甲醇、丙酮提取物的多糖含量最高，蒸馏水、无水乙醇、石油醚提取物的糖蛋白含量最高，因此不同溶剂提取物的多糖和糖蛋白含量对自由基清除活性和铁离子还原能力均具有较大影响。

张志宏等（2021）研究瞬时熟化（双螺杆挤压）后的发芽糙米粉对高血脂模型 SD 大鼠的影响。结果表明：剂量组与高脂组相比，肝脏/体重的脏体比有不同程度降低，低剂量组较高脂组显著降低 0.58（$P<0.05$），同药物组相比差异不显著。剂量组与高脂组相比可显著降低大鼠的血清总胆固醇（TC）、甘油三酯（TG）、低密度脂蛋白胆固醇（LDL-C）水平，与药物组之间差异不显著。熟化发芽糙米粉对高血脂模型的 SD 大鼠具有一定的降血脂作用。同时熟化发芽糙米能显著增强超氧化物歧化酶（SOD）活性，低剂量组较高脂组 SOD 浓度增高 23.72 U/ml（$P<0.05$），从而增强机体自由基清除能力，显著增强过氧化氢酶（CAT）（$P<0.05$）与 SOD 协同作用而清除氧自由基，增强机体谷胱甘肽过氧化物酶（GSH-Px）活性，减少过氧化对机体的伤害。

吕秋洁等（2021）以紫米稻谷为原料，研究浸泡及培养工艺，制备富含 γ-氨基丁酸（GABA）和花色苷的发芽紫糙米，改善其口感的同时提高营养价值。通过单因素和响应面实验优化发芽工艺，得到最佳工艺为：将紫米稻谷置于 Ca^{2+} 浓度为 61.05 mmol/L、L-Glu 浓度为 20.42 mmol/L 的溶液中，30℃浸泡 24 h，沥水后 30℃培养 30 h。此优化工艺下发芽紫糙米GABA含量达到180.27 μg/g，是未发芽紫糙米的20.49倍，花色苷含量为1 233.88 μg/g，保留率是未发芽紫糙米的87.75%。

2. 蒸煮糙米

张欢（2021）以糙米为研究对象，采用不同蒸煮方式（蒸制、电饭煲蒸煮、高压蒸煮、微波蒸煮）处理糙米，将熟化的糙米进行体外消化试验，探究蒸煮方式对糙米多酚抗氧化活性、抑制淀粉酶和葡萄糖苷酶活性的影响。结果表明，4种蒸煮方式处理的糙米，其硬度均显著降低，其中高压蒸煮糙米的硬度下降幅度最大，达到了66.79%，且颜色饱和度最高；多酚含量测定时，高压蒸煮糙米的多酚含量提高了15.58%，而蒸制、电饭煲蒸煮、微波蒸煮糙米的多酚含量分别下降了2.93%、3.04%、6.21%；多酚组成中，糙米单体酚酸组成为没食子酸、儿茶素、对羟基苯甲酸、绿原酸、香草酸、咖啡酸、丁香酸、对香豆酸。体外消化后，4种蒸煮方式处理糙米的单体酚酸组成均以没食子酸为主，其他酚酸未被检出；在抗氧化性分析中，4种蒸煮方式糙米均具有抗氧化活性，其中高压蒸煮糙米的抗氧化能力最强；抑制淀粉酶和葡萄糖苷酶活性方面，蒸煮处理后的糙米多酚具有抑制α-淀粉酶活性和α-葡萄糖苷酶活性的作用，消化结束后，α-淀粉酶抑制活性范围为7.81%～21.19%，α-葡萄糖苷酶抑制活性范围为2.04%～27.85%。可见不同蒸煮方式，糙米的多酚含量、组成及其抗氧化性会呈现一定差异性。

（二）米糠综合利用

米糠是稻谷加工的副产品之一，是糙米经碾米后得到的种皮、糊粉层、珠心层和胚的混合物，富含蛋白质12%～16%，可溶性蛋白质约占70%，与大豆蛋白相近，其氨基酸组成与联合国粮农组织/世界卫生组织（FAO/WHO）建议的模式接近，营养价值可与鸡蛋蛋白相媲美。此外，米糠还含有丰富的膳食纤维，以及米糠油，是一种营养成分、生物活性等非常高的副产品。

1. 米糠膳食纤维

刘艳兰等（2021）探讨纤维素酶水解制备米糠膳食纤维的工艺条件，分析引起米糠膳食纤维功能性质差异的原因。结果表明，纤维素酶用量100 U/g，反应时间5 h，料液比（$m_{米糠纤维}$ ：$V_{水}$）1∶15（g/ml）时，不溶性膳食纤维和可溶性膳食纤维得率无显著变化。水解后膳食纤维的纤维素和半纤维素质量分数分别从26.23%和28.71%显著性下降（$P<0.05$）至18.29%和25.24%，木质素质量分数从20.22%显著性增加（$P<0.05$）至31.46%。扫描电镜观察到可溶性膳食纤维的表面致密光滑，未见明显的孔洞结构，水解后的不溶性膳食纤维表面则出现更多且深的孔洞结构。米糠可溶性膳食纤维、不溶性膳食纤维和水解前的米糠膳食纤维的持油力分别为0.86 g/g、5.21 g/g、4.15 g/g，胆酸钠吸附率分别为15.17%、24.04%和20.84%。因此，米糠膳食纤维的功能性质差异是由其化学成分和表面结构差异引起的。

2. 米糠蛋白

王可心等（2021）为对比不同米糠蛋白质量浓度下O/W及W/O/W乳液的稳定性，

以米糠蛋白作为基料，采用双乳化法制备 O/W 及 W/O/W 乳液进行研究。结果表明：W/O/W 乳液的贮存稳定性显著优于 O/W 乳液；与相同蛋白含量的 O/W 乳液相比，W/O/W 乳液的黏度显著提高；当米糠蛋白质量浓度为 0.4 g/100 ml 时，W/O/W 乳液的稳定性较 O/W 乳液提高了 1 倍以上；乳液内部包裹更多的 W/O 液滴，W/O/W 乳液的粒径较大；而此时静电斥力也较大，起到稳定乳液的目的。同时，米糠蛋白质量浓度不小于 0.4 g/100 ml 时，O/W 及 W/O/W 乳液中蛋白质的吸附率较高，达到 78%以上。本研究为天然米糠蛋白质在食品级乳液中的开发提供参考，为粮食副产物的综合利用提供了新思路。

康云等（2021）研究了米糠蛋白制备米糠肽—铁锌螯合物的工艺。在单因素试验的基础上，结合 JMP 软件进行定制试验设计，确定米糠肽—铁锌螯合物的制备工艺。结果表明，碱性蛋白酶较适宜制备米糠肽—铁锌螯合物，其最佳螯合工艺条件为：时间 70 min、温度 70℃、反应物质量比 3∶1、pH 值 5.0。在此条件下，其产物亚铁离子螯合率达到 38.29%、锌离子螯合率达到 57.2%，与预测值接近。研究利用米糠肽同时螯合铁、锌两种金属离子，不仅可以充分吸收米糠肽的营养成分，提高消化率，发挥其降血压、降血脂、抗氧化等功能特性，还可以同时补铁、补锌，对人体具有积极作用。

3. 米糠油

李想等（2021）以米糠为原料，采用已烷浸出和丁烷亚临界提取米糠原油，分析研究浸出和亚临界萃取两种提取方法对米糠原油的品质影响。结果表明，浸出法所制得的米糠油原油颜色相对较深，酸价和蜡含量也相对偏高；维生素 E 和谷维素含量都比亚临界提取法的米糠油原油高 28%～35%；微量元素钙镁锰含量比亚临界提取法低 50%～80%。亚临界丁烷作为提取介质可较好保留米糠油原油中的活性成分，也能很大程度降低有害物质含量，所得原油色泽、蜡含量也很低，适合用于米糠油的提取。

王玉莹等（2021）以米糠为原料，采用超声辅助乙醇法提取米糠油，对比分析不同提取方式对米糠油的提油率、蜡含量、过氧化值、γ-谷维素、抗氧化活性等指标的影响。结果表明，采用超声辅助乙醇法提取米糠油，在 40 kHz 下超声处理 20 min，提油率可达 14.2%，为正已烷萃取的 91.6%。理化性质分析中发现超声处理显著增加了米糠油中蜡含量、过氧化值和硫代巴比妥酸数，因此超声处理时间不宜过长。另外，超声辅助乙醇提取对提高米糠油的 β-胡萝卜素和 γ-谷维素含量，以及改善抗氧化活性均具有积极作用。总体而言，利用超声辅助乙醇提取米糠油可以获得较好的提油率，并且提高 β-胡萝卜素和 γ-谷维素等活性成分的含量，是一种高效可行的提取米糠油的方式。

于坤弘等（2021）以钝化新鲜全脂米糠为底物，在 50℃、pH 值 6.0 的条件下添加 2.0%碱性蛋白酶、纤维素酶组成的复合酶（1∶1，w/w）酶解 5 h，稻米油的提油率为 23.27%，稻米油中 γ-谷维素（1 411±11.26）mg/100 g。将米糠酶解物溶液 pH 值调至 3.5，加 0.3%的糖化酶，酶解温度 60℃，酶解 1.5 h，当 DH 为 21.04%，蛋白质回收率为80.13%，米糠蛋白多肽中蛋白质含量为81.3%；肽含量71.1%，小于2000 Da分子量的组分占83.15%。通过酶法提取米糠蛋白多肽，避免了传统的强碱对蛋白质的变性破坏，减少了蛋白质提取过程中过多盐杂质的进入，实现了米糠高值化利用。

4. 米糠水提物

董琛琳等（2021）优化了发酵米糠水提物（FRBE）的提取时间、提取温度和料水比，并对其活性成分以及体外抗氧化活性进行了研究。结果表明：发酵米糠水提物提取时间为60 min，提取温度85℃，料水比为1∶20（g/ml）时，其DPPH自由基清除率可达85.55%，较米糠水提物提高了52.63%；发酵米糠水提物中多酚、黄酮、蛋白含量可达29.58 mg/g、8.15 mg/g、74.44 mg/g，较米糠水提物分别增加了68.16%、80.31%、28.92%；且发酵米糠水提物的羟基自由基（·OH）清除率、还原力以及对羟自由基介导的DNA损伤的保护作用均显著强于米糠水提物，说明发酵能够提高米糠的抗氧化活性。

（三）米胚综合利用

大米胚芽是稻谷中的重要组成部分，加工过程中米胚随着糠层一起脱落，是稻米加工的副产品，但一直对其利用率不高造成了资源浪费。米胚营养价值十分丰富，富含的γ-氨基丁酸对失眠、抑郁症、植物神经紊乱有一定作用。

刘培昌等（2021）探讨大米胚芽粉对ICR焦虑症小鼠的抗焦虑作用。结果表明，在明暗箱模型中，与生理盐水组相比，不同剂量1-（3-氯苯基）哌嗪单盐酸盐（MCPP）均能减少小鼠在明箱停留时间和穿梭次数的趋势，MCPP1.0 mg/kg剂量组在明箱停留时间和穿梭次数与生理盐水组相比均有显著差异（$P<0.05$），MCPP 1.0 mg/kg为小鼠明暗箱致焦虑模型实验最适浓度；与模型组相比，米胚粉中剂量组、地西泮组均可以增加小鼠在明箱停留时间，且有显著差异（$P<0.05$）。因此中剂量米胚粉可能具有潜在的抗MCPP所致的小鼠焦虑症的作用。

徐文杰等（2021）采用响应面优化超声波辅助法提取米胚油，并研究米胚油对力竭运动大鼠骨骼肌抗氧化酶活性的影响。结果表明，各因素对米胚油提取率影响次序为：液料比＞提取时间＞超声功率＞提取温度，液料比、提取温度、提取时间、超声功率影响都达到了极显著水平（$P<0.01$）。米胚油的最佳提取工艺条件：液料比为13∶1（ml/g）、提取温度为51℃、提取时间为42 min、超声功率为137 W。选取上述组合做3次平行试验，得出米胚油平均提取率为82.47%，与预测值接近，具备实用价值。同时力竭运动大鼠模型结果表明，米胚油具有很强的抗氧化能力，激活和保护抗氧化酶系，清除自由基，使得骨骼肌组织的脂质过氧化反应减少，减缓骨骼肌氧化性损伤，提高抗氧化酶活性。

（四）碎米综合利用

由于现有碾米技术的局限性以及稻米品种和产地等因素影响，在大米加工过程中不可避免地会产生10%～15%的碎米。碎米通常与米糠、麸皮等混合后用于饲料加工，但从营养价值来看，碎米中蛋白质、淀粉等营养物质与大米相近，尤其是碎米中还含有丰富的B族维生素、矿物质和膳食纤维，是一种附加值很高的产品。

传统的碎米检测方法是以筛分法和人工挑选相结合的方法，分选出样品中的碎米，称量碎米质量，并计算碎米含量。这种检测方式局限在于人工筛选方式主观性强，分类准确率不高，效率低、随意性大、误差大。张玲等（2021）基于图像识别技术，搭建大米品质检测系统，对大米碎米进行检测。以国标方法为基准，调试大米外观品质分析系统测定碎米时的最佳阈值，再对实际样品进行测定。结果表明：分析系统对大米图像平均检测时间为5s，大米碎米率和小碎米率测定的最佳阈值分别为0.68、0.40，在此阈值下测定本批大米碎米率为7%～8%，小碎米率小于0.5%，大米外观品质分析系统与人工法测定结果绝对误差小于0.5%。

李颖慧（2021）对碎米酶联微滤制备淀粉糖、大米蛋白、大米肽的研究及工艺进行探究。淀粉酶对碎米进行一次酶解，以DE值26～28为指标，正交实验优化工艺参数为：料液比1∶20、研磨3次、温度75℃、酶解40 min、酶添加量0.5‰、pH值6.3；糖化酶对一次酶解液进行二次酶解，以DE值37～40指标，正交实验优化工艺参数为：温度65℃、酶解40 min、酶添加量0.25‰、pH值4.3；随后利用蛋白酶对两次酶解两次微滤分离后的浆液进行3次酶解以获得大米蛋白肽，以DH值为指标，响应面优化后的工艺参数为：在酶解温度58℃、酶解时间6.9 h、酶添加量0.29%时DH值为44.87%。对小试优化的条件进行放大，获得DE值26%～28%淀粉糖的条件为：料液比1∶20、温度75℃、酶解50 min、酶添加量0.5‰、pH值6.3；获得DE值37%～40%淀粉糖的条件为：温度65℃、酶解50 min、酶添加量0.25‰、pH值4.3；获得高DH值大米肽的条件为：碱性蛋白酶在温度60℃、水解6 h、酶添加量0.25%条件下酶解，此时水解度为41.8%。对大米肽保肝护肝生物活性进行研究发现：大米肽低剂量（RPL）及大米肽高剂量（RPH）均可以降低ALT、AST、LDH含量。除此之外，RPL组、RPH组还可以降低炎症因子TNF-α、IL-1β、IL-6及MDA含量，升高血清中SOD、GST含量。HE染色结果发现，RPL组及RPH组较模型组可见极少数肝细胞的气球样变的肝脏损伤，损伤面积和损伤肝细胞数较模型组明显减少，说明大米肽具有一定的保肝护肝作用、抗炎及抗氧化活性。

高帅（2021）为增加碎米利用率，并带动莲子消费，将莲子淀粉运用到重组米加工中，对原料、挤压膨化工艺参数对莲子淀粉重组米品质的影响和莲子淀粉重组米对大鼠肠道菌群的影响进行了研究。结果表明：在莲子淀粉重组米的感官评价、弹性和黏聚性等质构、蒸煮损失率等方面，在莲子淀粉添加比例为30%时达到峰值，加工出的米品质最好；通过响应面实验优化得到最佳的重组米工艺：物料含水量41%、螺杆转速210 rpm、模头温度95℃，该条件下生产的重组米评分为69.13分；与粳米相比，莲子淀粉重组米中淀粉含量更高，而蛋白质、脂质和水分含量更低，淀粉颗粒在挤压膨化中遭到破坏，晶形结构改变，糊化特性和热特性指标降低，适口性也与粳米有差异；肠道微生物研究中，在不同膳食条件的干预下，大鼠体重呈现增加趋势，但第三周后体重增加较为平缓，整体来看重组米联合 RS（抗性淀粉）可控制大鼠体重。脏器指数结果表明，饮食干预并未对大鼠的脏器造成损害。

林水中等（2021）将富含淀粉和蛋白质的碎米代替木薯添加到饲料中，探讨对肉牛生长性能、养分消化、瘤胃发酵及胴体性状的影响。结果表明：碎米替代木薯水平对肉牛的体重、采食量及大部分养分消化无显著影响（$P>0.05$），碎米完全替代木薯可以显著提高肉牛日增重和粗蛋白质表观消化率（$P<0.05$），显著降低肉牛料重比（$P<0.05$）。100%碎米组肉牛瘤胃挥发性脂肪酸总量、丙酸和戊酸浓度均显著高于木薯组（$P<0.05$），但乙酸浓度及乙酸与丙酸比值均显著低于木薯组和 50%碎米组（$P<0.05$）。木薯组肉牛瘤胃异丁酸浓度显著高于 50%和 100%碎米组（$P<0.05$）。100%碎米组肉牛背膘厚度显著高于 50%碎米组（$P<0.05$），同时 50%碎米组肉牛大理石花纹评分显著低于木薯组和 100%碎米组（$P<0.05$）。因此，全混合日粮用碎米完全替代木薯可以改善粗蛋白质表观消化率，提高瘤胃挥发性脂肪酸和丙酸浓度，进而改善肉牛生长性能。

（五）大米淀粉综合利用

大米是人体热量的主要来源之一，淀粉作为大米的主要营养成分对大米的理化品质及食用品质产生了很大影响。大米淀粉颗粒的平均粒径很小，一般为 3～8 μm，因其具有和脂肪类似的颗粒大小与质地，可作为脂肪的替代品添加到低热量食品及化妆品中；而且大米淀粉颗粒的比表面积大，对风味物质具有一定吸附作用。大米淀粉还因其具有洁白的外观，可以改善食品或药品包衣的颜色，被广泛应用在各种产品中。

唐玮泽（2021）研究了多次湿热处理对大米淀粉微观结构、热特性及消化特性等理化指标的影响。结果表明，水分含量 25%，处理温度 110℃，处理时间 2 h 为单次湿热处理的最佳工艺条件，此时大米淀粉的快消化淀粉（RDS）含量为 76.19%±0.27%，淀粉消化性最低；经过多次湿热处理后，大米淀粉的溶解度和膨胀力呈现梯度下降的趋势，最低为溶解度 3.84%和膨胀力 8.47%，而直链淀粉含量则呈现梯度上升的趋势，最高为 20.27%；大米淀粉的结晶结构没有发生改变，依然呈现 A 型结晶，但单个颗粒的特征逐渐改变，颗粒开始相互粘连；大米淀粉的糊化起始温度提高，由 61.19℃上升至最高 69.51℃，各阶段的黏度也呈现下降状态；消化性能显著降低，由 96.97%下降至 80.46%，在第 3 次湿热处理条件下的消化性能最低，为 79.51%。因此，多次湿热处理能够显著降低大米淀粉的消化性能。

大米淀粉回生在一定程度上限制了其开发利用。王欢等（2021）探究了红树莓多酚提取物对大米淀粉理化性质和体外消化性能的影响。研究结果表明，与对照组相比，在大米淀粉中加入红树莓多酚提取物可以显著降低大米淀粉在贮藏过程中的老化度、硬度、糊化温度、回生焓值，更有利于提高大米淀粉的冻融稳定性；此外，红树莓多酚提取物可降低大米淀粉体外消化过程中快消化淀粉的含量，增加慢性消化淀粉和抗性淀粉的含量。

张永兰等（2021）以乳酸菌发酵降镉后的大米作为研究对象，通过 Osborne 分级提取法分离出蛋白质后，分层提取大米白淀粉、大米黄淀粉。分析乳酸菌发酵降镉对大米淀粉的微观形态、结晶度、热特性、糊化特性、溶解度和膨润力的影响。结果表明，乳酸菌发酵降镉率达到 75.4%，乳酸菌发酵降镉对大米白淀粉、大米黄淀粉的表面有轻微的损害；晶型仍为 A 型，但结晶度降低；糊化初始温度增加，吸热焓降低；随着糊化温度和峰值时间增加，崩解值减小，发酵后淀粉不易糊化；溶解度和膨润力均有小幅增加，这与淀粉的结晶度趋势相符。

赵雪莹（2021）就不同浓度淀粉乳所得预糊化淀粉的结构特性、理化特性、回生特性及其在米糕中的应用进行比较。结果表明，大米淀粉在糊化后 A 型晶体结构消失，没有新的化学基团产生，随着水分含量升高，所制得预糊化大米淀粉颗粒的孔洞和裂缝逐渐增多，30%淀粉浓度下制得的样品粒径最大，淀粉的结构短程有序性逐渐降低，更多的直链淀粉释放到水中，沉淀中的直链淀粉含量逐渐减少。在理化特性方面，淀粉浓度 10%时，预糊化大米淀粉在冷水中和热水中的溶解度、膨胀力、透明度、冷糊黏度和最终沉降体积均为最大；高水分制备预糊化淀粉在冷水中不易回生，而在热水中易回生；高水分含量预糊化淀粉制作米糕后，米糕比容大，硬度低，咀嚼性、黏性、弹性等感官品质均呈现较好状态。

大米淀粉膜的高亲水性、低力学强度等缺点，限制了其在食品包装领域的应用。肖茜等（2021）采用溶剂蒸发法制备蜡质玉米淀粉纳米晶（SNC）/大米淀粉复合可食用膜，研究 SNC 添加量对大米淀粉复合膜力学性能、水蒸气阻隔性、热稳定性和微观结构的影响。结果表明，不同 SNC 添加量的复合成膜膜液在稳态剪切试验中均呈现剪切变稀的行为，为假塑性流体。随着复合膜中 SNC 含量的增加，其拉伸强度呈现出先增大后减小趋势；而复合膜的水蒸气透过率则呈现相反的变化趋势。通过扫描电镜形貌图可知，在 5%SNC/大米淀粉复合膜中 SNC 分散均匀。随着 SNC 添加量增加至 15%，SNC 在复合膜中形成了较大的团聚体。基于 X 射线衍射和热重分析，SNC 的适量添加可有效提高大米淀粉复合膜的结晶度和热稳定性。

（六）大米蛋白综合利用

大米蛋白是一种优质植物蛋白，其营养价值可媲美鸡蛋、鱼、虾及牛肉蛋白等动物蛋白。同时，大米蛋白与大豆蛋白和乳蛋白相比，具有低敏性的优点，适合婴幼儿人群。但在我国稻米资源的深度开发和综合利用水平不高，其中大米加工副产物中有 70%的蛋白未能得到有效利用。因此，开发具有特殊生理活性的大米蛋白产品，对于拓展大米深加工链，促进大米产业升级具有重要意义。

1. 蛋白提取

杨柳怡（2021）采用碱液 pH 值 11.0、提取时间 2.5 h、料液比 1∶6（g/ml）提取大米蛋白后，选用 Alcalase 碱性蛋白酶，酶解时间 20 min，超高压时间为 12 min 处理对大米蛋白，结果表明大米蛋白的乳化性和乳化稳定性分别从 10.3 mg/L、13.7 min 提升至 26.7 mg/L、41.0 min，起泡性和泡沫稳定性分别从 9.7%、28.7%提升至 32.0%、47.1%。此外，蛋白溶解性、持水性和持油性等均有不同程度提高。随后，进行了不同超高压处理压力对大米蛋白结构的影响，在 100～500 MPa 处理压力下，随着压力上升，大米蛋白二级结构中的 α-螺旋和无规则卷曲含量逐渐下降，β-折叠含量上升，β-转角含量先增大再减小。并在 300 MPa 时，大米蛋白的游离巯基含量、表面疏水性达到最大，大米蛋白 O/W 型乳液的粒径在 300 MPa 时达到最小，乳液电位的绝对值最大。激光共聚焦结果显示，该压力下大米蛋白制备的乳液分散均匀，乳液稳定性较好，且以甘油二酯为油相，300 MPa 处理大米蛋白制备的乳液与甘油三酯乳液相比具有更好的氧化和消化特性。

2. 蛋白水解

封张萍等（2021）采用胰蛋白酶从大米蛋白中酶解制备血管紧张素转化酶（ACE）抑制肽，在单因素实验的基础上，采用响应面法（RSM）对工艺条件进行了优化。在最佳酶解条件下，大米蛋白水解液 ACE 抑制率可达 75.17%。酶解产物经大孔树脂脱盐，97.99%的大米 ACE 抑制肽的分子质量主要分布在 1000U 以下，大米 ACE 抑制肽的 IC_{50} 值为 1.571 0 mg/ml。经 MALDI-TOF/TOF-MS 分析进一步鉴定了目标肽的结构，活性肽的氨基酸组成确定为 Val-Pro-Phe-Arg-Pro（VPFRP）。采用大米 ACE 抑制肽进行细胞实验，观察大米 ACE 抑制肽对人脐静脉内皮细胞（HUVECs）培养及内皮素-1（ET-1）释放的影响，表明大米 ACE 抑制肽可通过抑制内皮细胞产生 ET-1 来改善高血压。

季文彤等（2021）采用 5%（g/ml）大米蛋白溶液，室温 1h 磁力搅拌后加入 1.5% 复合蛋白酶，pH 值 7.0，50℃恒温水解 2 h 制备了大米蛋白水解液。并以大米蛋白水解物为减筋剂制备酥性饼干。通过单因素试验和正交试验，利用模糊数学评价和综合评分法，确定最佳工艺配方：大米蛋白水解物 1 g、低筋小麦粉 100 g、起酥油 25 g、糖 15 g，此时制作的酥性饼干感官评分 88 分，最大折断力 20.55N，综合评分 98 分，感官品质良好，符合现代消费者追求的不添加化学添加剂的要求。

为探究大米抗氧化肽的抗衰老功效和潜在分子机制，岳阳（2021）在最优工艺条件下（反应温度 50℃，体系 pH 值 8.2，料液比 17.65 g/100 ml，酶添加量 4 374 U/g）制备了大米抗氧化肽，首先对体外抗氧化能力进行测定和结构表征，结果表明大米抗氧化肽具有较强的 DPPH、ABTS 和羟自由基清除能力，还具有金属离子螯合能力、金属离子还原能力和抑制脂质过氧化能力，且抗氧化能力与其浓度呈正相关。通过结构进行表征，发现在蛋白酶解为肽的过程中，二级结构改变、微观结构由球状分布变为多孔碎片状分布、疏水性氨基酸含量增加，这可能是大米抗氧化肽具有较强抗氧化能力的原因；其次对大米抗氧化肽的抗衰老机理初探，发现 0.2%和 3.2%剂量的大米抗氧化肽能显著延长果蝇的最高寿命、半数死亡时间和平均寿命，增加果蝇体内抗氧化酶 SOD、Mn-SOD、CAT 活性，降低 MDA 含量，提高果蝇在急性氧化损伤模型中的存活率。表明大米抗氧化肽是通过抗氧化途径 Nrf2/Keap1、衰老相关信号通路（TOR，S6K）和长寿基因 MTH 来调控衰老的；最后通过 Sephadex G-25 葡聚糖凝胶柱对大米抗氧化肽进行了分离纯化，探究了其抗氧化机制，为大米抗氧化肽相关保健产品的开发提供科学依据。

3. 蛋白复合体

李芳斯（2021）采用异源共架技术首次实现了大米蛋白和核桃蛋白两种疏水蛋白质的同步增溶，复合体形成较为均一的球形形貌，在中性条件下实现疏水基团的包埋与亲水基团的暴露，且具有高度的胶体稳定性。并利用构建的蛋白复合体成功构建新型芹菜素运载体系，该体系具有极佳的水溶性（10 mg/ml），在体外消化模拟中也体现更高的生物可及性（15.72%±2.15%与 52.72%±1.46%），说明蛋白质屏障对其的增溶及保护作用明显。最后以核桃油、大米蛋白及核桃蛋白制备的全植物基核桃酱（蛋白质 0.4%，脂肪 75%，氯化钠 0.1%，wt%）具备与市售蛋黄酱相似的流变性能，同时具备高冻融稳定性、低成本、健康绿色的特点，具有潜在推广价值。

（七）稻壳综合利用

稻壳是稻谷的谷壳，占稻谷质量的 20%左右，容重约 120 kg/m^3，其组成成分主要有硅、粗纤维（包括木质素纤维和纤维素）、五碳糖聚合物（主要为半纤维素）、灰分及少量粗蛋白、粗脂肪等，具有很高的利用价值，必须重视对稻壳的利用效率和处理力度，开拓新的应用研究方向，最大限度使用好稻壳资源，减轻加工企业负担，增加副产品经营的收入，减轻随意丢弃对周边环境的压力。

1. 稻壳活性炭

利用稻壳作为原料来制备活性炭是近几年稻壳处理方面研究和推广的重要方向之一。吴有龙等（2021）以气化稻壳炭（GRHC）为原料，KOH 为活化剂制备活性炭，研究了不同活化温度和碱炭比对活性炭得率、比表面积、孔径分布以及碘值的影响。结果表明：活化时间为 1 h 时，随着活化温度和碱炭比增加，活性炭得率逐渐下降，比表面积和碘吸附值呈先增加后减少趋势；气化稻壳炭制备活性炭的最佳工艺为碱炭比 2∶1、活化温度 800℃、活化时间 1 h，此条件下制备的活性炭得率 41.73%、比表面积 1 829.09 m^2/g，总孔容 1.007 cm^3/g、碘吸附值 1 984.85 mg/g、甲基橙饱和吸附量为 217.87 mg/g。气化稻壳活性炭对甲基橙的吸附过程与 Langmuir 和 Freundlich 模型相关性都良好（$R^2>0.99$），吸附动力学更加符合准二级动力学模型。

林美珊等（2021）以稻壳制备成的稻壳炭为原材料，并经碱溶液活化制成改性稻壳炭吸附剂，探究其对 Pb^{2+}、Cd^{2+} 的吸附特性影响。结果表明：正交实验确定改性稻壳炭对 Pb^{2+} 吸附的适宜条件为吸附剂投加量 10.0 g/L、Pb^{2+} 初始质量浓度 50 mg/L、pH 值为 4.00、2.0 h、25℃，吸附率可达 97.47%；对 Cd^{2+} 吸附的适宜条件为吸附剂投加量 8.0 g/L、Cd^{2+} 初始质量浓度 50 mg/L、pH 值为 4.50、2.0 h、25℃，吸附率可达 98.75%。同等实验条件下，当质量浓度<60 mg/L 时，改性稻壳

炭的吸附率 $Cd^{2+}>Pb^{2+}$，反之则相反。准二级动力学模型、Langmuir 吸附等温线能更好地描述改性稻壳炭对 Pb^{2+} 和 Cd^{2+} 的吸附特性。经碱溶液改性后的稻壳炭孔隙结构更为发达，吸附性能良好，可用于处理重金属废水，具有将农业废弃物资源循环利用的价值和前景。

2. 稻壳饲料

稻壳中含有一定量的粗蛋白、粗脂肪、纤维素等营养成分，经过处理成稻壳粉后可以用作饲料。郭志强等（2021）研究稻壳粉对肉兔生长性能、养分表观消化率和屠宰性能的影响。结果显示：饲粮中添加不同比例的稻壳粉对肉兔的平均日采食量无显著影响（$P>0.05$），但随着饲粮中稻壳粉添加量的增加，肉兔的平均日增重和死亡率呈下降趋势，料重比呈升高趋势。15％和20％稻壳粉组肉兔的平均日增重较对照组显著降低（$P<0.05$），料重比对照组显著升高（$P<0.05$）。饲粮中添加不同比例的稻壳粉对粗脂肪、粗纤维、中性洗涤纤维、酸性洗涤纤维和酸性洗涤木质素的表观消化率无显著影响（$P>0.05$）。随着饲粮中稻壳粉添加量的增加，饲粮能量、粗蛋白质的表观消化率呈逐渐下降趋势，其中15％和20％稻壳粉组与对照组相比显著下降（$P<0.05$）；肉兔的屠宰性能也呈下降趋势，其中20％稻壳粉组的全净膛重、半净膛重、全净膛率和半净膛率均显著低于对照组（$P<0.05$）。综合来看，生长肉兔饲粮中稻壳粉的添加量不宜超过15％。

杜昭昌等（2021）为更好利用稻壳和麦麸，将两者与新鲜玉米秸秆按不同比例混合青贮，发酵60d后测定其青贮品质和营养成分，以期筛选出混贮的最佳比例。结果表明，与鲜玉米秸秆单独青贮（对照）相比，麦麸和鲜玉米秸秆混合青贮的干物质、可溶性碳水化合物和粗蛋白含量均显著提高（$P<0.05$），但丁酸含量超过1％，发酵品质较差；与对照相比，稻壳与鲜玉米秸秆混合青贮的粗蛋白、可溶性碳水化合物含量和氨态氮/总氮的值均显著下降（$P<0.05$）；稻壳、麦麸与鲜玉米秸秆混合青贮的发酵品质与对照相当，但干物质含量显著提高（$P<0.05$），且5％麦麸＋10％稻壳＋85％鲜玉米秸秆处理的 Kaiser 法评分最高。因此，建议将麦麸、稻壳和鲜玉米秸秆按5：10：85的鲜重比混合青贮。

3. 稻壳复合材料

燃烧后稻壳灰中的化学成分与硅灰相似，还可以在控制焚烧条件后取代硅灰作为水泥基复合材料的高活性矿物掺合料。武肖雨等（2021）研究了高低温稻壳灰对水泥砂浆性能的影响。实验结果表明：低温稻壳灰可以增大水泥砂浆的稠度值，高温稻壳灰则减小其稠度值，且稠度值均随着掺量增加而增大；低温稻壳灰水泥砂浆的保水率优于高温稻壳灰水泥砂浆，当低温稻壳灰掺量为10％时，保水率最大可达98％；两种稻壳灰水泥砂浆力学性能变化的规律基本相同，并且当低温稻壳灰掺量为5％时，水泥砂浆 14 d 和 28 d 的抗压和抗折强度最高。因此，稻壳灰可以改善水泥砂浆的内部结构，稻壳灰掺量为5％时，水泥砂浆微观网状结构更加密集。

（八）秸秆综合利用

水稻秸秆作为可再生资源，富含作物生长发育所必需的营养元素，对其进行有效利用不仅减少农业环境污染，也是实现节能减排及土壤固碳培肥的有效措施。

1. 生物利用

陈桂华等（2021）选取平菇六月灰（PoL）、大毛木耳（AhI）、茶树菇（Aa）共3种食用真菌接种于稻秸混合基质，进行20 d发酵培养，长满菌丝后收集稻秸菌糠（菌菇菌糠一体）进行常规营养成分测定及采集山羊瘤胃食糜液，开展为期72 h瘤胃体外发酵特性分析，探究不同食用真菌发酵处理对稻秸营养成分和瘤胃体外发酵特性的影响。结果表明：PoL和AhI组粗蛋白质（CP）质量分数显著高于Aa组的，AhI和Aa组中性洗涤纤维（NDF）和酸性洗涤纤维（ADF）质量分数显著低于PoL组的；PoL组瘤胃体外发酵甲烷、氢气及72 h总产气量、干物质降解率和总挥发性脂肪酸浓度均显著高于其他两组，PoL组瘤胃体外发酵液pH值显著低于其他两组。综上，平菇六月灰稻秸处理组体外发酵特性均优于另外两组，实际生产中可采用平菇六月灰发酵稻秸提高其饲用价值。

2. 秸秆还田

赵颖等（2021）探究了水稻秸秆还田配施肥料对小麦产量和氮素利用的影响，结果表明：稻秸还田配施肥料能够提高土壤速效养分含量。单施肥仅显著影响拔节期微生物生物量碳，单施稻秸显著影响拔节期和抽穗期微生物生物量氮，稻秸还田和肥料施用的交互作用在拔节期显著影响土壤微生物生物量和微生物熵。单施肥、稻秸配施肥料处理的氮肥表观利用率分别为31%和37%，稻秸配施肥料后的氮肥农学利用率和偏生产力表明每千克纯氮增产幅度约为6.86 kg籽粒。单施肥和稻秸配施肥料显著增加了小麦每穗粒数及千粒重，并且理论产量分别增加211%和319%，实际产量则分别增加119%和231%，而单施稻秸处理的实产却减产21%。因此，稻秸还田搭配肥料施用可促进小麦对氮素的吸收利用，提高小麦产量。

刘安凯（2021）探究了水稻秸秆生物炭对黄壤稻田土壤养分和水稻产质的影响。结果显示：水稻秸秆生物炭不同施用量对黄壤稻田土壤有机碳和碳氮比有显著影响，较常规施肥处理分别显著增加了33.4%～62.0%和38.3%～69.5%，但对土壤全氮没有明显影响。施用水稻秸秆生物炭处理的黄壤稻田土壤碱解氮和土壤速效磷含量均有所增加，均未达显著水平；土壤速效钾较不施肥处理和常规施肥处理分别增加了29.0%～41.3%和6.0%～16.1%；施用水稻秸秆生物炭处理的细菌Shannon指数较不施肥处理和常规施肥处理均有所增加，表明对部分土壤微生物有激发作用，但应注意施用量。在产量方面，常规施肥处理及施用水稻秸秆生物炭处理的稻谷理论产量和实收产量较不施肥处理分别增加23.6%～42.4%和25.4%～46.5%，其中常规施肥＋生物炭8t/hm^{2}处理的增产效果最好。因此，适量水稻秸秆生物炭施用可有效促进水稻增产和提升稻米品质，提高水稻地上部氮素积累量，促进氮肥高效利用。

第二节　国外稻谷产后加工与综合利用研究进展

一、稻谷产后处理与大米加工

（一）稻谷干燥技术

Sarker 等（2021）探究了流化床干燥、缓苏和固定床干燥方法对 BRRI Dhan28 水稻品种整精米产量（HRY）的影响。湿稻谷在流化床干燥器（FBD）中作为第一阶段干燥，分别使用 120℃、130℃和 150℃ 3 种干燥温度，在 8 cm、10 cm 和 12 cm 3 种床层厚度下，将水分从 25%～27%降至 18%～19%。第一阶段干燥的样品立即缓苏 30 min，并在第二阶段通过固定床干燥器干燥，温度为 40℃±1℃，保持床层厚度为 30 cm，进一步将水分含量降低至 13%～14%。以对照样品（自然干燥）为研究对象，比较了两段干燥工艺下大米的碾磨品质。此外，还将整精米产量与现有工业稻谷干燥设备进行比较。结果表明，不同干燥方法所得大米样品的 HRY 具有可比性。两段干燥中的所有干燥参数都比对照组甚至现有的工业干燥方法产生了更好的 HRY 质量。在两段干燥条件下，精米的 HRY 最高（53.43%），而自然干燥和工业干燥中的样品分别产生 49.77%和 48.25%的 HRY。因此，两段干燥技术可用于高水分稻谷的干燥，以获得优质的干燥稻谷。

Novrinaldi 等（2021）探究了旋转流化床干燥器（SFBD）对稻谷干燥后的性能影响。干燥器的参数为：叶片倾角为 15°、通风室深度为 650 mm、叶片数为 30 片，分别干燥 1 kg、2 kg 和 3 kg 的稻谷。采用 16.2 m/s 的热风速度和 55℃的温度将稻谷烘干 45 min，稻谷水分从 1 kg 24.1%、2 kg 23.6%、3 kg 23.7%降低到 11.68%、13.13%、12.13%。3 kg 容量的干燥可蒸发 356.1 g 的水，相比之下，2 kg 容量的 217.5 g 和 1 kg 容量的 123.2 g 分别更大。

（二）适度碾米技术

1. 适度碾磨工艺

Xu 等（2021）研究了不同研磨速度（750 r/min、950 r/min 和 1 050 r/min）和研磨时间（20 s、40 s 和 60 s）对糯米、低直链淀粉大米和高直链淀粉大米的淀粉特性影响。结果显示，低直链淀粉大米和高直链淀粉大米的溶胀力和溶解度指数随着研磨速度和时间的延长而增加。但是，对于糯米淀粉没有显著变化。糊化特性中，糯米淀粉的峰值黏度，谷值黏度和最终黏度随着抛光增加而下降，而高直链淀粉大米淀粉呈现相反趋势，低直链淀粉大米淀粉黏度则呈现先上升后下降趋势。与未抛光大米相比，抛光在淀粉中引起更大的假塑性。研磨过程中的抛光时间增加也引起淀粉的溶胀行为和黏性变化，同时对结构性能也会产生影响。因此，研磨速度和时间对不同大米淀粉的特性均会产生不同程度影响。

Li 等（2021）研究了碾磨度对淀粉浸出特性的影响及其与大米黏性的关系。随着研磨度的增加，稻米的白度和黏性增加，而蛋白质和脂肪含量降低。通过大米蒸煮过程中淀粉的浸出特性实验发现，随着研磨度增加，稻米淀粉溶出量增加，而蛋白质析出量降低；不同研磨度的大米样品中，浸出淀粉的分子大小和链长分布（CLD）没有显著差异，但与天然淀粉的分子大小和链长分布（CLD）有显著差异；大米黏度与支链淀粉浸出量之间存在显著相关性。本研究对大米加工过程的进一步了解可能有助于更好控制大米的食用品质。

Shin 等（2021）探究了不同研磨程度糙米中（3%、5%、7%）的水溶性蛋白质组分的比例。结果显示，3 种研磨程度的麸皮显示出 4 种大米蛋白组分含量。在 7%研磨程度的麸皮中，水溶性白蛋白含量最高。在提取的大米蛋白中发现 8 种必需氨基酸，其中白蛋白中赖氨酸含量最高。此外，通过圆二色光谱测量的二级结构中富含 α 螺旋。这些结果为从米糠中提取和利用水溶性蛋白质提供了基础数据。

Tumanian 等（2021）探究了谷物抛光程度对稻米品质的影响。结果表明，4 个水稻品种（Rapan、Flagman、Polevik 和 Olimp）经过不同程度的抛光（0%、10%、12%和 14%）后，抛光程度显著（$P \leqslant 0.05$）影响了精米总产量、整精米含量、蛋白质和直链淀粉含量。而且抛光度增加会导致蛋白质含量、抛光米总产量和整精米含量进一步降低。但是，直链淀粉含量会随着抛光度增加而增加，Rapan、Flagman、Polevik 和 Olimp 品种的直链淀粉含量分别增加了 1.3%、1.4%、1.5%和 1.2%，而蛋白质含量却下降了 1.5%、1.7%、1.6%和 1.7%。

2. 适度碾磨产品开发

Eom 等（2021）根据红豆提取物的总重量，加入不同水平（5%、10%、15%和 20%）米胚芽，分析其质量特性变化。测定了水分含量、硬度、颜色、抗氧化活性、总多酚含量、还原糖和维生素 E，除对照外，水分含量和硬度没有显著差异，颜色、明度和黄度随着米胚芽浓度的增加而增加，而红度无显著差异。随着米胚芽粉的增加，总多酚含量和抗氧化活性显著增加，而还原糖降低。特别是总维生素 E（包括异构体）从 0.41 mg/100 g 增加到 4.03 mg/100g。

米胚芽是阿魏酸的丰富来源，Hyun 等（2021）研究发酵米胚芽提取物对 C57BL/KsJ-db/db 小鼠肝脏葡萄糖代谢的调节作用。用植物乳杆菌发酵米胚，用 30%乙醇（RG_30E）或 50%乙醇（RG_50E）提取，给小鼠喂食含有发酵米胚芽提取物和阿魏酸的改良 AIN-93 饮食 8 周。RG_50E 显著降低食物摄入量以及肝脏重量，RG_30E 和 RG_50E 改善空腹血糖水平和葡萄糖耐量。在喂食 RG_30E 和 RG_50E 的 db/db 小鼠中，肝脏甘油三酯和总胆固醇水平显著降低。RG_30E 和 RG_50E 的抗氧化能力通过丙二醛水平的降低和肝超氧化物歧化酶活性的增加得到证实。这些结果表明发酵米胚芽提取物具有调节 2 型糖尿病 db/db 小鼠的低血糖和肝脏葡萄糖代谢的潜力。

（三）稻米安全性问题

1. 重金属积累防控

Li 等（2021）研究了一种新型富硅改良剂（SR）在连续灌溉（CF）和干湿交替（AWD）灌溉条件下对土壤中镉（Cd）含量、根表面径向氧损失（ROL）和铁锰斑块形成以及元素在水稻中积累的影响。结果表明，在不同处理中，CF 灌溉时添加 SR 的糙米中镉浓度最低［（0.18±0.04）mg/kg］。CF＋SR 处理降低了土壤的 Eh 值和 pH 值，导致更多的交换性 Cd 转化为 Fe/Mn 氧化物和残余组分，降低了土壤中 Cd 的生物有效性。此外，CF 灌溉诱导了 Fe/Mn 斑块的形成，添加 SR 通过增强根系 ROL 进一步促进了 Fe/Mn 斑块的形成，增强了斑块对 Cd 吸收的屏障作用。此外，CF＋SR 的施用增加了水稻根系中 Fe 和 Ca 的浓度，抑制了 Cd 在水稻中的积累。因此，在镉污染稻田中，同时使用富硅改良剂和连续灌溉是一种潜在的高效修复含镉土壤技术，可确保水稻安全生产。

Mlangeni 等（2021）研究了马拉维的地理位置、土壤类型、土壤金属（loids）和土壤 pH 值及其相互作用对水稻中砷（As）和镉（Cd）积累的影响，结果表明，由土壤类型、土壤金属（loids）和土壤 pH 值组成的前 3 个主成分解释了水稻 As 和 Cd 累积总方差的 83%。对于砷，在土壤砷≥2.5 mg/kg、pH 值＞7.0 的中部地区种植的水稻中砷含量最高，而在土壤砷≤1.5 mg/kg、pH 值 6.0～6.99 的北方地区种植的水稻中砷含量最低。对于镉，在镉 2.0～3.0 mg/kg、pH 值＜6.0 的土壤种植水稻中镉含量最高。通过相关性分析，土壤 As 与籽粒 As、土壤 pH 值之间显著相关，而土壤 Cd 和水稻 Cd、水稻 As 之间的相关性不显著。综上，土壤类型、土壤 pH 值和土壤金属（loids）之间存在协同效应，同时影响水稻中砷和镉的含量。

Islam 等（2021）通过盆栽试验研究了不同 pH 值零价铁改性生物炭（ZVIB）（pH 值 6.3 和 pH 值 9.7）和不同灌溉技术对砷和镉共同污染的水稻土壤的改善效果和粮食产量（BR）影响。结果表明，糙米砷含量（As-BR）与浇水处理无关，而添加两种 pH 值的 ZVIB 后，糙米砷含量显著降低（＞50%）。糙米镉含量（Cd-BR）和产量的降低与土壤改良剂的 pH 值和灌水量密切相关。在所有浇水处理中，ZVIB6.3 的 3/72 处理，即 72 h 的定期间隔内灌溉土壤表面以上 3 cm，最适合同时降低 As-BR（50%）和 Cd-BR 含量（19%），并显著增加产量（12%）。虽然高 ZVIB9.7 施用也能有效降低糙米中的砷和镉含量，但如果不选择适当的灌溉管理技术可能会导致产量损失。因此，ZVIB 是一种环境友好的改良材料，并且通过适当选择灌溉管理技术，可以安全地利用砷和镉共污染的农田土壤进行水稻种植。

2. 病虫害防治

Zhu 等（2021）研究了枯草芽孢杆菌 JN005 对稻瘟病菌的促生长和生防效果。结果表明，与无菌水（对照）相比，1×10^{7} cfu/ml 枯草杆菌 JN005 悬浮液处理的水稻种子提高 16%的发芽势、14%的发芽率、15%的发芽指数和 270%的活力指数。在盆栽试验中，JN005 菌株处理的水稻植株表现出株高、根长、茎围和鲜重的显著增加，以及水稻叶片中叶绿素 a、叶绿素 b 和总叶绿素的浓度提升，并且与对照处理相比，菌悬浮液对治疗组和预防组水稻的发病率分别降低 79%和 76%。田间试验中，喷施菌悬液的水稻在苗期和成熟期防治稻瘟病的有效率分别为（56.82±1.12)%和（58.39±3.05)%，水稻产量为（524.40±17.88）g/m^2。因此，枯草杆菌 JN005 可能是一种很有前途的稻瘟病生物防治剂。

二、稻谷精深加工及副产品的综合利用

（一）糙米综合利用

1. 工艺优化

Munarko 等（2021）分析不同发芽方法对发芽糙米（GBR）生物活性积累的影响。4 种发芽方式分别为反应器完全浸泡（RFS）、反应器部分浸泡法（RAG），手动完全浸泡（MFS）、手动部分浸泡法（MAG）。结果表明，与手动浸泡法相比，膜反应器浸泡糙米促进了新梢的生长，提高了 γ-氨基丁酸（GABA）含量。与其他发芽方法相比，RAG 处理获得了更高的 GABA 含量（高达 125 mg/100 g）、总酚和类黄酮含量以及抗氧化活性。综上，反应器部分浸泡能够显著促进糙米发芽，且 GABA 含量、酚类、类黄酮含量和抗氧化活性也相应提高，是一种优势的糙米发芽方法。

Rahman 等（2021）探究了不同温度和相对湿度（RH）对发芽红糙米的化学品质和抗氧化活性的影响。结果表明，在室温和 20℃、90%相对湿度条件下，维生素 B_6、灰分含量、碳水化合物含量显著提高，30℃、90%相对湿度条件下，脂肪含量显著提高，但与未发芽的红米相比，蛋白质、维生素 B_1 和一些矿物质，如铁、镁和锰含量发生降低。在抗氧化活性方面，所有处理得到的发芽糙米都具有较强抗氧化活性。

Choe 等（2021）研究了 $CaCl_2$ 对发芽糙米中生物活性化合物积累和抗氧化能力的影响。结果显示，在发芽期间，用 $CaCl_2$（50～200 mmol/L）处理的糙米显示出较高的生物活性化合物积累（包括多酚、类黄酮和 γ-氨基丁酸等），且呈正相关性。同时，$CaCl_2$ 处理也能显著提高发芽糙米的抗氧化能力，其中经 200 mmol/L $CaCl_2$ 处理的发芽糙米显示出最高的 ABTS 自由基清除活性、DPPH 自由基清除能力和还原能力；此外，$CaCl_2$ 处理的发芽糙米能显著提高 $CaCl_2$ 成肌细胞的活力，其对抗过氧化氢诱导的细胞损伤和氧化应激能力高达 92.83%。同时，$CaCl_2$ 处理的发芽糙米还能够显著减少细胞内活性氧的生成和还原型谷胱甘肽（GSH）的消耗。因此，在糙米发芽期间进行 $CaCl_2$ 处理是一种提高糙米营养价值的有效方式。

2. 活性成分分析

Zhou 等（2021）分别对粳稻和籼稻发芽糙米（GBR）进行了代谢组学和挥发性成

分分析。代谢组学数据结果表明，尽管发芽处理引起了显著的代谢变化，但粳稻品种始终比籼稻品种表达了更高水平的几种促进健康的化合物，如必需氨基酸和 γ-氨基丁酸（GABA）。而在挥发性成分分析中，籼稻和粳稻发芽糙米没有显著差异，但挥发性有机化合物（VOCs）的浓度（包括烯烃、醛类、呋喃、酮类和醇类等）在萌发后均表现为显著降低，降低水平从 26.8%到 64.1%不等。综上，粳稻品种更适合作为 GBR 食品的原料，提供更多的营养物质。

Zhang 等（2021）利用近红外光谱（NIRS）和小波去噪（WD）预处理方法分析发芽糙米（GBR）中 γ-氨基丁酸（GABA）的含量。Daubechies5 小波基函数在三级去噪处理下建立的 NIRS 模型的预测精度最高，校准相关系数（*rc*）为 0.931，校准均方根误差（RMSEC）为 0.403 8 mg/100 g，校准偏差为 0.006，预测相关系数（*rp*）为 0.916，预测均方根误差（RMSEP）为 0.432 9 mg/100 g，预测偏差为 0.010，性能偏差比（RPD）为 4.911。结果表明，预测值与实际值具有很高的相关性。因此，经 WD 处理的 NIRS 模型可以快速、无损地检测 GBR 中的 GABA 含量。

3. 功能评价

发芽糙米（GBR）因含有多种活性物质而被推荐为具有生物功能的食品。Demeekul 等（2021）研究了发芽糙米预处理对模拟缺血/再灌注（I/R）损伤心脏的保护作用。通过将 H9c2 心肌细胞在 5 μg/ml 浓度的 GBR 中培养 24 h，模拟 I/R 培养 40 min。通过 7-AAD 染色和膜联蛋白 V/PI 染色分别评估细胞活力和细胞凋亡。结果显示，缺血/再灌注刺激过程中，在模拟 I/R 前给予 GBR 可显著降低 H9c2 细胞死亡百分比和总细胞凋亡率。此外，用 GBR 预处理心肌细胞可显著稳定线粒体膜电位，改善模拟 H9c2 损伤中受损的线粒体呼吸作用。因此，GBR 预处理可能通过线粒体功能保护 H9c2 心肌细胞免受 I/R 损伤。

Matsumoto 等（2021）研究了食用糙米对非酒精性脂肪肝（NAFLD）的影响及其潜在的分子机制。实验将 7 周雄性肥胖大鼠（NAFLD 动物模型）随机分为 3 组（每组 10 只），每组喂食分别为：对照组：AIN-93G 饮食，53%玉米淀粉；白米组 WR：AIN-93G 饮食，白米粉；糙米组 BR：AIN-93G 饮食，糙米粉。为期 10 周后分析相关指标。结果显示，与对照组相比，糙米组肝脏脂质显著降低 0.4 倍（$P<0.05$），肝脏脂肪氧化相关基因增加 2.1 倍（$P<0.05$），过氧化物酶体酰基辅酶 A 氧化酶和酰基辅酶 A 脱氢酶中链的表达显著增加 1.6 倍（$P<0.05$），VLDL 相关基因显著升高 2.4 倍（$P<0.05$）。此外，RA 合成酶基因在糙米组比对照组高 2 倍（$P<0.05$）。因此，糙米可有效预防肥胖大鼠发生非酒精脂肪肝。

4. 发芽糙米应用

相比普通大米，发芽糙米（GBR）中含有的纤维、γ-氨基丁酸（GABA）、γ-谷维素（GORY）、阿魏酸等生物活性化合物都非常有益健康。近年来由于严重的食品安全问题，消费者越来越倾向于选择含有天然添加剂的食品。Truc 等（2021）探究了烘焙温度和时间，以及抗氧化剂 ERG 的添加对发芽糙米粉（GBRF）的生物活性成分和感官价值的影响。首先烘焙发芽糙米粉（RGBRF）的制备中，分别采用160℃、200℃、240℃等不同温度和时间（10～30 min）进行实验，以找到最佳烘焙条件。为了限制加工过程中脂肪的氧化和RGBRF保存，分别添加了3%、5%、7%和10%（w/w）的ERG提取物，然后将产品研磨并放入两种包装（PA和铝）中，真空密封并在室温下储存8周。结果表明，GBR在200℃烘烤30 min前添加3%的提取物，在感官价值、GABA含量方面表现出最好的品质，有助于限制脂肪氧化，并在铝袋中储存8周后能够保持稳定的品质。此外，通过大鼠体外实验发现，与未加热产品相比，RGBRF不会显著改变GI指数和糖吸收能力。因此，RGBRF是一种营养丰富的食品，能够为人们补充生物活性物质。

（二）米糠综合利用

1. 米糠蛋白

Wang（2021）研究了高静水压（HHP）预处理米糠蛋白水解物（RBPH）的结构和功能特性。HHP预处理在100 MPa、200 MPa和300 MPa后使用胰蛋白酶在常压下进行酶水解。未经HHP预处理的RBPH样本用作对照。评估了游离巯基（SH）含量、SDS-PAGE图谱、高效排阻色谱（HPSEC）、傅立叶变换红外光谱（FTIR）、扫描电子显微镜（SEM）、固有荧光光谱、溶解度、乳化和发泡性能，并监测了颗粒大小和ζ电位的变化。与对照组相比，在200 MPa下，溶解度、乳化活性指数（EAI）和乳化稳定性指数（ESI）显著增加（$P<0.05$）。100 MPa时，游离SH含量显著增加（$P<0.05$）。FTIR光谱和荧光分析分别证实了二级和三级结构的变化。实验结果表明，经过HHP预处理的RBPH的结构和功能特性得到了改善。

Kalpanadevi等（2021）评估了米糠蛋白（RBP）组分，即白蛋白、白蛋白—球蛋白和碱提取蛋白（AEP）的营养反应。AEP的必需氨基酸总量（40.1%）接近酪蛋白（43.4%），表明其优越性。AEP的蛋白质消化率校正氨基酸评分（PDCAAS）最高（0.83），其次是白蛋白（0.70）和白蛋白—球蛋白（0.66）。与其他组分相比，添加AEP的校正蛋白质效率比最高（CPER为1.99）。在正常补充期，AEP组CPER最高为1.89。因此，RBP可以作为一种替代植物蛋白来改善蛋白质营养不良。

2. 米糠油

Tanjor等（2021）探究了米糠油（RBO）和椰子油（CO）对不同脂肪含量（干重0.07%～7.32%）米饭的消化影响。将煮熟的米饭研磨10 s或300 s，以示不同程度的咀嚼。在体外消化152 min过程中，碾磨10 s释放的葡萄糖高达碳水化合物的80%，而碾磨300s仅释放60%的葡萄糖。尽管油的类型和浓度对碾磨300s稻谷中葡萄糖的释放量没有显著影响（$P\geqslant 0.05$），但主成分分析表明，由于植物甾醇和长链脂肪酸含量较高，RBO降低了碾磨10 s稻谷中葡萄糖的释放量，因此，RBO会阻止大米葡萄糖的释放。

Park等（2021）通过评估附睾白色脂肪组织（eWAT）中炎症标记物的表达和骨髓

源性巨噬细胞（BMDM）的极化来研究米糠油（RBO）是否对饮食诱导的肥胖小鼠具有抗炎作用。结果显示，米糠油通过抑制炎症介质的产生和上调抗炎基因的转录，在白色脂肪组织中发挥局部抗炎作用。同时米糠油（RBO）还促进BMDM中的抗炎M2巨噬细胞极化，从而影响全身炎症。因此，米糠油可以通过调节炎症相关因子的表达和巨噬细胞极化来改善肥胖诱导的慢性低度炎症。

由于活性脂肪水解酶的存在，使得米糠油稳定性较差，所以米糠制备油料中约60%～70%是不能被食用，生物柴油是米糠油的一个应用方向。Bora等（2021）对米糠油制备生物柴油的工艺进行优化。在超声波辅助下进行RBO的溶剂萃取，并通过田口模型实验对各项工艺参数优化。结果显示，在S/R为4：1（ml/g）、搅拌速度为150 r/min、搅拌时间为60 min、粒度范围为427.5 μm、超声时间为15 min、功率70 kW时，提取效率最高，且超声辅助提取比传统索氏提取产生的油质量更好。其次，以硫酸为催化剂进行酯化反应，利用L_9正交表对提高生物柴油产率的参数进行优化得到：搅拌速度为1 000 r/min，甲醇油比（M/O）为10：1，反应温度为60℃，可以达到生物柴油的最大产量。

（三）碎米综合利用

Mondal等（2021）采用生物酶bakhar和α-淀粉酶混合酶酶解碎米制备还原糖，用来发酵生产乙醇。分别采用响应面法（RSM）和人工神经网络遗传算法（ANN-GA）对糖化过程中总还原糖（TRS）的工艺参数进行优化。在93℃、糖化时间250 min、pH值6.5 ml/kg和1.25 ml/kg的酶剂量条件下，ANN-GA模型预测TRS的还原糖最大生成量为0.704 g/g，而RSM预测的还原糖最大生成量为 0.702 5 g/g，二者基本一致。通过ANN-GA和RSM对上述模型预测进行的实验验证中，相对平均误差为2.4%和3.8%，确定系数为0.997和0.996，表明结果良好。

利用碎米生产葡萄糖是一种较低成本的方式。Cai等（2021）利用碎米水解液（BRH）代替葡萄糖进行小球藻的异养培养。结果表明，藻类细胞在消耗NH_4^+时释放H^+，导致pH值急剧下降。使用pH缓冲液可以避免pH值降低对生长的抑制。在培养过程中间歇添加碱性试剂不仅可以减少pH稳定剂的用量，而且可以提高生物产量。当使用Tris作为pH稳定剂时，BRH中的普通梭菌的生物产量最大为1.01 g/（L·d），其次是NaOH为1.00 g/（L·d）和Na_2CO_3为0.95 g/（L·d）。用BRH代替葡萄糖进行异养培养，可节约培养基成本89.58%。因此该研究开发了一种利用BRH异养培养普通假丝酵母菌的新方法。

Yang等（2021）为了加强大米加工过程中的副产品脱脂米糠（DRB）和碎米（BR）的利用，研究了脱脂米糠和碎米粉混合物的糊化和流变特性。结果表明，添加脱脂米糠可以降低碎米的糊化温度、衰减值和回生值，降低糊化难度，提高混合体系的稳定性。而且脱脂米糠与碎米粉的混合物属于假塑性流体，流变性能符合幂律方程。当DRB添加量为50%，BR的颗粒小于200目时，适用于食品加工的口感和稳定性。

Shetty等（2021）采用碎米进行红曲霉NFCCI2453介导的固态发酵（SSF）生产红色素。采用响应面法（RSM）对发酵生物质中提取红色素的4个重要参数（提取时间、乙醇浓度、液固比和搅拌速度）进行了优化。结果表明，R值为0.9602，所建立的模型具有显著性，实验值与预测结果吻合良好。通过优化工艺参数，红色素的最大产率为143.3odu/gds。且通过验证实验数据，发现该模型准确率为99.3%。这项研究为血红假单胞菌利用低成本基质高效生产红色素提供了基础。

Loyda等（2021）分析了常用的4个品种（KDML105、PTT1、CN1和RD6）产生的大小两种碎米（分别为LBR和SBR）的糊化特性、流变特性、胶稠度、化学组分、直链淀粉含量以及挥发性成分。结果表明，KDML105、PTT1和RD6的LBR和SBR具有较低的糊化温度和较短的蒸煮时间，而CN1具有中等的糊化温度和较长的蒸煮时间。RD6的LBR和SBR胶稠度低，黏性大，而CN1的LBR和SBR胶稠度较大。与此同时，米粉的流变学特性与米饭的质地有关，并因大米品种和直链淀粉含量的不同而不同，从而导致糊化温度、凝胶稠度、黏度、回生和烹饪时间的差异。所有品种的SBR中的蛋白质含量和脂肪含量均高于LBR，但KDML105的LBR和SBR中的蛋白质含量大致相等，因为两者都含有大米胚芽。CN1的LBR和SBR直链淀粉含量最高，将CN1归类为硬熟米饭，而RD6的直链淀粉含量最低，米粉凝胶的流动距离最大，将RD6归类为软糯熟米饭。在所有样本中，检测到6种较为丰富的挥发性成分分别为醇、醛、呋喃、酮、硫和萜烯。LBR和SBR形式中气味活性值（OAV）最高的3种挥发性化合物分别为己醛、庚醛和3-甲基丁醛。

（四）大米淀粉综合利用

1. 抗性淀粉

Ashwar等（2021）利用β-淀粉酶和转葡萄糖苷酶对大米进行酶解处理，得到具有益生元潜力的抗性淀粉，并通过体外发酵证实了这种益生元特性。在糊化特性方面，抗性淀粉样品显著（$P \leqslant 0.05$）低于天然大米淀粉样品，表现出剪切变稀行为，且糊化温度和焓值（ΔH）显著降低。抗性淀粉完全失去了颗粒完整性，结晶度降低，形成了不规则形状且连续紧密的纤维网络和直链淀粉—脂质复合物。但经过乳酸发酵后，能够产生276.45～300.15 μg/ml的乙酸、0.40～0.83 μg/ml的丙酸和0.73～1.94 μg/ml的丁酸，这些短链脂肪酸（SCFA）作为大肠细胞的主要能量来源，调控着肠道内多种营养物质的吸收及激素产生。

Gulzar等（2021）通过挤压技术对米粉进行改性以提高抗性淀粉含量。结果显示，挤压条件最优为水分含量30%、筒体温度140℃，螺杆转速70 r/min，与天然米粉（NRF）相比，改性米粉（MRF）的抗性淀粉（RS）含量（6.20%）显著升高（$P<0.05$），预测血糖指数（pGI）和血糖负荷（GL）（分别为75.10和50）显著降低（$P<0.05$）。扫描电子显微照片显示，MRF中存在连续且密集的网络结构，而NRF中存在明显的未糊化颗粒。挤压使米粉的消化率发生显著变化，可以生产具有较高RS和

较低 pGI 的预糊化米粉。

2. 淀粉改性

Han 等（2021）设计了具有恒定微波功率（CPM）和均匀加热的设备，在此基础上研究了快速微波加热（RWH）和慢速微波加热（SWH）对大米淀粉（含水量 30%）多尺度结构的影响。结果表明，CPM 处理后的淀粉颗粒表面粗糙、破碎，淀粉的结晶度和双螺旋含量降低，其中 RWH 比 SWH 造成的损伤更为明显，这可能是由于 RWH 处理过程中强烈的摩擦和碰撞以及水分的快速蒸发造成的。因此，CPM 设备改善了加热不均匀和实验重复性差的问题，且 CPM 处理淀粉后，淀粉的分子结构被破坏，这为淀粉的改性提供了一种有效方法。

Guo 等（2021）研究了高压均质处理下添加不同浓度的反式-2-十二烯酸（t12）、反式油酸（t18）、顺式油酸（c18）和亚油酸（loa）对大米淀粉—不饱和脂肪酸复合物结构及消化率的影响。结果表明，复合物主要表现为 V6 或Ⅱa 型多晶型；复合指数、有序结构含量和热稳定性与不饱和脂肪酸的浓度呈正相关。t12 流动性太强，不能形成单螺旋，导致基质疏松；t18 比 c18 更适合淀粉的空腔，形成了致密性和热稳定性更高的结构域；Rloa（大米淀粉—亚油酸复合物）具有较低的复合指数和较高的短程有序度，并倾向于形成交替的非晶和晶体结构。消化率依次为 Rloa、Rt18、Rc18 和 Rt12。因此，不同脂质复合物会对大米淀粉的消化产生不同影响。

（五）大米蛋白综合利用

1. 蛋白提取

亚临界水萃取是一种从食品中提取蛋白质的独特技术。Ardali 等（2021）采用亚临界水萃取法从大米（米糠和大米比例为 8∶92）中分离蛋白。提取条件为：时间（15 min、30 min、45 min），温度（110℃、120℃、130℃），并分别测定了大米分离蛋白在 120℃不同接触时间（15 min、30 min、45 min）下的溶解度、起泡能力、起泡稳定性、乳化活性、乳化稳定性和水解度。在 120℃、45 min 的条件下，获得了最佳的亚临界水提取条件。亚临界水萃取可以降解蛋白质结构，使其具有更好的功能特性，因此它可以作为一种很好的替代技术来改性食品工业中用于特定目的的各种分离蛋白质的特性。

2. 蛋白改性

Cheng 等（2021）探究了 pH 处理、热处理、pH 协同热处理和糖基化对大米蛋白质（RP）功能特性的影响。结果表明，所有处理方法都能改善 RP 的功能特性。热处理通过在 RP 展开后生成聚集体来改善功能特性，pH 处理通过使 RP 水解和聚集来改善功能特性。与 RP 相比，pH 协同热处理蛋白（S-RP）的溶解度、乳化活性（EA）、乳化稳定性（ES）、起泡活性（FA）、表面疏水性和体外消化率分别提高了 11.47 倍、3.12 倍、3.45 倍、2.27 倍、3.36 倍和 2.12 倍。糖基化主要通过引入亲水基团来改善 RP 的功能性质。与 S-RP 相比，RP-葡聚糖缀合物（RPDC）的溶解度、EA、ES、FA、表面疏水性、体外消化率分别提高了 2.03 倍、1.25 倍、1.97 倍、1.05 倍、1.64 倍、1.48

倍。综上，pH 处理、热处理、pH 协同热处理和糖基化处理均能增强 RP 的功能性，其中糖基化化学改性效果最好。

3. 蛋白水解

大米蛋白水解物（RPH）是一种优良的蛋白质来源，在药妆品的开发中引起了人们的关注。Chen 等（2021）研究了 RPH 的抗氧化活性和皮肤老化酶的抑制活性。结果表明，RPH 含有酚类化合物和黄酮类化合物，并表现出一系列抗氧化活性，如 DPPH 和 ABTS 清除活性、还原能力和氧自由基吸收能力（ORAC）。此外，RPH 有效抑制酪氨酸酶和透明质酸酶的活性，因此大米蛋白水解物可用于化妆品方面应用。

Yue 等（2021）研究了大米蛋白水解物（RPH）对果蝇的抗衰老作用及其机制。与基础日粮相比，饲喂 0.2%和 3.2%RPH 的果蝇平均寿命延长了 50%，且体内超氧化物歧化酶（SOD）、Mn-SOD 和过氧化氢酶活性增加，深入研究中发现 RPH 的延长寿命效应受内在应激保护系统（Nrf2/Keap1）、年龄相关信号通路（TOR，S6K）和长寿基因表达（methuselah）的共同调节。总之，RPH 的寿命延长效应使其有可能应用于食品和医疗保健行业。在以前的研究中，大米蛋白水解物（RPH）具有很强的抗氧化性能。因此 RPH 能够增强果蝇的抗氧化系统，延长果蝇寿命，这有助于我们在功能性食品中合理应用。

（六）稻壳综合利用

稻壳是一种可再生资源，约含 20%的二氧化硅以水合无定形状态存在，因此可以作为硅源来使用。Daulay 等（2021）研究了稻壳制备 SiO_2 的条件及成分表征。以稻壳为基质，采用 NaOH 作为浸出剂，在不同燃烧温度下（600℃、700℃、800℃ 和 900℃）制备稻壳灰，将制备的稻壳灰与 10%的 NaOH 在 90℃、240 r/min 下反应 2 h，添加 HCl 调节 pH 值为 7 后，将其进行干燥后得到 SiO_2。在对提取的 SiO_2 表征时，FT-IR 显示其具有硅醇和硅氧基，XRD 显示出二氧化硅主要由石英和方解石组成，XRF 显示了二氧化硅和硅的成分。在 600℃、700℃、800℃、900℃ 不同燃烧温度下，会产生不同的 SiO_2 和 Si 组分，并在 600℃ 时，SiO_2 和 Si 含量最高，分别为 44.4%和 24.3%。

除了从稻壳中提取 SiO_2，制备稻壳活性炭也是主要推广方向之一。Avramiotis 等（2021）研究了稻壳制备生物炭对抗生素的降解能力，并将该生物炭与不同热解温度下制备的另一种生物炭进行了比较。结果显示，700℃ 制备的生物炭有较高的比表面积（231 m^2/g），表面有微孔，零电荷点为 7.4，SiO_2 含量高。对 SMX、NOR、AMP 等抗生素的降解具有一定效果，并且降解抗生素时，生物炭用量和过硫酸钠浓度的增加都有利于降解，而抗生素浓度的增加、水基质的复杂性以及自由基清除剂的存在都会对其活性产生不利影响。因此，稻壳生物炭降解抗生素主要取决于生物炭的性质和类型，降解发生的途径（自由基和非自由基），以及生物炭的制备参数等。

Kamala 等（2021）研究了稻壳生物炭（RHB）对土壤养分、水稻生产力以及土壤甲烷排放量的影响，并将稻壳生物炭与有机农家肥（FYM）、波罗蜜叶（*Artocarpus heterophyllus*）、田菁以及对照（无有机肥）进行对比。结果表明，施用RHB提高了土壤有机碳（SOC）的短期增效，提高了水稻产量和秸秆产量，并且糙米产量随着施氮量增加而增加。RHB可以提高水稻土壤固碳能力，并为水稻种植提供足够的碳。同时，与有机农家肥相比，RHB能够显著减少土壤中50%～60%的CH_4排放量。因此，稻壳生物炭更有利于提高土壤的营养成分。

稻壳含有SiO_2，因此可以作为金属基复合材料的增强材料。Olusesi等（2021）研究了稻壳灰和黏土颗粒改善AA6061铝质复合材料硬度、抗拉强度、弯曲强度等性质的效果。结果表明，在AA6061铝质复合材料中添加稻壳灰—黏土后，复合材料的力学性能大大提高，微观观察到增强颗粒分布较为均匀，而且添加稻壳灰—黏土量为7.5%时，复合材料的硬度最佳，因此，稻壳灰作为金属基复合材料的增强材料具有一定的可行性。

除此之外，Vardakas等（2021）还探究了利用稻壳作为多酚来源的可能性。在中试规模上，建立了酶辅助和亚临界水萃取相结合的新工艺，总多酚的回收率（2.97 g GAE/kg）与用乙醇提取稻壳时的回收率相当，而且本方法遵循绿色环保要求，为替代传统有机溶剂萃取方法提供了可能性。

（七）秸秆综合利用

1. 生物利用

Thuoc等（2021）以碱处理和酶水解后的稻草作为碳源，用于生产芽孢杆菌，并利用生产芽孢杆菌制备生物降解材料聚羟基脂肪酸酯（PHA）。结果表明，在不同温度下分别使用2%氢氧化钠、2%氢氧化钙和20%氨水进行预处理时发现，80℃使用氢氧化钠处理5h的重量损失最大，而80℃使用氨水处理15 h的木质素去除率最高（63%），并且将氨水处理的稻草经纤维素酶和半纤维素酶混合物在50℃水解后，总还原糖的释放量最高，可达到92%。用水解液培养芽孢杆菌菌株后，蜡状芽孢杆菌VK92和VK98两种菌株生产的聚羟基烷酸酯PHA含量最高，分别为59.3%和46.4%，PHA浓度分别为2.96 g/L和2.51 g/L，此条件为本实验中制备PHA的最佳条件。

2. 秸秆还田

Selvarajh等（2021）研究了稻草生物炭对土壤固氮能力的影响。结果表明，稻草生物炭的加入有效减少了NH_3的挥发，增加了土壤中的NH_4^+和NO_3^-离子，而且能够促进水稻的有效吸收。稻草生物炭还提高了水稻植株的养分吸收、养分利用效率和干物质产量。当稻草生物炭的用量为5～10 t/hm^{2}时，可以最大限度减少氮损失，并保留更多离子，提高植物吸收效率和养分利用效率。稻草生物炭对环境和农业有多方面好处，不仅实现了秸秆的再利用，而且为减少农业领域过度使用尿素肥料提供理论基础，改善水稻植株生长。

参考文献

安红周，杨柳，林乾，等，2021. 不同加工精度籼米的感官品质和营养品质［J］. 中国粮油学报，36（3）：1-7.

车刚，高瑞丽，万霖，等，2021. 水稻负压混流干燥室结构优化设计与试验［J］. 农业工程学报，37（4）：87-96.

陈桂华，姜奥宇，陈东，等，2021. 稻秸菌糠的营养成分及其瘤胃体外发酵特性［J］. 湖南农业大学学报：自然科学版，47（4）：442-448.

陈涛，2021. 不同热风干燥条件引起的稻谷水分迁移对其品质的影响机制研究［D］. 长沙：中南林业科技大学.

陈焱芳，张名位，张雁，等，2021. 发芽及挤压膨化对糙米挥发性风味物质的影响［J］. 中国农业科学，54（1）：190-202.

董琛琳，刘娜，王园，等，2021. 发酵米糠水提物的抗氧化活性研究［J］. 饲料工业，42（24）：8-13.

杜昭昌，王红，闫艳红，等，2021. 稻壳和麦麸对鲜玉米秸秆青贮品质的影响［J］. 草地学报，29（7）：1549-1554.

封张萍，岳阳，刘东红，等，2021. 大米ACE抑制肽制备工艺优化和生物活性研究［J］. 食品科技，46（2）：211-217.

冯叶陶，2021. 砻谷室温度场和流场分析与试验研究［D］. 成都：西华大学.

高帅，2021. 碎米重组米研制及其对肠道菌群影响的研究［D］. 哈尔滨：哈尔滨商业大学.

郭志强，王彬，李丛艳，等，2021. 稻壳粉对生长肉兔生长性能、养分表观消化率和屠宰性能的影响［J］. 动物营养学报，33（9）：5219-5225.

季文彤，童慕贤，王乃富，2021. 以大米蛋白水解产物为减筋剂的酥性饼干配方优化研究［J］. 安徽农学通报，27（23）：128-132.

康云，刘昆仑，2021. 米糠肽—铁锌螯合物制备工艺研究［J］. 食品安全质量检测学报，12（16）：6579-6585.

李芳斯，2021. 大米蛋白与核桃蛋白异源共架体的构建及其在高内相乳液制备中的应用［D］. 无锡：江南大学.

李婷，江蕾，田利亚，等，2021. 紫外，微波处理对留胚米理化性质及储藏期的影响［J］. 中国粮油学报，36（12）：7-12.

李想，路遥，2021. 不同提取方法对米糠油原油品质的影响研究［J］. 粮食与饲料工业（5）：28-31.

李颖慧，2021. 碎米酶联微滤制备淀粉糖、大米蛋白、大米肽的研究及工艺优化［D］. 济南：齐鲁工业大学.

林美珊，郑虹，王志辉，等，2021. 改性稻壳炭对 Pb^{2+}，Cd^{2+} 的吸附特性［J］. 武汉轻工大学学报，40（5）：49-59.

林水中，王明霞，李明，2021. 碎米替代木薯粉对肉牛生长性能、瘤胃发酵及胴体性状的影响［J］. 中国饲料（20）：53-56.

刘安凯，2021. 施用水稻秸秆生物炭对黄壤稻田土壤养分和水稻产质的影响［D］. 贵阳：贵州大学.

刘培昌，马小宾，王文祥，等，2021. 探讨大米胚芽粉对 ICR 焦虑症小鼠的抗焦虑作用［J］. 海峡药学，33（10）：16-20.

刘晓飞，侯艳，马京求，等，2021. 发芽糙米提取物抗氧化性及活性成分分析［J］. 食品研究与开发，42（13）：40-47.

刘艳兰，刘爽，林本平，等，2021. 米糠膳食纤维纤维素酶水解工艺优化及其功能特性研究［J］. 食品与机械，37（11）：6-11.

吕秋洁，郑经绍，余宏达，等，2021. 富含 GABA 和花色苷的发芽紫糙米加工工艺研究［J］. 热带作物学报，42（1）：220-229.

孙瑞，钟耕，张阳，等，2021. 重庆市江津区含硒稻谷碾减率与硒损失关系探究［J］. 食品与机械，37（4）：26-31.

唐玮泽，2021. 多次湿热处理对大米淀粉和米粉消化性的影响［D］. 长沙：中南林业科技大学.

王丹阳，王洁，邱硕，等，2021. 稻谷热风干燥缓苏工艺参数优化与试验［J］. 农业工程学报，37（17）：285-292.

王欢，贾强，黄利华，等，2021. 红树莓多酚提取物对大米淀粉理化性质和体外消化性能的影响［J］. 食品科技，46（9）：265-270.

王可心，段庆松，王依凡，等，2021. 米糠蛋白 O/W 及 W/O/W 乳液制备及界面稳定性［J］. 食品科学，42（22）：24-30.

王锐，李建红，肖崇业，等，2021. 多倍体稻谷加工设备结构优化设计与试验［J］. 湖北农业科学，60（24）：191-193.

王玉莹，吕诗文，于枫，等，2021. 超声辅助乙醇提取米糠油［J］. 食品工业，42（2）：79-83.

文典，江棋，邓腾灏博，等，2021. 土壤调理剂对稻米中镉含量及其品质的影响［J］. 生态环境学报，30（2）：400-404.

吴永康，林亲录，蒋志荣，等，2021. 基于 GC-IMS 分析碾减率对籼米米饭挥发性物质的影响［J］. 食品与机械，37（12）：26-31.

吴有龙，徐嘉龙，马中青，等，2021. KOH 活化法制备气化稻壳活性炭及其吸附性能［J］. 生物质化学工程，55（1）：31-38.

武肖雨，刘杰胜，付弯弯，等，2021. 高低温稻壳灰对水泥砂浆性能的影响［J］. 40（2）：34-39.

Windi D，汤英杰，敬璞，等，2021. 稻谷热风辅助射频干燥工艺及相关品质研究［J］. 保鲜与加工，21（9）：79-86.

肖茜，黄敏，刘雨欣，2021. 淀粉纳米晶提高大米淀粉可食用膜物理化学性能的研究［J］. 粮油食品科技，29（5）：64-70.

谢丹，金芝苹，葛志刚，2021. 加工精度对大米品质和蒸煮特性的影响［J］. 粮食与油脂，34（10）：15-18.

徐文杰，赵锦锦，2021. 米胚油提取物对力竭运动大鼠骨骼肌抗氧化酶活性的影响［J］. 食品研究与开发，42（13）：63-68.

许继平，王健，张新，等，2021. 区块链驱动的稻米供应链信息监管模型研究［J］. 农业机械学报，52（5）：201-211.

杨柳怡，2021. 大米蛋白的酶解——超高压改性及其乳液稳定性研究［D］. 西安：陕西科技大学.

于坤弘，陈星，代雅杰，等，2021. 酶法米糠制取油脂及蛋白多肽工艺技术的研究［J］. 大豆科技（2）：1-5.

岳阳，2021. 大米抗氧化肽的制备及其抗衰老功能研究［D］. 杭州：浙江大学.

张欢，2021. 蒸煮方式对糙米多酚抗氧化性、淀粉酶和葡萄糖苷酶活性的影响研究［D］. 沈阳：沈阳师范大学.

张玲，杨成，路辉，等，2021. 基于大米外观品质分析系统对碎米率的快速检测［J］. 粮食与油脂，34（2）：97-100.

张永兰，林利忠，2021. 乳酸菌发酵降镉处理对大米淀粉结构和理化性质的影响［J］. 中国粮油学报，36（7）：13-19.

张永兰，林利忠，2021. 乳酸菌发酵降镉处理对大米淀粉结构和理化性质的影响［J］. 中国粮油学报，36（7）：13-19.

张玉超，程乐乐，韩娟，2021. 前处理方法对原子荧光光谱法检测大米中总砷含量的影响［J］. 广州化工，49（4）：84-87.

张志宏，孟庆虹，高扬，等，2021. 熟化发芽糙米粉对高脂血症大鼠的作用研究［J］. 食品研究与开发，42（5）：46-51.

赵雪莹，2021. 不同水分含量制备所得预糊化大米淀粉性质的比较及在米糕中的应用［D］. 无锡：江南大学.

赵颖，周枫，罗佳琳，等，2021. 水稻秸秆还田配施肥料对小麦产量和氮素利用的影响［J］. 土壤，53（5）：937-944.

周亮，肖峰，肖欢，等，2021. 施用石灰降低污染稻田上双季稻镉积累的效果［J］. 中国农业科学，54（4）：780-791.

朱琳，张蕊，张冰，等，2021. 超高效液相色谱—串联质谱法快速测定大米中 14 种农药残留［J］. 中国粮油学报，36（5）：149-153.

Ardali F R，Sharifan A，Mousavi S M，et al.，2021. The functional properties of rice protein isolate extracted by subcritical water［J］. Journal of Microbiology，Biotechnology and Food Sciences，11（2）：e3550.

Ashwar B A，Gani A，Ashraf Z U，et al.，2021. Prebiotic potential and characterization of resistant starch developed from four Himalayan rice cultivars using β-amylase and transglucosidase enzymes［J］. LWT-Food Science and Technology，143（1）：111085.

Avramiotis E，Frontistis Z，Manariotis D I，et al.，2021. D Mantzavinos. On the performance of a sustainable rice husk biochar for the activation of persulfate and the degradation of antibiotics［J］. Catalysts，2021，11（11）：1303.

Bora A P，Naik S，Durbha K S，2021. Investigation of parametric optimisation for the extraction of rice bran oil with the aid of ultrasound and its synthesis to biodiesel［J］. E3S Web of Conferences，287：04014.

Cai Y H，Liu Y H，Liu T Y，et al.，2021. Heterotrophic cultivation of *Chlorella vulgaris* using broken rice hydrolysate as carbon source for biomass and pigment production［J］. Bioresource Technology，323（2）：124607.

Chen H J，Dai F J，Chen C Y，et al.，2021. Evaluating the antioxidants，whitening and antiaging properties of rice protein hydrolysates [J]. Molecules，26 (12)：3605.

Cheng Y H，Wei X N，Liu F，et al.，2021. Synergistic effects of pH，temperature and glycosylation on the functional properties of rice protein [J]. International Journal of Food Science & Technology，56 (10)：103134.

Choe H，Sung J，Lee J，et al.，2021. Effects of calcium chloride treatment on bioactive compound accumulation and antioxidant capacity in germinated brown rice [J]. Journal of Cereal Science，101：103294.

Daulay A，Andriayani，Marpongahtun，et al.，2021. Extraction silica from rice husk with naoh leaching agent with temperature variation burning rice husk [J]. Rasayan Journal of Chemistry，14 (3)：2125-2128.

Demeekul K，Suthammarak W，Petchdee S，2021. Bioactive compounds from germinated brown rice protect cardiomyocytes against simulated ischemic/reperfusion injury by ameliorating mitochondrial dysfunction [J]. Drug Design，Development and Therapy，Volume 15：1055-1066.

Eom H J，Kang，H J，Kwon N R，et al.，2021. Quality characterization of yanggaeng with rice germ powder [J]. The Korean Journal of Food and Nutrition：34 (3)：302-309.

Gulzar B，Hussain S Z，Naseer B，et al.，2021. Enhancement of resistant starch content in modified rice flour using extrusion technology [J]. Cereal Chemistry，98 (1)：634-641.

Guo T L，Hou H R，Liu Y F，et al.，2021. In vitro digestibility and structural control of rice starch-unsaturated fatty acid complexes by high-pressure homogenization [J]. Carbohydrate Polymers，256 (3)：117607.

Han Z，Li Y，Luo D H，et al.，2021. Structural variations of rice starch affected by constant power microwave treatment [J]. Food Chemistry，359 (2)：129887.

Hyun Y J，Kim J G，Jung S K，et al.，2021. Fermented rice germ extract ameliorates abnormal glucose metabolism via antioxidant activity in type 2 diabetes mellitus mice [J]. Appl. Sci. -Basel：11 (7)：13.

Islam S M，Chen Y L，Weng L P，et al.，2021. Watering techniques and zero-valent iron biochar pH effects on As and Cd concentrations in rice rhizosphere soils，tissues and yield [J]. Journal of Environmental Sciences，100 (2)：144-157.

Kalpanadevi C，Muthukumar S P，Govindaraju K，et al.，2021. Rice bran protein：An alternative plant- based protein to ameliorate protein malnourishment [J]. Journal of Cereal Science，97：103154.

Kamala R，Bastin B，2021. Effect of rice husk biochar application on rice yield，methane emission and soil carbon sequestration in paddy growing Ultisol [J]. Journal of Soil and Water Conservation，20 (1)：81-87.

Li H Y，Xu M H，Chen Z J，et al.，2021. Effects of the degree of milling on starch leaching characteristics and its relation to rice stickiness [J]. Journal of Cereal Science，98：103163.

Li L，Li Y C，Wang Y，et al.，2021. Si-rich amendment combined with irrigation management to reduce Cd accumulation in brown rice [J]. Journal of Soil Science and Plant Nutrition，21 (4)：3221-

3231.

Loyda C, Singanusong R, Jaranrattanasri A, et al., 2021. Physicochemical characterization of broken rice and analysis of its volatile compounds [J]. Walailak J Sci & Tech, 18 (6): 9136.

Matsumoto Y, Fujita S, Yamagishi A, et al., 2021. Brown rice inhibits development of nonalcoholic fatty liver disease in obese zucker (fa/fa) rats by increasing lipid oxidation via activation of retinoic acid synthesis [J]. The Journal of Nutrition, 151 (1): 2705-2713.

Mlangeni A, Lancaster S, Krupp E, et al., 2021. Impact of soil-type, soil-pH, and soil-metal (loids) on grain-As and Cd accumulation in Malawian rice grown in three regions of Malawi [J]. Environmental Advances: 100145.

Mondal P, Sadhukhan A K, Ganguly A, et al., 2021. Optimization of process parameters for bio-enzymatic and enzymatic saccharification of waste broken rice for ethanol production using response surface methodology and artificial neural network - genetic algorithm [J]. 3 Biotech, 11 (1).

Munarko H, Sitanggang A B, Kusnandar F, et al., 2021. Effect of different soaking and germination methods on bioactive compounds of germinated brown rice [J]. International Journal of Food Science & Technology, 56 (9): 4540-4548.

Novrinaldi, Putra S A, Sitorus A, 2021. Characteristic of unhulled rice drying on swirling fluidized bed dryer [J]. IOP Conference Series: Materials Science and Engineering, 1096 (1): 012054.

Olusesi O S, Udoye N E, 2021. Development and Characterization of AA6061 Aluminium Alloy /Clay and Rice Husk Ash Composite [J]. Manufacturing Letters, 29 (5): 34-41.

Park H, Yu S, Kim W, 2021. Rice bran oil attenuates chronic inflammation by inducing M2 macrophage switching in high-fat diet-fed obese mice [J]. Foods, 10 (2): 359.

Rahman A, Syarifuddin A, Amir M, 2021. Effect of temperature and relative humidity on chemical analysis of red rice germination [J]. IOP Conference Series: Earth and Environmental Science, 807 (2): 022060.

Sarker M, Wazed M A, Mozumder N, 2021. Effect of two stage drying employing fluidized bed drying, tempering followed by fixed bed drying on head rice yield of BRRI Dhan28 rice variety in Bangladesh [J]. Sustainability in Food and Agriculture (SFNA), 2 (2): 74-78.

Selvarajh G, Ch'Ng H Y, 2021. Enhancing soil nitrogen availability and rice growth by using urea fertilizer amended with rice straw biochar [J]. Applied Sciences, 11 (1): 108.

Shetty A, Dave N, Murugesan G, et al., 2021. Production and extraction of red pigment by solid-state fermentation of broken rice usingMonascus sanguineus NFCCI 2453 [J]. Biocatalysis and Agricultural Biotechnology, 33 (4): 101964.

Shin M, Baek M, No J, et al., 2021. Effect of different degrees of milling on the protein composition in brown rice brans [J]. Journal of Food Measurement and Characterization, 16 (1): 214-221.

Tanjor S, Hongsprabhas P, 2021. Effect of rice bran oil or coconut oil on in vitro carbohydrate and protein digestion of cooked fragrant rice [J] Agriculture And Natural Resouces, 55: 496-507.

Thuoc D V, Chung N T, Hatti-Kaul R, 2021. Polyhydroxyalkanoate production from rice straw hydrolysate obtained by alkaline pretreatment and enzymatic hydrolysis using Bacillus strains isolated from decomposing straw [J]. Bioresources and Bioprocessing, 8 (1): 98.

Truc H T, Trung P Q, Ngoc N, et al., 2021. Improvement of roasted germinated brown rice flour processing using ergothioneine to limit oxidation during processing and preservation [J]. Food Research, 5 (S1): 94-102.

Tumanian N G, Papulova E Y, Chizhikova S S, et al., 2021. Impact of degree of polishing on technological and biochemical grain quality traits of rice varieties of Russian breeding [J]. IOP Conference Series: Earth and Environmental Science, 624 (1): 012177.

Vardakas A, Shikov V, Nenov N, et al., 2021. A new process for enzyme-assisted subcritical water extraction of rice husk polyphenols [J]. MAEP&WASTE. https://www.researchgate.net/publication/351374293.

Wang S R, Wang T Y, Sun Y, et al., 2021. Effects of high hydrostatic pressure pretreatment on the functional and structural properties of rice bran protein hydrolysates [J]. Foods, 11 (1): 29.

Xu Z K, Xu Y J, Chen X J, et al., 2021. Polishing conditions in rice milling differentially affect the physicochemical properties of waxy, low- and high-amylose rice starch [J]. Journal of Cereal Science, 99: 103183.

Yang X Q, Shi H G, Mi X, et al., 2021. Gelatinization and rheological properties of blend of defatted rice bran and broken rice [EB/OL]. IOP Conference Series: Earth and Environmental Science. https://iopscience.iop.org/article/10.1088/1755-1315/792/1/012002.

Yue Y, Wang M T, Feng Z P, et al., 2021. Antiaging effects of rice protein hydrolysates on *Drosophila melanogaster* [J]. Journal of Food Biochemistry, 45 (4): e13602.

Zhang Q, Liu N, Wang S S, et al., 2021. Nondestructive determination of GABA in germinated brown rice with near infrared spectroscopy based on wavelet transform denoising [J]. International Journal of Agricultural and Biological Engineering, 14 (3): 182-187.

Zhou C G, Zhou Y J, Hu Y Q, et al., 2021. Integrated analysis of metabolome and volatile profiles of germinated brown rice from the *japonica* and *indica* subspecies [J]. Foods, 10 (10): 2448.

Zhu H J, Zhou H, Ren Z H, et al., 2021. Control of *Magnaporthe oryzae* and rice growth promotion by *bacillus subtilis* JN005 [J]. Journal of Plant Growth Regulation. doi: 10.1007/s00344-021-10444-w.

下篇

2021 年
中国水稻生产、质量与贸易发展动态

第八章　中国水稻生产发展动态

2021 年，党中央、国务院对粮食安全的重视提升到了一个新的高度，压紧压实粮食安全党政同责，强化了党委对粮食安全的责任。中央和地方继续加大“三农”投入补贴力度，中央预算内投资继续向农业农村倾斜，毫不放松抓好粮食生产，确保各地粮食播种面积和产量基本保持稳定。进一步完善农业补贴政策，调整完善稻谷、小麦最低收购价政策，稳定农民基本收益；扩大粮食作物完全成本保险和种植收入保险实施范围，保障农民种粮基本收益。继续加大对产粮大县的奖励力度，优先安排农产品加工用地指标；支持产粮大县开展高标准农田建设新增耕地指标跨省域调剂使用，调剂收益按规定用于建设高标准农田。加快推进高标准农田建设，完成大中型灌区续建配套与节水改造，提高防汛抗旱能力，加大农业节水力度。提高早籼稻和中晚籼稻最低收购价格标准，粳稻价格保持不变，稳定农民种粮信心。继续组织开展粮食绿色高质高效行动，遴选发布一批绿色高质高效粮食作物新品种和新品牌，集成示范一批粮食生产全过程高质高效技术模式。大力推广绿色生产方式，持续推进化肥和农药减量增效工作。2021 年，我国水稻面积略减，单产和总产再创历史新高。

第一节　国内水稻生产概况

一、2021 年水稻种植面积、总产和单产情况

2021 年全国水稻种植面积 44 881.8 万亩，比 2020 年减少 232.2 万亩，减幅 0.5%；亩产 474.2 kg，提高 4.6 kg，创历史最高水平；总产 21 284.3 万 t，增产 95.3 万 t，增幅 0.5%。

（一）早稻生产

2021 年全国早稻面积 7 101.2 万亩，比 2020 年减少 24.9 万亩，减幅 0.3%；亩产 394.5 kg，提高 11.5 kg，增幅 3.0%；总产 2 801.6 万 t，增产 72.3 万 t，增幅 2.6%。2021 年早稻生产虽然受南方部分主产区天气干旱影响适期移栽、种植结构调整等影响，播种面积减少，但得益于早稻生育期气象条件总体有利于单产提高，全国早稻再次实现增产。从面积看，2021 年全国早稻面积在 2020 年大幅增加的基础上，基本保持稳定。主要得益于中央实行粮食安全党政同责，主产省拿出真金白银，层层压实责任，全力稳定早稻面积。中央财政还将新增产粮大县奖励资金中的 12 亿元专项用于支持早稻生产。

早籼稻最低收购价在 2020 年提高基础上，2021 年每 50 kg 再提高 1 元钱。一系列含金量高的扶持政策，有力调动了农民种植早稻积极性。但受部分产区春播气象条件较差、种植结构调整等因素影响，全国早稻面积略减。一方面，天气干旱影响早稻适时移栽。华南部分地区春播气象条件较差，降水量较常年同期偏少，广东、广西中南部等地蓄水不足，部分地块灌溉条件较差，影响早稻适时移栽，农户改种玉米、甘薯等作物。另一方面，种植结构调整减少早稻种植。湖南受污染耕地严格管控区种植结构调整，退出水稻种植，导致播种面积下降。分省看，广东、湖南、云南、湖北、福建早稻面积分别比 2020 年减少 15.8 万亩、9.2 万亩、5.0 万亩、3.3 万亩和 1.1 万亩，广西、江西、海南、浙江早稻面积分别增加 3.4 万亩、1.9 万亩、1.9 万亩和 1.2 万亩。从单产看，2021 年早稻播种以来，主产区大部时段气象条件较好，阶段性阴雨寡照和洪涝灾害发生偏轻，总体有利于早稻生长发育和产量形成，推动全国早稻单产大幅提高。

（二）中晚稻生产

2021 年全国中晚稻面积 37 780.7 万亩，比 2020 年减少 207.3 万亩，减幅 0.5%；总产 18 482.7 万 t，增产 26.0 万 t，增幅 0.1%。2021 年全国一季稻和双季晚稻生长期间气象条件总体较好，单产提高。分不同稻区看，东北稻区春季回暖偏早，播种育秧进程较快，7 月气温回升弥补了前期阶段性低温天气的不利影响，水稻生长发育进程加快，秋季大部分农区热量条件较好，利于水稻充分灌浆和成熟收获。长江中下游地区夏季一季稻高温热害发生程度偏轻，热量条件利于水稻营养生长、授粉结实和灌浆，部分地区发生洪涝灾害影响有限。10 月，华南和东南沿海部分地区仍处于抽穗扬花期的晚稻遭受“雨洗禾花”，但影响有限。西南和华南稻区中晚稻生长期间气象条件总体较好，有利于水稻生长发育和产量形成，单产不同程度提高。

二、扶持政策

2021 年是“十四五”开局之年，我国开启全面建设社会主义现代化国家新征程、开始向第二个百年奋斗目标进军。党中央国务院继续巩固拓展脱贫攻坚成果、全面推进乡村振兴、加快农业农村现代化，继续加大“三农”投入补贴力度，强化项目统筹整合，推进重大政策、重大工程、重大项目顺利实施。实行粮食安全党政同责，进一步完善农业补贴政策；调整完善稻谷、小麦最低收购价政策，稳定农民收益；大力发展紧缺和绿色优质农产品生产，推进农业由增产导向转向提质导向。

（一）加大农业生产投入和补贴力度

1. 耕地地力保护补贴

继续按照《财政部、农业部关于全面推开农业“三项补贴”改革工作的通知》（财农〔2016〕26 号）有关要求执行，补贴对象原则上为拥有耕地承包权的种地农民，补贴资金通过“一卡（折）通”等形式直接兑现到户，严禁任何方式统筹集中使用，严防“跑冒滴漏”，确保补贴资金不折不扣发放到农民手中。按照《财政部办公厅 农业农村部办公厅关于进一步做好耕地地力保护补贴工作的通知》（财办农〔2021〕11号）要求，探索耕地地力保护补贴发放与耕地地力保护行为相挂钩的有效机制，加大耕地使用情况的核实力度，做到享受补贴农民的耕地不撂荒、地力不下降，切实推动落实“藏粮于地”战略部署，遏制耕地“非农化”。

2. 高标准农田建设

2021年，中央财政安排高标准农田建设补助资金1 007.82亿元，比2020年增加140亿元，增长16.2%，支持建设1亿亩高标准农田。同时，中央财政通过地方政府一般债券等渠道，安排88亿元支持高标准农田建设，拓展高标准农田建设资金来源渠道，进一步推动提高建设标准。2021年9月，《全国高标准农田建设规划（2021—2030年）》（以下简称《规划》）正式对外公布，明确提出到2030年，建成高标准农田12亿亩，改造提升2.8亿亩，稳定保障6 000亿kg以上粮食产能。2022年10月，《高标准农田建设通则》（GB/T 30600—2022）正式实施，明确了不同建设区域的建设标准，分省明确高标准农田粮食综合生产能力指标。

3. 加强小型农田水利设施建设

中央财政持续加大对农田水利设施建设的支持力度，通过水利发展资金支持高效节水灌溉，小型病险水库除险加固、水利工程设施维修养护等。2021年，财政部下达补助地方水利发展资金574亿元，比2020年增长3.1%，重点支持解决农村水利五方面薄弱环节：一是提升水旱灾害防御能力。安排259亿元支持小型病险水库除险加固、中小河流治理、山洪灾害防治等，占下达资金总量的45%；安排39.25亿元支持小型病险水库除险加固，比2020年增长35%。二是促进改善水环境。持续推进华北地区地下水超采综合治理和内蒙古西辽河流域“量水而行”试点。三是推动水资源集约利用。加大对中型灌区节水改造支持力度，全面推进农业水价综合改革，提高农业灌溉用水效率。四是因地制宜实施水土流失综合治理。加大黄河流域病险淤地坝除险加固支持力度，协调水沙关系，涵养水源。五是会同相关部门支持巩固农村饮水安全。在继续增加工程维修养护补助资金的同时，加大力度支持水源工程建设，安排30亿元支持工程性缺水突出地区新建小型水库，比2020年增长65%。

4. 东北黑土地保护利用

2021年，继续聚焦黑土地保护重点县，集中连片加强黑土地保护，强化培育肥沃耕层，旱地集中连片推进秸秆深翻还田、碎混还田等技术，水田推行秸秆秋翻压春搅浆还田等技术，增加耕地土壤有机质、打破压实层，开展综合提质培肥。继续稳步实施东北黑土地保护性耕作行动计划，支持在适宜区域推广应用秸秆覆盖免（少）耕播种等关键技术，有效减轻风蚀水蚀、增加土壤有机质、增强保墒抗旱能力、提高农业生态效益和经济效益。

5. 完善农机具购置补贴政策

2021年3月，农业农村部办公厅、财政部办公厅印发《2021—2023年农机购置补贴实施指导意见》，启动实施新一轮农机购置补贴政策。创新完善农机购置补贴政策实施，持续提升政策实施的精准化、规范化、便利化水平。一是突出稳产保供和自主创新。优先保障粮食等重要农产品生产、丘陵山区特色农业生产以及支持农业绿色发展和数字化发展所需机具的补贴需要。深化北斗系统在农业系统中的推广应用，将育秧、烘干等成套设施装备纳入农机新产品补贴试点范围。二是科学测算确定补贴额。将粮食生产薄弱环节、丘陵山区特色农业生产急需的机具以及高端、复式、智能农机产品的补贴额测算比例提高至35%。降低轮式拖拉机等区域内保有量明显过多以及技术相对落后的补贴机具品目或档次补贴额，确保到2023年将其补贴额测算比例降低至15%及以下，并将部分低价值机具退出补贴范围。

（二）加快适用技术推广应用

1. 耕地轮作休耕试点项目

2021年，继续推进耕地轮作休耕制度。立足资源禀赋、突出生态保护、实行综合治理，进一步探索科学有效轮作模式，重点在东北地区推行大豆薯类—玉米、杂粮杂豆春小麦—玉米等轮作，在黄淮海地区推行玉米—大豆或花生—玉米等轮作，在长江流域推行稻—油、稻—稻—油等轮作，既通过豆科作物轮作倒茬，发挥固氮作用，提升耕地质量，减少化肥使用量，又通过不同作物间轮作，降低病虫害发生，减少农药使用量，加快构建绿色种植制度，促进农业资源永续利用。继续在河北地下水漏斗区、黑龙江三江平原井灌稻地下水超采区、新疆塔里木河流域地下水超采区实施休耕试点，休耕期间配套采取土壤改良、培肥地力、污染修复等措施，促进耕地质量提升。

2. 继续推进实施粮食绿色高质高效行动

以巩固提升粮食等重要农产品供给保障能力为目标，聚焦稳口粮提品质、扩玉米稳大豆提单产、扩油料稳棉糖提产能以及推进“三品一标”增效益等重点任务，集成组装推广区域性、标准化高产高效技术模式。因地制宜推广测墒节灌、水肥一体化、集雨补灌、蓄水保墒等旱作节水农业技术，推广农作物病虫害绿色防控产品和技术，在更大规模、更高层次上提升优良食味稻米、优质专用小麦、高油高蛋白大豆、双低双高油菜等粮棉油糖果菜茶生产能力，促进稳产高产、提质增效，示范带动大面积区域性均衡发展。支持山西实施有机旱作农业示范，继续支持辽宁、福建等省份2020年启动的有机肥替代化肥试点县完成试点任务。

3. 继续实施农业生产和水利救灾资金补助工作

2021年，国家继续强化实施农业生产和水利救灾资金补助工作，累计拨付资金58.4亿元。1月，下达农业生产和水利救灾资金17.5亿元，支持内蒙古等24省（区、市）开展修建抗旱备用水源、落实水旱灾害防御保障措施等工作；3月，下达中央财政农业生产和水利救灾资金12亿元，其中水利救灾资金2亿元，农业生产救灾资金10亿元，用于支持河北等30个省（区、市）购置农作物重大病虫害防控所需农药、药械等物资，推广生物防治、生态控制和化学应急防治等工作；7月，下达农业生产和水利救灾资金10.8亿元，支持受灾地区做好灾后农业生产恢复，开展农作物改种补种等工作；9月，下达农业生产和水利救灾资金10亿元，用于支持受灾地区农作物改种补种，购置恢复农业生产所需物资，抢抓秋粮产量形成关键期，及时开展增施肥、促早熟等相关工作；12月，下达农业生产和水利救灾资金8.1亿元，其中农业生产救灾5亿元、水利救灾3.1亿元。

4. 持续推进化肥减量增效和农药减量控害

2021年，农业农村部门继续深入实施化肥减量增效行动，在重点作物绿色高质高效行动县协同开展化肥减量增效示范，引导企业和社会化服务组织开展科学施肥技术服务，支持农户和新型农业经营主体应用化肥减量增效新技术新产品；加强科学施肥技术指导，明确不同地区、不同作物、不同产量目标下主要农作物氮肥推荐施用量，助力施肥精准化，确保化肥利用率稳定在40%以上，保持化肥使用量负增长。继续深入开展农药减量增效行动，继续创建100个绿色防控示范县，确保农药利用率稳定在40%以上，保持农药使用量负增长。2021年12月，农业农村部印发《“十四五”种植业发展规划》，明确提出在粮食主产区和重要农产品优势区选择有条件的县（农场），建设500个病虫害绿色防控整建制推进县、200个统防统治百强县，推广生态控制、生物防治、理化诱控和科学用药等绿色防控技术模式，统筹推进绿色防控和统防统治。

5. 加强耕地质量保护与提升

2021年，农业农村部继续实施耕地质量提升行动，开展耕地质量监测评价。一是整县集中推进秸秆综合利用行动。培育壮大一批秸秆综合利用市场主体，探索可推广、可持续的产业模式和秸秆综合利用稳定运行机制，打造一批产业化利用典型样板，推进全量利用县建设，提高省域内秸秆综合利用能力。二是继续实施农机深松整地。支持适宜地区开展农机深松整地作业，促进耕地质量改善和农业可持续发展。深松整地作业一般要求达到25 cm以上。每亩作业补助原则上不超过30元。三是开展退化耕地治理。在耕地酸化、盐碱化较严重区域，集成推广施用土壤调理剂、绿肥还田、耕作压盐、增施有机肥等治理措施。继续做好耕地质量等级年度变更评价与补充耕地质量评定试点工作。四是加强生产障碍耕地治理。在西南、华南等地区，针对不同耕地生产障碍程度，结合作物品种、耕作习惯等，因地制宜采取品种替代、水肥调控、农业废弃物回收利用等环境友好型农业生产技术，克服农产品产地环境障碍，提升农产品质量安全水平。

6. 加强基层农技推广体系改革与建设

2021年4月，农业农村部印发《关于做好2021年基层农技推广体系改革与建设任务实施工作的通知》，明确提出选树一批星级基层农技推广机构和农业科技社会化服务组织典型。建设5 000个以上农业科技示范展示基地，推广1万项（次）以上的农业主推技术，全国农业主推技术到位率超过95%。对全国1/3以上在编在岗基层农技人员进行知识更新培训，培育1万名以上业务精通、服务优良的农技推广骨干人才，招募

1 万名以上特聘农技员（防疫员）。以国家现代农业科技示范展示基地和区域示范基地等为平台，示范推广重大引领性技术和农业主推技术。在山西、内蒙古等 12 个省份实施重大技术协同推广任务，熟化一批先进技术，组建技术团队开展试验示范和观摩活动，加快产学研推多方协作的技术集成创新推广。

（三）加大产粮大县奖励力度

2005 年产粮大县奖励制度设立以来，奖励资金规模由初期的 55 亿元增加到 2020 年的 467 亿元，累计安排 4 484 亿元，已经成为调动地方政府重农抓粮积极性、稳定粮食生产供应最为重要的政策，支持提升了粮食综合生产能力，很好体现了对粮食主产区的补偿和扶持，夯实了国家粮食安全基础。2021 年，中央财政安排产粮大县和产油大县奖励资金 482 亿元，比 2020 年增加 15 亿元。常规产粮大县奖励资金可以继续作为一般性转移支付，奖励资金纳入贫困县涉农资金整合范围，由县级政府统筹安排、合理使用。超级产粮大县奖励资金不作为财力性补助，全部用于扶持粮油生产和产业发展，包括粮食仓库维修改造和智能信息化建设，支持粮油收购、加工等方面。此外，中央财政在安排耕地地力保护补贴等其他各项涉农资金时，也将粮食主产区或相应粮食面积、产量作为重要测算因素，对主产区给予倾斜支持。

（四）支持新型农业经营主体高质量发展

一是支持新型农业经营主体建设农产品产地冷藏保鲜设施。重点支持建设通风贮藏库、机械冷库、气调贮藏库，以及预冷设施和配套设施设备，具体由主体根据实际需要确定类型和建设规模。二是支持新型农业经营主体提升技术应用和生产经营能力。支持县级以上农民合作社示范社（联合社）和示范家庭农场（贫困地区条件适当放宽）改善生产条件，应用先进技术，提升规模化、绿色化、标准化、集约化生产能力，建设清选包装、烘干等产地初加工设施，提高产品质量水平和市场竞争力。三是加快推进农业生产社会化服务。支持符合条件的农村集体经济组织、农民合作社、农业服务专业户和服务类企业面向小农户开展社会化服务，重点解决小农户在粮棉油糖等重要农产品生产中关键和薄弱环节的机械化、专业化服务需求。加大对南方早稻主产省、丘陵地区发展粮食生产等社会化服务支持力度。坚持市场化手段，通过以奖代补、作业补贴等多种方式，支持各类服务主体集中连片开展统防统治、代耕代种代收等机械化、专业化社会化服务。支持安装使用机械作业监测传感器和北斗导航终端的服务主体，集中连片开展农业生产社会化服务。

（五）完善农业保险制度

农业保险作为分散农业生产经营风险的重要手段，对推进现代农业发展、促进乡村产业振兴、保障农民收益等方面具有重要的积极作用。近年来，我国农业保险市场份额不断增长，农业保险覆盖面和渗透率持续提升，我国已成为全球农业保险保费规模最大的国家。据全国农业保险数据信息系统初步统计，2021 年我国农业保险保费规模为 965.18 亿元，同比增长 18.4%，为 1.88 亿户次农户提供风险保障共计 4.78 万亿元。其中，中央财政拨付保费补贴 333.45 亿元，同比增长 16.8%。2021 年 6 月，国务院常务会议决定扩大粮食作物完全成本保险和种植收入保险实施范围。2019 年我国开始试点推广三大粮食作物完全成本保险与收入保险试点，2019—2021 年共计在 8 省累计为 227 万户粮农种植的 2 013 万亩粮田提供了 179 亿元风险保险，提高了粮农抵御农业风险的能力，消除了粮农的后顾之忧。

（六）调整稻谷最低收购价格

2021 年国家继续在稻谷主产区实行最低收购价政策，综合考虑粮食生产成本、市场供求、国内外市场价格和产业发展等因素，早籼稻、中晚籼稻和粳稻最低收购价格分别为每 50 kg 122 元、128 元和 130 元，其中早籼稻、中晚籼稻最低收购价格分别比 2020 年提高 1 元，粳稻最低收购价格保持不变，要求各地引导农民合理种植，加强田间管理，促进稻谷稳产提质增效。2022 年 3 月，国家宣布继续在主产区实行稻谷最低收购价政策，早籼稻、中晚籼稻和粳稻最低收购价格分别为每 50 kg 124 元、129 元和 131 元，其中早籼稻最低收购价格比 2021 年提高 2 元，中晚籼稻、粳稻最低收购价格分别提高 1 元。同时，为保障国家粮食安全，进一步完善粮食最低收购价政策，2022 年继续对最低收购价稻谷限定收购总量，并根据近几年最低收购价收购数量，限定最低收购价稻谷收购总量为 5 000 万 t（籼稻 2 000 万 t、粳稻 3 000 万 t）（表 8-1）。

表 8-1 2018—2022 年我国稻谷最低收购价格政策变化情况

提出时间	文 件	价 格
2018 年 2 月 9 日	国家发展改革委《关于公布 2018 年稻谷最低收购价格的通知》	早籼稻：120 元/50 kg；中晚籼稻：126 元/50 kg；粳稻：130 元/50 kg
2019 年 2 月 25 日	国家发展改革委《关于公布 2019 年稻谷最低收购价格的通知》	早籼稻：120 元/50 kg；中晚籼稻：126 元/50 kg；粳稻：130 元/50 kg
2020 年 2 月 28 日	国家发展改革委《关于公布 2020 年稻谷最低收购价格的通知》	早籼稻：121 元/50 kg；中晚籼稻：127 元/50 kg；粳稻：130 元/50 kg
2021 年 2 月 25 日	国家发展改革委《关于公布 2021 年稻谷最低收购价格的通知》	早籼稻：122 元/50 kg；中晚籼稻：128 元/50 kg；粳稻：130 元/50 kg
2022 年 3 月 4 日	国家发展改革委《关于公布 2022 年稻谷最低收购价格的通知》	早籼稻：124 元/50 kg；中晚籼稻：129 元/50 kg；粳稻：131 元/50 kg

（七）进出口贸易政策

2021 年，国家继续对稻谷和大米等 8 类商品实施关税配额管理，税率不变。其中，对尿素、复合肥、磷酸氢铵 3 种化肥的配额税率继续实施 1%的暂定税率。继续对碎米实施 10%的最惠国税率。2020 年 9 月，国家发展和改革委员会发布了《2021 年粮食进口关税配额申领条件和分配原则》，其中，大米 532 万 t（长粒米 266 万 t，中短粒米 266 万 t），国有经营主体贸易占比为 50%。2021 年 12 月，根据《国务院关税司发布 2022 年粮食关税配额税率通知》，2022 年继续对小麦等 8 类商品实施关税配额管理，税率不变。

三、品种推广情况

（一）平均推广面积

根据全国农作物主要品种推广情况统计分析①，2020 年全国种植面积在 10 万亩以上的常规稻、杂交稻品种推广数量增加，单品种推广面积下降。其中，种植面积在 10 万亩以上的水稻品种共计 752 个，比 2019 年增加 29 个；合计推广面积 30 410 万亩，占全国水稻种植面积的比重为 67.4%，比 2019 年减少 625 万亩。其中，常规稻推广品种 292 个，比 2019 年增加 18 个，推广总面积达到 14 649 万亩，比 2019 年减少 223 万亩；杂交稻推广品种 460 个，比 2019 年增加 11 个，推广面积 15 761 万亩，比 2019 年减少 402 万亩（表 8-2）。

（二）大面积品种推广情况

1. 常规稻

2020 年常规稻推广面积超过 100 万亩的品种有 30 个，合计推广面积 7 800 万亩，比 2019 年减少 464 万亩。黑龙江省农业科学院绥化分院选育的绥粳 27 从 2019 年的第 9 名跃升至榜首，首次成为全国推广面积最大的常规稻品种，2020 年推广面积 808 万亩，比 2019 年增加 512 万亩，增长了 1.7 倍，其中黑龙江推广 804 万亩、吉林和内蒙古分别推广 2 万亩；龙粳 31 和绥粳 18 推广面积 735 万亩、519 万亩，分别比 2019 年大幅减少 384 万亩和 496 万亩；南粳 9108、黄华占、中嘉早 17、湘早籼 45 号和淮稻 5 号近年来一直是南方地区推广面积较大的常规稻品种，2020 年推广面积分别为 524 万亩、520 万亩、473 万亩、302 万亩和 293 万亩，其中黄华占和中嘉早 17 主要集中分布在湖北、湖南、江西三省，南粳 9108 主要集中分布在江苏，湘早籼 45 号主要分布在湖南、江西，淮稻 5 号都在江苏种植。与 2019 年相比，南粳 9108 推广面积增加 20 万亩，黄华占、中嘉早 17、湘早籼 45 号和淮稻 5 号推广面积分别减少 129 万亩、13 万亩、11 万亩和 31 万亩（表 8-3）。

2. 杂交稻

2020 年杂交稻推广面积在 100 万亩以上的品种共计 24 个，合计推广面积 5100 万

① 由于全国农业技术推广服务中心的品种推广数据截至 2020 年，本书即以 2020 年数据进行阐述。

亩，比 2019 年减少 909 万亩。其中，晶两优华占再次成为全国杂交水稻推广面积最大的水稻品种，推广面积 489 万亩，比 2019 年减少 9 万亩；晶两优 534、隆两优华占、隆两优 534、C 两优华占推广面积分别为 477 万亩、323 万亩、262 万亩和 210 万亩，分别比 2019 年减少 53 万亩、121 万亩、10 万亩和 50 万亩；泰优 390、宜香优 2115 推广面积分别为 295 万亩、250 万亩，分别比 2019 年增加 22 万亩和 37 万亩；晶两优 1377、晶两优 1212 和野香优莉丝取代徽两优 898、天优华占和两优 688 成为全国杂交稻面积推广排名前 10 位的品种，2020 年推广面积分别为 282 万亩、236 万亩和 222 万亩，分别比 2019 年增加 146 万亩、34 万亩和 72 万亩（表 8-3）。

表 8-2　2018—2020 年全国 10 万亩以上水稻品种推广情况

年份	常规稻		杂交稻	
	数量（个）	面积（万亩）	数量（个）	面积（万亩）
2018	285	15 098	482	16 507
2019	274	14 872	449	16 163
2020	292	14 649	460	15 761

数据来源：全国农业技术推广服务中心，品种按推广面积 10 万亩以上进行统计。

表 8-3　2020 年常规稻和杂交稻推广面积前 10 位的品种情况

常规稻		杂交稻	
品种名称	推广面积（万亩）	品种名称	推广面积（万亩）
绥粳 27	808	晶两优华占	489
龙粳 31	735	晶两优 534	477
南粳 9108	524	隆两优华占	323
黄华占	520	泰优 390	295
绥粳 18	519	晶两优 1377	282
中嘉早 17	473	隆两优 534	262
湘早籼 45 号	302	宜香优 2115	250
淮稻 5 号	293	晶两优 1212	236
龙庆稻 8	275	野香优莉丝	222
南粳 5055	242	C 两优华占	210

数据来源：全国农业技术推广服务中心，品种按推广面积 10 万亩以上进行统计。

四、气候条件

据中国气象局发布的《2021 年中国气候公报》，2021 年我国主要粮食作物生长期间气候条件总体较为适宜，对农业生产较为有利。全国平均气温 10.5℃，比常年平均偏高 1.0℃，为 1951 年以来历史最高，极端高温事件和极端低温事件均偏多；全国平均降水量 672.1 mm，比常年偏多 6.7%，为 1951 年以来第 12 多，其中东北、华北、西北、长江中下游和西南地区均偏多，华南降水量偏少；全年气象干旱总体偏轻，但区域性、阶段性干旱明显，江南、华南出现秋冬连旱，云南出现秋冬春夏连旱；汛期暴雨过程强度大、极端性显著，河南等地出现严重暴雨灾害。

(一) 早稻生长期间的气候条件

2021 年全国早稻生育期内，江南、华南早稻产区大部热量充足、光照略偏少，仅部分地区遭受阶段性阴雨寡照、强降水天气影响，总体有利于早稻生长发育和产量形成。具体到不同生育阶段：

(1) 播种育秧期。华南早稻 2 月中旬至 3 月下旬播种，江南早稻 3 月下旬至 4 月中旬播种。早稻播种育秧期间，长江中下游地区多阴雨寡照天气，江汉西部和南部、江南等地降雨日数有 25～47 d，较常年偏多 3～12 d，区域平均日照时数为 1981 年以来同期最少，其中湖南省平均日照时数为 1961 年以来同期第一少，江西和贵州省均为第二少。持续多雨寡照不利于早稻播种育秧，导致移栽后的早稻返青缓慢。

(2) 分蘖拔节期。4 月，江南、华南部分地区雨日有 20～25 d，日照时数偏少 5～8 成，持续阴雨寡照导致部分早稻秧苗生长缓慢、长势偏差；5 月，江南大部降水较常年同期偏多 5 成以上，大到暴雨日数有 5～10 d，日照偏少 3～5 成，对早稻生长发育不利，华南大部光热充足，对早稻生长有利。

(3) 孕穗抽穗期。南方大部地区光热适宜，江南、华南大部地区气温正常至偏高 1～2℃，光热条件总体利于早稻孕穗抽穗、扬花授粉，但部分地区出现持续强降水、出现洪涝灾害，早稻遭遇“大雨洗花”，造成结实率和千粒重下降。

(4) 灌浆结实期。早稻产区以晴热少雨天气为主，高温日数较常年同期偏多，有利于早稻灌浆和成熟；江南南部、华南大部日最高气温≥35℃的日数有 10～25 d，较常年偏多 5～10 d，华南中北部偏多 10 d 以上，导致仍处于灌浆乳熟期的早稻出现“高温逼熟”，影响品质和产量；台风“烟花”给浙江带来持续 7 d 降雨，造成部分尚未收割早稻受淹、倒伏、穗上发芽，但总体影响范围有限。

(二) 一季稻生长期间的气候条件

2021 年全国一季稻生育期内，气象条件总体较好，灾害总体偏轻，有利于一季稻生长发育和产量形成；局地暴雨洪涝频发，河南受灾严重，部分一季稻绝收，东北地区出现阶段性低温，对部分地区一季稻生产造成不利影响。具体到不同生育阶段：

(1) 播种育秧期。3 月至 4 月中旬，东北地区大部气温较常年同期偏高 1～4℃，升温较快，加快了积雪融化、土壤解冻以及土壤散墒，利于一季稻播种育秧及秧田管理。4 月下旬至 6 月，东北地区大部出现了 4 次低温时段，吉林东部和辽宁东北部≥10℃积温较常年同期偏少 50～100℃·d，部分地区水稻生育进程较常年同期偏晚 3～7 d。长江中下游地区 4 月中下旬出现阶段性强降水，导致一季稻播种育秧短暂受阻、部分已栽插水稻出现倒苗。西南地区一季稻播种育秧期，大部气温正常、光照充足，东部降水量有 50～100 mm，一季稻播种育秧和移栽顺利。

（2）移栽分蘖期。5 月，东北大部气象条件利于一季稻移栽，南方一季稻区大风冰雹等强对流天气多发对一季稻移栽不利。长江中下游地区 5 月中旬至 7 月上旬出现 8 次较强降水过程，大到暴雨日数较常年同期偏多 3～9 d，部分农田被淹或冲毁，影响一季稻移栽和返青分蘖。西南地区一季稻返青至拔节期光热充足，大部地区降水量有 250～400 mm，水稻秧苗返青快，长势健壮。

（3）孕穗抽穗期。7 月至 8 月东北地区大部气温接近常年同期或偏高 1～2℃，有效弥补了 6 月低温的影响，水稻发育进程加快。8 月 8—17 日东北地区气温持续偏低且光照不足，水稻障碍型冷害指数为近 10 年同期最高，但此时大部水稻处于抽穗扬花末期，整体影响不大。8 月长江中下游地区降水较常年偏多 30%～40%，日照偏少 30%～50%，阴雨寡照使水稻光合作用减弱，影响一季稻抽穗扬花。西南地区部分低洼农田因强降水发生短时涝渍，对部分一季稻孕穗抽穗造成不利影响。

（4）灌浆成熟期。9 月，东北地区大部气温较常年同期偏高 1～2℃，未出现初霜冻，水稻灌浆时间延长、粒重提高，10 月上旬基本成熟，但辽宁中东部多雨，湿涝突出，水稻收获进度偏慢。长江中下游地区 9 月至 10 月上旬大部地区光热充足，多晴少雨利于一季稻灌浆成熟和收晒。西南地区 8 月下旬至 9 月中旬东部降水日数较常年同期偏多 4～15 d，单日日照时数≤3 h 的天数达 16～25 d，加之气温偏低 1～2℃，水稻籽粒灌浆不畅，籽粒重不足，同时高湿环境还造成稻曲病发展蔓延，影响产量进一步提高。9 月下旬至 10 月中旬，西南地区大部水热适宜，有利一季稻成熟、收获及晾晒。

（三）双季晚稻生长期间的气候条件

2021 年，全国双季晚稻生育期内，主产区气象条件总体较好，高温干旱、暴雨洪涝影响偏轻，也未出现明显的寒露风天气，利于晚稻生长发育和产量形成。具体到不同生育阶段：

（1）播种育秧期。7 月下旬末至 8 月上旬，华南地区出现明显降水过程，补充了库塘蓄水，可以满足晚稻移栽用水需求，大部晚稻移栽顺利。受台风“烟花”影响，浙江部分晚稻受淹、浮苗，高温高湿的田间环境导致病虫害滋生蔓延。

（2）移栽分蘖期。分蘖和拔节期晚稻产区大部以晴雨相间天气为主，高温日数较上年偏少，其中江南北部和东部偏少 5～15 d。8 月上中旬多降水，补充了农业用水，对晚稻分蘖和植株健壮生长有利。

（3）孕穗抽穗至灌浆成熟期。8 月下旬至 9 月，湖南南部、江西南部、广西东北部、广东北部和东部等地出现阶段性高温天气，日最高气温≥35℃的天数有 20～30 d，不利晚稻花粉发育、授粉受精及灌浆，发育期偏晚、苗情差的晚稻产量受到一定影响。

9 月至 10 月上旬，江南、华南平均气温为 27.3℃，光温充足，未出现明显寒露风天气，利于晚稻抽穗扬花和灌浆结实。10 月，晚稻种植区大部光温接近常年同期，利于晚稻产量形成，但受台风“狮子山”“圆规”和冷空气影响，华南沿海和东南沿海地区部分仍处于抽穗扬花期的晚稻遭受“雨洗禾花”。

五、成本收益

（一）2016—2020 年我国稻谷成本收益情况

2016 年以来，在国内稻谷连续增产、种植成本刚性增长、国外低价大米持续高位进口、最低收购价格连续调整等一系列因素综合影响下，国内稻米市场价格先涨后跌，尽管近两年行情有所转好，但水稻种植净利润仍然偏低。根据 2021 年《全国农产品成本收益资料汇编》，2020 年全国稻谷亩均总产值、现金收益和净利润分别为 1 302.5 元、622.0 元和 49.0 元，分别比 2019 年增加 40.3 元、11.4 元和 28.6 元，增幅分别为 3.2%、1.9%和 140.1%（表 8-4），净利润涨幅较大。2020 年稻谷成本收益变化的主要特点如下：

一是总成本继续小幅增加。2020 年稻谷亩均总成本 1 253.5 元，比 2019 年增加 11.7 元，增幅 0.9%。其中，生产成本 1 009.5 元，比 2019 年略增 8.8 元，增幅 0.9%；人工成本 467.4 元，比 2019 年略降 6.8 元；土地成本 244.1 元，比 2019 年略增 3.0 元，增幅 1.2%，人工成本和土地成本两项之和占总成本的比重为 56.8%，比 2019 年下降了 0.8 个百分点，主要是机械化进步实现了对劳动力的部分替代；机械作业费用 200.5 元，比 2019 年增加 6.3 元，增幅 3.3%。二是净利润略有恢复。2020 年稻谷亩均净利润仅为 49.0 元，比 2019 年增加 28.6 元，增幅 140.1%，尽管与 2019 年相比呈现恢复增长趋势，但仍然明显低于 2016—2018 年水平，水稻生产效益仍然不高。三是农资成本小幅增加。种子、化肥等农资价格仍然呈现持续上涨势头，制种成本较高、化肥价格持续上涨等问题仍未有很好解决办法。2020 年，稻谷亩均种子、化肥和农药成本分别为 67.6 元、136.2 元和 60.8 元，分别比 2019 年增加 3.1 元、0.2 元和 4.6 元，增幅分别为 4.9%、0.2%和 8.2%。

表 8-4　2016—2020 年稻谷成本收益变化情况　　单位：元/亩

项目	2016 年	2017 年	2018 年	2019 年	2020 年
产值合计	1 343.8	1 342.7	1 289.5	1 262.2	1 302.5
总成本	1 201.8	1 210.2	1 223.6	1 241.8	1 253.5
生产成本	979.9	980.9	988.5	1 000.7	1 009.5
物质与服务费用	484.5	498.0	514.7	526.5	542.1

（续表）

项目	2016 年	2017 年	2018 年	2019 年	2020 年
种子	57.5	61.2	63.4	64.5	67.6
化肥	120.0	123.3	131.0	136.0	136.2
农药	51.3	53.0	53.6	56.2	60.8
机械作业费	180.8	184.7	190.9	194.2	200.5
人工成本	495.3	482.9	473.8	474.2	467.4
土地成本	221.9	229.3	235.1	241.1	244.1
净利润	142.0	132.6	65.9	20.4	49.0
现金收益	739.6	717.9	639.9	610.6	622.0

数据来源：2021 年全国农产品成本收益资料汇编。

（二）2021 年我国稻谷成本收益情况

2021 年，在农业供给侧结构性改革深入推进、国外低价大米大量进口、籼稻谷最低收购价格提高、农资价格持续上涨等多种因素影响下，稻谷市场价格小幅上涨，但由于种植成本持续提高和各地气象灾害等因素影响，不同地区农民种稻效益呈现不同变化趋势。

1. 早籼稻

2021 年，早籼稻主产区大部时段气象条件较好，单产明显提高。全国早稻亩产 395.0 kg，比 2020 年提高 11.5 kg。2021 年我国进口大米 496.6 万 t，同比增长 68.7%，进口市场主要集中在东南亚和南亚国家，其中 70%以上是缅甸、越南和巴基斯坦的低价籼米，但对我国南方籼稻市场的冲击有限，2021 年早籼稻米市场稳步上涨，有利于提高农户售粮收益；受各地气候和市场条件制约，不同地区籼稻生产在单产水平、成本投入方面呈现一定差异。根据湖北、广东物价成本调查机构针对早籼稻生产的成本收益调查结果显示，2021 年湖北调查户早籼稻平均亩产 424.71 kg，比 2020 年增加 87.71 kg，增幅 26.0%，主要是在 2020 年洪涝灾害导致早籼稻大幅减产的基础上实现恢复性增产。亩均总成本 1 100.21 元，比 2020 年略增 1.9 元。其中，种子、化肥、农药费用和土地成本分别增加 6.36 元、11.27 元、0.35 元和 7.47 元，增幅分别为 10.19%、10.03%、1.19%和 5.72%，人工成本减少 17.69 元，主要是机械化水平提升。亩均净利润-82.07 元，增加 235.59 元，增幅 74.2%。2021 年广东省调查户早籼稻平均亩产 427.90 kg，比 2020 年增加 90.89 kg，增幅 27.0%，主要是早籼稻生长期间总体气象条件较好。每亩总成本 1 417.20元，比 2020 年增加 14.60 元，增幅 1.0%。其中物质与服务费用和土地成本分别增长 2.40%和 2.20%，人工成本减少 2.20%。调查户在测算自用工和自有土地折算成本后，2021 年早籼稻亩均净利润-151.20 元，比

2020年减亏36.70元（表8-5）。

表8-5 2020—2021年湖北和广东早籼稻生产成本收益情况

项目	湖北省		广东省	
	2020年	2021年	2020年	2021年
单产（kg/亩）	337.01	424.72	337.01	427.90
总成本（元/亩）	1 098.31	1 100.21	1 402.60	1 417.20
净利润（元/亩）	-317.66	-82.07	-187.90	-151.20
成本利润率（%）	-28.92	-7.46	-13.40	-10.67

数据来源：湖北、广东两省成本调查机构调查数据。

2. 中籼稻

2021年，全国中籼稻生长期间总体气候条件适宜，总体有利于中籼稻生长发育和产量形成，但不同地区受气候条件影响，中籼稻产量存在差异。根据湖北省物价成本调查机构调查，湖北省调查户中籼稻平均亩产604.75 kg，比2020年增加23.98 kg，增幅4.10%，主要是2021年9月中上旬以来晴好天气较多、日照充足，有利于中籼稻灌浆成熟与收获。调查户中籼稻平均出售价格为每50 kg 125.11元，比2020年下降4.62元。亩均总成本1 216.71元，增加27.40元，增幅2.30%，其中化肥费149.72元，同比增加12.61元，增幅9.20%，主要是肥料价格上涨迅速；人工和土地成本略降。亩均现金收益800.02元，比2020年减少24.52元，减幅2.97 %；亩均净利润310.12元，减少20.69元，减幅6.25%。根据四川省物价成本调查机构调查，2021年四川省调查户中籼稻平均亩产532.55 kg，比2020年增产8.63 kg，主要是水稻各生长关键期光温水匹配良好，病虫害、干旱、洪涝等灾害发生偏轻。每50 kg出售价格138.68元，同比上升1.79%。亩均总成本1526.74元，比2020年增加96.34元，增幅6.70%，其中种子、化肥、机械作业费用分别增长3.52%、3.08%和2.26%；亩均净利润由2020年的盈利0.76元转至亏损41.77元（表8-6）。

表8-6 2020—2021年湖北和四川中籼稻生产成本收益情况

项目	湖北省		四川省	
	2020年	2021年	2020年	2021年
单产（kg/亩）	580.77	604.75	523.92	532.55
总成本（元/亩）	1 189.31	1 216.71	1 430.40	1 526.74
净利润（元/亩）	330.81	310.12	0.76	-41.77
成本利润率（%）	27.82	25.49	0.05	-2.74

数据来源：湖北、四川两省成本调查机构调查数据。

3. 晚籼稻

根据湖北省物价成本调查机构调查结果显示，2021 年湖北省晚籼稻平均亩产 479.84 kg，比 2020 年减少 22.60 kg，减幅 4.50%，主要是部分主产区晚籼稻在生长期受气候影响，灌浆不足，成熟期出现倒伏，导致产量下降。亩均产值 1 231.92 元，比 2020 年减少了 97.15 元，减幅 7.31%，主要原因是晚籼稻出售价格下跌。亩均总成本 1 195.82 元，比 2020 年增加了 48.96 元，增幅 4.27%，其中种子、化肥、农药和机械作业费用同比分别增加 6.60%、20.74%、13.01%和 9.80%；亩均人工成本 312.41 元，减少 31.22 元，减幅 9.09%，土地成本基本持平。由于亩产下降、价格下跌、产值减少、成本上升，晚籼稻亩均净利润仅为 36.10 元，比 2020 年减少 146.11 元，减幅 80.19%。根据广东物价成本调查机构调查结果显示，2021 年广东晚籼稻平均亩产 389.40 kg，比 2020 年减少 4.60 kg，减幅 1.20%；每 50 kg 晚籼稻平均出售价格 170.20 元，同比下降 1.60%。亩均总成本 1 408.20 元，比 2020 年减少 9.50 元；平均每亩亏损 72.60 元，同比亏损加剧 27.70 元（表 8-7）。

表 8-7　2020—2021 年安徽和广东晚籼稻生产成本收益情况

项目	安徽省		广东省	
	2020 年	2021 年	2020 年	2021 年
单产（kg/亩）	502.44	479.84	394.00	389.40
总成本（元/亩）	1 146.86	1 195.82	1 417.70	1 408.20
净利润（元/亩）	182.21	36.10	-44.90	-72.60
成本利润率（%）	15.89	3.02	-3.17	-5.16

数据来源：安徽、广东两省成本调查机构调查数据。

4. 粳稻

2021 年南北方粳稻生长期间气候条件总体正常。根据辽宁省发展和改革委员会成本调查监审局调查，2021 年辽宁省粳稻平均亩产 598.93 kg，比 2020 年下降 44.95 kg，减幅 6.98%；亩均总成本 1 626.95 元，比 2020 年增加 53.92 元，涨幅 3.43%，主要是化肥、农药、机械作业费显著增加，分别上涨 12.50%、17.20%和 8.63%，其中化肥价格已经处于近 10 年历史高位。平均出售价格 2.74 元/kg，每亩产值为 1 656.47 元，扣除现金成本（不含家庭用工和自营土地成本）每亩 875.50 元，每亩现金收益为 780.97 元，比 2020 年降低 238.69 元，降幅 23.41%。根据云南物价成本调查机构调查，2021 年云南调查户粳稻平均亩产 675.11 kg，比 2020 年增加 8.89 kg，增幅 1.30%；平均出售价格 2.89 元/kg，同比上涨 0.34%。亩均总成本 1 803.52 元，比 2020 年减少 35.30 元，减幅 1.90%，主要是机械化生产导致家庭用工大幅减少，人工成本同比下降 15.52%；亩均净利润 244.37 元，比 2020 年增加 71.93 元，增幅 41.71%（表 8-8）。

表 8-8　2020—2021 年辽宁和云南粳稻生产成本收益情况

项目	辽宁省		云南省	
	2020 年	2021 年	2020 年	2021 年
单产（kg/亩）	643.88	598.93	666.22	675.11
总成本（元/亩）	1 573.03	1 626.95	1 838.82	1 803.52
净利润（元/亩）	165.45	29.52	172.44	244.37
成本利润率（%）	10.52	1.81	9.38	13.55

数据来源：辽宁、云南两省成本调查机构调查数据。

第二节　世界水稻生产概况

一、2021 年世界水稻生产情况

据联合国粮农组织（FAO）《作物前景与粮食形势》报告，预计 2021 年世界稻谷产量达到 7.42 亿 t 左右，比 2020 年增产 510 多万 t，增幅 0.7%，创历史新高。主要原因是世界水稻产量最高的中国、印度，以及非洲的马达加斯加等水稻生长期间气候条件有利，水稻产量形势较好。

二、区域分布

2020 年[①]亚洲水稻种植面积占世界的 85.55%，非洲占 10.46%，美洲占 3.60%，欧洲和大洋洲分别占 0.39%和 0.01%（图 8-1）。表 8-9 至表 8-11 为 2016—2020 年各大洲及部分主产国家水稻种植面积、总产以及单产变化情况。

（一）亚洲

2020 年，亚洲水稻面积和总产分别为 210 695.4 万亩和 67 661.0 万 t，分别占世界水稻种植面积和总产的 85.55%和 89.41%。印度仍是世界水稻种植面积最大的国家，2020 年种植面积达到 67 500.0 万亩，亩产 264.2 kg，总产 17 830.5 万 t；中国水稻种植面积仅次于印度[②]，2020 年水稻面积 45 120.0 万亩，亩产 469.5 kg，总产 21 186.0 万 t，居世界第一。

① 联合国粮农组织（FAO）数据库（FAOSTAT）公布数据更新到 2020 年，本文即以 2020 年数据对世界水稻生产情况进行论述。

② 为了便于比较，本部分内容中国的水稻生产采用 FAO 统计数据，与国内统计数据略有差异。

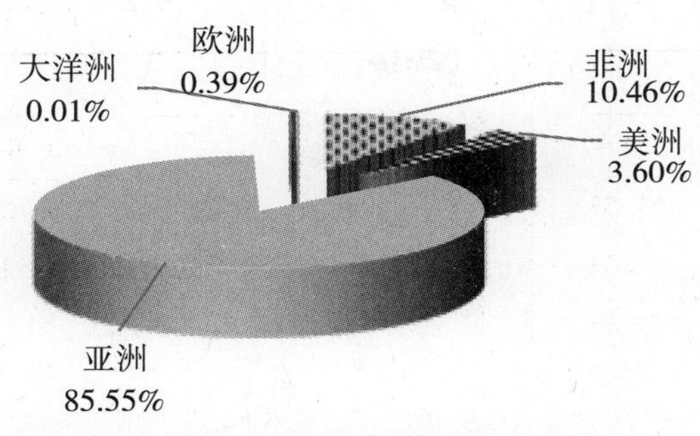

图 8-1　2020 年世界各大洲水稻种植面积情况

（二）非洲

2020 年非洲水稻种植面积 25 762.0 万亩，总产 3 789.0 万 t，分别占世界水稻种植面积和总产的 10.46%和 5.01%。埃及是非洲地区水稻单产水平最高的国家，2020 年水稻面积 831.3 万亩，总产 489.4 万 t，亩产高达 588.7 kg；尼日利亚是非洲水稻种植面积最大的国家，2020 年水稻种植面积高达 7 885.7 万亩，总产 817.2 万 t，但单产水平较低，亩产仅为 103.6 kg。

（三）欧洲

2020 年欧洲水稻种植面积为 956.8 万亩，总产 406.7 万 t，分别占世界水稻种植面积和总产的 0.39%和 0.54%。意大利是欧洲水稻种植面积最大的国家，2020 年水稻种植面积 341.0 万亩，总产 150.7 万 t，亩产 442.1 kg；希腊是欧洲水稻单产水平最高的国家，2020 年水稻面积 54.1 万亩，总产 28.7 万 t，亩产高达 530.9 kg，居欧洲第一、世界第八；俄罗斯是欧洲水稻面积第二大的国家，2020 年水稻面积 293.9 万亩，总产 114.2 万 t，亩产 388.5 kg。

（四）大洋洲

2020 年大洋洲地区水稻种植面积仅为 13.9 万亩，总产 6.2 万 t，面积和总产分别仅占世界水稻种植面积和总产的 0.01%和 0.01%。澳大利亚是大洋洲水稻生产主要国家，2020 年水稻种植面积为 7.5 万亩，总产 5.0 万 t，亩产高达 668.7 kg，是世界上单产水平最高的国家，但长期受水资源约束，水稻种植面积波动较大、生产不稳定。

（五）美洲

2020 年美洲地区水稻种植面积 8 860.1 万亩，总产 3 811.4 万 t，分别占世界水稻种植面积和总产的 3.60%和 5.04%。巴西是美洲地区水稻种植面积最大的国家，2020 年水稻种植面积 2 516.6 万亩，总产 1 109.1 万 t，亩产 440.7 kg；其次是美国，2020

年水稻种植面积为 1 813.2万亩，总产 1 032.3万 t，亩产 569.3 kg，是2020年世界水稻单产第五高的国家，仅次于澳大利亚、塔吉克斯坦、埃及和乌拉圭。

三、主要特点

（一）种植面积稳步扩大

世界水稻生产主要集中在亚洲的东亚、东南亚、南亚的季风区以及东南亚的热带雨林区。近十年（2011—2020年），世界水稻种植面积呈现明显的波动趋势，2020年世界水稻种植面积 246 288.2万亩，比2011年增加 3 668.6万亩，增幅达到 1.5%。其中，非洲水稻面积从2011年的 16 541.6万亩快速增加至2020年的 25 762.0万亩，增加了 9 220.4万亩，增幅达到 55.7%，呈现了良好的发展潜力；亚洲水稻面积减少了 3 812.2万亩，减幅 1.8%；大洋洲水稻面积波动较大，2020年仅为 13.9万亩，比2011年减少了 106.5万亩，减幅 88.4%；美洲水稻面积减少了 1 515.5万亩，减幅 14.6%；欧洲水稻面积减少了 127.7万亩，减幅 11.8%。世界水稻生产集中度较高，水稻种植面积前10位的国家，除尼日利亚外，均分布在亚洲，其中印度、中国、孟加拉国、印度尼西亚、泰国、越南等6个国家水稻种植面积均在1亿亩以上，面积之和达到 172 168.9万亩，产量之和达到 57 271.0万 t，分别占世界水稻种植面积和总产的 69.9%和 75.7%。

（二）单产水平逐步提高

世界水稻单产水平差距较大，分大洲看，2020年世界水稻单产水平最高的大洲是大洋洲，水稻亩产达 446.2 kg；其次是美洲，水稻亩产达到 430.2 kg；第三是欧洲，水稻亩产 425.1 kg；亚洲水稻亩产 321.1 kg，非洲水稻亩产仅为 147.1 kg。分国家看，2020年世界水稻种植面积在 1 000万亩以上的国家共有23个，单产水平最高的美国亩产高达 569.3 kg，比最低的刚果高出 499.7 kg；在种植面积最大的10个国家中，中国水稻单产水平最高，2020年水稻亩产 469.5 kg，比最低的尼日利亚高出 365.9 kg。近十年（2011—2020年），世界水稻单产水平总体呈现稳步提高趋势，2020年世界水稻亩产达到 307.3 kg，比2011年提高 10.7 kg，增幅 3.6%。其中，美洲水稻亩产 430.2 kg，比2011年提高了 72.8 kg，增幅 20.4%；亚洲水稻亩产提高了 17.9 kg，增幅 5.9%；欧洲水稻亩产提高了 22.1 kg，增幅 5.5%；非洲水稻亩产下降了 15.0 kg，减幅 9.3%；受灾害影响，2020年大洋洲水稻亩产降至 446.2 kg，比2011年减少 164.0 kg，减幅 26.9%。单产差距大，除了受科技水平、耕地质量、气候条件和投入成本等因素影响外，最重要的原因之一就是熟制差异，南亚国家一般一年可以种植三季，多数为两熟制，单产要低于生育期更长的一季水稻。近十年，由于水稻面积扩大、单产提高，世界水稻总产一直稳定在7亿 t以上水平，不断创出历史新高。

表 8-9　2016－2020 年世界水稻种植面积

区域	2016 年	2017 年	2018 年	2019 年	2020 年
世界(万亩)	242 660.0	246 185.7	248 627.3	242 657.6	246 288.2
亚洲					
种植面积（万亩）	209 083.2	211 813.1	211 965.6	207 773.6	210 695.4
占世界比重（%）	86.16	86.04	85.25	85.62	85.55
中国（万亩）	46 119.0	46 120.8	45 284.2	44 535.0	45 120.0
印度（万亩）	64 785.0	65 661.1	66 234.7	65 670.0	67 500.0
泰国（万亩）	16 101.4	16 079.5	15 971.9	14 718.9	15 602.5
印度尼西亚（万亩）	15 900.0	16 350.0	17 066.9	16 016.8	15 985.9
孟加拉国（万亩）	16 501.2	17 422.5	17 272.5	17 273.3	17 126.6
日本（万亩）	2 355.0	2 335.5	2 205.0	2 205.0	2 193.0
越南（万亩）	11 602.1	11 562.8	11 356.1	11 177.3	10 833.9
缅甸（万亩）	10 086.0	10 419.0	10 724.0	10 381.3	9 983.7
柬埔寨（万亩）	4 334.2	4 458.3	4 554.2	4 446.7	4 376.1
巴基斯坦（万亩）	4 086.0	4 350.9	4 215.0	4 550.9	5 002.7
非洲					
种植面积（万亩）	23 184.9	24 161.3	26 534.8	25 466.2	25 762.0
占世界比重（%）	9.55	9.81	10.67	10.49	10.46
尼日利亚（万亩）	7 403.3	8 441.6	8 870.1	7 968.5	7 885.7
埃及（万亩）	853.0	824.5	541.6	822.8	831.3
欧洲					
种植面积（万亩）	999.9	964.0	920.0	935.6	956.8
占世界比重（%）	0.41	0.39	0.37	0.39	0.39
意大利（万亩）	351.2	351.2	325.8	330.0	341.0
大洋洲					
种植面积（万亩）	47.1	130.8	98.2	17.2	13.9
占世界比重（%）	0.02	0.05	0.04	0.01	0.01
澳大利亚（万亩）	39.9	123.3	91.7	11.4	7.5
美洲					
种植面积（万亩）	9 344.8	9 116.6	9 108.7	8 465.1	8 860.1
占世界比重（%）	3.85	3.70	3.66	3.49	3.60
巴西（万亩）	2 915.9	3 009.3	2 808.2	2 565.1	2 516.6
美国（万亩）	1 880.0	1 441.1	1 766.5	1 503.6	1 813.2

数据来源：联合国粮农组织（FAO）统计数据库。

表 8-10　2016—2020 年世界水稻总产

区域	2016 年	2017 年	2018 年	2019 年	2020 年
世界(万 t)	73 407.4	74 741.0	75 906.7	74 919.0	75 674.4
亚洲					
总产量（万 t）	65 975.4	67 295.9	68 125.1	67 342.0	67 661.0
占世界比重（%）	89.88	90.04	89.75	89.89	89.41
中国（万 t）	21 109.4	21 267.6	21 212.9	20 961.4	21 186.0
印度（万 t）	16 370.0	16 850.0	17 471.7	17 764.5	17 830.5
泰国（万 t）	3 185.7	3 289.9	3 234.8	2 861.8	3 023.1
印度尼西亚（万 t）	5 403.1	5 525.2	5 920.1	5 460.4	5 464.9
孟加拉国（万 t）	5 045.3	5 414.8	5 441.6	5 458.6	5 490.6
日本（万 t）	1 093.4	1 077.7	1 060.6	1 052.7	970.6
越南（万 t）	4 311.2	4 276.4	4 404.6	4 349.5	4 275.9
缅甸（万 t）	2 567.3	2 654.6	2 757.4	2 627.0	2 510.0
柬埔寨（万 t）	995.2	1 051.8	1 089.2	1 088.6	1 096.0
巴基斯坦（万 t）	1 027.4	1 117.5	720.2	741.4	841.9
非洲					
总产量（万 t）	3 291.6	3 290.0	3 423.4	3 700.5	3 789.0
占世界比重（%）	4.48	4.40	4.51	4.94	5.01
尼日利亚（万 t）	756.4	782.6	840.3	843.5	817.2
埃及（万 t）	530.9	496.1	312.4	480.4	489.4
欧洲					
总产量（万 t）	423.9	414.3	396.8	403.2	406.7
占世界比重（%）	0.58	0.55	0.52	0.54	0.54
意大利（万 t）	158.7	159.8	147.0	149.3	150.7
大洋洲					
总产量（万 t）	28.6	82.0	64.6	7.6	6.2
占世界比重（%）	0.04	0.11	0.09	0.01	0.01
澳大利亚（万 t）	27.4	80.7	63.5	6.7	5.0
美洲					
总产量（万 t）	3 687.8	3 658.8	3 896.7	3 465.6	3 811.4
占世界比重（%）	5.02	4.90	5.13	4.63	5.04
巴西（万 t）	1 062.2	1 246.5	1 180.8	1 036.9	1 109.1
美国（万 t）	1 016.7	808.4	1 015.3	839.6	1 032.3

数据来源：联合国粮农组织（FAO）统计数据库。

表 8-11　2016—2020 年世界水稻单位面积产量

区域	2016 年	2017 年	2018 年	2019 年	2020 年
世界(kg/亩)	302.5	303.6	305.3	308.7	307.3
亚洲(kg/亩)	315.5	317.7	321.4	324.1	321.1
中国（kg/亩）	457.7	461.1	468.4	470.7	469.5
印度（kg/亩）	252.7	256.6	263.8	270.5	264.2
泰国（kg/亩）	197.9	204.6	202.5	194.4	193.8
印度尼西亚（kg/亩）	339.8	337.9	346.9	340.9	341.9
孟加拉国（kg/亩）	305.8	310.8	315.0	316.0	320.6
日本（kg/亩）	464.3	461.4	481.0	477.4	442.6
越南（kg/亩）	371.6	369.8	387.9	389.1	394.7
缅甸（kg/亩）	254.5	254.8	257.1	253.0	251.4
柬埔寨（kg/亩）	229.6	235.9	239.2	244.8	250.5
巴基斯坦（kg/亩）	251.4	256.8	170.9	162.9	168.3
非洲(kg/亩)	142.0	136.2	129.0	145.3	147.1
尼日利亚（kg/亩）	102.2	92.7	94.7	105.9	103.6
埃及（kg/亩）	622.4	601.6	576.7	583.9	588.7
欧洲(kg/亩)	424.0	429.7	431.3	431.0	425.1
意大利（kg/亩）	452.0	455.0	451.2	452.2	442.1
大洋洲(kg/亩)	607.4	627.2	658.0	443.7	446.2
澳大利亚（kg/亩）	685.9	654.7	692.4	584.7	668.7
美洲(kg/亩)	394.6	401.3	427.8	409.4	430.2
巴西（kg/亩）	364.3	414.2	420.5	404.2	440.7
美国（kg/亩）	540.8	561.0	574.8	558.4	569.3

数据来源：联合国粮农组织（FAO）统计数据库。

第九章　中国水稻种业发展动态

2021年是中国种业发展史上具有里程碑意义的一年，我国种业受到前所未有的关注。种业振兴行动方案印发、新种子法修订、多部种业规章修改、五大行动成效初显、现代种业提升工程加快建设、生物育种产业化有序推进等，种业振兴行动持续向纵深推进。2021年，全国杂交水稻和常规水稻制种面积合计359万亩，比2020年增加57万亩，其中杂交稻制种面积增加37万亩，增幅30%；常规稻制种面积增加20万亩，增幅11%。从供需情况看，2021年全国杂交稻种子供应过剩态势进一步加剧，常规稻种子供应充足有保障。受市场竞争影响，杂交稻种子价格总体呈下降趋势，同时因用种量及常规稻种子商品化率提升，常规稻种子价格明显提升，水稻种业市场规模基本稳定。国内水稻种业企业积极应对市场竞争和疫情影响，竞争实力稳步提升。

第一节　国内水稻种业发展环境

2021年，贯彻落实“打好种业翻身仗”重大部署成为我国“三农”领域一项重大机遇和重大任务。种业振兴已由研究谋划为主转向全面实施。各地各有关部门正加快推进种业振兴开好局起好步。按照“种业科技自立自强、种源自主可控”的总目标，国家将在种业种质资源保护利用、创新攻关、企业扶优、基地提升、市场净化等五个方面采取一系列政策举措，进一步强化种业基础研究，创新组织实施机制，探索通过“揭榜挂帅”等方式解决种业创新发展重大问题，鼓励科研人员开展种业原创性研究，加快提升自主创新能力。

一、种业高质量发展方向进一步明确

2021年2月发布的《中共中央国务院关于全面推进乡村振兴加快农业农村现代化的意见》提出，打好种业翻身仗。其中明确指出要加强农业种质资源保护开发利用，深入实施农作物和畜禽良种联合攻关，实施新一轮畜禽遗传改良计划和现代种业提升工程，加强制种基地和良种繁育体系建设等，为全年种业工作定下基调。

2021年7月9日，中央全面深化改革委员会第二十次会议审议通过《种业振兴行动方案》。这是继1962年《关于加强种子工作的决定》印发后，中共中央、国务院再次对种业发展作出全面部署。

2021年8月27日，全国推进种业振兴电视电话会议在北京召开，全面部署推进种业振兴工作，标志着种业振兴由研究谋划为主转向全面实施阶段。农业农村部深入贯彻

落实中央关于打好种业翻身仗、推进种业振兴的决策部署，全面启动种质资源保护利用、创新攻关、企业扶优、基地提升、市场净化等五大行动。

二、种业知识产权保护制度体系持续完善

农业农村部积极推进从立法、司法、执法及技术标准等四个层面开展工作，加强知识产权保护，激励原始创新。其中包括：推动《种子法》修订，建立实质性派生品种制度，延长保护链条，加大赔偿力度，启动为期半年的种业知识产权保护专项整治行动等。

2021 年 12 月 24 日，《全国人民代表大会常务委员会关于修改〈中华人民共和国种子法〉的决定》由中华人民共和国第十三届全国人民代表大会常务委员会第三十二次会议审议通过并发布。此次种子法修正案审议通过，是自 2000 年颁布以来的第四次修改，将对种业发展产生深远影响。种业知识产权保护全面升级，将推动市场环境实质性净化，行业出清成为必然。违法侵权种企将加速淘汰，真正有能力、有意愿、有担当的育种原始创新优势企业将获得应有的经济回报，进而持续提升优质种业企业整体原始创新能力和动力，叠加生物育种产业化，集中度有望快速提升，原始创新带来的增量价值也将推动规模扩容，具备持续创新能力的种子和性状公司将进入高速增长通道。

此外，农业农村部还与最高人民法院就加强种业知识产权保护签署合作备忘录，配合最高人民法院研究出台关于审理侵害植物新品种权纠纷案件具体应用法律问题的司法解释，强化司法保护。

三、种业基地创新发展模式，基地产能稳步提升

提升种业基地建设水平是全面推进种业振兴的五大行动之一。目前，我国种业基地产能稳步提升，为种源安全提供了有力保障。以全国 52 个制种大县和 100 个区域性良种繁育基地为骨干的种业基地“国家队”，保障了全国 70%以上作物用种需求，其中杂交水稻制种大县年均产量占全国年用种量的 75%以上。

2021 年 6 月 25—26 日，全国制种大县奖励政策实施工作推进会在甘肃张掖召开。农业农村部联合财政部，推出新一轮制种大县奖励政策，奖励资金由 10 亿元提高至 20 亿元，资金支出数量翻倍，单个基地大县年度奖励资金最高达到 5 000 万元。

农业农村部、财政部联合发布《关于优化调整实施制种大县奖励政策的通知》，创新性提出优势基地与龙头企业共建的实施模式。在 2021 年全国制种大县奖励政策实施工作推进会上，福建建宁、贵州岑巩等 9 个重点制种大县与龙头企业签订共建协议，着力推进基地做优、企业做强。

2021 年 7 月 30 日，国家发展改革委、农业农村部联合印发《“十四五”现代种业

提升工程建设规划》，对“十四五”期间我国种业基础设施建设布局的总体思路、框架体系、重点项目、保障措施等作出全面部署安排。

四、种业市场监管持续强化，品种管理日趋严格

为打好种业翻身仗，全面推进种业振兴，必须加强种业知识产权保护，严格品种和市场监管，强化执法办案，全面净化种业市场。

2021年4月28日，农业农村部印发《2021年全国种业监管执法年活动方案》，决定自2021年起，开展为期3年的“全国种业监管执法年”活动。7月6日，保护种业知识产权专项整治行动视频会议召开，决定在全面推进种业监管执法年的基础上，从2021年7月开始，集中开展为期半年的种业知识产权保护专项整治行动。

推进种业原始创新，还要从根本上严格品种管理。10月1日，2021年版国家级水稻和玉米品种审定标准正式实施。此次修订，重点针对三个方面的内容进行修订，包括明确品种DNA指纹差异要求、提高品种产量要求、提高抗病性要求。新标准适当提高了审定门槛，对于解决品种多且同质化严重等问题具有重要推动作用。

2021年10月22—24日，由全国农业技术推广服务中心等单位主办的第十八届全国种子双交会在山东济南举行，指出要适当提高品种审定标准，强化品种区试管理，加大优良新品种展示宣传和示范推广力度，让好品种脱颖而出。

五、种业企业扶优行动持续深入

2021年以来，我国围绕加快形成种业企业阵型、构建商业化育种体系、激发种业企业创新积极性等多方面采取多项举措，推动种业企业扶优行动落地见效。

2021年5月8日，农业农村部、国家乡村振兴局联合发布《社会资本投资农业农村指引（2021年）》，明确鼓励社会资本投资现代种业。

2021年6月，中国农业发展银行印发《关于投贷联动机构协同支持打赢种业翻身仗的指导意见》，明确在“十四五”期间，农发行将安排1 000亿元资金支持种业发展，此后连续印发《关于支持现代种业高质量发展的意见》等4个专项促进文件，研究出台“利率最高可优惠50个基点、期限最长可达20年”等一揽子最优特惠政策，切实加大金融支持力度，支持优质种业企业带动种业产业提升。

2021年11月24日，全国种业企业扶优工作推进会召开。会上发布了农作物种业企业阵型，按照“强优势、补短板、破难题”阵型，从全国7 000多家企业中初步筛选出70家，拟予以重点支持，着力打造一批优势龙头企业，逐步形成由领军企业、特色企业、专业化平台企业协同发展的种业振兴企业集群。

第二节　国内水稻种子生产动态

2021 年，在政策与高粮价双重刺激下，水稻种植“单改双”趋势扭转，杂交水稻市场回暖，企业看好市场前景，全国水稻品种制种面积再次回到 2016—2018 年的水平，制种产量与质量均好于 2020 年。常规稻制种面积持续增加，种子供应充足有保障。

一、2021 年国内水稻种子生产情况

（一）杂交水稻种子生产情况

2021 年，我国杂交水稻制种面积、单产与 2020 年相比实现“双增”。2021 年全国杂交水稻落实制种面积 158 万亩，比 2020 年增加 37 万亩，增幅 30%；比 2019 年增加 20 万亩，增幅 15%（图 9-1）。

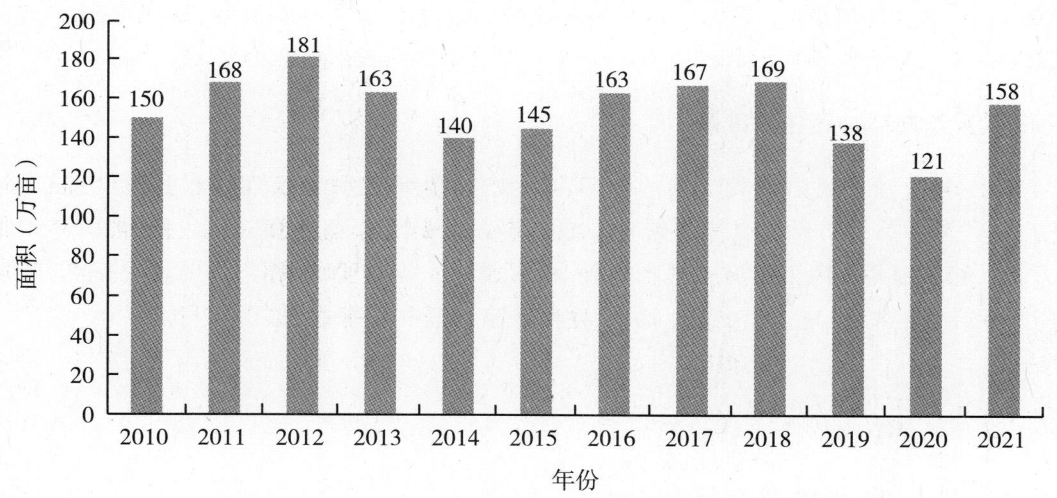

图 9-1　2010—2021 年全国杂交水稻种子制种面积变化

数据来源：全国农业技术推广服务中心

从类型看，杂交早稻、杂交中稻、杂交晚稻制种面积同比均大幅增长。其中，早稻落实制种面积 26 万亩，同比增加 18.2%；中稻落实制种面积 97 万亩，同比增加 36.6%；晚稻落实制种面积 35 万亩，同比增加 25%。

从省份看，福建、湖南、四川、江苏、江西、海南 6 省制种面积同比均有不同程度增加，6 省合计落实杂交稻制种面积 132 万亩，占全国杂交水稻制种总面积的 84%（图 9-2）。

2021 年杂交水稻种子生产形势较好，全国平均制种单产 170 kg/亩，比 2020 年提高

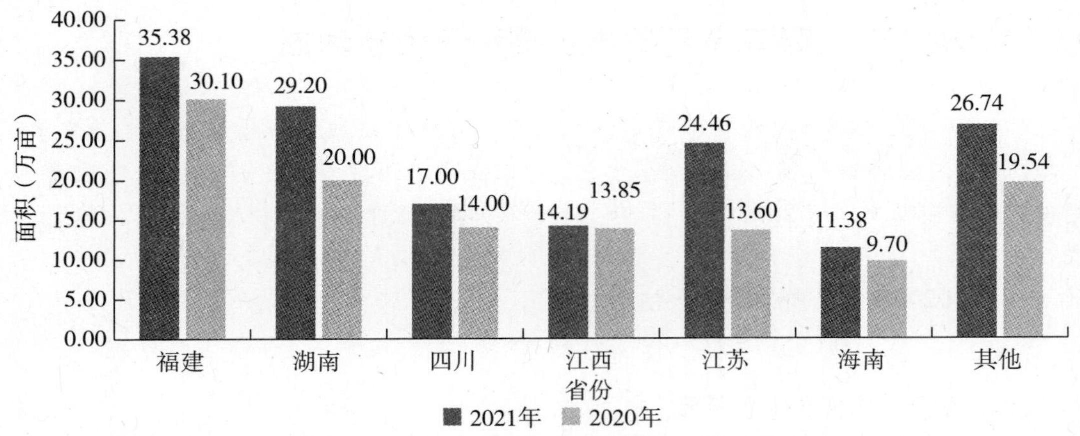

图 9-2　2020—2021 年主要杂交水稻制种省制种面积

数据来源：全国农业技术推广服务中心

31 kg/亩，增幅 22.3%；新产种子 2.67 亿 kg，比 2020 年增加 1 亿 kg，增幅 59.5%。其中，杂交早稻、杂交晚稻制种产量与质量均明显好于 2020 年；杂交中稻制种受连阴雨和高温天气影响，平均单产比正常年份减少 5%～10%，比丰收年份减少 15%～20%。

（二）常规稻种子生产情况

2021 年全国常规稻落实繁种 201 万亩，比 2020 年繁种收获面积增加 20 万亩，增幅 11%。其中，北方稻区常规稻繁种 105 万亩，占全国总面积的 52%，比 2020 年增加 8 万亩，增幅 8%；南方稻区常规稻繁种 96 万亩，占全国总面积的 48%，比 2020 年增加 12 万亩，增幅 14%。黑龙江、江苏两省繁种面积占全国的 63.6%（图 9-3）。

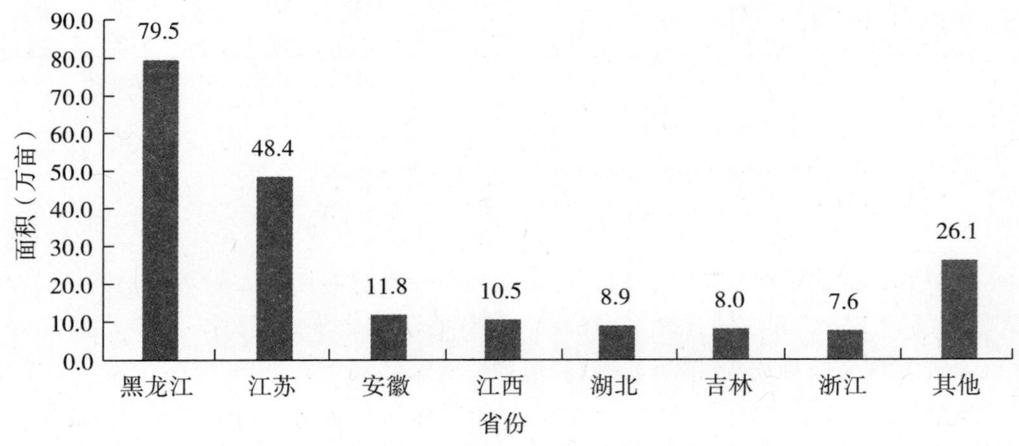

图 9-3　2021 年全国主要省份常规稻繁种面积统计

数据来源：全国农业技术推广服务中心

二、2022 年水稻种子供需形势

（一）杂交水稻种子供应过剩态势加重

2021 年杂交水稻期末有效库存约 0.84 亿 kg，预计 2022 年杂交水稻商品种子有效供给量将超过 3.5 亿 kg。预计 2022 年杂交水稻大田用种与出口需求合计 2.35 亿 kg，种子供给量超出需求量约 1.15 亿 kg，种子供应过剩的态势将进一步加剧（图 9-4、表 9-1）。

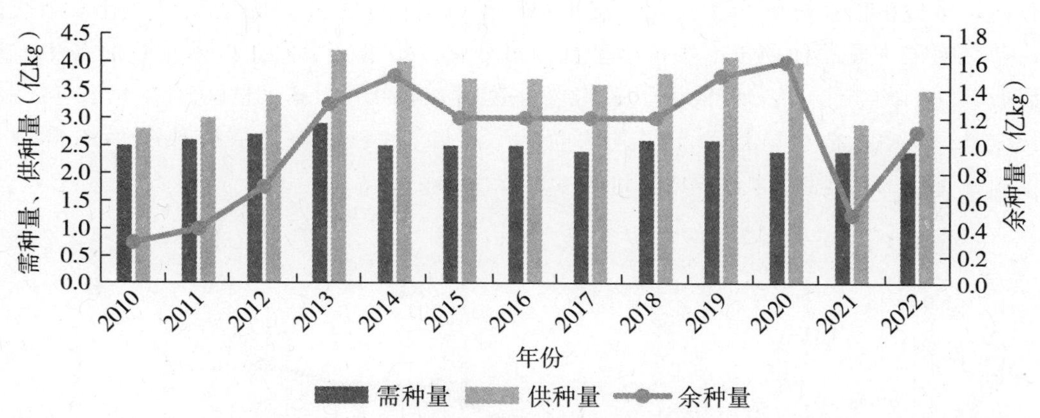

图 9-4 2010—2022 年全国杂交水稻种子供需情况

数据来源：全国农业技术推广服务中心

表 9-1 2021—2022 年全国杂交水稻种子产供需表 单位：亿 kg

项目	新产种子	有效商品种子库存	下年度总供种量	预计下年度总需种量	总供种量/总需种量
杂交早稻	0.52	0.02	＞0.5	0.43	＞115%
杂交中稻	1.58	0.46	＞2	1.45	＞140%
杂交晚稻	0.57	0.36	＞0.8	0.47	＞165%
杂交水稻合计	2.67	0.84	3.51	2.35	145%

数据来源：全国农业技术推广服务中心。

（二）常规稻种子供应充足有保障

2022 年常规稻商品种子有效供应量将超过 10 亿 kg，预计总需求量 6.34 亿 kg，种子供应充足有保障。分区域看，北方稻区商品种子供应超过 5.5 亿 kg，需求量约 3.38 亿 kg；南方稻区商品种子供应超过 4.5 亿 kg，需求量约 2.96 亿 kg。

第三节　国内水稻种子市场动态

一、国内水稻种子市场情况

（一）水稻种子市场价格

在政策激励和粮食收购价格标准提高等因素影响下，2021年全国早稻种植面积稳中有增，常规稻面积进一步扩大，杂交水稻种子市场竞争激烈，除杂交早稻外，杂交中稻、杂交晚稻主导品种种子市场价格呈现两极分化。根据全国农业技术推广服务中心统计数据，2021年全国杂交水稻种子平均售价达到66.10元/kg，比2020年增长11.8%（图9-5）。其中，杂交早稻种子平均售价为58.47元/kg，杂交中稻种子平均售价为68.09元/kg，杂交晚稻种子平均售价为60.02元/kg。

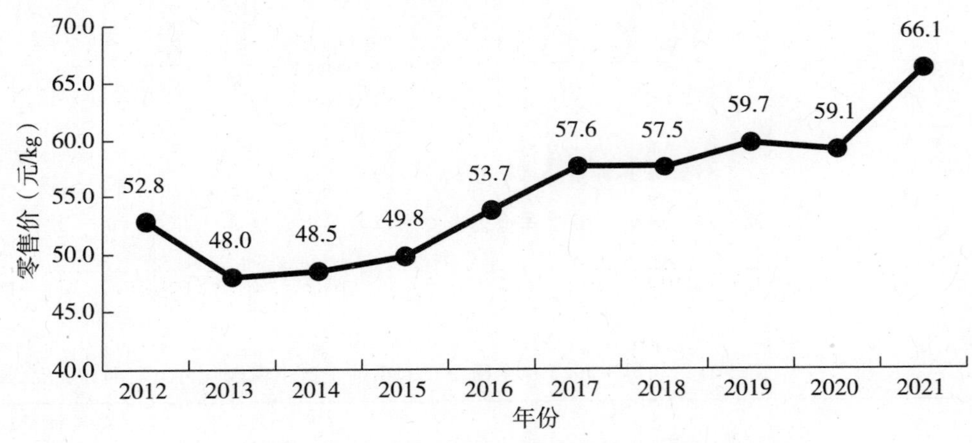

图9-5　2012—2021年杂交水稻种子市场零售价

2021年全国常规稻种子平均售价为8.62元/kg，同比下降3.4%（图9-6）。其中，北方稻区种子平均售价与2019年、2020年基本持平，主导品种‘龙粳31’种子平均售价7.6元/kg，比2020年上涨5.46%，‘绥粳18’种子平均售价7.69元/kg，与2020年相比基本持平；南方稻区种子平均售价略降，‘中早35’‘中嘉早17’和‘湘早籼45号’等早稻品种平均售价分别为13.65元/kg、12.14元/kg和7.88元/kg，同比分别上涨19.73%、11.45%和21.23%，其他中稻、晚稻品种价格同比持平或略降。

（二）水稻种子市场规模

根据2021年我国水稻商品种子使用量、种子零售价格进行测算，2021年全国水稻种子市值约231.35亿元。其中，杂交水稻种子市值约176.66亿元，同比增长31.58亿

元；常规水稻种子市值约 54.69 亿元，同比减少 0.47 亿元（图 9-7）。

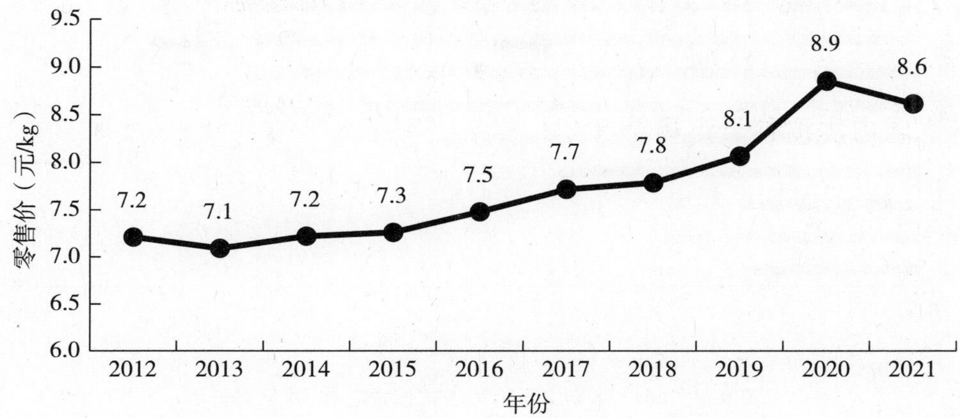

图 9-6　2012—2021 年常规稻种子市场零售价

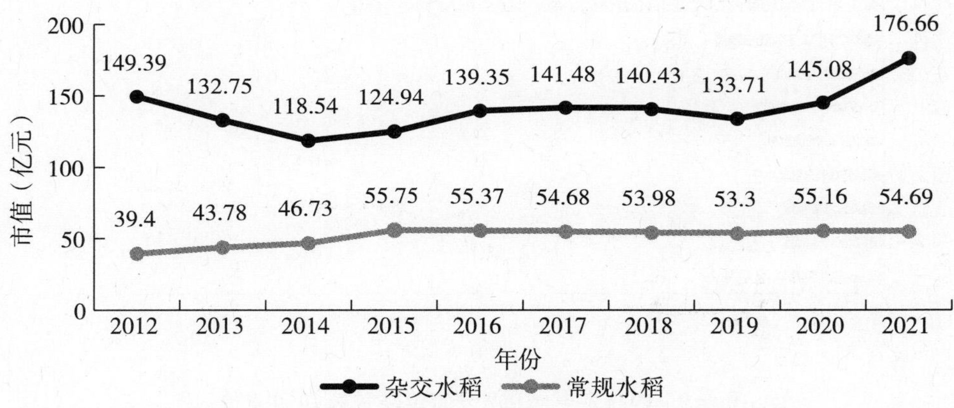

图 9-7　2012—2021 年杂交水稻与常规水稻种子市值变化情况

从区域分布看，2021 年杂交水稻、常规稻种子市值第一大省分别为湖南省和黑龙江省，市值分别为 27.95 亿元和 15.68 亿元。2021 年杂交水稻和常规水稻市值排名前 10 位的省份情况见图 9-8 和图 9-9。

二、水稻种子国际贸易情况

根据国家海关统计数据，2021 年我国水稻种子出口量为 2.51 万 t，比 2020 年增加 0.22 万 t，增幅 9.6%；出口金额 9 636.7 万美元，比 2020 年增加 1 367.4 万美元，增幅 16.5%（表 9-2）。整体看，2021 年水稻种子出口数量和出口金额均大幅增长，单位出口金额也同比增长。

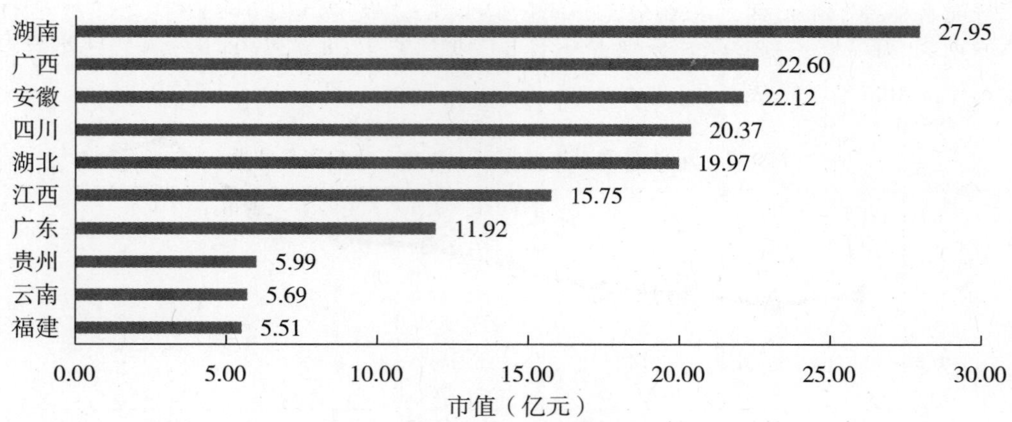

图 9-8　2021 年杂交水稻种子市值排名前 10 位省份

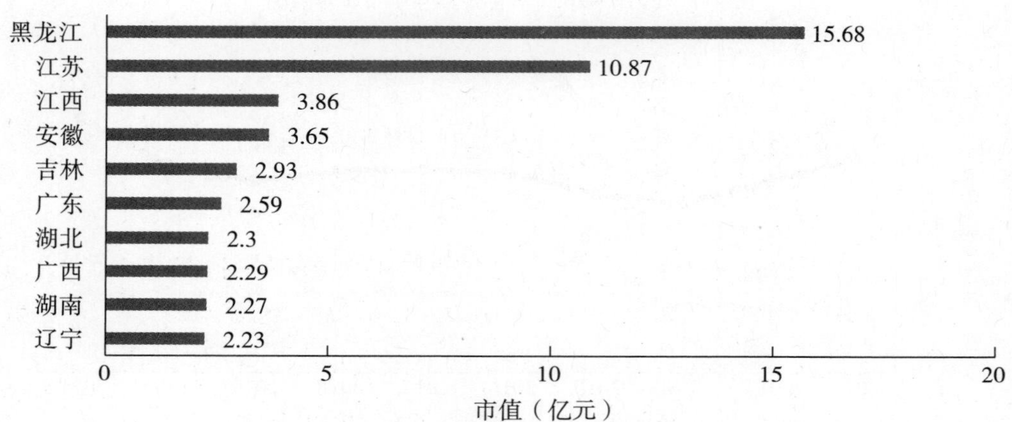

图 9-9　2021 年常规稻种子市值排名前 10 位省份

表 9-2　2016—2021 年中国水稻种子出口贸易情况

年份	数量（万 t）	同比（%）	金额（万美元）	同比（%）
2016	2.3	23.0	7 434.9	27.9
2017	1.6	-29.1	5 502.8	-26.0
2018	2.0	24.5	6 965.6	26.6
2019	1.8	-13.7	6 310.4	-9.4
2020	2.3	30.9	8 269.3	31.0
2021	2.5	9.6	9 636.7	16.5

数据来源：国家海关。

分省市看，安徽、湖南、江苏、湖北、福建位居水稻种子出口量前五位，合计出口水稻种子 2.31 万 t，占全年水稻种子出口总量的 92%。其中，安徽和湖南分别出口水稻种子 0.82 万 t 和 0.72 万 t，分别占全年出口总量的 32.8%和 28.5%，是目前国内主要水稻种子出口基地（表 9-3）。

表 9-3　2021 年国内主要省份水稻种子出口贸易情况

省份	数量（万 t）	占全国比重（%）
安徽省	0.82	32.75
湖南省	0.72	28.47
江苏省	0.31	12.25
湖北省	0.25	10.11
福建省	0.21	8.44
四川省	0.11	4.19

数据来源：国家海关。

按照出口国别统计，2021 年我国水稻种子出口量最大的国家为巴基斯坦，出口量为 1.09 万 t，比 2020 年增加 0.14 万 t，增幅 15%，占我国杂交水稻种子出口总量的 43.2%；第二是菲律宾，杂交水稻种子出口 1.01 万 t，比 2020 年增加 0.17 万 t，增幅 20.2%，占我国杂交水稻种子出口总量的 40.2%；第三是越南，杂交水稻种子出口 0.31 万 t，比 2020 年减少 0.03 万 t，减幅 8.8%，占我国杂交水稻种子出口总量的 12.5%；出口孟加拉国、尼泊尔杂交水稻种子数量分别为 0.05 万 t 和 0.02 万 t，分别占我国杂交水稻种子出口总量的 2.1%和 0.75%（表 9-4）。

表 9-4　2021 年中国水稻种子主要出口国家及数量

国家	数量（万 t）	占比（%）
巴基斯坦	1.09	43.19
菲律宾	1.01	40.20
越南	0.31	12.47
孟加拉国	0.05	2.06
尼泊尔	0.02	0.75

数据来源：国家海关。

第四节　国内水稻种业企业发展动态

近年来，受行业政策利好及品种审定数量增加等多重因素影响，国内种子企业数量持续增加。截至 2021 年年底，全国持有有效生产经营许可证的企业有 8 625 家，比

2020年增加604家，增幅7.5%。

一、国内水稻种子上市企业经营业绩情况

截至2021年12月，我国共有种业企业上市公司41家，其中主板8家、中小板1家、创业板2家、新三板30家。种业企业市场表现活跃，赢得资本市场关注。

截至2021年年底，我国经营水稻业务的A股上市企业有7家，分别是袁隆平农业高科技股份有限公司（简称隆平高科）、安徽荃银高科种业股份有限公司（简称荃银高科）、江苏省农垦农业发展股份有限公司、中农发种业集团股份有限公司（简称农发种业）、合肥丰乐种业股份有限公司、北京大北农科技集团股份有限公司（简称大北农）和海南神农基因科技股份有限公司（简称神农科技），其中以水稻种子业务为主营业务的主要有隆平高科、荃银高科、神农科技三家上市企业。在全国中小企业股份转让系统（简称新三板）挂牌的种业企业有30家；经营水稻业务的新三板公司主要有：北大荒垦丰种业股份有限公司（简称垦丰种业）、四川西科种业股份有限公司、新疆金丰源种业股份有限公司、重庆帮豪种业股份有限公司、湖北中香农业科技股份有限公司、江苏中江种业股份有限公司、江苏红旗种业股份有限公司（简称红旗种业）、上海天谷生物科技股份有限公司、江苏红一种业科技股份有限公司、江苏金色农业股份有限公司（简称金色农业）等。

根据各上市公司发布的2021年年度报告，营业总收入前三位的依次为大北农、农发种业和隆平高科。其中，大北农2021年营业总收入达313.28亿元，但种子业务收入占比仅为1.8%；农发种业2021年营业总收入37.64亿元，种子业务收入占比为23.3%；隆平高科2021年营业总收入达35.03亿元，种子业务收入占比为82.0%（表9-5）。

表9-5　2020—2021年部分上市公司经营业绩情况　　单位：亿元，%

企业名称	项目	2020年		2021年	
		金额	同比	金额	同比
大北农	营业总收入	228.14	37.62	313.28	37.32
	种子业务收入	4.08	1.21	5.61	37.50
农发种业	营业总收入	36.63	-28.68	37.64	2.76
	种子业务收入	6.17	3.96	8.78	42.30
隆平高科	营业总收入	32.91	5.14	35.03	6.44
	种子业务收入	29.01	12.74	28.72	-1.00
垦丰种业	营业总收入	14.55	5.41	14.5	-0.34
	种子业务收入	13.84	5.55	13.97	0.94

（续表）

企业名称	项目	2020 年		2021 年	
		金额	同比	金额	同比
荃银高科	营业总收入	16.02	38.82	25.21	57.37
	种子业务收入	11.19	24.69	16.21	44.86
神农科技	营业总收入	1.29	14.71	1.48	14.73
	种子业务收入	1.19	5.82	1.29	8.40
金色农业	营业总收入	1.49	8.72	1.26	-15.44
	种子业务收入	1.33	3.70	0.98	-26.32
红旗种业	营业总收入	2.53	14.97	2.59	2.37
	种子业务收入	2.48	15.23	2.55	2.82

数据来源：上市公司年报。

从水稻种子业务看，2021 年水稻种子业务收入位居前 5 位的企业依次为隆平高科、荃银高科、垦丰种业、大北农和红旗种业，其中，隆平高科水稻种子业务收入 13 亿元，占种子业务总收入的 45.4%，同比减少 6.2%；荃银高科水稻种子业务收入 12.1 亿元，占种子业务总收入的 74.4%，同比增长 39%，是 2021 年水稻业务增长速度最快的企业。2021 年水稻种子业务毛利率最高的为荃银高科，达到 44.2%；第二为隆平高科，毛利率为 29.4%；第三为农发种业，毛利率为 27.9%（表 9-6）。

表 9-6　2019—2021 年主要水稻种子企业经营情况　　单位：亿元，%

企业名称	2019 年		2020 年		2021 年	
	水稻种子收入	毛利率	水稻种子收入	毛利率	水稻种子收入	毛利率
隆平高科	12.56	35.40	13.90	31.84	13.04	29.38
荃银高科	6.87	51.09	8.68	44.52	12.07	44.21
垦丰种业	5.54	26.95	6.54	24.03	7.02	23.86
大北农	2.80	—	2.63	—	3.16	—
红旗种业	1.60	16.90	1.99	13.31	1.96	16.28
农发种业	1.10	26.76	1.12	27.11	1.29	27.88
神农科技	0.90	-26.95	0.82	28.80	0.80	23.47
金色农业	0.85	7.24	0.91	0.32	0.71	16.73

数据来源：上市公司年报。

二、国内水稻种子企业经营动态

2021 年，中央深改委审议通过《种业振兴行动方案》。这是继 1962 年出台《关于加强种子工作的决定》后，中央再次对种业发展作出全面部署，是种业发展史上具有里程碑意义的大事。《种业振兴行动方案》明确了分物种、分阶段的具体目标任务，提出了实施种质资源保护利用、创新攻关、企业扶优、基地提升、市场净化等五大行动。以此为标志，种业振兴进入全面实施阶段。国内种业企业积极把握机遇，持续挖掘产业链价值、创新企业发展模式，不断提升自身市场竞争力。

（一）在政策和市场双轮驱动下，行业整合加速推进

一是中化、中信、中农发等央企将加快兼并重组步伐。二是多省组建省级种业集团，区域性大集团应运而生，将引起一轮区域性中小企业兼并重组浪潮。目前，已组建或筹备的省级种业集团有：广东种业集团公司、四川种业集团公司、陕西种业集团公司、山东种业集团公司、重庆市种业集团公司、浙江省种业集团公司，河南等多省也都在积极筹备成立之中。三是民营种企为提高自身竞争力也被迫加快兼并重组。如大北农将集团旗下生物技术、玉米种业、水稻种业、大豆种业、经作种业等核心种业资产和业务，合并成立北京创种科技有限公司，并加快种业兼并重组。

（二）种业龙头参与共建制种大县，促进制繁种产业高质量发展

2021 年，中央财政进一步加大对制种大县的支持力度，优化调整制种大县奖励政策，全面推动国家级制种基地转型升级。在新一轮奖励政策实施中，突出县企共建，将龙头企业作为建设主体。在水稻领域，先正达集团中国旗下中种集团、荃银高科以及隆平高科等龙头企业纷纷参与国家级制种大县共建工作，与当地县政府共同推进制繁种产业高质量发展。江苏盐城通过县企共建，制种能力大大提高，三个国家级制种大县 2021 年计划制种面积 15.1 万亩，比 2020 年增加 2.2 万亩；加工仓储能力大幅度提升，盐城市大丰区较项目实施前种子烘干能力提高 95%左右，种子精选加工能力提高 80%左右，仓储能力提高 60%左右。

（三）疫情常态化推动种业数字化转型加速

随着自媒体的兴起和电商的成熟，种业传统的销售模式已经彻底改变，线上线下同时宣传和推广将成为常态。自媒体已成为种子企业宣传的主要渠道，网络销售的市场份额正在逐步增加。同时，随着耕地集约化程度增加，种地大户、合作社等直接向种子生产厂家购种的比例快速增长。在销售渠道向多元化发展的同时，也在向扁平化发展，尤其疫情的爆发催化了数字化转型的必要性。

疫情期间，受疫情发生地静态化管理影响，多数种子企业陷入宣传、观摩会中断、发货的困境，拓展线上业务、加速数字化转型上升至更多种子企业的重要战略任务。据统计，有 63%的中国企业在疫情后加速数字化转型进程。

第十章 中国稻米质量发展动态

根据农业农村部稻米及制品质量监督检验测试中心分析统计，2021 年度检测样品达标率达 53.61%，比 2020 年上升了 4.56 个百分点。其中，籼稻和粳稻分别上升了 4.43 和 5.29 个百分点；整精米率和直链淀粉的达标率分别比 2020 年上升了 3.02 个和 1.59 个百分点，垩白度比 2020 年下降了 1.01 个百分点，透明度、胶稠度和碱消值的达标率与 2000 年相差不大。2021 年全国大部分地区早稻、单季稻和双季晚稻生长期间的光温水匹配较好，气象条件总体有利于水稻生长发育和品质形成。

第一节 国内稻米质量情况

2021 年度农业农村部稻米及制品质量监督检验测试中心共检测水稻品种样品 8 569 份，来自全国 24 个省（自治区、直辖市），依据中华人民共和国农业行业标准 NY/T 593《食用稻品种品质》进行了全项检验（2021 年 11 月 1 日前的稻米品质判定参照 NY/T 593—2013，2021 年 11 月 1 日后的稻米品质判定依据 NY/T 593—2021），总体达标率为 53.61%，其中粳稻达标率为 49.46%、籼稻为 54.93%。

一、总体情况

2021 年度的优质食用稻总体达标率比 2020 年上升了 4.56 个百分点。其中籼稻和粳稻分别上升了 4.43 个和 5.29 个百分点；从不同稻区看，华南稻区、华中稻区和西南稻区的优质食用稻达标率分别比 2020 年上升了 8.69、4.76 和 0.38 个百分点，北方稻区下降了 1.16 个百分点；从不同来源样品看，应用类和区试类稻米品质达标率比 2020 年分别上升了 2.64 和 6.15 个百分点，选育类稻米品质达标率比 2020 年下降了 3.94 个百分点。

2021 年检测的 8 569 份样品中，有 4 594 份样品符合优质食用稻品种品质要求（3 级以上），占 53.61%（表 10-1）。其中籼黏优质食用稻品种品质的达标率为 54.93%，达 2 级标准以上的样品为 32.28%；粳黏的达标率为 49.46%，达 2 级标准以上样品为 18.76%。

在 2021 年检测到的种植面积在 100 万亩以上的杂交水稻品种中，有宜香优 2115、野香优莉丝、深两优 5814、甬优 1540 和桃优香占等 5 个品种可以达到优质食用稻 2 级以上水平。在历年检测到的种植面积在 100 万亩以上的杂交水稻品种中，有晶两优华占、晶两优 534、隆两优华占、泰优 398、宜香优 2115、野香优莉丝、C 两优华占、深两优 5814、天优华占、甬优 1540、两优 688、桃优香占、五优 308、丰两优香 1 号、Y 两优 1 号和徽两优 996 等 16 个品种可以达到优质食用稻 2 级以上水平，占品种总数的

66.7%，占种植面积的 61.2%（以 2020 年种植面积为准）。

表 10-1 优质食用稻品种品质检测评判分级情况

稻类	测评样（份）	1～2 级		3 级		合计	
		样品数（份）	占比（%）	样品数（份）	占比（%）	样品数（份）	占比（%）
籼糯	58	5	8.62	12	20.69	17	29.31
籼黏	6 703	2 164	32.28	1 518	22.65	3 682	54.93
粳糯	150	11	7.33	64	42.67	75	50.00
粳黏	1 658	311	18.76	509	30.70	820	49.46
总计	8 569	2 491	29.07	2 103	24.54	4 594	53.61

二、不同稻区样品优质食用稻品种品质达标情况

根据《中国稻米品质区划及优质栽培》，全国 31 个省（直辖市、自治区）共划分为 4 个稻米产区。据此将检测样品归为华南（粤、琼、桂、闽、台）、华中（苏、浙、沪、皖、赣、鄂、湘）、西南（滇、黔、川、渝、青藏）和北方（京、津、冀、鲁、豫、晋、陕、宁、甘、辽、吉、黑、蒙、新）4 个稻区。

2021 年优质食用稻品种品质达标率最高的是华南稻区，最低的是华中稻区，达标率分别为 58.69%和 50.64%；北方稻区与西南稻区的优质食用稻品种品质达标率居第二、第三位，分别为 55.68%和 51.25%（表 10-2）。

籼稻优质达标率最高的是华南稻区，达标率为 58.72%；华中和西南稻区次之，分别为 53.32%和 52.26%；北方稻区最低，达标率为 50.78%。除测评样仅有 1 份的华南稻区外，粳稻优质稻达标率最高的是北方稻区，达到 63.29%；华中稻区次之，达标率为 46.42%；西南稻区的达标率最低，为 25.76%。籼稻达标样品数最多的是华南稻区和华中稻区，分别有 1 390 份和 1 117 份；其次是西南稻区，有 866 份；最少的是北方稻区，仅有 326 份。粳稻达标样品最多的稻区是华中稻区，达标 615 份，远高于北方稻区的 262 份和西南稻区的 17 份。

表 10-2 各稻区优质食用稻品种品质检测评判达标情况

稻区	稻类	测评样（份）	1～2 级		3 级		合计	
			样品数（份）	占比（%）	样品数（份）	占比（%）	样品数（份）	占比（%）
华南	籼稻	2 367	770	32.53	620	26.19	1 390	58.72
	粳稻	3	1	33.33	0	0.00	1	33.33
	总计	2 370	771	32.53	620	26.16	1 391	58.69

（续表）

稻区	稻类	测评样（份）	1～2级		3级		合计	
			样品数（份）	占比（%）	样品数（份）	占比（%）	样品数（份）	占比（%）
华中	籼稻	2 095	697	33.27	420	20.05	1 117	53.32
	粳稻	1 325	199	15.02	416	31.40	615	46.42
	总计	3 420	896	26.20	836	24.44	1 732	50.64
西南	籼稻	1 657	494	29.81	372	22.45	866	52.26
	粳稻	66	8	12.12	9	13.64	17	25.76
	总计	1 723	502	29.14	381	22.11	883	51.25
北方	籼稻	642	208	32.40	118	18.38	326	50.78
	粳稻	414	114	27.54	148	35.75	262	63.29
	总计	1 056	322	30.49	266	25.19	588	55.68

三、不同来源样品优质食用稻品质达标情况

检测样品按来源可以将其分为三类：一是应用类，由生产基地、企业送样；二是区试类，由各级水稻品种区试机构送样；三是选育类，即育种家选送的高世代品系。这三种来源也代表了水稻品种推广应用的3个阶段。

总体达标率依次为：区试类＞应用类＞选育类，达标率分别为57.01%、43.40%和42.39%（表10-3）。籼稻的达标率依次为：区试类＞应用类＞选育类，达标率分别为57.46%、45.97%和40.57%。粳稻的达标率依次为：区试类＞选育类＞应用类，达标率分别为54.54%、44.70%和36.55%。

表10-3　各类样品优质食用稻品种品质检测评判分级情况

类型	稻类	测评样（份）	1～2级		3级		合计	
			样品数（份）	占比（%）	样品数（份）	占比（%）	样品数（份）	占比（%）
应用类	籼稻	385	86	22.34	91	23.64	177	45.97
	粳稻	145	16	11.03	37	25.52	53	36.55
	合计	530	102	19.25	128	24.15	230	43.40
区试类	籼稻	5 538	1 900	34.31	1 282	23.15	3 182	57.46
	粳稻	1 003	189	18.84	358	35.69	547	54.54
	合计	6 541	2 089	31.94	1 640	25.07	3 729	57.01

（续表）

类型	稻类	测评样（份）	1～2 级		3 级		合计	
			样品数（份）	占比（%）	样品数（份）	占比（%）	样品数（份）	占比（%）
选育类	籼稻	838	183	21.84	157	18.74	340	40.57
	粳稻	660	117	17.73	178	26.97	295	44.70
	合计	1 498	300	20.03	335	22.36	635	42.39

——华南稻区。有 2 370 份样品来源于该稻区，其中籼稻 2 367 份、粳稻仅有 3 份，说明华南稻区适合种植籼稻品种，不适合种植粳稻品种。不同类型籼稻样品的达标率为：区试类＞应用类＞选育类（表 10-4）。3 份粳稻样品均来源于选育类，1 份达标。

——华中稻区。有 3 420 份样品来源于该稻区，其中籼稻 2 095 份、粳稻 1 325 份。不同来源籼稻样品的达标率为：区试类＞应用类＞选育类；粳稻样品为：区试类＞选育类＞应用类。

——西南稻区。有 1 723 份样品来源于该稻区，其中籼稻 1 657 份、粳稻 66 份。不同来源的籼稻样品的达标率为：区试类＞应用类＞选育类。粳稻样品中，有 29 份来源于区试类，其达标率为 31.03%；37 份来源于选育类，其达标率为 21.62%。

——北方稻区。有 1 056 份样品来源于该稻区，其中籼稻 642 份、粳稻 414 份。籼稻样品中，有 1 份样品来源于应用类，未达标；有 641 份样品来源于区试类，达标率为 50.86%。不同来源粳稻样品的达标率为：选育类＞区试类＞应用类。

表 10-4　不同稻区各类型样品优质食用稻品种品质达标情况

类型	稻类	华南稻区		华中稻区		西南稻区		北方稻区	
		参评样数	达标率（%）	参评样数	达标率（%）	参评样数	达标率（%）	参评样数	达标率（%）
应用类	籼稻	90	51.11	57	52.63	237	42.62	1	0.00
	粳稻	0	—	97	29.90	0	—	48	50.00
区试类	籼稻	1 975	60.86	1 777	54.64	1 145	59.65	641	50.86
	粳稻	0	—	769	53.58	29	31.03	205	61.46
选育类	籼稻	302	47.02	261	44.44	275	29.82	0	—
	粳稻	3	33.33	459	37.91	37	21.62	161	69.57

糙米率、整精米率、垩白度、透明度、碱消值、胶稠度和直链淀粉等 7 项指标是《食用稻品种品质》标准的定级指标。在这些品质性状上，糙米率、垩白度、碱消值和胶稠度达标率总体较好，均在 85%以上（表 10-5）。不同来源稻米主要呈现以下特点。

——应用类。与其他类型样品相比，籼黏的垩白度、透明度、碱消值、胶稠度和直链淀粉的达标率均最高，分别比区试类的高 1.73、0.51、1.91、0.18 和 5.43 个百分点，分别比选育类的高 1.67、0.32、0.49、1.41 和 8.35 个百分点。糙米率和整精米率的达标率比区试类分别低 1.60 和 16.21 个百分点，比选育类分别高 0.08 和 1.26 个百分点。

与其他类型样品相比，粳黏的整精米率、胶稠度、垩白度和碱消值的达标率均居第二位。其中，整精米率和胶稠度达标率仅次于区试类，并分别比选育类高 4.65 和 0.85 个百分点；垩白度和碱消值的达标率仅次于选育类，并分别比区试类高 3.88 和 8.45 个百分点。粳黏的糙米率、透明度和直链淀粉的达标率最低，比区试类分别低 2.57、17.88 和 26.56 个百分点，比选育类分别低 1.46、15.63 和 6.15 个百分点。

——区试类。与其他类型样品相比，籼黏的糙米率和整精米率的达标率最高，比应用类分别高出 1.60 和 16.21 个百分点，比选育类分别高出 1.68 和 17.47 个百分点。胶稠度和直链淀粉的达标率仅次于应用类，比选育类分别高出 1.23 和 2.92 个百分点。籼黏的垩白度、透明度和碱消值的达标率最低，分别比应用类低 1.73、0.51 和 1.91 个百分点，分别比选育类低 0.06、0.19 和 1.42 个百分点。

与其他类型样品相比，粳黏糙米率、整精米率、透明度、胶稠度和直链淀粉的达标率最高，分别比应用类高 2.57、3.58、17.88、0.65 和 26.56 个百分点，并分别比选育类高 1.11、8.23、2.25、1.50 和 20.41 个百分点。粳黏垩白度和碱消值的达标率最低，分别比应用类低 3.88 和 8.45 个百分点，分别比选育类低 9.46 和 10.30 个百分点。

——选育类。与其他类型样品相比，该类样品籼黏垩白度、透明度和碱消值的达标率均仅次于应用类，居第二位，分别比区试类高 0.06、0.19 和 1.42 个百分点；糙米率、整精米率、胶稠度和直链淀粉的达标率最低，分别比应用类低 0.08、1.26、1.41 和 8.35 个百分点，分别比区试类低 1.68、17.47、1.23 和 2.92 个百分点。

与其他类型样品相比，粳黏垩白度和碱消值的达标率最高，分别比应用类高 5.58 和 1.85 个百分点，分别比区试类高 9.46 和 10.30 个百分点。糙米率、透明度和直链淀粉的达标率均仅次于区试类，居第二位，分别比区试类低 1.11、2.25 和 20.41 个百分点，分别比应用类高 1.46、15.63 和 6.15 个百分点。粳黏的整精米率和胶稠度的达标率最低，分别比应用类低 4.65 和 0.85 个百分点，分别比区试类的低 8.23 和 1.50 个百分点。

表 10-5　不同来源样品主要品质性状指标达标情况

分类	稻类	测评样（份）	达标率（%）						
			糙米率	整精米率	垩白度	透明度	碱消值	胶稠度	直链淀粉
应用类	籼黏	379	97.89	55.94	96.57	97.89	90.77	97.89	93.40
	粳黏	140	96.43	75.71	92.14	70.71	95.71	98.57	62.14

（续表）

分类	稻类	测评样（份）	达标率（%）						
			糙米率	整精米率	垩白度	透明度	碱消值	胶稠度	直链淀粉
区试类	籼黏	5 501	99.49	72.15	94.84	97.38	88.86	97.71	87.97
	粳黏	903	99.00	79.29	88.26	88.59	87.26	99.22	88.70
选育类	籼黏	823	97.81	54.68	94.90	97.57	90.28	96.48	85.05
	粳黏	615	97.89	71.06	97.72	86.34	97.56	97.72	68.29

四、各项理化品质指标变化及影响稻米品质因素的分析

在现行标准中采用的各项品质指标中，糙米率、整精米率、碱消值、胶稠度的数值越高稻米的品质越好；垩白率、垩白度与透明度的数值越低稻米的品质越好；直链淀粉的数值适中品质好；蛋白质的数值越高其营养品质越好，但蛋白质含量过高已被证实会影响大米口感。

籼黏和粳黏样品的主要检测项目统计结果见表 10-6，从中可以看出：糙米率、整精米率和碱消值等品质指标为粳黏优于籼黏，垩白粒率、垩白度、透明度、胶稠度和蛋白质则粳黏与籼黏极为相近。

不同水稻品种间品质指标的变异以垩白度和垩白粒率较大，透明度次之，整精米率、直链淀粉、碱消值、胶稠度和蛋白质较小，糙米率最小。籼黏与粳黏相比，其整精米率、垩白粒率、垩白度和碱消值等指标的差异性较大。

整精米率、垩白粒率、垩白度和碱消值 4 项指标中，粳黏的变异明显小于籼黏。其中，粳黏整精米率和碱消值的变异系数比籼黏的低 7 个百分点左右；其垩白粒率和垩白度的变异系数比籼黏的分别低 30 和 50 个百分点左右。粳黏胶稠度的变异系数比籼黏低 3 个百分点以上，而其透明度的变异系数比籼黏高 3 个百分点以上。粳黏和籼黏糙米率、直链淀粉和蛋白质的变异系数相近。

表 10-6　籼黏与粳黏主要检测指标统计结果

稻类	项目	糙米率（%）	整精米率（%）	垩白粒率（%）	垩白度（级）	透明度（级）	碱消值（级）	胶稠度（mm）	直链淀粉（%）	蛋白质（%）
籼黏（$N=6\ 703$）	变幅	68.8～85.8	1.9～74.3	0～95	0～31.2	1～5	3～7	30～100	2～36.9	5.32～15.67
	平均值	80.55	54.72	11.12	1.65	1.48	6.24	73.88	17.18	7.91
	CV（%）	1.61	20.32	121.66	153.75	39.11	14.43	12.41	18.19	14.55

（续表）

稻类	项目	糙米率（%）	整精米率（%）	垩白粒率（%）	垩白度（级）	透明度（级）	碱消值（级）	胶稠度（mm）	直链淀粉（%）	蛋白质（%）
粳黏（*N*=1 658）	变幅	73.9～89.4	10.2～78	0～90	0～26.6	1～5	4.2～7	42～92	7.4～38.5	5.12～13.1
	平均值	82.70	65.61	15.93	2.08	1.85	6.75	74.97	15.97	7.79
	CV（%）	1.88	12.87	87.43	106.73	42.56	7.36	9.07	19.51	14.26

不同类型样品各检测指标的统计结果如表 10-7 所示。从平均值看，不同来源样品的糙米率差异不大；籼黏整精米率评价从高到低的顺序率为：区试类＞选育类＞应用类，不同来源粳黏的整精米率评价从高到低的顺序率为：应用类＞区试类＞选育类；籼黏垩白度的评价从高到低的顺序为：选育类＞区试类＞应用类，粳黏的垩白度分别为：选育类＞应用类＞区试类。透明度和碱消值在籼黏或粳黏的 3 种样品类型间差异不大，其中籼黏的透明度均优于粳黏，粳黏的碱消值均优于籼黏。粳黏胶稠度（74～77 mm）略优于籼黏（71～74 mm），粳黏的评价从高到低顺序为：应用类＞区试类＞选育类，籼黏的分别为：区试类＞选育类＞应用类。粳黏直链淀粉（14.31%～16.61%）低于籼黏（16.87%～17.20%），其中籼黏的区试类较高，粳黏的应用类较低。籼黏和粳黏的蛋白质在不同稻类及类型间差距不大，均在 7.71%～7.99%的区间波动。

表 10-7 不同类型样品理化检测指标统计结果

稻类	样品类型	项目	糙米率（%）	整精米率（%）	垩白粒率（%）	垩白度（级）	透明度（级）	碱消值（级）	胶稠度（mm）	直链淀粉（%）	蛋白质（%）
籼黏	应用类（*N*=379）	变幅	74.3～85.8	15.1～70.9	0～84	0～13.8	1～4	3.2～7	39～89	10.4～29.4	5.73～11.28
		平均值	79.83	48.82	11.04	1.88	1.45	6.29	71.13	16.87	7.71
		CV（%）	1.69	26.52	105.82	106.03	37.76	13.76	12.31	13.88	12.30
	区试类（*N*=5 501）	变幅	68.8～84.8	1.9～74.3	0～95	0～31.2	1～5	3～7	30～96	10.8～31.1	6.28～12.05
		平均值	80.66	55.66	11.29	1.67	1.48	6.22	74.06	17.20	7.92
		CV（%）	1.50	18.98	121.93	159.09	39.09	14.49	11.90	18.01	12.87
	选育类（*N*=823）	变幅	73.2～85.1	3.2～72.2	0～76	0～13.4	1～5	3～7	35～100	2～36.9	5.32～15.67
		平均值	80.13	51.12	10.02	1.44	1.48	6.35	73.99	17.16	7.99
		CV（%）	1.98	23.91	126.29	131.18	39.83	14.28	15.19	20.88	15.42

（续表）

稻类	样品类型	项目	糙米率（%）	整精米率（%）	垩白粒率（%）	垩白度（级）	透明度（级）	碱消值（级）	胶稠度（mm）	直链淀粉（%）	蛋白质（%）
粳黏	应用类（$N=140$）	变幅	77.4～86	39.1～75	1～90	0～22.9	1～5	5～7	42～87	7.4～21.3	5.99～10.5
		平均值	82.85	66.55	13.07	1.98	2.08	6.78	76.81	14.31	7.83
		CV（%）	1.84	11.28	110.72	149.23	45.83	5.65	8.48	25.34	13.12
	区试类（$N=903$）	变幅	73.9～88.7	21.4～78	0～84	0～26.6	1～5	4.3～7	54～90	8.1～23.6	6.08～9.7
		平均值	82.93	66.47	20.80	2.67	1.84	6.66	74.82	15.79	7.89
		CV（%）	1.80	10.94	69.70	88.68	38.55	8.78	7.94	14.48	8.76
	选育类（$N=615$）	变幅	75.3～89.4	10.2～76.7	0～60	0～10.3	1～5	4.2～7	49～92	7.8～38.5	5.12～13.1
		平均值	82.33	64.13	9.44	1.22	1.79	6.87	74.79	16.61	7.77
		CV（%）	1.92	15.48	99.76	108.39	46.70	4.67	10.58	22.89	15.19

不同样品类型间，品质指标的变异以垩白度和垩白粒率最大，透明度次之，整精米率、直链淀粉、碱消值、蛋白质和胶稠度较小，糙米率最小。籼黏和粳黏不同样品类型相比，籼黏区试类的垩白度变异系数最大，而粳黏区试类的最小；粳黏应用类和选育类透明度的变异系数均比籼黏的大，并以籼黏应用类最小；籼黏整精米率的变异系数（18.98%～26.52%）比粳黏（10.94%～15.48%）的大，并以籼黏应用类最大，而粳黏区试类的最小；籼黏碱消值的变异系数（13.76%～14.49%）均比粳黏的（4.67%～8.78%）大，其中籼黏不同类型样品的变异系数相当，而粳黏不同类型样品的变异系数相差较大；粳黏选育类的糙米率变异系数最大，籼黏区试类糙米率的变异系数最小；粳黏胶稠度的变异系数均比籼黏的小，并以粳黏区试类最小，而籼黏选育类的最大。

不同稻区各项检测的统计结果见表10-8与表10-9。不同稻区间糙米率、碱消值和透明度等指标的平均值基本一致（不足10份样品的稻区个别值例外）。此外，还可看出以下几点。

（1）整精米率。由表10-8可知，各稻区平均整精米率均已符合优质籼稻品种的要求。其中北方（53.22%）和西南稻区（53.35%）的籼黏整精米率最小，华南（55.29%）和华中稻区（55.62%）较高。由表10-9可知，华南稻区（57.50%）和西南稻区（58.67%）的平均整精米率未达到优质粳稻品种的要求，华中（65.48%）和北方稻区（67.07%）的平均值均达优质三等粳稻品种要求。

（2）垩白粒率与垩白度。华南稻区的籼黏最好；北方和华中稻区的粳黏较好。

（3）直链淀粉。各稻区直链淀粉的均值都已达标。其中，西南和北方稻区的籼黏和西南稻区的粳黏，其直链淀粉指标略好于同稻类的其他稻区。

(4) 在相同稻类中，糙米率、透明度和碱消值在各稻区间的差异不大。对于胶稠度来说，西南稻区比同稻类其他稻区的差异大一些。对于蛋白质含量来说，北方和华中稻区的籼黏略高一些，其余差异不大。

表 10-8　各稻区籼黏样品检测指标统计结果

稻区	项目	糙米率（%）	整精米率（%）	垩白粒率（%）	垩白度（级）	透明度（级）	碱消值（级）	胶稠度（mm）	直链淀粉（%）	蛋白质（%）
华南稻区（N=2 340）	变幅	68.8～85.1	1.9～74.3	0～94	0～14.6	1～5	3～7	33～100	10.4～30.3	5.36～13.3
	平均值	80.73	55.29	7.74	1.08	1.54	6.12	75.11	16.74	7.88
	CV（%）	1.85	20.39	148.75	147.34	35.08	15.36	11.30	17.48	14.68
华中稻区（N=2 082）	变幅	74.3～85.8	11.4～73	0～95	0～31.2	1～4	3～7	30～100	2～36.9	5.32～11.74
	平均值	80.62	55.62	12.78	2.08	1.55	6.09	75.11	17.19	8.14
	CV（%）	1.47	19.66	125.15	175.97	42.71	15.07	12.88	21.49	14.01
西南稻区（N=1 643）	变幅	73.9～84.5	14～72	0～94	0～15.7	1～5	3.2～7	36～90	8.5～30.2	5.73～15.67
	平均值	80.15	53.35	14.12	2.01	1.36	6.52	70.85	17.57	7.73
	CV（%）	1.42	20.08	92.84	99.63	38.25	11.85	13.08	15.16	14.57
北方稻区（N=638）	变幅	77.3～84.8	16.6～71.1	0～94	0～21	1～3	3.7～7	36～90	11.6～27.2	6.84～12.05
	平均值	80.69	53.22	10.42	1.43	1.33	6.46	73.21	17.72	8.45
	CV（%）	1.20	22.05	89.59	105.76	36.13	12.26	10.39	14.95	11.99

表 10-9　各稻区粳黏样品检测指标统计结果

稻区	项目	糙米率（%）	整精米率（%）	垩白粒率（%）	垩白度（级）	透明度（级）	碱消值（级）	胶稠度（mm）	直链淀粉（%）	蛋白质（%）
华南稻区（N=2）	变幅	80.4～81.7	47.8～67.2	3～12	0.1～1.9	1～2	7～7	64～78	16.9～19.8	7.04～7.04
	平均值	81.05	57.50	7.50	1.00	1.50	7.00	71.00	18.35	7.04
	CV（%）	1.13	23.86	84.85	127.28	47.14	0.00	13.94	11.17	—
华中稻区（N=1 214）	变幅	73.9～88.7	10.2～78.0	0～84	0～26.6	1～5	4.3～7	54～88	7.4～38.5	5.12～11.99
	平均值	82.64	65.48	15.25	2.02	1.92	6.70	74.95	15.53	7.76
	CV（%）	1.81	13.25	81.88	98.27	39.90	7.74	7.96	21.10	14.54
西南稻区（N=56）	变幅	77.4～85.4	28.1～73.7	3～82	0.2～16.5	1～5	4.8～7	54～86	14.4～21.5	5.6～13.1
	平均值	82.40	58.67	27.50	3.93	2.25	6.82	69.27	17.33	8.02
	CV（%）	2.07	19.86	74.74	91.86	50.32	6.61	11.76	7.90	18.73

（续表）

稻区	项目	糙米率（%）	整精米率（%）	垩白粒率（%）	垩白度（级）	透明度（级）	碱消值（级）	胶稠度（mm）	直链淀粉（%）	蛋白质（%）
北方稻区（N=386）	变幅	76.9～89.4	26.8～76.5	0～90	0～22.9	1～5	4.2～7	42～92	8.2～22.6	5.65～11.5
	平均值	82.94	67.07	16.45	1.99	1.54	6.87	75.90	17.16	7.85
	CV（%）	2.03	9.47	98.40	126.54	44.83	5.84	11.15	13.48	12.78

糙米率、整精米率、垩白度、透明度、碱消值、胶稠度和直链淀粉含量是影响稻米品质性状的主要指标。其中，整精米率是稻米碾磨品质的关键指标，直接影响出米率，无论何种类型的优质稻，均要求稻谷有较高的整精米率。垩白度与透明度是影响稻米外观的重要指标，直链淀粉、碱消值和胶稠度是影响稻米蒸煮食用品质的关键指标。

由表 10－10 可知，糙米率的总体达标率为 99.03%，其中籼黏 99.19%，粳黏 98.37%；整精米率的总体达标率为 70.45%，其中籼黏 69.09%，粳黏 75.93%；垩白度总体达标率为 94.38%，其中籼黏为 94.94%，粳黏为 92.10%；透明度总体达标率为 95.22%，其中籼黏为 97.43%，粳黏为 86.25%；碱消值总体达标率为 89.67%，其中籼黏 89.14%，粳黏 91.80%；胶稠度总体达标率为 97.78%，其中籼黏 97.57%，粳黏 98.61%；直链淀粉总体达标率为 86.13%，其中籼黏 87.92%，粳黏为 78.89%。

表 10-10　主要品质性状指标达标情况

检测项目	籼黏（N=6 703）		粳黏（N=1 658）		合计达标（N=8 361）	
	样品数	达标率（%）	样品数	达标率（%）	样品数	达标率（%）
糙米率	6 649	99.19	1 631	98.37	8 280	99.03
整精米率	4 631	69.09	1 259	75.93	5 890	70.45
垩白度	6 364	94.94	1 527	92.10	7 891	94.38
透明度	6 531	97.43	1 430	86.25	7 961	95.22
碱消值	5 975	89.14	1 522	91.80	7 497	89.67
胶稠度	6 540	97.57	1 635	98.61	8 175	97.78
直链淀粉	5 893	87.92	1 308	78.89	7 201	86.13

第二节　国内稻米品质发展趋势

农业农村部稻米及制品质量监督检验测试中心按照 NY/T 593《食用稻品种品质》对 2017—2021 年稻米品质检测结果进行综合分析，结果表明，2017—2021 年我国稻米品质总体呈现上升趋势。2017—2019 年，籼黏达标率逐年提升，2018 年、2019 年的同比增幅分别为 8.30 和 10.12 个百分点。与 2020 年相比，2021 年籼黏的达标率提高了 4.43 个百分点，居近五年第一。2017 年以来，2021 年粳黏的优质稻达标率最高，比居第二位的 2018 年高出 2.13 个百分点，比 2017 年、2019 年和 2020 年分别高出 5.18、4.03 和 5.29 个百分点。（图 10-1）。

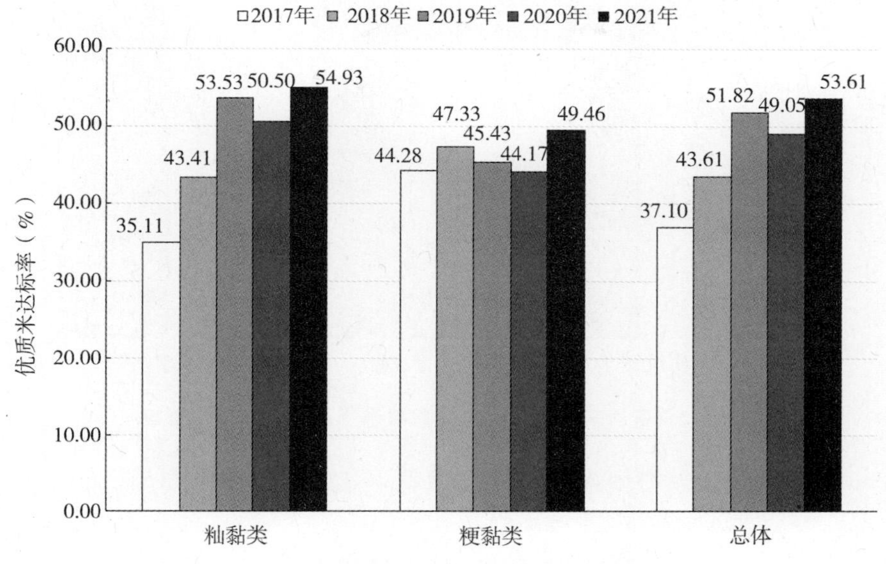

图 10-1　各稻类优质食用稻米样品达标率变动情况

与近 5 年结果相比，本年度区试类样品的优质食用稻米达标率达到 57.01%，增幅明显，居近五年第一（图 10-2）。其中，区试类的优质米达标率自 2017 年到 2021 年以来逐年提升（2020 年除外），提升幅度分别为 7.56、7.40 和 3.91 个百分点，2020 年比 2019 年回落了 2.24 个百分点。2021 年应用类的优质米达标率为 43.40%，居近五年第四，比 2020 年高 2.64 个百分点，比 2017—2019 年分别低 2.69、4.83 和 2.17 个百分点。2021 年选育类的优质米达标率比 2017 年和 2018 年分别高 12.53 和 5.56 个百分点，分别比 2019 年和 2020 年低 7.74 和 3.94 个百分点。

通过对近 5 年不同稻区优质米达标率的比较发现，华南稻区和华中稻区的优质米达标率有一定幅度提升，西南稻区的优质米达标率维持高位，而北方稻区的优质米达标率与 2019 年相比有一定回落，居近五年第二（图 10-3）。本年度，华南和华中稻区的优质米达标率居近五年最高水平，其达标率 2017—2021 年逐年提升（2020 年除外）。其中，华南稻区的提升幅度分别为 12.27、4.18 和 4.86 个百分点，2020 年比 2019 年回落了 3.83 个百分点；华中稻区的提升幅度分别为 1.08、12.91 和 0.06 个百分点，2020 年比 2019 年回落了 4.70 个百分点。2021 年，西南稻区样品的优质食用稻达标率（51.25%）仅次于 2019 年（51.29%），分别比 2017 年、2018 年和 2020 年高出 16.27、4.24 和 0.38 个百分点。北方稻区（55.68%）的优质米达标率仅次于 2020 年

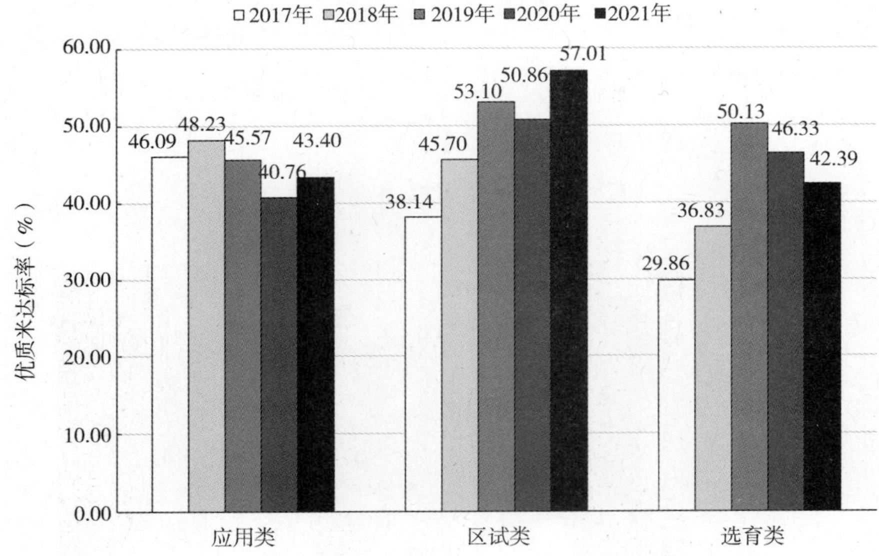

图 10-2　不同来源样品优质食用稻米样品达标率变动情况

（56.84%），居第二位，分别比 2017—2019 年高出 11.28、1.86 和 2.31 个百分点。

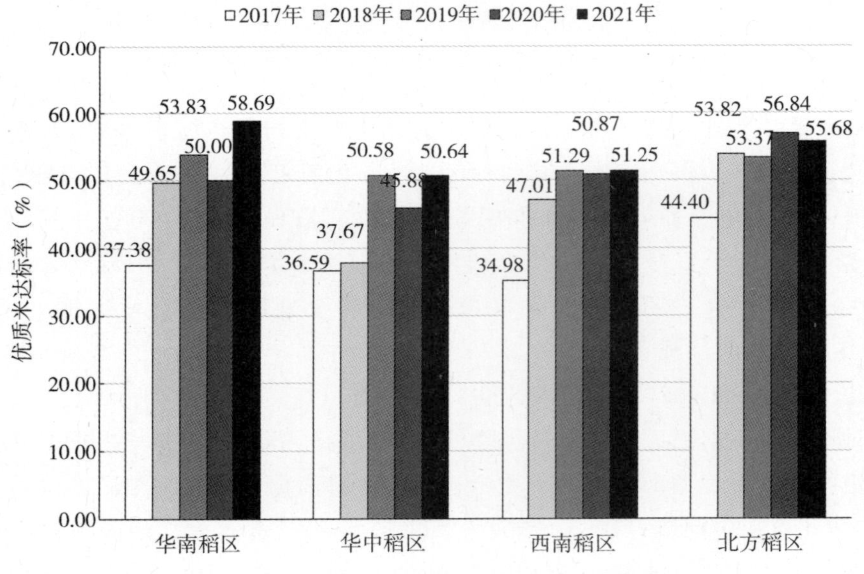

图 10-3　各稻区优质食用稻米达标率变动情况

整精米率、垩白度、碱消值与直链淀粉是决定稻米品质的关键指标。在这 4 项品质指标中，垩白度的达标率增长速度最快，整体呈提高趋势，2021 年达标率在 94%左右（图 10-4）；整精米率的达标率年度间有所波动，2019 年达到最高的 77.97%，2020 年比 2019 年回落了 10.54 个百分点，2021 年又回升了 3.02 个百分点；直链淀粉含量的达标率稳中有升，2020 年达到 86.13%；碱消值达标率逐年提升，2020 年达到最高的 89.67%。

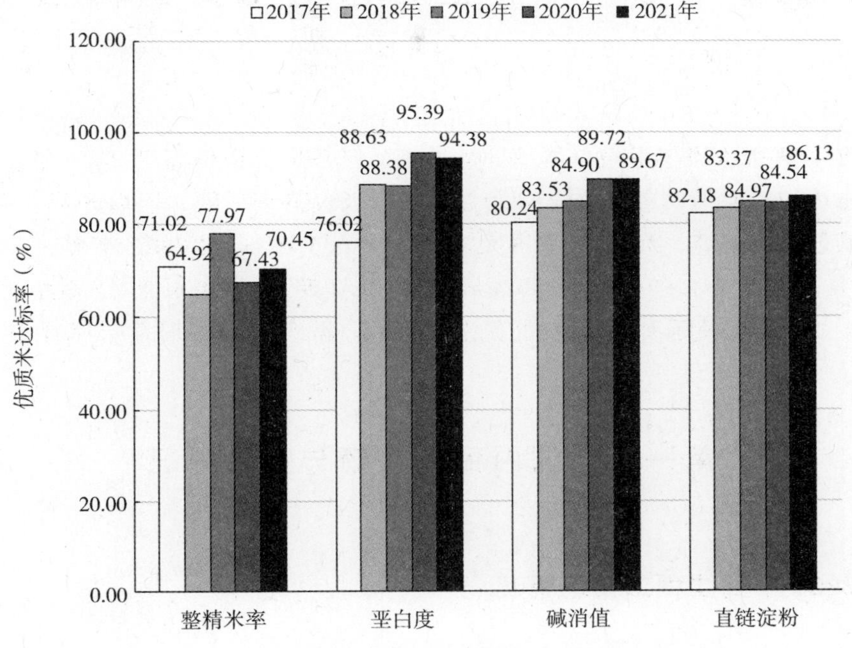

图 10-4　稻米主要品质性状达标变动情况

第十一章　中国稻米市场与贸易动态

2021 年，稻米价格年度内总体呈下行趋势，但平均价格仍高于 2020 年，稻谷托市收购量明显增加，但仍以市场化收购为主。国际米价持续下跌，国内外价差逐步扩大，大米进口量创历史新高。2021 年我国大米进口 496.6 万 t，比 2020 年增加 202.3 万 t，增幅 68.7%；出口 244.8 万 t，比 2020 年增加 14.3 万 t，增幅 6.2%，全年大米净进口 251.8 万 t。2021 年国际大米市场供需总体宽松，需求量增长明显、库存消费比略有下降。

第一节　国内稻米市场与贸易概况

一、2021 年我国稻米市场情况

2021 年，国内水稻面积略有减少，单产恢复性增长，产量创历史新高，供需维持宽松格局。2021 年国家继续在主产区实施稻谷最低收购价格政策，早籼稻和中晚籼稻每 50 kg 收购价格分别为 122 元和 128 元，均比 2020 年提高 1 元，收购价连续第二年上调，粳稻每 50 kg 收购价格 130 元，保持 2020 年水平不变。受米企和贸易商前期库存充裕、稻谷继续增产、中晚稻托市收购范围扩大、各级地方储备补库轮换需求拉动等多种因素叠加影响，2021 年国内稻谷和大米价格年度内呈稳中偏弱运行。

（一）2021 年国内稻米市场价格走势

2021 年国内稻谷和大米价格年度内呈稳中偏弱运行，但总体行情仍好于 2020 年。据农业农村部市场司监测，2021 年 12 月，早籼稻、中晚籼稻和粳稻收购均价分别为每吨 2 560.9元、2 710.3元和 2 732.3元，与 1 月相比，早籼稻上涨 2.2%，中晚籼稻和粳稻分别下跌 1.9%和 4.5%；早籼米、中晚籼米和粳米批发均价分别为每吨 3 780元、4 060元和 4 100元，较 1 月分别下跌 1.0%、3.8%和 6.8%。尽管稻米价格年度内呈下行趋势，但受上半年稻谷价格持续高企、生产成本上涨明显等因素影响，2021 年稻米市场行情仍好于 2020 年。2021 年，早籼稻、中晚籼稻和粳稻年均收购价分别为每吨 2 543.0元、2 756.5元和 2 794.6元，同比分别上涨 4.3%、6.5%和 2.4%；早籼米、中晚籼米和粳米年均批发价分别为每吨 3 811.7元、4 198.3元和 4 158.3元，早籼米和中晚籼米批发价格同比上涨 2.2%和 1.5%，粳米同比下跌 1.8%（图 11-1、图 11-2）。

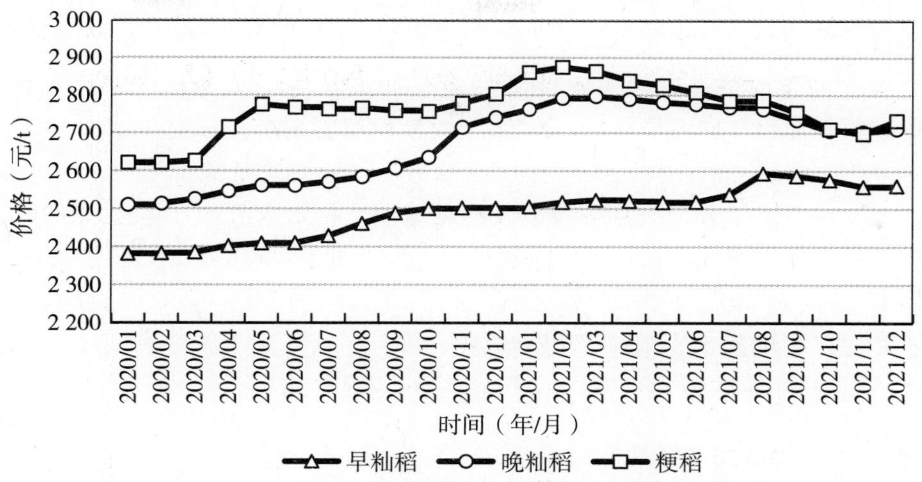

图 11-1　2020—2021 年全国粮食购销市场稻谷月平均收购价格走势

数据来源：国家发改委价格监测中心。

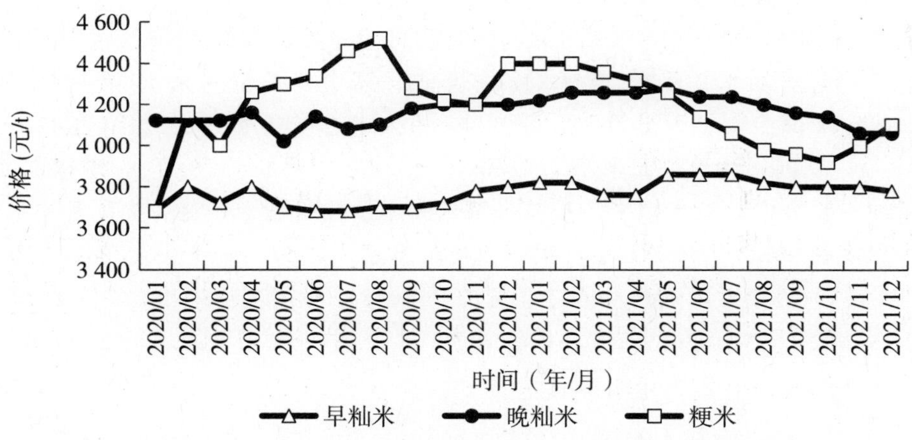

图 11-2　2020—2021 年全国粮食批发市场稻米月平均批发价格走势

数据来源：国家发改委价格监测中心。

（二）2021 年国内稻谷托市收购和竞价交易情况

2021 年，新季早籼稻上市后价格高开高走，持续高位运行，由于价格整体偏高，连续 8 年启动托市收购后按下了暂停键。与之相反，中晚稻市场在春节后开始出现疲态并持续到 10 月，新季中晚稻上市后多地价格一度跌至最低收购价下方，安徽、江西、湖北、湖南、河南和黑龙江等 6 省先后启动中晚稻托市收购，收购范围明显大于 2020 年。据国家粮食和物资储备局统计，截至 12 月 31 日，全国累计完成稻谷托市收购

1 021.6 万 t，其中中晚籼稻 190.5 万 t、粳稻 831.1 万 t、早籼稻没有启动托市收购，全年稻谷托市收购量同比增加 840.5 万 t。

2021 年，政策性稻谷竞价拍卖行情明显不如 2020 年，成交量和成交率均显著降低。据国家粮食和物资储备局统计，2021 年政策性稻谷拍卖投放量 6 475.0 万 t，实际成交 542.3 万 t，成交率 8.4%。与 2020 年相比，实际成交量减少了 1 180 万 t，减幅 68.5%，成交率下降了 8.5 个百分点。收购量增加、拍卖量减少，导致 2021 年政策性稻谷库存净增 374.7 万 t，2020 年则净减少 1 519.7 万 t。

二、2021 年我国大米国际贸易情况

（一）大米进出口品种结构

2021 年，我国累计进口大米 496.3 万 t，比 2020 年增加 202.0 万 t，增幅 68.6%。进口大米品种主要是长粒米精米、长粒米碎米、中短粒米碎米和中短粒米精米，这 4 类品种进口量占大米进口总量的 98.9%。2021 年，我国长粒米精米进口 227.1 万 t，比 2020 年增加 59.2 万 t，增幅 35.3%，占大米进口总量的 45.7%；长粒米碎米进口 220.0 万 t，增加 142.8 万 t，增幅 184.9%，占大米进口总量的 44.3%；中短粒米碎米进口 31.6 万 t，增加 9.2 万 t，增幅 41.4%，占大米进口总量的 6.4%；中短粒米精米进口 12.5 万 t，减少 8.2 万 t，减幅 39.6%，占大米进口总量的 2.5%（表 11-1）。

2021 年，我国累计出口大米 244.8 万 t，比 2020 年增加 14.3 万 t，增幅 6.2%。出口大米品种主要是中短粒米精米、长粒米精米和中短粒米糙米，这 3 类品种出口量约占大米出口总量的 99.0%。2021 年，我国中短粒米精米出口 186.0 万 t，比 2020 年增加 17.7 万 t，增幅 10.5%，占大米出口总量的 76.0%；长粒米精米出口 29.6 万 t，减少 4.3 万 t，减幅 12.6%，占大米出口总量的 12.1%；中短粒米糙米出口 26.6 万 t，增加 0.7 万 t，增幅 2.6%，占大米出口总量的 10.9%（表 11-1）。

表 11-1　2020—2021 年我国大米分品种进出口统计　　单位：万 t，%

项目	2020 年				2021 年			
	进口量	比例	出口量	比例	进口量	比例	出口量	比例
总量	294.3	100.0	230.5	100.0	496.3	100.0	244.8	100.0
长粒米精米	167.8	57.0	33.9	14.7	227.1	45.7	29.6	12.1
长粒米碎米	77.2	26.2	0.0	0.0	220.0	44.3	0.0	0.0
中短粒米碎米	22.3	7.6	0.1	0.0	31.6	6.4	0.0	0.0
中短粒米精米	20.7	7.0	168.3	73.0	12.5	2.5	186.0	76.0
中短粒米大米细粉	2.6	0.9	0.0	0.0	3.3	0.7	0.0	0.0
其他长粒米稻谷	1.8	0.6	0.0	0.0	1.1	0.2	0.0	0.0
其他中短粒米稻谷	0.9	0.3	0.0	0.0	0.0	0.0	0.0	0.0

（续表）

项目	2020年				2021年			
	进口量	比例	出口量	比例	进口量	比例	出口量	比例
长粒米大米细粉	0.6	0.2	0.0	0.0	0.7	0.1	0.0	0.0
中短粒米糙米	0.3	0.1	25.9	11.3	0.0	0.0	26.6	10.9
长粒米糙米	0.0	0.0	0.0	0.0	0.1	0.0	0.0	0.0
种用长粒米稻谷	0.0	0.0	2.1	0.9	0.0	0.0	2.3	1.0
长粒米粗粒、粗粉	0.0	0.0	0.0	0.0	0.0	0.0	0.0	0.0
种用中短粒米稻谷	0.0	0.0	0.2	0.1	0.0	0.0	0.2	0.1

数据来源：中国海关信息网。

（二）大米进出口国别和地区

从出口国家和地区看，非洲仍然是我国最主要的大米出口地区。2021年，我国向非洲出口大米145.7万t，占大米出口总量的59.5%；向亚洲出口大米64.7万t，占26.4%。其中，出口埃及25.0万t，占出口总量的10.2%，居出口地区第一位；出口韩国22.6万t，占9.2%，居亚洲地区第一位。与2020年相比，2021年我国出口非洲大米数量增加8.2万t，增幅6.0%，占全年出口总增量的57.5%，主要是出口科特迪瓦的大米数量由9.9万t大幅增加至16.8万t，增幅69.7%；出口亚洲大米数量增加6.1万t，增幅10.4%，占全年出口总增量的42.6%；出口美洲大米数量略有增加，出口欧洲的大米数量有所减少（表11-2）。

表11-2　2020—2021年我国大米分市场出口统计

2020年			2021年		
地区和国家	出口量（万t）	比例（%）	地区和国家	出口量（万t）	比例（%）
世界	230.5	100	**世界**	244.8	100
非洲	137.5	59.6	非洲	145.7	59.5
埃及	26.4	11.4	埃及	25.0	10.2
塞拉利昂	20.5	8.9	塞拉利昂	19.0	7.7
喀麦隆	18.8	8.1	喀麦隆	16.8	6.9
尼日尔	13.2	5.7	尼日尔	14.7	6.0
科特迪瓦	9.9	4.3	科特迪瓦	14.4	5.9
亚洲	58.6	25.4	亚洲	64.7	26.4
韩国	20.6	8.9	韩国	22.6	9.2
日本	6.2	2.7	土耳其	12.1	4.9
黎巴嫩	5.5	2.4	叙利亚	6.6	2.7
蒙古国	4.7	2.0	日本	6.2	2.5
东帝汶	4.7	2.0	东帝汶	3.8	1.6

（续表）

2020年			2021年		
地区和国家	出口量（万t）	比例（%）	地区和国家	出口量（万t）	比例（%）
美洲	6.5	2.8	美洲	9.1	3.7
波多黎各	6.3	2.7	波多黎各	8.4	3.4
欧洲	9.9	4.3	欧洲	6.4	2.6
乌克兰	3.4	1.5	乌克兰	4.5	1.8
保加利亚	3.0	1.3	保加利亚	1.7	0.7
大洋洲	18.0	7.8	大洋洲	18.9	7.7
巴布亚新几内亚	12.6	5.5	巴布亚新几内亚	14.8	6.1

数据来源：中国海关信息网。

2021年，国际大米价格呈持续下跌态势，国内大米价格稳中略跌，国内外大米价差不断扩大，进口大米价格优势明显，大米进口量大幅增加。据农业农村部监测数据，2021年国内外大米价差（指国内晚籼米批发价减去配额内1%关税下泰国大米到岸税后价）由1月的每吨260元扩大至12月的每吨1 040元，年平均差价每吨716.7元，远高于2020年的每吨181.7元。从进口国家看，2021年进口印度大米108.9万t，占大米进口总量的21.9%；进口越南大米107.6万t，占21.7%；进口巴基斯坦大米96.2万t，占19.4%；进口缅甸大米79.5万t，占16.0%；进口泰国大米64.0万t，占12.9%；进口柬埔寨大米30.1万t，占6.1%，进口来源国家非常集中。2021年，印度大米占我国进口大米的比重大幅提高，比2020年提高了21.8个百分点，主要是受国内饲料加工需求拉动，碎米进口量明显增加，进口印度大米以碎米为主；缅甸大米占我国进口大米的比重下降明显，比2020年下降14.9个百分点，主要受缅甸国内新冠肺炎疫情爆发影响，中缅边界关闭长达数月之久，影响大米正常贸易（表11-3）。

表11-3 2020—2021年我国大米分市场进口统计

地区和国家	2020年		2021年	
	进口量（万t）	比例（%）	进口量（万t）	比例（%）
世界	294.3	100.0	496.3	100.0
亚洲	294.3	100.0	496.3	100.0
印度	0.4	0.1	108.9	21.9
越南	78.8	26.8	107.6	21.7
巴基斯坦	47.5	16.1	96.2	19.4
缅甸	91.1	31.0	79.5	16.0
泰国	35.6	12.1	64.0	12.9

（续表）

地区和国家	2020 年		2021 年	
	进口量（万 t）	比例（%）	进口量（万 t）	比例（%）
柬埔寨	23.3	7.9	30.1	6.1
中国台湾	10.0	3.4	7.0	1.4
老挝	7.53	2.6	2.86	0.6
日本	0.1	0.0	0.1	0.0
欧洲	0.0	0.0	0.0	0.0
俄罗斯	0.0	0.0	0.0	0.0

数据来源：中国海关信息网。

第二节　国际稻米市场与贸易概况

一、2021 年国际大米市场情况

受国外新冠肺炎疫情防控形势严峻，港口集装箱短缺、运费持续高企，全球大米需求低迷等因素影响，2021 年国际大米价格呈持续下跌态势。根据联合国粮农组织（FAO）市场监测数据，2021 年全品类大米价格指数（2014—2016 年指数＝100）由 1 月的 114.3 降至 12 月的 98.3，跌幅 14.0%，年均价格指数 105.8，比 2020 年（110.2）下跌 4.0%（图 11-3）。

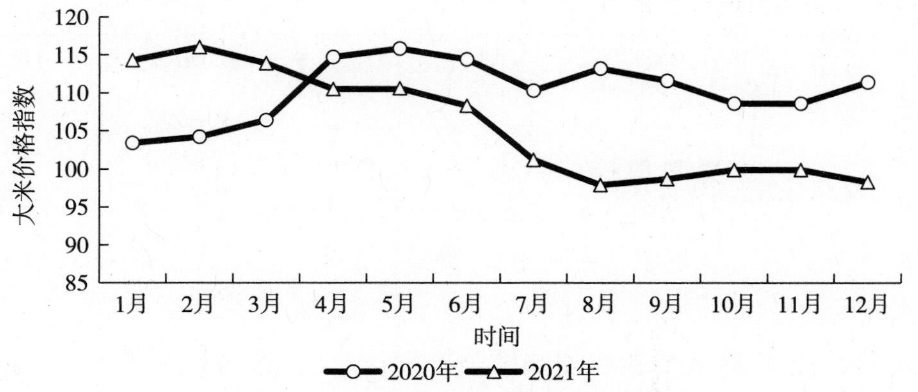

图 11-3　2020—2021 年国际大米市场价格走势

数据来源：联合国粮农组织（FAO）。

分阶段看：一是 1—8 月持续下跌。FAO 大米价格指数从 1 月的 114.3 下跌至 8 月的 97.9，跌幅 14.3%（图 11-4）。8 月，泰国 25%破碎率大米价格每吨 392.0 美元，

较 1 月下跌 136.0 美元，跌幅 25.8%，较上年同期下跌 94.3 美元，跌幅 19.4%；印度 25%破碎率大米价格每吨 361.0 美元，较 1 月下跌 11.0 美元，跌幅 3.0%，较上年同期下跌 6.5 美元，跌幅 1.8%；越南 25%破碎率大米价格每吨 364.0 美元，较 1 月下跌 121.6 美元，跌幅 25.0%，较上年同期下跌 91.8 美元，跌幅 20.1%；美国长粒米大米价格每吨 560.0 美元，较 1 月上涨 1.0 美元，涨幅 0.2%，较上年同期下跌 54.5 美元，跌幅 8.9%。国际大米价格下跌的原因主要是国外新冠肺炎疫情防控形势严峻，港口集装箱短缺、运费持续高企等因素导致全球大米需求不振。二是 9—12 月低位运行。9 月，FAO 大米价格指数为 98.7，较 8 月小幅上涨 0.8%，国际米价持续下跌的势头有所缓解，并在随后三个月持续低位运行。具体看，除印度大米价格继续下跌外，其他主要出口国大米价格止跌企稳。12 月，泰国 25%破碎率大米价格每吨 392.8 美元，较 8 月上涨 0.2%；越南 25%破碎率大米价格每吨 374.4 美元，较 8 月上涨 2.9%；美国长粒米价格每 t576.0 美元，较 8 月上涨 2.9%；印度 25%破碎率大米价格每吨 325.2 美元，较 8 月下跌 9.9%。这段时期价格波动主要受两方面因素影响：一方面，全球需求回暖、越南取消大部分疫情出行限制措施、泰铢走强等因素，对国际大米价格形成一定支撑；另一方面，东南亚主要稻米出口国新季稻米陆续收获上市，市场供给充足，尽管需求有所恢复，但价格持续低迷导致贸易商观望情绪较重，国际米价维持低位运行。

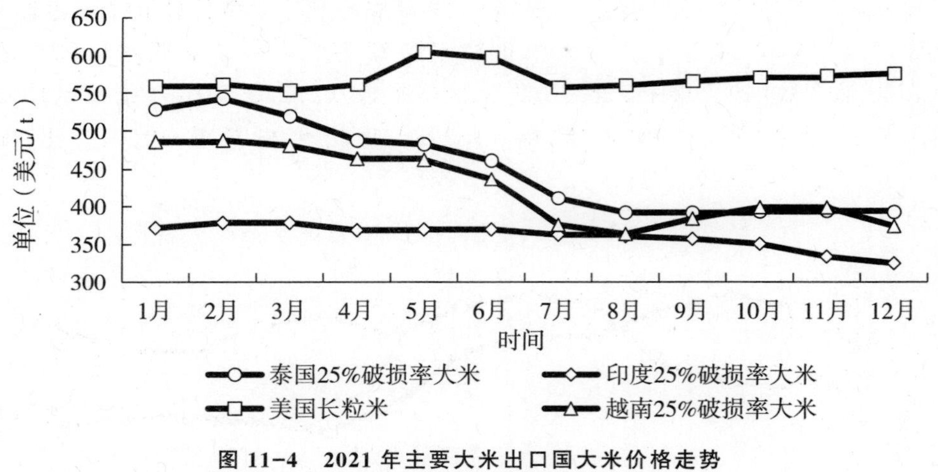

图 11-4　2021 年主要大米出口国大米价格走势

数据来源：联合国粮农组织（FAO）。

二、2021 年国际大米贸易情况分析

（一）2021 年主要大米进口地区情况

2021 年，亚洲和非洲仍然是世界大米进口最主要的地区，且世界大米进口增量也集中在亚洲和非洲，北美洲、欧洲、南美洲和大洋洲大米进口量均有所减少。2021 年，

世界大米进口总量 4 980.5万 t，较上年增加594.7 万 t，增幅13.6%。其中，亚洲累计进口大米 2 460.4万 t，占世界大米进口总量的49.4%，较上年增加 589.1 万 t，增幅31.5%；非洲累计进口大米 1 651.7万 t，占比 33.2%，较上年增加 165.1 万 t，增幅11.1%；北美洲、欧洲、南美洲和大洋洲大米进口量分别为434.2 万 t、290.4 万 t、118.1万 t和25.7万 t，占比分别为8.7%、5.8%、2.4%和0.5%，较上年分别减少71.5万 t、26.0 万 t、54.0 万 t 和 8.0 万 t，减幅分别为 14.1%、8.2%、31.4%和23.7%（表 11-4）。

表 11-4　2019—2021 年世界主要大米进口地区和进口量　　单位：万 t

国家/地区	2019 年	2020 年	2021 年
世界	4 234.8	4 385.8	4 980.5
亚洲	1 860.2	1 871.3	2 460.4
非洲	1 481.3	1 486.6	1 651.7
北美洲	436.9	505.7	434.2
欧洲	287	316.4	290.4
南美洲	142.9	172.1	118.1
大洋洲	26.5	33.7	25.7

数据来源：美国农业部（USDA）。

（二）2021 年主要大米出口地区情况

2021 年，世界大米出口总量为 5 183.9 万 t，比 2020 年增加 647.8 万 t，增幅14.3%。出口国家主要集中在亚洲，包括印度、越南、泰国、巴基斯坦等东南亚、南亚水稻主产国家。其中，印度出口大米 2 123.8万 t，占世界大米出口总量的 41.0%；越南出口大米 627.2 万 t，占 12.1%；泰国出口大米 606.2 万 t，占 11.7%；巴基斯坦出口大米 392.8 万 t，占 7.6%。上述 4 个国家累计出口大米 3 750.0万 t，占世界大米出口总量的 72.3%（表 11-5）。

表 11-5　2019—2021 年世界大米主要出口国家和出口数量　　单位：万 t

国家/地区	2019 年	2020 年	2021 年
世界	4 392.0	4 536.1	5 183.9
印度	981.3	1 457.7	2 123.8
越南	658.1	616.7	627.2
泰国	756.2	570.6	606.2

（续表）

国家/地区	2019年	2020年	2021年
巴基斯坦	455	393.4	392.8
美国	314.2	285.8	291.5
中国	272	226.5	240.7
缅甸	270	230	190
柬埔寨	135	135	185
巴西	95.4	124	78.2
乌拉圭	80.9	96.9	70.4

数据来源：美国农业部（USDA）。

三、2021/2022年度世界大米库存供求情况

根据美国农业部（USDA）世界农产品供需预测报告（表11-6至表11-8）数据，2019/2020年度，世界大米初始库存为17 715.0万t，本年度生产量达到49 915.0万t，进口总量4 238.0万t，总供给量为71 868.0万t；国内总消费量49 296.0万t，出口总量4 344.0万t，总需求量53 640.0万t，期末库存为18 228.0万t。2020/2021年度，世界大米初始库存为18 228.0万t，本年度生产量达到50 929.0万t；进口总量4 646.0万t，总供给量73 803.0万t；国内总消费量为50 355.0万t；出口总量5 093.0万t，总需求量55 448.0万t，期末库存为18 801.0万t。与2020/2021年度相比，2021/2022年度世界大米产量预计增长至51 367万t，增长438.0万t，增幅0.9%；进出口贸易量增至5 226.0万t，比2020/2021年度增加580.0万t，增幅12.5%；消费量增至51 438.0万t，比2020/2021年度增加1 083.0万t，增幅2.2%。由于消费量增长明显，2021/2022年度世界大米库存量降至18 731.0万t，比2020/2021年度减少70.0万t，减幅0.4%；世界大米库存消费比（期末库存与国内消费量比值）达到36.4%，比2020/2021年度下降0.9个百分点，已经连续4年稳定在35%以上水平，远高于国际公认的17%～18%的粮食安全线水平，世界大米总体供需平衡有余。

表11-6　2019/2020年度世界主要进出口国家大米供求情况　　单位：万t

区域	供应			消费		期末库存
	初始库存	生产	进口	国内消费	出口	
世界	17 715	49 915	4 238	49 296	4 344	18 228
主要出口国	3 705	17 692	185	14 349	3 121	4 112
印度	2 950	11 887	0	10 195	1 252	3 390

（续表）

区域	供应			消费		期末库存
	初始库存	生产	进口	国内消费	出口	
越南	408	1 766	25	1 230	571	398
泰国	110	2710	40	2 125	617	118
巴基斯坦	95	741	1	340	382	115
美国	142	588	119	459	299	91
主要进口国	12 827	21 812	1 534	22 834	440	12 897
中国	11 500	14 673	260	14 523	260	11 650
菲律宾	352	1 193	245	1 430	0	360
欧盟	114	199	196	339	53	116
尼日利亚	122	504	140	685	0	81
巴西	24	760	90	730	122	21
墨西哥	15	18	80	94	2	18
日本	205	761	71	835	3	198
印度尼西亚	406	3 470	55	3 600	0	331
中东国家	89	234	397	598	0	122

数据来源：美国农业部（USDA）世界农产品供需报告；中东国家指伊朗、伊拉克和沙特阿拉伯3国。

表 11-7　2020/2021 年度世界主要进出口国家大米供求情况　　单位：万 t

区域	供应			消费		期末库存
	初始库存	生产	进口	国内消费	出口	
世界	18 228	50 929	4 646	50 355	5 093	18 801
主要出口国	4 112	18 625	309	14 387	3 939	4 721
印度	3 390	12 437	0	10 107	2 020	3 700
越南	118	2 738	180	2 145	627	264
泰国	398	1 886	20	1 270	606	428
巴基斯坦	115	842	1	380	388	190
美国	91	722	108	485	298	139
主要进口国	12 941	22 028	1 639	23 303	375	12 928
中国	11 650	14 830	422	15 029	222	11 650
尼日利亚	149	515	220	715	0	169
菲律宾	360	1 242	220	1 445	0	376
欧盟	90	183	178	340	45	66

（续表）

区域	供应			消费		期末库存
	初始库存	生产	进口	国内消费	出口	
墨西哥	17	20	81	96	2	20
印度尼西亚	331	3 450	65	3 540	0	306
日本	198	757	65	820	11	189
巴西	24	800	63	735	95	57
中东国家	122	231	325	583	0	95

数据来源：美国农业部（USDA）世界农产品供需报告；中东国家指伊朗、伊拉克和沙特阿拉伯3国。

表 11-8　2021/2022 年度世界主要进出口国家大米供求情况　　单位：万 t

区域	供应			消费		期末库存
	初始库存	生产	进口	国内消费	出口	
世界	18 801	51 367	5 226	51 438	5 291	18 731
主要出口国	4 721	19 143	214	15 028	4 152	4 897
印度	3 700	12 966	0	10 696	2 100	3 870
泰国	428	1 965	20	1 300	700	413
越南	264	2 733	80	2 150	650	277
巴基斯坦	190	870	1	410	435	215
美国	139	609	113	472	267	122
主要进口国	12 821	24 191	2 050	26 192	272	12 598
中国	11 650	14 899	560	15 584	225	11 300
菲律宾	376	1 247	320	1 520	0	424
尼日利亚	169	526	220	725	0	190
欧盟	66	172	210	345	44	59
巴西	57	728	80	735	85	45
墨西哥	20	18	80	97	1	21
印度尼西亚	306	3 440	75	3 520	0	301
埃及	115	290	70	405	1	70
中东国家	95	215	385	593	0	102

数据来源：美国农业部（USDA）世界农产品供需报告；中东国家指伊朗、伊拉克和沙特阿拉伯3国。

附　表

附表 1　2020 年全国各省水稻生产面积、单产和总产情况

	水稻		
	面积（万亩）	单产（kg/亩）	总产（万 t）
全国	45 114.0	469.6	21 186.0
北京	0.3	446.7	0.1
天津	80.2	626.7	50.2
河北	118.1	414.4	48.9
山西	3.7	465.7	1.7
内蒙古	241.3	510.3	123.1
辽宁	780.6	572.0	446.5
吉林	1 255.7	529.9	665.4
黑龙江	5 808.0	498.6	2 896.2
上海	156.1	542.3	84.7
江苏	3 304.3	594.9	1 965.7
浙江	954.0	487.5	465.1
安徽	3 768.1	414.1	1 560.5
福建	902.6	434.0	391.7
江西	5 162.7	397.3	2 051.2
山东	168.7	585.4	98.8
河南	925.6	555.0	513.7
湖北	3 421.1	545.0	1 864.3
湖南	5 990.8	440.5	2 638.9
广东	2 751.6	399.6	1 099.6
广西	2 640.2	384.0	1 013.8
海南	341.3	369.9	126.3
重庆	985.9	496.1	489.1
四川	2 799.5	527.0	1 475.3
贵州	997.7	416.9	416.0
云南	1 228.4	427.3	524.9
西藏	1.4	372.9	0.5

（续表）

	水稻		
	面积（万亩）	单产（kg/亩）	总产（万 t）
陕西	157.6	510.8	80.5
甘肃	5.1	331.2	1.7
青海			
宁夏	91.2	541.4	49.4
新疆	71.4	586.0	41.9

数据来源：国家统计局。

附表 2　2020 年世界水稻生产面积、单产和总产情况

	面积（万亩）	单产（kg/亩）	总产（万 t）
世界	246 288.2	307.3	75 674.4
亚洲	210 695.4	321.1	67 661.0
非洲	25 762.0	147.1	3 789.0
美洲	8 860.1	430.2	3 811.4
欧洲	956.8	425.1	406.7
大洋洲	13.9	446.2	6.2
印度	67 500.0	264.2	17 830.5
中国	45 120.0	469.5	21 186.0
孟加拉国	17 126.6	320.6	5 490.6
印度尼西亚	15 985.9	341.9	5 464.9
泰国	15 602.5	193.8	3 023.1
越南	10 833.9	394.7	4 275.9
缅甸	9 983.7	251.4	2 510.0
尼日利亚	7 885.7	103.6	817.2
菲律宾	7 078.3	272.6	1 929.5
巴基斯坦	5 002.7	168.3	841.9
柬埔寨	4 376.1	250.5	1 096.0
几内亚	2 955.8	98.7	291.6
巴西	2 516.6	440.7	1 109.1
马达加斯加	2 512.5	168.4	423.2
坦桑尼亚	2 380.4	190.2	452.8

（续表）

	面积（万亩）	单产（kg/亩）	总产（万 t）
日本	2 193.0	442.6	970.6
尼泊尔	2 188.4	253.7	555.1
刚果	1 980.0	69.6	137.9
美国	1 813.2	569.3	1 032.3
斯里兰卡	1 599.6	320.1	512.1
马里	1 347.1	223.4	301.0
老挝	1 231.8	299.3	368.7
韩国	1 089.6	432.5	471.3
马来西亚	968.3	239.8	232.2
塞拉利昂	906.6	115.8	105.0
哥伦比亚	894.6	382.7	342.4
埃及	831.3	588.7	489.4
科特迪瓦	779.4	190.0	148.1
朝鲜	705.4	299.5	211.3
伊朗	634.1	315.4	200.0
秘鲁	626.4	548.6	343.7
塞内加尔	605.6	222.9	135.0

数据来源：联合国粮农组织（FAO），2020 年世界水稻种植面积在 500 万亩以上的国家共有 32 个。

附表 3　2017—2021 年我国早籼稻、晚籼稻和粳稻收购价格情况　单位：元/t

年份	早籼稻	晚籼稻	粳稻
2017	2 623.6	2 752.9	3 055.7
2018	2 536.7	2 677.3	2 999.5
2019	2 387.2	2 537.2	2 701.8
2020	2 437.7	2 589.2	2 728.9
2021	2 543.0	2 756.5	2 794.6

数据来源：根据国家发改委价格监测中心数据整理。

附表 4　2017—2021 年我国早籼米、晚籼米和晚粳米批发价格情况　单位：元/t

年份	早籼米	晚籼米	晚粳米
2017	3 901.2	4 222.8	4 622.4
2018	3 808.9	4 120.8	4 425.7

（续表）

年份	早籼米	晚籼米	晚粳米
2019	3 757.5	4 081.2	4 140.5
2020	3 730.0	4 136.7	4 235.0
2021	3 820.0	4 200.0	4 160.0

数据来源：根据国家发改委价格监测中心数据整理。

附表 5　2017—2021 年国际市场大米现货价格情况　　单位：美元/t

年份	泰国含碎 25%大米 FOB 价格
2017	379.8
2018	411.6
2019	389.3
2020	469.1
2021	433.0

数据来源：根据国家发改委价格监测中心数据整理。

附表 6　2017—2021 年我国大米进出口贸易情况　　单位：万 t

年份	进口	出口
2017	402.6	119.7
2018	307.7	208.9
2019	254.6	274.8
2020	294.3	230.5
2021	496.6	244.8

数据来源：海关总署。

附表 7　2021 年国家和地方品种审定情况

品种名称	审定编号	选育单位	品种名称	审定编号	选育单位
隆晶优 4456	国审稻 20210001	袁隆平农业高科技股份有限公司等	荃 9 优 801	国审稻 20210002	安徽荃银欣隆种业有限公司等
溢优 6377	国审稻 20210003	深圳市兆农农业科技有限公司	榕两优 1914	国审稻 20210004	福建亚丰种业有限公司等
文 1 两优桂香	国审稻 20210005	广东田联种业有限公司	兴两优 1345	国审稻 20210006	湖南垦惠商业化育种有限责任公司
美优华占	国审稻 20210007	湖南金源种业有限公司	莉两优 22	国审稻 20210008	湖南金源种业有限公司

（续表）

品种名称	审定编号	选育单位	品种名称	审定编号	选育单位
美两优 79	国审稻 20210009	湖南金源种业有限公司	隆晶优 1686	国审稻 20210010	广汉泰利隆农作物研究所等
隆晶优华宝	国审稻 20210011	湖南亚华种业科学研究院等	隆两优 5438	国审稻 20210012	袁隆平农业高科技股份有限公司等
兴农丝苗	国审稻 20210013	未名兴旺系统作物设计前沿实验室（北京）有限公司等	福农优 039	国审稻 20210014	福建神农大丰种业科技有限公司等
荃香优丝苗	国审稻 20210015	安徽荃银高科种业股份有限公司等	忠两优 2011	国审稻 20210016	福建农乐种业有限公司等
潢优 164	国审稻 20210017	福建农乐种业有限公司等	谷优 92	国审稻 20210018	福建兴禾种业科技有限公司等
创两优 164	国审稻 20210019	三明市农业科学研究院等	荃两优 2118	国审稻 20210020	安徽荃银高科种业股份有限公司等
万象优 823	国审稻 20210021	广西南宁市大穗种业有限责任公司等	万象优 716	国审稻 20210022	江西红一种业科技股份有限公司等
万象优 982	国审稻 20210023	江西红一种业科技股份有限公司	哈优晶占	国审稻 20210024	福建省福瑞华安种业科技有限公司等
科天优 4312	国审稻 20210025	中国科学院亚热带农业生态研究所等	坚两优 58	国审稻 20210026	安徽华安种业有限责任公司
长田优 9 号	国审稻 20210027	江西红一种业科技股份有限公司	K 两优 108	国审稻 20210028	江西金山种业有限公司
煜两优 371	国审稻 20210029	湖南亚华种业科学研究院等	惠两优 1818	国审稻 20210030	江西惠农种业有限公司
吉优 1316	国审稻 20210031	江西汇丰源种业有限公司等	花优 33	国审稻 20210032	蒙自和顺农业科技开发有限公司等
荃优 10 号	国审稻 20210033	安徽荃银高科种业股份有限公司	旌 3 优嘉珍	国审稻 20210034	四川省农业科学院水稻高粱研究所
川康优 2115	国审稻 20210035	四川农业大学农学院等	深两优粤禾丝苗	国审稻 20210036	四川台沃种业有限责任公司等
双优 575	国审稻 20210037	四川农业大学	玉龙优 1611	国审稻 20210038	四川省农业科学院水稻高粱研究所
荃优 58	国审稻 20210039	广州市金粤生物科技有限公司等	泰丰优雅禾	国审稻 20210040	四川农业大学农学院等
荃优 851	国审稻 20210041	安徽荃银高科种业股份有限公司	内 6 优 4392	国审稻 20210042	四川省原子能研究院等
乐优 775	国审稻 20210043	乐山市农业科学研究院等	B 优 1928	国审稻 20210044	西南科技大学水稻研究所

（续表）

品种名称	审定编号	选育单位	品种名称	审定编号	选育单位
兴两优 1487	国审稻 20210045	湖南垦惠商业化育种有限责任公司	深两优 475	国审稻 20210046	湖南恒德种业科技有限公司等
T 两优 3451	国审稻 20210047	湖南恒德种业科技有限公司等	泰优 2903	国审稻 20210048	泸州泰丰居里隆夫水稻育种有限公司等
正两优 118	国审稻 20210049	四川中正科技有限公司等	蓉优 399	国审稻 20210050	四川中正科技有限公司等
两优 8118	国审稻 20210051	成都锦江区蓉育农作物研究所	淳丰优 6377	国审稻 20210052	安陆市兆农育种创新中心等
旌优 1686	国审稻 20210053	四川比特利种业有限责任公司等	宜香优 4945	国审稻 20210054	四川泰谷农业科技有限公司等
荃优 5438	国审稻 20210055	湖南隆平高科种业科学研究院有限公司等	旌 3 优五山丝苗	国审稻 20210056	四川省农业科学院水稻高粱研究所等
千乡优 237	国审稻 20210057	四川农业大学水稻研究所等	蜀优 627	国审稻 20210058	四川农业大学水稻研究所等
兆优 5431	国审稻 20210059	深圳市兆农农业科技有限公司	国泰香优龙占	国审稻 20210060	四川众智种业科技有限公司
隆两优 1558	国审稻 20210061	湖南神州星锐种业科技有限公司等	友两优 228	国审稻 20210062	贵州友禾种业有限公司
蓉 3 优 2079	国审稻 20210063	达州市农业科学研究院等	旌康优 117	国审稻 20210064	四川天宇种业有限责任公司等
万优 815	国审稻 20210065	重庆三峡农业科学院	天优 35	国审稻 20210066	贵州省水稻研究所等
内 6 优 1607	国审稻 20210067	中国水稻研究所	桂香优金农丝苗	国审稻 20210068	四川锦秀河山农业科技有限公司等
旺两优 985	国审稻 20210069	湖南广阔天地科技有限公司	泰优 1750	国审稻 20210070	泸州泰丰居里隆夫水稻育种有限公司等
泰两优 6338	国审稻 20210071	泸州泰丰居里隆夫水稻育种有限公司等	正稻 1 号	国审稻 20210072	四川省嘉陵农作物品种研究有限公司等
瑞优雅禾	国审稻 20210073	成都科瑞农业研究中心等	又香优又丝苗	国审稻 20210074	广西兆和种业有限公司等
广 8 优郁香	国审稻 20210075	广西兆和种业有限公司等	邦两优香占	国审稻 20210076	广西兆和种业有限公司
原香优兆香丝苗	国审稻 20210077	广西兆和种业有限公司等	甬优 4953	国审稻 20210078	宁波市种子有限公司

（续表）

品种名称	审定编号	选育单位	品种名称	审定编号	选育单位
鑫丰优 868	国审稻 20210079	广西百香高科种业有限公司	荃香优 89	国审稻 20210080	宣城市种植业局等
禧优华占	国审稻 20210081	安徽袁粮水稻产业有限公司等	丽香优纳丝苗	国审稻 20210082	广西百香高科种业有限公司等
百香优 125	国审稻 20210083	广西百香高科种业有限公司	荃优雅占	国审稻 20210084	江西天涯种业有限公司等
深两优五山丝苗	国审稻 20210085	江西天涯种业有限公司等	赛两优 658	国审稻 20210086	安徽赛诺种业有限公司
和两优 1177	国审稻 20210087	袁隆平农业高科技股份有限公司等	宜香优润禾	国审稻 20210088	四川省农业科学院水稻高粱研究所等
旌 3 优 87	国审稻 20210089	四川省农业科学院水稻高粱研究所	川康优 6308	国审稻 20210090	四川农业大学水稻研究所等
喜两优丝苗	国审稻 20210091	安徽喜多收种业科技有限公司等	喜两优超占	国审稻 20210092	安徽喜多收种业科技有限公司
泰两优 887	国审稻 20210093	泸州泰丰居里隆夫水稻育种有限公司等	甬优 4949	国审稻 20210094	宁波市种子有限公司等
甬优 4149	国审稻 20210095	宁波市种子有限公司	蜀优 730	国审稻 20210096	四川农业大学水稻研究所
荃优鄂丰丝苗	国审稻 20210097	湖北荃银高科种业有限公司等	锦城优丝苗	国审稻 20210098	成都市农林科学院作物研究所等
钰香优 2727	国审稻 20210099	四川省农业科学院作物研究所	川香优 1095	国审稻 20210100	四川省农业科学院作物研究所
锦城优 808	国审稻 20210101	四川泰隆汇智生物科技有限公司等	甜香优 2115	国审稻 20210102	内江杂交水稻科技开发中心等
秋乡优 3 号	国审稻 20210103	四川智慧高地种业有限公司	蜀香优 668	国审稻 20210104	四川奥力星农业科技有限公司等
泰香优美玉	国审稻 20210105	四川奥力星农业科技有限公司等	旌 3 优 6150	国审稻 20210106	四川省农业科学院水稻高粱研究所
宜香优 2118	国审稻 20210107	四川福华高科种业有限责任公司	千乡 8 优 78	国审稻 20210108	江西天涯种业有限公司等
恒丰优 210	国审稻 20210109	中国水稻研究所等	品香优五山丝苗	国审稻 20210110	四川省农业科学院水稻高粱研究所等
品香优明珍	国审稻 20210111	四川省农业科学院水稻高粱研究所	陵 7 优 558	国审稻 20210112	丰都县亿金农业科学研究所
喜两优慧苗	国审稻 20210113	绵阳致道农业科技有限公司等	秋两优慧丝	国审稻 20210114	绵阳致道农业科技有限公司

（续表）

品种名称	审定编号	选育单位	品种名称	审定编号	选育单位
徽两优美香新占	国审稻 20210115	安徽荃银超大种业有限公司等	荃两优 069	国审稻 20210116	安徽荃银高科种业股份有限公司等
陵优 7904	国审稻 20210117	重庆市渝东南农业科学院	晶两优 8612	国审稻 20210118	袁隆平农业高科技股份有限公司等
宜香优 2115	国审稻 20210119	四川农业大学农学院等	蓉优 981	国审稻 20210120	贵州省水稻研究所等
全两优 1822	国审稻 20210121	安徽荃银高科种业股份有限公司等	禧优 202	国审稻 20210122	安徽袁粮水稻产业有限公司
隆两优 4118	国审稻 20210123	安徽隆平高科（新桥）种业有限公司	泸两优 2840	国审稻 20210124	四川川种种业有限责任公司等
荃优 291	国审稻 20210125	安徽荃银高科种业股份有限公司	聚两优 2185	国审稻 20210126	福建省农业科学院水稻研究所等
Y 两优 919	国审稻 20210127	安徽袁粮水稻产业有限公司	Q 两优 169	国审稻 20210128	安徽荃银高科种业股份有限公司
粮两优芸占	国审稻 20210129	湖南粮安种业科技股份有限公司等	韵两优丝占	国审稻 20210130	袁隆平农业高科技股份有限公司等
钢两优 1010	国审稻 20210131	江西天涯种业有限公司	荃优 60	国审稻 20210132	广州市金粤生物科技有限公司等
Q 两优 532	国审稻 20210133	安徽荃银高科种业股份有限公司	荆两优 1167	国审稻 20210134	湖北荆楚种业科技有限公司
两优 5074	国审稻 20210135	安徽省农业科学院水稻研究所	C 两优 143	国审稻 20210136	中国水稻研究所
星两优 551	国审稻 20210137	安徽袁粮水稻产业有限公司	茂两优 1016	国审稻 20210138	湖南杂交水稻研究中心
Y 两优 1166	国审稻 20210139	湖南省核农学与航天育种研究所	徽两优 007	国审稻 20210140	安徽理想种业有限公司等
深两优 19	国审稻 20210141	信阳市农业科学院	深两优 8226	国审稻 20210142	武汉国英种业有限责任公司等
科优 8013	国审稻 20210143	福建省南平市农业科学研究所	伍两优华占	国审稻 20210144	益阳市农业科学研究所等
两优 5311	国审稻 20210145	武汉大学	两优 1314	国审稻 20210146	武汉大学
兴两优 1134	国审稻 20210147	湖南垦惠商业化育种有限责任公司	Y 两优 966	国审稻 20210148	湖南广阔天地科技有限公司等
深穗优华占	国审稻 20210149	湖南杂交水稻研究中心等	隆两优 578	国审稻 20210150	湖南杂交水稻研究中心等
润君优 656	国审稻 20210151	湖南鑫盛华丰种业科技有限公司等	徽两优 27 占	国审稻 20210152	贵州筑农科种业有限责任公司等

（续表）

品种名称	审定编号	选育单位	品种名称	审定编号	选育单位
浙大荃优1610	国审稻20210153	浙江大学等	玖两优1574	国审稻20210154	湖南杂交水稻研究中心等
两优8206	国审稻20210155	湖北华丰瑞农业科技有限公司等	深两优7278	国审稻20210156	合肥市合丰种业有限公司
易两优1564	国审稻20210157	安徽瑞和种业有限公司等	徽两优慧占	国审稻20210158	江西金信种业有限公司等
淳丰优3号	国审稻20210159	安陆市兆农育种创新中心	徽两优008	国审稻20210160	安徽理想种业有限公司等
荃两优136	国审稻20210161	安徽荃银超大种业有限公司等	徽两优香丝苗	国审稻20210162	安徽兆和种业有限公司
荃优绿丝苗	国审稻20210163	安徽荃银超大种业有限公司等	荃优美香新占	国审稻20210164	深圳市金谷美香实业有限公司等
广两优035	国审稻20210165	安徽农业大学等	N两优4118	国审稻20210166	合肥信达高科农业科学研究所
两优7816	国审稻20210167	福建省农业科学院生物技术研究所	荃优2050	国审稻20210168	福建农林大学农学院等
C两优晶丝苗	国审稻20210169	安徽锦色秀华农业科技有限公司	华两优236	国审稻20210170	武汉惠华三农种业有限公司
信两优905	国审稻20210171	信阳市农业科学院	济优6号	国审稻20210172	安陆市兆农育种研发中心
勇两优全赢丝苗	国审稻20210173	湖北荃银高科种业有限公司	功两优2号	国审稻20210174	江西省灏德种业有限公司等
冲两优2号	国审稻20210175	江西省灏德种业有限公司等	泰两优1808	国审稻20210176	四川泰隆汇智生物科技有限公司
荃优8016	国审稻20210177	安徽省皖农种业有限公司等	徽两优699	国审稻20210178	福建兴禾种业科技有限公司等
两优8699	国审稻20210179	福建鼎信隆生物科技有限公司等	荃优162	国审稻20210180	江西天涯种业有限公司等
荃优2289	国审稻20210181	江西天涯种业有限公司等	深两优811	国审稻20210182	武汉国英种业有限责任公司等
圳两优2018	国审稻20210183	长沙利诚种业有限公司	强两优599	国审稻20210184	武汉市文鼎农业生物技术有限公司等
泰两优晶丝苗	国审稻20210185	浙江科原种业有限公司等	原两优越丰占	国审稻20210186	浙江科原种业有限公司等
兴两优1801	国审稻20210187	江西天下禾育种研究所	徽两优505	国审稻20210188	四川农业大学等
君两优428	国审稻20210189	福建省南平市农业科学研究所等	夷优566	国审稻20210190	建阳民丰农作物品种研究所

（续表）

品种名称	审定编号	选育单位	品种名称	审定编号	选育单位
春 9 两优 534	国审稻 20210191	中国农业科学院深圳农业基因组研究所等	深两优 68	国审稻 20210192	中国科学院合肥物质科学研究院等
创优 9708	国审稻 20210193	福建省农业科学院水稻研究所等	广两优 6301	国审稻 20210194	安徽嘉农种业有限公司
硕两优 5 号	国审稻 20210195	江苏悦丰种业科技有限公司	韶优 766	国审稻 20210196	广东源泰农业科技有限公司等
徽两优 636	国审稻 20210197	安徽省创富种业有限公司等	巧两优丝占	国审稻 20210198	安徽省创富种业有限公司等
易两优 311	国审稻 20210199	武汉大学	瑞两优 6808	国审稻 20210200	长江大学等
兴两优 1802	国审稻 20210201	江西兴安种业有限公司	岑两优 1810	国审稻 20210202	江西兴安种业有限公司
兴两优 1257	国审稻 20210203	湖南北大荒种业科技有限责任公司等	嘉丰优 911	国审稻 20210204	浙江可得丰种业有限公司等
徽两优绿丝苗	国审稻 20210205	安徽荃银超大种业有限公司等	徽两优赋丝占	国审稻 20210206	郴州市农业科学研究所等
林两优 1771	国审稻 20210207	安徽枝柳农业科技有限公司	润两优 313	国审稻 20210208	江苏省徐州大华种业有限公司等
浙两优粤禾丝苗	国审稻 20210209	浙江农科种业有限公司等	亮两优 423	国审稻 20210210	合肥国丰农业科技有限公司
春 8 两优 1736	国审稻 20210211	湖南省春云农业科技股份有限公司	Y 两优多回 14	国审稻 20210212	武汉多倍体生物科技有限公司等
G 两优 345	国审稻 20210213	湖北楚创高科农业有限公司	明糯优 8301	国审稻 20210214	福建亚丰种业有限公司等
T 两优 789	国审稻 20210215	安徽蓝田农业开发有限公司等	登两优 2016	国审稻 20210216	湖南广阔天地科技有限公司等
桂香优 169	国审稻 20210217	四川锦秀河山农业科技有限公司等	桂香优玉占	国审稻 20210218	湖南恒德种业科技有限公司等
隆两优 0078	国审稻 20210219	湖南杂交水稻研究中心等	爽两优粤王丝苗	国审稻 20210220	湖南杂交水稻研究中心等
爽两优粤农丝苗	国审稻 20210221	湖南杂交水稻研究中心等	春两优长 70	国审稻 20210222	长江大学等
徽两优 985	国审稻 20210223	安徽省农业科学院水稻研究所等	鑫隆优 3 号	国审稻 20210224	湖南鑫盛华丰种业科技有限公司等
鑫隆优丝占	国审稻 20210225	湖南鑫盛华丰种业科技有限公司等	泰两优 27 占	国审稻 20210226	贵州筑农科种业有限责任公司等

（续表）

品种名称	审定编号	选育单位	品种名称	审定编号	选育单位
山两优 164	国审稻 20210227	三明市农业科学研究院	垦两优 909	国审稻 20210228	垦丰长江种业科技有限公司等
垦两优 332	国审稻 20210229	垦丰长江种业科技有限公司等	长两优 803	国审稻 20210230	垦丰长江种业科技有限公司等
悠香优 2 号	国审稻 20210231	垦丰长江种业科技有限公司等	泰两优香丝苗	国审稻 20210232	广西壮邦种业有限公司
泰两优粤香晶丝	国审稻 20210233	广西兆和种业有限公司等	弋两优 929	国审稻 20210234	芜湖青弋江种业有限公司
和两优 5438	国审稻 20210235	广汉泰利隆农作物研究所等	深两优 5438	国审稻 20210236	广汉泰利隆农作物研究所等
盖两优 9977	国审稻 20210237	四川泰谷农业科技有限公司等	喜两优慧占	国审稻 20210238	四川华谷西南农业科技有限公司等
淳丰优 6319	国审稻 20210239	安陆市兆农育种创新中心等	弘优秋占	国审稻 20210240	广东天弘种业有限公司
淳丰优国泰	国审稻 20210241	安陆市兆农育种创新中心等	科荃优 4302	国审稻 20210242	中国科学院亚热带农业生态研究所等
华两优 919	国审稻 20210243	安徽袁粮水稻产业有限公司	美两优 1617	国审稻 20210244	湖南金源种业有限公司
莉优 J168	国审稻 20210245	湖南金源种业有限公司	润两优 619	国审稻 20210246	江苏里下河地区农业科学研究所等
盐两优丝苗 1 号	国审稻 20210247	江苏沿海地区农业科学研究所等	百香优 005	国审稻 20210248	广西百香高科种业有限公司
Q 两优粤农丝苗	国审稻 20210249	湖南金色农华种业科技有限公司等	功两优 3 号	国审稻 20210250	广东和丰种业科技有限公司等
唐两优郁香占	国审稻 20210251	江西金信种业有限公司等	仁优 6553	国审稻 20210252	安陆市兆农育种创新中心等
仁优国泰	国审稻 20210253	安陆市兆农育种创新中心等	深两优 788	国审稻 20210254	安徽理想种业有限公司
川种优 464	国审稻 20210255	岳阳市农业科学研究院等	耕香优 579	国审稻 20210256	广东现代种业发展有限公司等
钢两优 18	国审稻 20210257	江西天涯种业有限公司等	钢两优 860	国审稻 20210258	江西天涯种业有限公司
青香优香九	国审稻 20210259	湖南金健种业科技有限公司等	川两优 884	国审稻 20210260	四川农业大学水稻研究所等
田黄 101	国审稻 20210261	福建省农业科学院生物技术研究所	百香优 9978	国审稻 20210262	广西百香高科种业有限公司
易两优 7102	国审稻 20210263	武汉惠华三农种业有限公司等	荃两优鄂丰丝苗	国审稻 20210264	湖北荃银高科种业有限公司等

（续表）

品种名称	审定编号	选育单位	品种名称	审定编号	选育单位
箴两优荃晶丝苗	国审稻20210265	湖北荃银高科种业有限公司	泰香优润香	国审稻20210266	四川奥力星农业科技有限公司等
明兴两优164	国审稻20210267	福建六三种业有限责任公司等	明1优臻占	国审稻20210268	三明市农业科学研究院
鸿邦两优6363	国审稻20210269	三明市茂丰农业科技开发有限公司	喜两优晶丝占	国审稻20210270	安徽喜多收种业科技有限公司等
巧两优晶香丝占	国审稻20210271	安徽喜多收种业科技有限公司等	荃优禾广丝苗	国审稻20210272	安徽荃华种业科技有限公司等
欣优1881	国审稻20210273	安徽荃银欣隆种业有限公司	神农优452	国审稻20210274	重庆中一种业有限公司
荆两优3867	国审稻20210275	湖北荆楚种业科技有限公司等	未两优10号	国审稻20210276	安徽未来种业有限公司
升两优311	国审稻20210277	武汉衍升农业科技有限公司	华浙优210	国审稻20210278	中国水稻研究所等
棠两优751	国审稻20210279	湖南农业大学	天两优123	国审稻20210280	湖南农业大学
卓两优1126	国审稻20210281	湖南农业大学	泰两优油晶	国审稻20210282	浙江科原种业有限公司等
珂两优8612	国审稻20210283	袁隆平农业高科技股份有限公司等	岑两优1011	国审稻20210284	江西天下禾育种研究所
巧两优晶丝苗	国审稻20210285	安徽喜多收种业科技有限公司	深两优686	国审稻20210286	安徽省农业科学院水稻研究所
绿两优189	国审稻20210287	福建省福瑞华安种业科技有限公司等	两优1899	国审稻20210288	福建省福瑞华安种业科技有限公司等
两优8102	国审稻20210289	福建省福瑞华安种业科技有限公司等	湘两优998	国审稻20210290	中国水稻研究所等
七两优17	国审稻20210291	中国水稻研究所	和两优55	国审稻20210292	合肥韧之农业技术研究所
两优985	国审稻20210293	安徽瑞和种业有限公司等	岑两优1430	国审稻20210294	江西兴安种业有限公司
壮香优1205	国审稻20210295	广西白金种子股份有限公司等	荃两优美香新占	国审稻20210296	安徽荃银高科种业股份有限公司等
韧两优绿银占	国审稻20210297	安徽荃银超大种业有限公司等	浙两优美香新占	国审稻20210298	浙江农科种业有限公司等
瑞两优1053	国审稻20210299	信阳金誉农业科技有限公司等	荃早优851	国审稻20210300	安徽荃银高科种业股份有限公司
隆香优晶占	国审稻20210301	广州市金粤生物科技有限公司等	荃早优晶占	国审稻20210302	广州市金粤生物科技有限公司等

（续表）

品种名称	审定编号	选育单位	品种名称	审定编号	选育单位
万丰优 107	国审稻 20210303	湖南袁创超级稻技术有限公司	鹏优 6553	国审稻 20210304	国家杂交水稻工程技术研究中心清华深圳龙岗研究所
圳两优 1053	国审稻 20210305	长沙利诚种业有限公司	中香黄占	国审稻 20210306	海南波莲水稻基因科技有限公司
桃优香占	国审稻 20210307	桃源县农业科学研究所等	荃早优鄂丰丝苗	国审稻 20210308	湖北荃银高科种业有限公司等
五优晶丝苗	国审稻 20210309	安徽喜多收种业科技有限公司等	欣两优晚一号	国审稻 20210310	安徽荃银欣隆种业而有限公司
欣两优晚二号	国审稻 20210311	安徽荃银欣隆种业有限公司	易两优华占	国审稻 20210312	武汉大学等
玉丁丝苗	国审稻 20210313	安徽绿亿种业有限公司	荷优丝苗	国审稻 20210314	安徽荃银超大种业有限公司等
天丝莹占	国审稻 20210315	湖北华丰瑞农业科技有限公司	银两优 810	国审稻 20210316	安徽荃银高科种业股份有限公司
荆楚优 87	国审稻 20210317	湖北荆楚种业科技有限公司	邦两优香丝苗	国审稻 20210318	广西兆和种业有限公司
安优粤农丝苗	国审稻 20210319	北京金色农华种业科技股份有限公司	润君优 9 号	国审稻 20210320	湖南鑫盛华丰种业科有有限公司等
广和优 33	国审稻 20210321	南昌市农业科学院等	早丰优 7998	国审稻 20210322	江西国穗种业有限公司等
玖两优 164	国审稻 20210323	福建旺福农业发展有限公司等	卓优 3 号	国审稻 20210324	三明市福丰农作物科学研究所等
荆楚优 89	国审稻 20210325	湖北荆楚种业科技有限公司等	广 8 优粤禾丝苗	国审稻 20210326	广东省农业科学院水稻研究所等
安优靓占	国审稻 20210327	江西省农业科学院水稻研究所等	潢优粤禾丝苗	国审稻 20210328	福建省农业科学院水稻研究所等
中映优 T95	国审稻 20210329	广东现代种业发展有限公司	汉两优 801	国审稻 20210330	南京沣和种业科技有限公司等
佳优长晶	国审稻 20210331	湖南佳和种业股份有限公司等	源两优 889	国审稻 20210332	垦丰长江种业科技有限公司等
楚两优 6 号	国审稻 20210333	垦丰长江种业科技有限公司等	又香优龙丝苗	国审稻 20210334	广西兆和种业有限公司
又香优香丝苗	国审稻 20210335	广西兆和种业有限公司等	邦两优 309	国审稻 20210336	广西兆和种业有限公司
贡香两优粤香晶丝	国审稻 20210337	广西壮邦种业有限公司	庆优 9803	国审稻 20210338	福建省农业科学院水稻研究所

（续表）

品种名称	审定编号	选育单位	品种名称	审定编号	选育单位
丝两优香牙占	国审稻 20210339	福建省福瑞华安种业科技有限公司等	长优 780	国审稻 20210340	福建省福瑞华安种业科技有限公司等
广 8 优香丝苗	国审稻 20210341	广西兆和种业有限公司等	深香优 6 号	国审稻 20210342	安陆市兆农育种创新中心等
仁优 6 号	国审稻 20210343	安陆市兆农育种创新中心等	中粳优 346	国审稻 20210344	中国水稻研究所
华浙优 261	国审稻 20210345	中国水稻研究所等	长田优 405	国审稻 20210346	江西红一种业科技股份有限公司
泰两优 1332	国审稻 20210347	浙江科原种业有限公司等	科两优 717	国审稻 20210348	湖南垦惠商业化育种有限责任公司
229 优华占	国审稻 20210349	湖北省农业科学院粮食作物研究所等	恒丰优航 1573	国审稻 20210350	江西省超级水稻研究发展中心等
福优华占	国审稻 20210351	福建省福瑞华安种业科技有限公司等	天优 4302	国审稻 20210352	中国科学院亚热带农业生态研究所等
万象优美特占	国审稻 20210353	江西农业大学农学院	福玉香占	国审稻 20210354	福建省福瑞华安种业科技有限公司
金龙优 3306	国审稻 20210355	清远市农业科技推广服务中心等	福昌优 701	国审稻 20210356	福建省农业科学院水稻研究所
美优 1628	国审稻 20210357	湖南金源种业有限公司	荃优 879	国审稻 20210358	安徽荃银高科种业股份有限公司等
隆两优 1307	国审稻 20210359	袁隆平农业高科技股份有限公司等	广泰优 165	国审稻 20210360	广东省农业科学院水稻研究所
隆两优 1318	国审稻 20210361	福建科力种业有限公司等	F 两优 1252	国审稻 20210362	福建科力种业有限公司等
秀两优 527	国审稻 20210363	广州优能达稻米科技有限公司	恒丰优美香新占	国审稻 20210364	深圳市金谷美香实业有限公司等
华两优 1518	国审稻 20210365	广东兆华种业有限公司	福泰优 661	国审稻 20210366	福建省农业科学院水稻研究所
川康优九五	国审稻 20210367	四川省农业科学院作物研究所等	美香优 165	国审稻 20210368	广西兆和种业有限公司等
乾两优香 68	国审稻 20210369	广西恒茂农业科技有限公司	荃粳优 46	国审稻 20210370	安徽荃银高科种业股份有限公司
荃粳优 70	国审稻 20210371	中国科学院分子植物科学卓越创新中心等	科粳 618	国审稻 20210372	昆山科腾生物科技有限公司
皖粳 1707	国审稻 20210373	安徽农业大学	春优 87	国审稻 20210374	中国水稻研究所

（续表）

品种名称	审定编号	选育单位	品种名称	审定编号	选育单位
苏秀 885	国审稻 20210375	江苏苏乐种业科技有限公司	中研稻 1 号	国审稻 20210376	江苏苏乐种业科技有限公司等
苏秀 823	国审稻 20210377	江苏苏乐种业科技有限公司等	浙粳优 77	国审稻 20210378	浙江勿忘农种业股份有限公司等
哈两优 1674	国审稻 20210379	铜陵市普济种子有限公司等	皖垦糯 6 号	国审稻 20210380	安徽皖垦种业股份有限公司
嘉禾优 726	国审稻 20210381	浙江禾天下种业股份有限公司等	长优 34	国审稻 20210382	金华市农业科学研究院等
长优 1674	国审稻 20210383	无锡哈勃生物种业技术研究院有限公司等	浙优 812	国审稻 20210384	浙江省农业科学院作物与核技术利用研究所等
浙优 810	国审稻 20210385	浙江省农业科学院作物与核技术利用研究所等	大粮 306	国审稻 20210386	临沂市金秋大粮农业科技有限公司
淮粳糯 20	国审稻 20210387	安徽省高科种业有限公司	连粳 317	国审稻 20210388	连云港市农业科学院
金粳 616	国审稻 20210389	天津市水稻研究所	泗稻 21 号	国审稻 20210390	江苏省农业科学院宿迁农科所
中科盐 8 号	国审稻 20210391	江苏沿海地区农业科学研究所等	金香玉 686	国审稻 20210392	天津市农作物研究所
圣稻 23	国审稻 20210393	山东省水稻研究所	圣稻 26	国审稻 20210394	山东省水稻研究所等
镇稻 31 号	国审稻 20210395	江苏丘陵地区镇江农业科学研究所	嘉禾优 5 号	国审稻 20210396	中国水稻研究所等
淮稻 39	国审稻 20210397	江苏徐淮地区淮阴农业科学研究所等	新粮 12 号	国审稻 20210398	新乡市新粮水稻研究所
校博 19	国审稻 20210399	河南省校博种业有限公司	淮稻 1618	国审稻 20210400	江苏天丰种业有限公司等
连粳 102	国审稻 20210401	江苏明天种业科技股份有限公司	大华糯 168	国审稻 20210402	安徽恒祥种业有限公司
圣稻 258	国审稻 20210403	山东省水稻研究所	连粳 172	国审稻 20210404	江苏金万禾农业科技有限公司
连粳 166	国审稻 20210405	江苏农发种业有限公司	泗稻 23 号	国审稻 20210406	江苏省农业科学院宿迁农科所
春优 916	国审稻 20210407	安徽红旗种业科技有限公司等	连粳 213	国审稻 20210408	连云港市农业科学院
晶稻 66	国审稻 20210409	郯城县种子公司	中禾优 7 号	国审稻 20210410	嘉兴市农业科学研究院等

（续表）

品种名称	审定编号	选育单位	品种名称	审定编号	选育单位
华粳 13 号	国审稻 20210411	江苏省大华种业集团有限公司	扬淮粳 3168	国审稻 20210412	扬州大学等
科粳 85	国审稻 20210413	昆山科腾生物科技有限公司	润农 17	国审稻 20210414	山东润农种业科技有限公司
润农 16	国审稻 20210415	山东润农种业科技有限公司	临秀 58	国审稻 20210416	沂南县水稻研究所
中科盐 9 号	国审稻 20210417	江苏沿海地区农业科学研究所等	大粮 302	国审稻 20210418	临沂市金秋大粮农业科技有限公司
泗稻 22 号	国审稻 20210419	江苏省农业科学院宿迁农科所	华粳 7352	国审稻 20210420	中国种子集团有限公司
华农 99	国审稻 20210421	新乡市新粮水稻研究所	9 优 30	国审稻 20210422	连云港市农业科学院等
晶稻 88	国审稻 20210423	郯城县种子公司	苏秀糯 889	国审稻 20210424	江苏苏乐种业科技有限公司
浙粳优 1734	国审稻 20210425	浙江勿忘农种业股份有限公司等	中禾优 11 号	国审稻 20210426	中国科学院合肥物质科学研究院等
新丰 136	国审稻 20210427	河南丰源种子有限公司等	淮稻 40	国审稻 20210428	江苏徐淮地区淮阴农业科学研究所等
京粳 8 号	国审稻 20210429	中国农业科学院作物科学研究所	金粳 398	国审稻 20210430	天津市农作物研究所
锦稻 108	国审稻 20210431	盘锦北方农业技术开发有限公司	京粳 7 号	国审稻 20210432	中国农业科学院作物科学研究所
通禾 861	国审稻 20210433	通化市农业科学研究院	吉农大 871	国审稻 20210434	吉林农业大学等
吉大 968	国审稻 20210435	吉林大学植物科学学院等	天隆粳 169	国审稻 20210436	天津天隆科技股份有限公司
美锋稻 215	国审稻 20210437	辽宁东亚种业有限公司	吉粳 553	国审稻 20210438	吉林省农业科学院
吉粳 558	国审稻 20210439	吉林省农业科学院	吉农大 686	国审稻 20210440	吉林农业大学等
臻福源 277	国审稻 20210441	公主岭市金福源农业科技有限公司	龙稻 185	国审稻 20210442	黑龙江省农业科学院耕作栽培研究所
龙庆稻 30	国审稻 20210443	庆安县北方绿洲稻作研究所	九稻 90	国审稻 20210444	吉林市农业科学院
东富 401	国审稻 20210445	东北农业大学	松粳 215	国审稻 20210446	黑龙江省农业科学院生物技术研究所
东富 177	国审稻 20210447	东北农业大学	旱两优 8200	国审稻 20210448	上海市农业生物基因中心

（续表）

品种名称	审定编号	选育单位	品种名称	审定编号	选育单位
盐稻 21 号	国审稻 20210449	江苏沿海地区农业科学研究所	中科盐 4 号	国审稻 20210450	江苏沿海地区农业科学研究所等
南粳盐 1 号	国审稻 20210451	江苏省农业科学院粮食作物研究所	旌 7 优 42	国审稻 20210452	江苏省农业科学院粮食作物研究所等
贵优华占	国审稻 20216001	中国种子集团有限公司等	贵优 9822	国审稻 20216002	中国种子集团有限公司等
隆锋优 1549	国审稻 20216003	袁隆平农业高科技股份有限公司等	K 两优 18	国审稻 20216004	湖南桃花源农业科技股份有限公司
K 两优 144	国审稻 20216005	湖南桃花源农业科技股份有限公司	隆科早 1 号	国审稻 20216006	袁隆平农业高科技股份有限公司等
川康优 2117	国审稻 20216007	合肥丰乐种业股份有限公司等	玮两优华占	国审稻 20216008	袁隆平农业高科技股份有限公司等
隆 8 优 5208	国审稻 20216009	袁隆平农业高科技股份有限公司等	源两优 199	国审稻 20216010	湖南桃花源农业科技股份有限公司
和两优晶丝	国审稻 20216011	湖南桃花源农业科技股份有限公司等	荃优 169	国审稻 20216012	安徽荃银高科种业股份有限公司
荃香优 575	国审稻 20216013	安徽荃银高科种业股份有限公司等	荃广优 851	国审稻 20216014	安徽荃银高科种业股份有限公司
荃两优 1606	国审稻 20216015	安徽荃银高科种业股份有限公司	荃优银泰香占	国审稻 20216016	安徽荃银高科种业股份有限公司
荃优 836	国审稻 20216017	安徽荃银高科种业股份有限公司	泰优奥美香	国审稻 20216018	湖南奥谱隆科技股份有限公司等
六福优 996	国审稻 20216019	湖南奥谱隆科技股份有限公司	康两优 901	国审稻 20216020	湖南袁创超级稻技术有限公司
吨两优 818	国审稻 20216021	湖南袁创超级稻技术有限公司	万丰优 818	国审稻 20216022	湖南袁创超级稻技术有限公司
Y 两优 911	国审稻 20216023	湖南袁创超级稻技术有限公司	恒丰优京贵占	国审稻 20216024	北京金色农华种业科技股份有限公司等
五乡优粤农丝苗	国审稻 20216025	北京金色农华种业科技股份有限公司等	泰香优稠珍	国审稻 20216026	湖南希望种业科技股份有限公司等
卓两优 1032	国审稻 20216027	湖南希望种业科技股份有限公司	清香优 2238	国审稻 20216028	湖北省种子集团有限公司等
圳优 6377	国审稻 20216029	湖北省种子集团有限公司等	川优 919	国审稻 20216030	合肥丰乐种业股份有限公司等
鹏优 1269	国审稻 20216031	合肥丰乐种业股份有限公司等	兴农丝占	国审稻 20216032	四川国豪种业股份有限公司等

（续表）

品种名称	审定编号	选育单位	品种名称	审定编号	选育单位
仲旺丝苗	国审稻 20216033	四川国豪种业股份有限公司等	玮两优 1181	国审稻 20216034	袁隆平农业高科技股份有限公司等
珍两优 526	国审稻 20216035	袁隆平农业高科技股份有限公司等	美香新占	国审稻 20216036	深圳市金谷美香实业有限公司
隆晶优 8129	国审稻 20216037	袁隆平农业高科技股份有限公司等	绿银占	国审稻 20216038	深圳隆平金谷种业有限公司
玮两优隆占	国审稻 20216039	袁隆平农业高科技股份有限公司等	玮两优 1206	国审稻 20216040	袁隆平农业高科技股份有限公司等
泓两优丝占	国审稻 20216041	袁隆平农业高科技股份有限公司等	臻两优泰丝	国审稻 20216042	袁隆平农业高科技股份有限公司等
伍两优玛占	国审稻 20216043	袁隆平农业高科技股份有限公司等	悦两优 8612	国审稻 20216044	袁隆平农业高科技股份有限公司等
隆 8 优 526	国审稻 20216045	袁隆平农业高科技股份有限公司等	麟两优华占	国审稻 20216046	袁隆平农业高科技股份有限公司等
D 两优 8612	国审稻 20216047	袁隆平农业高科技股份有限公司等	晶沅优蒂占	国审稻 20216048	袁隆平农业高科技股份有限公司等
金龙优 263	国审稻 20216049	中国种子集团有限公司等	香龙优 263	国审稻 20216050	中国种子集团有限公司等
桃两优 2 号	国审稻 20216051	湖南桃花源农业科技股份有限公司等	桃湘优莉晶	国审稻 20216052	湖南桃花源农业科技股份有限公司等
鹤优奥隆丝苗	国审稻 20216053	湖南奥谱隆科技股份有限公司	旌优 312	国审稻 20216054	湖南桃花源农业科技股份有限公司等
内优 10535	国审稻 20216055	江苏红旗种业股份有限公司等	雄两优 188	国审稻 20216056	湖南奥谱隆科技股份有限公司等
天两优 666	国审稻 20216057	湖南奥谱隆科技股份有限公司等	花两优 776	国审稻 20216058	湖南桃花源农业科技股份有限公司等
花两优 563	国审稻 20216059	湖南桃花源农业科技股份有限公司等	桃两优 316	国审稻 20216060	湖南桃花源农业科技股份有限公司等
黄泰占	国审稻 20216061	江苏红旗种业股份有限公司	润两优 219	国审稻 20216062	江苏红旗种业股份有限公司等
黔丰优 990	国审稻 20216063	湖南奥谱隆科技股份有限公司	慧优 996	国审稻 20216064	湖南奥谱隆科技股份有限公司等
强两优平占	国审稻 20216065	湖南奥谱隆科技股份有限公司等	强两优 373	国审稻 20216066	湖南奥谱隆科技股份有限公司
云两优 2118	国审稻 20216067	湖南奥谱隆科技股份有限公司	望两优 018	国审稻 20216068	湖南希望种业科技股份有限公司
G8 优 1 号	国审稻 20216069	四川农大高科种业有限公司等	融两优 6507	国审稻 20216070	中国种子集团有限公司

（续表）

品种名称	审定编号	选育单位	品种名称	审定编号	选育单位
中两优 538	国审稻 20216071	西科农业集团股份有限公司等	两优 517	国审稻 20216072	合肥丰乐种业股份有限公司等
彦两优华占	国审稻 20216073	袁隆平农业高科技股份有限公司等	赞两优 5208	国审稻 20216074	袁隆平农业高科技股份有限公司等
悦两优 5281	国审稻 20216075	袁隆平农业高科技股份有限公司等	晶两优 674	国审稻 20216076	袁隆平农业高科技股份有限公司等
珂两优 1019	国审稻 20216077	江西大众种业有限公司等	隆晶优 1706	国审稻 20216078	袁隆平农业高科技股份有限公司等
泰两优 3808	国审稻 20216079	合肥丰乐种业股份有限公司等	华两优 238	国审稻 20216080	浙江勿忘农种业股份有限公司等
苏两优 5220	国审稻 20216081	江苏中江种业股份有限公司等	桃两优 67	国审稻 20216082	湖南桃花源农业科技股份有限公司等
新优 5388	国审稻 20216083	湖南桃花源农业科技股份有限公司	桃两优 33	国审稻 20216084	湖南桃花源农业科技股份有限公司等
荃广优 822	国审稻 20216085	安徽荃银高科种业股份有限公司	荃两优 532	国审稻 20216086	安徽荃银高科种业股份有限公司
荃优洁丰丝苗	国审稻 20216087	安徽荃银高科种业股份有限公司	荃广优 879	国审稻 20216088	安徽荃银高科种业股份有限公司
荃两优 879	国审稻 20216089	安徽荃银高科种业股份有限公司	荃广优巴斯香占	国审稻 20216090	安徽荃银高科种业股份有限公司
荃广优银泰香占	国审稻 20216091	安徽荃银高科种业股份有限公司	荃泰优巴斯香占	国审稻 20216092	安徽荃银高科种业股份有限公司
泰优 532	国审稻 20216093	安徽荃银高科种业股份有限公司等	广泰优巴斯香占	国审稻 20216094	安徽荃银高科种业股份有限公司等
荃两优 8238	国审稻 20216095	安徽荃银高科种业股份有限公司	荃优 532	国审稻 20216096	安徽荃银高科种业股份有限公司
荃两优洁丰丝苗	国审稻 20216097	安徽荃银高科种业股份有限公司	荃优 596	国审稻 20216098	安徽荃银高科种业股份有限公司
荃优洁田丝苗	国审稻 20216099	安徽荃银高科种业股份有限公司	荃泰优 851	国审稻 20216100	安徽荃银高科种业股份有限公司
荃两优 087	国审稻 20216101	安徽荃银高科种业股份有限公司	荃两优洁田丝苗	国审稻 20216102	安徽荃银高科种业股份有限公司
荃优绿银占	国审稻 20216103	安徽荃银高科种业股份有限公司等	泰优 950	国审稻 20216104	江苏红旗种业股份有限公司
贡两优粤农丝苗	国审稻 20216105	北京金色农华种业科技股份有限公司等	京优 149	国审稻 20216106	北京金色农华种业科技有限公司等

（续表）

品种名称	审定编号	选育单位	品种名称	审定编号	选育单位
宜两优粤禾丝苗	国审稻20216107	北京金色农华种业科技股份有限公司等	柚两优京贵占	国审稻20216108	北京金色农华种业科技股份有限公司等
荃两优粤农丝苗	国审稻20216109	北京金色农华种业科技股份有限公司等	宜两优226	国审稻20216110	北京金色农华种业科技股份有限公司等
强两优奥香丝苗	国审稻20216111	湖南奥谱隆科技股份有限公司	雄两优奥美香	国审稻20216112	湖南奥谱隆科技股份有限公司等
玮两优7713	国审稻20216113	广西恒茂农业科技有限公司等	玮两优6018	国审稻20216114	广西恒茂农业科技有限公司等
昌两优馥香占	国审稻20216115	广西恒茂农业科技有限公司等	乾两优馥香占	国审稻20216116	广西恒茂农业科技有限公司等
万丰优丝占	国审稻20216117	湖南袁创超级稻技术有限公司	万丰优1577	国审稻20216118	湖南袁创超级稻技术有限公司
万丰优957	国审稻20216119	湖南袁创超级稻技术有限公司	杉两优636	国审稻20216120	科荟种业股份有限公司
菁两优685	国审稻20216121	科荟种业股份有限公司	福泰8522	国审稻20216122	科荟种业股份有限公司
扬籼优903	国审稻20216123	西科农业集团股份有限公司等	展两优026	国审稻20216124	湖南希望种业科技股份有限公司
卓两优1018	国审稻20216125	湖南希望种业科技股份有限公司	展两优028	国审稻20216126	湖南希望种业科技股份有限公司
扬籼优912	国审稻20216127	湖北省种子集团有限公司等	淳丰优1028	国审稻20216128	湖北鄂科华泰种业股份有限公司等
N两优75	国审稻20216129	西科农业集团股份有限公司等	爽两优138	国审稻20216130	西科农业集团股份有限公司等
煊两优香占	国审稻20216131	中国种子集团有限公司等	荃优967	国审稻20216132	中国种子集团有限公司等
南晶香占	国审稻20216133	广东省农业科学院水稻研究所等	珂两优华宝	国审稻20216134	袁隆平农业高科技股份有限公司等
臻两优5688	国审稻20216135	袁隆平农业高科技股份有限公司等	珠两优5629	国审稻20216136	袁隆平农业高科技股份有限公司等
民升优827	国审稻20216137	袁隆平农业高科技股份有限公司等	韵两优526	国审稻20216138	袁隆平农业高科技股份有限公司等
炫两优1614	国审稻20216139	袁隆平农业高科技股份有限公司等	振两优泰丝	国审稻20216140	袁隆平农业高科技股份有限公司等
玮两优玛占	国审稻20216141	袁隆平农业高科技股份有限公司等	臻两优钰占	国审稻20216142	袁隆平农业高科技股份有限公司等

（续表）

品种名称	审定编号	选育单位	品种名称	审定编号	选育单位
捷两优隆占	国审稻 20216143	袁隆平农业高科技股份有限公司等	悦两优倩丝	国审稻 20216144	袁隆平农业高科技股份有限公司等
伍两优钰占	国审稻 20216145	袁隆平农业高科技股份有限公司等	悦两优 8549	国审稻 20216146	袁隆平农业高科技股份有限公司等
晶两优蒂占	国审稻 20216147	袁隆平农业高科技股份有限公司等	珠两优 570	国审稻 20216148	袁隆平农业高科技股份有限公司等
皖两优珠占	国审稻 20216149	合肥丰乐种业股份有限公司等	华浙优 26	国审稻 20216150	中国水稻研究所等
中浙优 11	国审稻 20216151	浙江勿忘农种业股份有限公司等	中浙优 518	国审稻 20216152	浙江勿忘农种业股份有限公司等
花两优 66	国审稻 20216153	湖南桃花源农业科技股份有限公司等	赣 73 优 220	国审稻 20216154	江苏中江种业股份有限公司等
银两优洁田丝苗	国审稻 20216155	安徽荃银高科种业股份有限公司	银两优 506	国审稻 20216156	安徽荃银高科种业股份有限公司等
粤禾优 138	国审稻 20216157	广西恒茂农业科技有限公司等	金香优 360	国审稻 20216158	中国种子集团有限公司等
益 9 优 650	国审稻 20216159	中国种子集团有限公司等	隆晶优 1 号	国审稻 20216160	湖南亚华种业科学研究院
隆晶优蒂占	国审稻 20216161	袁隆平农业高科技股份有限公司等	隆晶优 3135	国审稻 20216162	袁隆平农业高科技股份有限公司等
隆优 1706	国审稻 20216163	袁隆平农业高科技股份有限公司等	圳优 1127	国审稻 20216164	湖南桃花源农业科技股份有限公司等
桃湘优 290	国审稻 20216165	湖南桃花源农业科技股份有限公司	AH 两优 886	国审稻 20216166	湖南桃花源农业科技股份有限公司等
盈两优奥占	国审稻 20216167	湖南奥谱隆科技股份有限公司等	红两优奥隆丝苗	国审稻 20216168	湖南奥谱隆科技股份有限公司等
川浙优 466	国审稻 20216169	科荟种业股份有限公司等	耘两优 966	国审稻 20216170	合肥丰乐种业股份有限公司
赣 73 优 705	国审稻 20216171	江苏中江种业股份有限公司等	桃秀优 112	国审稻 20216172	湖南桃花源农业科技股份有限公司
桃秀优 169	国审稻 20216173	湖南桃花源农业科技股份有限公司等	志优银丝	国审稻 20216174	湖南桃花源农业科技股份有限公司等
荃早优 857	国审稻 20216175	安徽荃银高科种业股份有限公司等	银两优 836	国审稻 20216176	安徽荃银高科种业股份有限公司
荃早优 1606	国审稻 20216177	安徽荃银高科种业股份有限公司	玖两优 169	国审稻 20216178	西科农业集团股份有限公司等
华元 3 优 466	国审稻 20216179	科荟种业股份有限公司等	荟两优 533	国审稻 20216180	科荟种业股份有限公司

（续表）

品种名称	审定编号	选育单位	品种名称	审定编号	选育单位
华盛优京贵占	国审稻 20216181	北京金色农华种业科技股份有限公司	华盛优华占	国审稻 20216182	北京金色农华种业科技股份有限公司等
桃优京贵占	国审稻 20216183	北京金色农华种业科技股份有限公司等	晶泰优京贵占	国审稻 20216184	北京金色农华种业科技股份有限公司
泰谷优 466	国审稻 20216185	科荟种业股份有限公司	金香优 263	国审稻 20216186	中国种子集团有限公司等
广泰优 736	国审稻 20216187	广东省农业科学院水稻研究所等	广泰优 406	国审稻 20216188	中国种子集团有限公司等
晖两优泰丝	国审稻 20216189	袁隆平农业高科技股份有限公司等	泰优 390	国审稻 20216190	湖南金稻种业有限公司等
晖两优 2646	国审稻 20216191	袁隆平农业高科技股份有限公司等	乐两优 66	国审稻 20216192	合肥丰乐种业股份有限公司
乐优 966	国审稻 20216193	合肥丰乐种业股份有限公司	A 两优 66	国审稻 20216194	湖南桃花源农业科技股份有限公司等
宁两优 1221	国审稻 20216195	袁隆平农业高科技股份有限公司等	亮两优 313	国审稻 20216196	袁隆平农业高科技股份有限公司等
新两优银丝苗	国审稻 20216197	安徽荃银高科种业股份有限公司	金龙优 650	国审稻 20216198	中国种子集团有限公司等
隆晶优 5368	国审稻 20216199	袁隆平农业高科技股份有限公司等	振两优钰占	国审稻 20216200	袁隆平农业高科技股份有限公司等
莉丰优 1597	国审稻 20216201	袁隆平农业高科技股份有限公司等	隆晶优 8250	国审稻 20216202	袁隆平农业高科技股份有限公司等
玉两优 2056	国审稻 20216203	袁隆平农业高科技股份有限公司等	振两优 0373	国审稻 20216204	袁隆平农业高科技股份有限公司等
智龙优 2877	国审稻 20216205	中国种子集团有限公司等	慧优奥隆丝苗	国审稻 20216206	湖南奥谱隆科技股份有限公司
六福优 977	国审稻 20216207	湖南奥谱隆科技股份有限公司	贵优 55	国审稻 20216208	中国种子集团有限公司等
香龙优双喜	国审稻 20216209	中国种子集团有限公司等	长两优 73	国审稻 20216210	合肥丰乐种业股份有限公司
振两优华宝	国审稻 20216211	袁隆平农业高科技股份有限公司等	悦两优 4231	国审稻 20216212	袁隆平农业高科技股份有限公司等
韵两优 6176	国审稻 20216213	袁隆平农业高科技股份有限公司等	民升优 2349	国审稻 20216214	袁隆平农业高科技股份有限公司等
A 两优 336	国审稻 20216215	安徽桃花源农业科技有限责任公司等	桃两优 77	国审稻 20216216	湖南桃花源农业科技股份有限公司等

（续表）

品种名称	审定编号	选育单位	品种名称	审定编号	选育单位
桃湘优 188	国审稻 20216217	湖南桃花源农业科技股份有限公司	浙优 817	国审稻 20216218	安徽荃银高科种业股份有限公司等
荃香糯 3 号	国审稻 20216219	江苏里下河地区农业科学研究所等	荃粳 835	国审稻 20216220	安徽荃银高科种业股份有限公司
秀优 5013	国审稻 20216221	安徽荃银高科种业股份有限公司等	明粳 819	国审稻 20216222	江苏明天种业科技股份有限公司
连粳 307	国审稻 20216223	江苏明天种业科技股份有限公司等	宁粳 14 号	国审稻 20216224	宁夏农林科学院农作物研究所水稻室
宁粳 15 号	国审稻 20216225	宁夏农林科学院农作物研究所			
南方稻区					
金两优 2 号	苏审稻 20210001	江苏金土地种业有限公司	荃 9 优 220	苏审稻 20210002	江苏中江种业股份有限公司等
徐稻 15 号	苏审稻 20210003	江苏徐淮地区徐州农业科学研究所	南粳 518	苏审稻 20210004	江苏省农业科学院粮食作物研究所等
金武粳 1 号	苏审稻 20210005	江苏金色农业股份有限公司等	保稻 612	苏审稻 20210006	江苏保丰集团公司
宝粳 1 号	苏审稻 20210007	江苏宝煌农业科技发展有限公司等	武香糯 109	苏审稻 20210008	江苏红旗种业股份有限公司等
泰香粳 1402	苏审稻 20210009	江苏红旗农场生态农业股份有限公司等	镇稻 32 号	苏审稻 20210010	江苏丘陵地区镇江农业科学研究所
甬优 6718	苏审稻 20210011	宁波种业股份有限公司	常优粳 10 号	苏审稻 20210012	常熟市农业科学研究所
中禾优 7 号	苏审稻 20210013	嘉兴市农业科学研究院等	武香粳 671	苏审稻 20210014	江苏（武进）水稻研究所等
皖垦粳 1514	苏审稻 20210015	扬州大学等	常糯 2 号	苏审稻 20210016	常熟市农业科学研究所
宁香粳 11	苏审稻 20210017	南京农业大学水稻研究所	甬优 1516	苏审稻 20210018	宁波种业股份有限公司
华荃优 109	苏审稻 20210019	江苏大丰华丰种业股份有限公司等	润两优 612	苏审稻 20210020	江苏里下河地区农业科学研究所等
荃优 134	苏审稻 20210021	江苏丘陵地区镇江农业科学研究所等	明两优 875	苏审稻 20210022	江苏明天种业科技股份有限公司等
苏两优 1 号	苏审稻 20210023	江苏悦丰种业科技有限公司	华粳 12 号	苏审稻 20210024	江苏省大华种业集团有限公司
中江粳 228	苏审稻 20210025	江苏中江种业股份有限公司	南粳晴谷	苏审稻 20210026	江苏省农业科学院粮食作物研究所

（续表）

品种名称	审定编号	选育单位	品种名称	审定编号	选育单位
连粳 405	苏审稻 20210027	连云港市农业科学院	盐糯 19	苏审稻 20210028	盐城市盐都区农业科学研究所
华粳 10 号	苏审稻 20210029	江苏省大华种业集团有限公司	锡稻 1 号	苏审稻 20210030	无锡哈勃生物种业技术研究院有限公司等
常农粳 16 号	苏审稻 20210031	常熟市农业科学研究所	南粳 66	苏审稻 20210032	江苏省农业科学院粮食作物研究所等
淮稻 31	苏审稻 20210033	江苏天丰种业有限公司等	淮稻 32	苏审稻 20210034	江苏天丰种业有限公司等
淮稻 33	苏审稻 20210035	江苏徐淮地区淮阴农业科学研究所	淮稻 35	苏审稻 20210036	江苏徐淮地区淮阴农业科学研究所
扬粳 722	苏审稻 20210037	江苏里下河地区农业科学研究所等	南粳 9308	苏审稻 20210038	江苏省农业科学院粮食作物研究所等
徐香粳 16 号	苏审稻 20210039	江苏徐淮地区徐州农业科学研究所	苏秀 839	苏审稻 20210040	中研万科种业有限公司
盐田育 3 号	苏审稻 20210041	连云港市农业科学院	盐田育 4 号	苏审稻 20210042	连云港市农业科学院
盐稻 18 号	苏审稻 20210043	盐城明天种业科技有限公司等	南粳莹谷	苏审稻 20210044	江苏瑞华农业科技有限公司等
盐申稻 83006	苏审稻 20210045	江苏沿海地区农业科学研究所等	扬农粳 3091	苏审稻 20210046	扬州大学等
南粳 5718	苏审稻 20210047	江苏省农业科学院粮食作物研究所等	华粳 11 号	苏审稻 20210048	江苏省大华种业集团有限公司
中科盐 6 号	苏审稻 20210049	盐城市农业科学院等	镇稻 33 号	苏审稻 20210050	江苏丘陵地区镇江农业科学研究所
香缘 99	苏审稻 20210051	江苏里下河地区农业科学研究所等	淮稻 36	苏审稻 20210052	江苏徐淮地区淮阴农业科学研究所
扬粳 5118	苏审稻 20210053	江苏里下河地区农业科学研究所	淮稻 41	苏审稻 20210054	江苏徐淮地区淮阴农业科学研究所
淮稻 42	苏审稻 20210055	江苏天丰种业有限公司等	扬香玉 1 号	苏审稻 20210056	江苏里下河地区农业科学研究所等
武育粳 377	苏审稻 20210057	江苏（武进）水稻研究所等	扬粳 7081	苏审稻 20210058	江苏里下河地区农业科学研究所等
宁粳 13 号	苏审稻 20210059	南京农业大学水稻研究所等	中盐稻 83011	苏审稻 20210060	盐城明天种业科技有限公司等
丰粳 908	苏审稻 20210061	江苏神农大丰种业科技有限公司	扬大 3 号	苏审稻 20210062	扬州大学等

（续表）

品种名称	审定编号	选育单位	品种名称	审定编号	选育单位
南粳 5758	苏审稻 20210063	江苏省农业科学院粮食作物研究所	悦香粳 2 号	苏审稻 20210064	江苏悦丰种业科技有限公司
润扬粳 1 号	苏审稻 20210065	江苏润扬种业股份有限公司	广陵优粳	苏审稻 20210066	扬州大学
通粳 4 号	苏审稻 20210067	江苏沿江地区农业科学研究所	南粳 59	苏审稻 20210068	江苏省农业科学院粮食作物研究所
镇稻 28 号	苏审稻 20210069	江苏丰源种业有限公司等	镇稻 30 号	苏审稻 20210070	江苏丰源种业有限公司等
武运 6296	苏审稻 20210071	江苏神农大丰种业科技有限公司等	扬粳 7028	苏审稻 20210072	江苏里下河地区农业科学研究所
武育粳 528	苏审稻 20210073	江苏（武进）水稻研究所	武科粳 7375	苏审稻 20210074	江苏（武进）水稻研究所等
金武软玉	苏审稻 20210075	常州市金坛种子有限公司等	常优粳 11 号	苏审稻 20210076	常熟市农业科学研究所
南粳优 293	苏审稻 20210077	江苏省农业科学院粮食作物研究所	淮糯 158	苏审稻 20210078	江苏徐淮地区淮阴农业科学研究所
淮糯 168	苏审稻 20210079	江苏徐淮地区淮阴农业科学研究所	连香糯 516	苏审稻 20210080	连云港市农业科学院
南粳糯 2 号	苏审稻 20210081	江苏省农业科学院粮食作物研究所	金地糯 288	苏审稻 20210082	江苏省金地种业科技有限公司
中科盐 2 号	苏审稻 20210083	江苏沿海地区农业科学研究所等	南粳香糯	苏审稻 20210084	江苏省农业科学院粮食作物研究所
扬粳糯 5 号	苏审稻 20210085	江苏里下河地区农业科学研究所	武育糯 180	苏审稻 20210086	江苏（武进）水稻研究所
镇糯 29 号	苏审稻 20210087	江苏丘陵地区镇江农业科学研究所等	金香糯 1 号	苏审稻 20210088	江苏金色农业股份有限公司
苏糯 7132	苏审稻 20210089	江苏中江种业股份有限公司等	南粳 46	苏审稻 20210090	江苏省农业科学院粮食作物研究所
弘优 26	沪审稻 2021001	上海弘辉种业有限公司等	嘉优 9 号	沪审稻 2021002	浙江禾天下种业股份有限公司等
美谷 2 号	沪审稻 2021003	上海市奉贤区农业技术推广中心等	上师大 19 号	沪审稻 2021004	上海师范大学生命科学院
嘉 87	沪审稻 2021005	嘉兴市农业科学研究院等	浙禾香 2 号	沪审稻 2021006	嘉兴市农业科学研究院等
沪稻 89 号	沪审稻 2021007	上海市农业科学院等	沪早粳 193	沪审稻 2021008	上海市农业科学院等
旱优 640	沪审稻 2021009	上海市农业生物基因中心	沪旱 1517	沪审稻 2021010	上海市农业生物基因中心

（续表）

品种名称	审定编号	选育单位	品种名称	审定编号	选育单位
嘉创 55	浙审稻 2021001	嘉兴市绿农种子有限公司等	金早 645	浙审稻 2021002	金华市农业科学研究院等
甬籼 641	浙审稻 2021003	宁波市农业科学研究院	浙 1708	浙审稻 2021004	杭州种业集团有限公司等
春江 163	浙审稻 2021005	中国水稻研究所等	浙粳 78	浙审稻 2021006	浙江省农业科学院作物与核技术利用研究所等
甬粳 581	浙审稻 2021007	宁波市农业科学研究院	秀水 1717	浙审稻 2021008	嘉兴市农业科学研究院
浙湖粳 26	浙审稻 2021009	湖州市农业科学研究院等	春江 165	浙审稻 2021010	中国水稻研究所等
甬优 63	浙审稻 2021011	宁波种业股份有限公司	甬优 7823	浙审稻 2021012	宁波种业股份有限公司
浙科优 1 号	浙审稻 2021013	浙江科诚种业股份有限公司等	甬优 55	浙审稻 2021014	宁波种业股份有限公司
浙粳优 4 号	浙审稻 2021015	浙江省农业科学院作物与核技术利用研究所等	诚优 13	浙审稻 2021016	杭州众诚农业科技有限公司
长优 34	浙审稻 2021017	金华市农业科学研究院等	甬优 59	浙审稻 2021018	宁波种业股份有限公司
嘉丰优 3 号	浙审稻 2021019	嘉兴市农业科学研究院等	甬优 51	浙审稻 2021020	宁波种业股份有限公司
福兴优 386	浙审稻 2021021	金华市农业科学研究院等	浙大抗两优 128	浙审稻 2021022	浙江大学原子核农业科学研究所等
广 8 优 8318	浙审稻 2021023	台州市农业科学研究院等	湘两优新占	浙审稻 2021024	中国水稻研究所等
深两优 689	浙审稻 2021025	温州市农业科学研究院等	浙两优 272	浙审稻 2021026	浙江农科种业有限公司等
泰丰优 2 号	浙审稻 2021027	中国水稻研究所等	秀水 7204	浙审稻 2021028	嘉兴市农业科学研究院
春江 166	浙审稻 2021029	中国水稻研究所等	浙禾 622	浙审稻 2021030	嘉兴市农业科学研究院等
春优 165	浙审稻 2021031	中国水稻研究所等	甬优 4918	浙审稻 2021032	宁波种业股份有限公司
嘉诚优 1253	浙审稻 2021033	杭州众诚农业科技有限公司等	春优 801	浙审稻 2021034	中国水稻研究所等
广两优 17140	浙审稻 2021035	中国水稻研究所等	浙大紫两优 1 号	浙审稻 2021036	浙江大学原子核农业科学研究所等

（续表）

品种名称	审定编号	选育单位	品种名称	审定编号	选育单位
两优红 84	浙审稻 2021037	浙江省农业科学院作物与核技术利用研究所	富两优 506	浙审稻 2021038	中国水稻研究所
紫糯 18	浙审稻 2021039	浙江省农业科学院作物与核技术利用研究所	宁粳 87A	浙审稻（不育系）2021001	宁波市农业科学研究院
中谷 9A	浙审稻（不育系）2021002	中国水稻研究所	中 285A	浙审稻（不育系）2021003	中国水稻研究所
中兆 A	浙审稻（不育系）2021004	中国水稻研究所	中签 A	浙审稻（不育系）2021005	中国水稻研究所
中零 S	浙审稻（不育系）2021005	中国水稻研究所	丝香 1S	浙审稻（不育系）2021005	浙江科源种业科学研究有限公司
浙大紫 1S	浙审稻（不育系）2021008	浙江大学原子核农业科学研究所等	浙大金 1S	浙审稻（不育系）2021009	浙江大学原子核农业科学研究所等
浙大 228S	浙审稻（不育系）2021010	浙江大学	诚 1A	浙审稻（不育系）2021011	华南农业大学农学院等
华湘 3S	浙审稻（不育系）2021012	湖南常德丰裕种子有限公司等	华湘 1S	浙审稻（不育系）2021013	浙江勿忘农种业股份有限公司等
华湘 2S	浙审稻（不育系）2021014	浙江勿忘农种业股份有限公司等	甬粳 94A	浙审稻（不育系）2021015	宁波种业股份有限公司
甬粳 18A	浙审稻（不育系）2021016	宁波种业股份有限公司	浙粳 11A	浙审稻（不育系）2021017	浙江省农业科学院作物与核技术利用研究所等
内 7S	浙审稻（不育系）2021018	中国水稻研究所等	81A	浙审稻（不育系）2021019	金华市农业科学研究院等
泰香 A	浙审稻（不育系）2021020	中国水稻研究所	甬粳 12A	浙审稻（不育系）2021021	宁波种业股份有限公司
秀 50A	浙审稻（不育系）2021022	嘉兴市农业科学研究院	洪崖早占	赣审稻 20210001	江西洪崖种业有限责任公司等
陵两优 47	赣审稻 20210002	江西兴安种业有限公司等	江早油占	赣审稻 20210003	江西科源种业有限公司等

（续表）

品种名称	审定编号	选育单位	品种名称	审定编号	选育单位
五优 1602	赣审稻 20210004	福建六三种业有限责任公司等	穗优 636	赣审稻 20210005	江西国穗种业有限公司
安优 5020	赣审稻 20210006	江西省农业科学院水稻研究所等	五乡优 398	赣审稻 20210007	江西省天仁种业有限公司等
井冈软粘	赣审稻 20210008	吉安市种子管理局等	华两优香占	赣审稻 20210009	华南农业大学农学院
昌两优丝苗	赣审稻 20210010	广西恒茂农业科技有限公司等	珂两优 1019	赣审稻 20210011	江西大众种业有限公司等
弘两优华占	赣审稻 20210012	江西洪崖种业有限责任公司等	宸两优菲占	赣审稻 20210013	江西金山种业有限公司等
中禾优 1 号	赣审稻 20210014	中国科学院遗传与发育生物学研究所等	湘两优新占	赣审稻 20210015	中国水稻研究所等
嘉禾优 7245	赣审稻 20210016	中国水稻研究所等	显两优丝苗	赣审稻 20210017	江西天涯种业有限公司等
荃优航 1573	赣审稻 20210018	江西省超级水稻研究发展中心等	隆两优雅占	赣审稻 20210019	江西雅农科技实业有限公司等
嘉禾优 6 号	赣审稻 20210020	江西金山种业有限公司等	嘉禾优洪 1 号	赣审稻 20210021	江西洪崖种业有限责任公司等
岺香一号	赣审稻 20210022	江西兴安种业有限公司	丝晶香 19	赣审稻 20210023	江西博大种业有限公司
徽两优雅占	赣审稻 20210024	安徽锦色秀华农业科技有限公司等	荷优 8116	赣审稻 20210025	江西博大种业有限公司等
晖两优 6018	赣审稻 20210026	江西科源种业有限公司等	五优 877	赣审稻 20210027	江西农嘉种业有限公司
晖两优 8612	赣审稻 20210028	袁隆平农业高科技股份有限公司等	华 6 优 1168	赣审稻 20210029	江西惠农种业有限公司等
17 两优矮占	赣审稻 20210030	江西农嘉种业有限公司等	臻优 1031	赣审稻 20210031	江西科源种业有限公司等
长田优 206	赣审稻 20210032	江西红一种业科技股份有限公司等	软华优玉珠	赣审稻 20210033	江西天涯种业有限公司等
晖两优 1755	赣审稻 20210034	袁隆平农业高科技股份有限公司等	广秀两优华占	赣审稻 20210035	江西农嘉种业有限公司等
臻优 13 香	赣审稻 20210036	广西恒茂农业科技有限公司等	五乡优 208	赣审稻 20210037	江西省天仁种业有限公司等
潢优 115	赣审稻 20210038	中国水稻研究所等	中银优丝苗	赣审稻 20210039	广东粤良种业有限公司

（续表）

品种名称	审定编号	选育单位	品种名称	审定编号	选育单位
桂野香占	赣审稻 20210040	广西壮族自治区农业科学院水稻研究所	泰优明月丝苗	赣审稻 20210041	江西省超级水稻研究发展中心等
泰优乡占	赣审稻 20210042	江西现代种业股份有限公司等	野香优 520	赣审稻 20210043	江西省超级水稻研究发展中心等
泰乡优德玉	赣审稻 20210044	江西天涯种业有限公司等	恒优 1718	赣审稻 20210045	江西洪崖种业有限责任公司等
琌两优 1273	赣审稻 20210046	江西春丰农业科技有限公司等	内 5 优 3248	赣审稻 20210047	萍乡市农业科学研究所等
航两优 1378	赣审稻 20210048	江西兴安种业有限公司等	昱香两优馥香占	赣审稻 20210049	袁隆平农业高科技股份有限公司等
琌两优 3817	赣审稻 20210050	江西金山种业有限公司等	又香优龙丝苗	赣审稻 20210051	广西兆和种业有限公司
瑜晶优 50	赣审稻 20210052	湖南中朗种业有限公司	万象优 8339	赣审稻 20210053	江西红一种业科技股份有限公司等
野香优明月丝苗	赣审稻 20210054	广西绿海种业有限公司	雅两优泰香占	赣审稻 20210055	江西雅农科技实业有限公司等
昌盛优美特占	赣审稻 20210056	江西农业大学农学院等	鹰香丝苗	赣审稻 20210057	鹰潭市农业科学研究院等
宏两优瑞占	赣审稻 20210058	江西汇丰源种业有限公司等	金佳香占	赣审稻 20210059	江西金山种业有限公司等
粳糯 118	赣审稻 20210060	江西国穗种业有限公司	赣南黑米	赣审稻 20210061	赣州市农业科学研究所
赣宁粳 5 号	赣审稻 20210062	南京农业大学农学院等	赣宁粳 4 号	赣审稻 20210063	江西省农业科学院水稻研究所等
昌粳 225	赣审稻 20210064	江西农业大学农学院等	甬优 1540	赣审稻 20210065	宁波种业股份有限公司
甬优 1520	赣审稻 20210066	宁波种业股份有限公司等	甬优 7823	赣审稻 20210067	宁波种业股份有限公司
钢两优 167	赣审稻 20210068	江西天涯种业有限公司等	钢两优 978	赣审稻 20210069	江西天涯种业有限公司等
京优 382	赣审稻 20210070	江西先农种业有限公司	桔两优 623	赣审稻 20210071	江西先农种业有限公司
贡两优京贵占	赣审稻 20210072	江西先农种业有限公司	昌盛优 989	赣审稻 20210073	江西天涯种业有限公司等
华盛优 852	赣审稻 20210074	江西先农种业有限公司	珍乡优 211	赣审稻 20210075	江西先农种业有限公司

（续表）

品种名称	审定编号	选育单位	品种名称	审定编号	选育单位
晶泰优 818	赣审稻 20210076	江西先农种业有限公司	荃香优 822	赣审稻 20210077	安徽荃银高科种业股份有限公司等
昌盛优 1880	赣审稻 20210078	江西天涯种业有限公司等	旌玉优稠珍	赣审稻 20210079	江西天涯种业有限公司等
昌盛优 246	赣审稻 20210080	江西天涯种业有限公司等	泰优韵占	赣审稻 20210081	江西现代种业股份有限公司
星优 712	赣审稻 20210082	广东源泰农业科技有限公司	荷丰 A	赣审稻 20210083	江西农业大学农学院等
明泰 A	赣审稻 20210084	江西金信种业有限公司	秦香 A	赣审稻 20210085	江西金信种业有限公司等
泰象 A	赣审稻 20210086	江西惠农种业有限公司等	穗 A	赣审稻 20210087	江西国穗种业有限公司
珍乡 A	赣审稻 20210088	江西先农种业有限公司	京 A	赣审稻 20210089	江西先农种业有限公司
桔 182S	赣审稻 20210090	江西先农种业有限公司	宏 S	赣审稻 20210091	萍乡市农业科学研究所等
启元 S	赣审稻 20210092	江西兴安种业有限公司等	格 5121S	赣审稻 20210093	江西兴安种业有限公司等
弘 S	赣审稻 20210094	江西洪崖种业有限责任公司等	显 16S	赣审稻 20210095	江西天涯种业有限公司
惠 S	赣审稻 20210096	江西惠农种业有限公司	华 S	赣审稻 20210097	江西惠农种业有限公司等
穗 2S	赣审稻 20210098	江西国穗种业有限公司	元两优 919	闽审稻 20210001	福建省农业科学院水稻研究所
清优 308	闽审稻 20210002	福建省农业科学院水稻研究所等	清优粤禾丝苗	闽审稻 20210003	福建省农业科学院水稻研究所等
吉优 342	闽审稻 20210004	福建省农业科学院水稻研究所等	恒丰优 332	闽审稻 20210005	福建省农业科学院水稻研究所等
东联早 2 号	闽审稻 20210006	南安市码头东联农业科技示范场	杉谷优 533	闽审稻 20210007	福建省农业科学院生物技术研究所等
野香优 6833	闽审稻 20210008	福建禾丰种业股份有限公司等	荃优 6863	闽审稻 20210009	福建禾丰种业股份有限公司等
两优 8676	闽审稻 20210010	福建省农业科学院水稻研究所等	旌 3 优 164	闽审稻 20210011	福建农乐种业有限公司等
元两优 1725	闽审稻 20210012	福建省农业科学院水稻研究所	榕夏两优 676	闽审稻 20210013	福建省农业科学院水稻研究所
野香优 669	闽审稻 20210014	福建省农业科学院水稻研究所等	常优 2998	闽审稻 20210015	福建亚丰种业有限公司等

（续表）

品种名称	审定编号	选育单位	品种名称	审定编号	选育单位
甬优 1202	闽审稻 20210016	宁波种业股份有限公司	山两优明占	闽审稻 20210017	三明市农业科学研究院
明 1 优明占	闽审稻 20210018	三明市农业科学研究院	华两优 3716	闽审稻 20210019	三明市农业科学研究院等
元两优 801	闽审稻 20210020	福建省农业科学院水稻研究所	恒优丝占	闽审稻 20210021	广西恒茂农业科技有限公司
闽红两优 177	闽审稻 20210022	福建省农业科学院水稻研究所等	特优 366	闽审稻 20210023	福建丰田种业有限公司等
明 1 优臻占	闽审稻 20210024	三明市农业科学研究院	农紫优 1131	闽审稻 20210025	福建农林大学农学院
糯两优 12	闽审稻 20210026	福建农林大学作物遗传改良研究所	华优钰禾	闽审稻 20210027	中国水稻研究所等
品两优明占	闽审稻 20210028	福建金品农业科技股份有限公司等	雅 5 优 164	闽审稻 20210029	福建六三种业有限责任公司等
荃优 676	闽审稻 20210030	福建农林大学农学院等	福农优 404	闽审稻 20210031	福建神农大丰种业科技有限公司等
虬两优 676	闽审稻 20210032	福建省福瑞华安种业科技有限公司等	N 两优 501	闽审稻 20210033	福建省南平市农业科学研究所
红两优 2 号	闽审稻 20210034	福建省南平市农业科学研究所等	德香优 4 号	闽审稻 20210035	福建亚丰种业有限公司等
智两优 618	闽审稻 20210036	科荟种业股份有限公司	福农优 156	闽审稻 20210037	宁德市农业科学研究所等
宁 12 优 039	闽审稻 20210038	厦门大学生命科学学院等	佳禾 165	闽审稻 20210039	厦门大学生命科学学院等
百优中占	闽审稻 20210040	福建神农大丰种业科技有限公司等	福泰优 196	闽审稻 20210041	福建吉奥种业有限公司等
五优 386	闽审稻 20210042	福建金品农业科技股份有限公司等	禾两优 1560	闽审稻 20210043	福建禾丰种业股份有限公司等
夷优 601	闽审稻 20210044	福建省南平市农业科学研究所等	N 两优 769	闽审稻 20210045	福建省南平市农业科学研究所等
五优 618	闽审稻 20210046	广东省农业科学院水稻研究所等	谷优 9709	闽审稻 20210047	福建省农业科学院水稻研究所
旗 3 优 386	闽审稻 20210048	福建省农业科学院水稻研究所等	秝两优 5816	闽审稻 20210049	福建省农业科学院水稻研究所
华元优 466	闽审稻 20210050	科荟种业股份有限公司	泰谷优 533	闽审稻 20210051	科荟种业股份有限公司
甬优 4911	闽审稻 20210052	宁波种业股份有限公司	宁 12 优华占	闽审稻 20210053	宁德市农业科学研究所等

（续表）

品种名称	审定编号	选育单位	品种名称	审定编号	选育单位
品 S	闽审稻 20210054	福建金品农业科技股份有限公司等	鸿邦 63S	闽审稻 20210055	福建六三种业有限责任公司
贤 S	闽审稻 20210056	福建农乐种业有限公司	银 1S	闽审稻 20210057	福建农林大学农产品品质研究所
珍 S	闽审稻 20210058	福建农林大学农产品品质研究所	榕 21S	闽审稻 20210059	福建农林大学农产品品质研究所
闽糯 1S	闽审稻 20210060	福建农林大学	G1670S	闽审稻 20210061	福建省农业科学院生物技术研究所
秝 S	闽审稻 20210062	福建省农业科学院水稻研究所	桐 S	闽审稻 20210063	福建省农业科学院水稻研究所
闽 36S	闽审稻 20210064	福建省农业科学院水稻研究所	秋杰 S	闽审稻 20210065	海南波莲水稻基因科技有限公司
山 S	闽审稻 20210066	三明市农业科学研究院	明兴 S	闽审稻 20210067	三明市农业科学研究院
福兴 A	闽审稻 20210068	福建农林大学作物遗传改良研究所	农紫 A	闽审稻 20210069	福建农林大学作物遗传改良研究所
茂香 A	闽审稻 20210070	福建省农业科学院水稻研究所	庆源 A	闽审稻 20210071	福建省农业科学院水稻研究所
旗 3A	闽审稻 20210072	福建省农业科学院水稻研究所	永兴 A	闽审稻 20210073	福建省农业科学院水稻研究所
青云 A	闽审稻 20210074	福建省农业科学院水稻研究所	长香 717A	闽审稻 20210075	福建双海种业科技有限公司
浓香 173A	闽审稻 20210076	深圳市安农生物科技有限公司等	悠香 123A	闽审稻 20210077	深圳市安农生物科技有限公司等
醇香 6A	闽审稻 20210078	福建双海种业科技有限公司	双香 585A	闽审稻 20210079	福建双海种业科技有限公司
明 6A	闽审稻 20210080	三明市农业科学研究院	明糯 208A	闽审稻 20210081	三明市农业科学研究院
早籼 1103	皖审稻 20210001	马鞍山神农种业有限责任公司	早籼 3865	皖审稻 20210002	芜湖市星火农业实用技术研究所
早籼 621	皖审稻 20210003	安徽省农业科学院水稻研究所	永乐 10 号	皖审稻 20210004	合肥市永乐水稻研究所
陵两优 1403	皖审稻 20210005	芜湖市星火农业实用技术有限公司等	粤标 5 号	皖审稻 20210006	广东省农业科学院水稻研究所等
银月丝苗	皖审稻 20210007	安徽省农业科学院水稻研究所	晶两优 4952	皖审稻 20210008	袁隆平农业高科技股份有限公司等
Q 两优 5 号	皖审稻 20210009	贵州筑农科种业有限责任公司等	Q 两优粤苗	皖审稻 20210010	贵州筑农科种业有限责任公司等

（续表）

品种名称	审定编号	选育单位	品种名称	审定编号	选育单位
徽两优 608	皖审稻 20210011	安徽省皖农种业有限公司等	徽两优 8824	皖审稻 20210012	安徽省农业科学院水稻研究所
两优 1219	皖审稻 20210013	合肥丰乐种业股份有限公司	生两优华占	皖审稻 20210014	安徽省农业科学院水稻研究所等
中两优 2373	皖审稻 20210015	中国种子集团有限公司	荃广优丝苗	皖审稻 20210016	安徽荃银高科种业股份有限公司等
两优 T33	皖审稻 20210017	天禾农业科技集团股份有限公司等	深两优 686	皖审稻 20210018	安徽省农业科学院水稻研究所
两优 5778	皖审稻 20210019	安徽省农科院水稻研究所等	两优 5318	皖审稻 20210020	安徽省农科院水稻研究所等
两优 922	皖审稻 20210021	安徽省农科院水稻研究所	两优 6178	皖审稻 20210022	安徽省农业科学院水稻研究所
荃优 386	皖审稻 20210023	安徽荃银高科种业股份有限公司	荃优 108	皖审稻 20210024	安徽荃丰种业科技有限公司等
恒祥糯 10 号	皖审稻 20210025	怀远县恒祥农业研究所	源糯 996	皖审稻 20210026	安徽绿农种业有限公司
乐粳 8 号	皖审稻 20210027	合肥市永乐水稻研究所	鑫粳 293	皖审稻 20210028	安徽友鑫农业科技有限公司
浙杭优 820	皖审稻 20210029	杭州种业集团有限公司	稷粳 727	皖审稻 20210030	安徽䅽稷农业科技有限公司
焦粳 52107	皖审稻 20210031	江苏焦点农业科技有限公司	润扬稻 59	皖审稻 20210032	江苏润扬种业股份有限公司
苏粳 1617	皖审稻 20210033	安徽凯利种业有限公司	中垦稻 160	皖审稻 20210034	安徽源隆生态农业有限公司
中垦稻 180	皖审稻 20210035	安徽源隆生态农业有限公司	皖直粳 001	皖审稻 20210036	安徽省农业科学院水稻研究所
徽粳 701	皖审稻 20210037	安徽省农业科学院水稻研究所	徽粳 703	皖审稻 20210038	安徽省农业科学院水稻研究所
绿粳 515	皖审稻 20210039	安徽绿雨种业股份有限公司	泰优 965	皖审稻 20210040	江西现代种业股份有限公司
浙两优 534	皖审稻 20210041	浙江农科种业有限公司	弋粳 20	皖审稻 20210042	芜湖青弋江种业有限公司
中佳早 16	皖审稻 20211001	安徽荃银高科种业股份有限公司	早籼 713	皖审稻 20211002	安徽省农业科学院水稻研究所
早籼 1706	皖审稻 20211003	马鞍山神农种业有限责任公司	中佳早 69	皖审稻 20211004	安徽荃银高科种业股份有限公司
凯两优 77	皖审稻 20211005	安徽凯利种业有限公司	巡两优 875	皖审稻 20211006	安徽巡天农业科技有限公司

（续表）

品种名称	审定编号	选育单位	品种名称	审定编号	选育单位
五岭丰占	皖审稻20211007	安徽凯利种业有限公司	凯两优5199	皖审稻20211008	安徽凯利种业有限公司
巡两优1102	皖审稻20211009	安徽巡天农业科技有限公司	凯两优66	皖审稻20211010	安徽凯利种业有限公司
望两优鑫占	皖审稻20211011	安徽新安种业有限公司	野香优659	皖审稻20211012	安徽枝柳农业科技有限公司
徽两优科珍丝苗	皖审稻20211013	安徽荃银种业科技有限公司	荃科优211	皖审稻20211014	安徽荃银种业科技有限公司
两优1503	皖审稻20211015	安徽瑞和种业有限公司	粤粳油占	皖审稻20211016	安徽真金彩种业有限责任公司
魅两优美香新占	皖审稻20211017	湖北华之夏种子有限责任公司等	Ⅲ两优1226	皖审稻20211018	安徽台沃农业科技有限公司
粤禾丝苗	皖审稻20211019	广东省农业科学院水稻研究所	亚两优003	皖审稻20211020	安徽亚信种业有限公司
韵农丝苗	皖审稻20211021	安徽华韵生物科技有限公司	亚信丝苗	皖审稻20211022	安徽亚信种业有限公司
徽两优粤禾丝苗	皖审稻20211023	西科农业集团股份有限公司等	齐两优1081	皖审稻20211024	安徽华韵生物科技有限公司
星两优1987	皖审稻20211025	安徽五星农业科技有限公司	星两优丝苗	皖审稻20211026	安徽五星农业科技有限公司
两优星五丝苗	皖审稻20211027	安徽五星农业科技有限公司	徽两优五星丝苗	皖审稻20211028	安徽五星农业科技有限公司
粤丰丝苗	皖审稻20211029	合肥金色生物研究有限公司	豪优锋占	皖审稻20211030	安徽国豪农业科技有限公司
瑞两优678	皖审稻20211031	安徽国瑞种业有限公司	5优189	皖审稻20211032	安徽省荃银爱地农业科技有限公司
瑞两优丝苗	皖审稻20211033	安徽国瑞种业有限公司	徽两优586	皖审稻20211034	安徽国豪农业科技有限公司
皖两优1008	皖审稻20211035	安徽省农业科学院水稻研究所	两优899	皖审稻20211036	安徽袁氏农业科技发展有限公司
两优80	皖审稻20211037	安徽省农业科学院水稻研究所	徽两优16	皖审稻20211038	安徽省农业科学院水稻研究所
T两优389	皖审稻20211039	安徽省农业科学院水稻研究所	深两优588	皖审稻20211040	安徽省农业科学院水稻研究所
徽两优752	皖审稻20211041	安徽省农业科学院水稻研究所	两优6143	皖审稻20211042	安徽省农业科学院水稻研究所
永丰806	皖审稻20211043	合肥市永乐水稻研究所	徽占706	皖审稻20211044	安徽省农业科学院水稻研究所

（续表）

品种名称	审定编号	选育单位	品种名称	审定编号	选育单位
五优珍丝苗	皖审稻 20211045	广东粤良种业有限公司	喜稻 66	皖审稻 20211046	安徽喜多收种业科技有限公司
徽两优 928	皖审稻 20211047	安徽喜多收种业科技有限公司	巧两优丰丝苗	皖审稻 20211048	安徽喜多收种业科技有限公司
两优美晶占	皖审稻 20211049	安徽喜多收种业科技有限公司	喜两优美晶丝苗	皖审稻 20211050	安徽喜多收种业科技有限公司
两优玉美占	皖审稻 20211051	安徽喜多收种业科技有限公司	深两优 2020	皖审稻 20211052	安徽理想种业有限公司
巧两优玉晶占	皖审稻 20211053	安徽喜多收种业科技有限公司	两优美丝占	皖审稻 20211055	安徽喜多收种业科技有限公司
巧两优 7041	皖审稻 20211056	安徽喜多收种业科技有限公司	徽两优 1812	皖审稻 20211057	安徽省创富种业有限公司
隆晶优 1212	皖审稻 20211058	袁隆平农业高科技股份有限公司等	川优 617	皖审稻 20211059	安徽省创富种业有限公司
广源占 15 号	皖审稻 20211060	广州市农业科学研究院等	徽两优丝占	皖审稻 20211061	合肥金色生物研究有限公司
两优 639	皖审稻 20211062	安徽农业大学	C 两优 1686	皖审稻 20211063	合肥市合丰种业有限公司
中新优 31	皖审稻 20211064	安徽省创富种业有限公司	华润 2 号	皖审稻 20211065	湖北省农业科学院粮食作物研究所等
F 两优 305	皖审稻 20211066	安徽省隆平高科（新桥）种业有限公司	安两优 153	皖审稻 20211067	安徽省隆平高科（新桥）种业有限公司
徽绿占	皖审稻 20211068	安徽绿洲农业发展有限公司	广丰丝苗	皖审稻 20211069	合肥市合丰种业有限公司
乐香 6 号	皖审稻 20211070	安徽咏悦农业科技有限公司	咏悦竹青香	皖审稻 20211071	安徽咏悦农业科技有限公司
汉香 773	皖审稻 20211072	安徽原谷公社生态农业科技有限公司	乐两优丝苗	皖审稻 20211073	安徽富诚生物科技有限公司
刚两优庐占	皖审稻 20211074	合肥科翔种业研究所	紫两优 1392	皖审稻 20211075	安徽未来种业有限公司
和两优 55	皖审稻 20211076	合肥韧之农业技术研究所	粳糯 398	皖审稻 20211077	安徽凯利种业有限公司
凯粳糯 88	皖审稻 20211078	安徽凯利种业有限公司	瑞粳 688	皖审稻 20211079	安徽瑞和种业有限公司
台粳 017	皖审稻 20211080	安徽台沃农业科技有限公司	徽粳 866	皖审稻 20211081	安徽省农业科学院水稻研究所

（续表）

品种名称	审定编号	选育单位	品种名称	审定编号	选育单位
徽粳 833	皖审稻 20211082	安徽蓝田农业开发有限公司	徽粳 807	皖审稻 20211083	安徽省农业科学院水稻研究所
徽粳 809	皖审稻 20211084	安徽省农业科学院水稻研究所	弋粳 68	皖审稻 20211085	芜湖青弋江种业有限公司
宇粳 2 号	皖审稻 20211086	宇顺高科种业股份有限公司	中科粳 5 号	皖审稻 20211087	中国科学院合肥物质科学研究院
富糯 3 号	皖审稻 20211088	安徽省创富种业有限公司	恒祥糯 9 号	皖审稻 20211089	怀远县恒祥农业研究所
淮粳糯 1766	皖审稻 20211090	安徽省高科种业有限公司	淮 119	皖审稻 20211091	江苏徐淮地区淮阴农业科学研究所
信粳 638	皖审稻 20211092	合肥信达高科农业科学研究所	赛粳 730	皖审稻 20211093	安徽赛诺种业有限公司
皖香糯 1 号	皖审稻 20211094	安徽未来种业有限公司	谷香粳 1 号	皖审稻 20211095	安徽谷德高科现代农业有限公司
荃五优 102	皖审稻 20211096	安徽荃银种业科技有限公司	五优乐占	皖审稻 20211097	安徽瑞和种业有限公司
桃优玉珍	皖审稻 20211098	袁氏种业高科技有限公司等	稼粳 86	皖审稻 20211099	安庆市稼元农业科技有限公司
徽粳 855	皖审稻 20211100	安徽省农业科学院水稻研究所	当禾 715	皖审稻 20211101	马鞍山神农种业有限责任公司
晚粳 968	皖审稻 20211102	安徽省农业科学院水稻研究所	禾香粳 1705	皖审稻 20211103	安徽华安种业有限责任公司
镇稻 26	皖审稻 20211104	安徽丰大种业股份有限公司	徽粳 806	皖审稻 20211105	安徽省农业科学院水稻研究所
中嘉 10 号	皖审稻 20211106	安徽喜多收种业科技有限公司	喜粳 69	皖审稻 20211107	安徽喜多收种业科技有限公司
豪嘉粳 567	皖审稻 20211108	安徽国豪农业科技有限公司	晚粳糯 1701	皖审稻 20211109	安徽农业大学
武运粳 245	皖审稻 20211110	安徽省创富种业有限公司	徽科糯 1701	皖审稻 20211111	安徽省高科种业有限公司
南陵早 2 号	皖审稻 20212001	芜湖市星火农业实用技术研究所	紫两优 737	皖审稻 20212002	福建省农业科学院水稻研究所
绿旱 639	皖审稻 20212003	安徽省农业科学院水稻研究所	洁田稻 001	皖审稻 20212004	深圳兴旺生物种业有限公司等
皖直粳 006	皖审稻 20212005	安徽省农业科学院水稻研究所	钰两优 771	湘审稻 20210001	袁隆平农业高科技股份有限公司等
柒两优 43	湘审稻 20210002	湖南省水稻研究所等	陵两优 238	湘审稻 20210003	江西惠农种业有限公司等

（续表）

品种名称	审定编号	选育单位	品种名称	审定编号	选育单位
春两优 1705	湘审稻 20210004	宜春学院	深和两优 332	湘审稻 20210005	湖南杂交水稻研究中心
爽两优丰籼占	湘审稻 20210006	湖南杂交水稻研究中心	民两优丝苗	湘审稻 20210007	怀化职业技术学院等
深 3 优 5354	湘审稻 20210008	湖南杂交水稻研究中心	润君优 656	湘审稻 20210009	湖南鑫盛华丰种业科技有限公司等
朝优华占	湘审稻 20210010	湖南省水稻研究所等	天两优 528	湘审稻 20210011	湖南奥谱隆科技股份有限公司
华浙优 261	湘审稻 20210012	中国水稻研究所等	泓两优 570	湘审稻 20210013	袁隆平农业高科技股份有限公司等
旗两优隆王丝苗	湘审稻 20210014	袁隆平农业高科技股份有限公司等	泓两优 2137	湘审稻 20210015	袁隆平农业高科技股份有限公司等
英两优华占	湘审稻 20210016	袁隆平农业高科技股份有限公司等	晶两优农占	湘审稻 20210017	袁隆平农业高科技股份有限公司等
伍两优泰丝	湘审稻 20210018	袁隆平农业高科技股份有限公司等	伍两优 8549	湘审稻 20210019	袁隆平农业高科技股份有限公司等
玮两优 8675	湘审稻 20210020	袁隆平农业高科技股份有限公司等	珠两优 1597	湘审稻 20210021	袁隆平农业高科技股份有限公司等
宇两优 121	湘审稻 20210022	湖南隆平种业有限公司	珠两优 5298	湘审稻 20210023	袁隆平农业高科技股份有限公司等
韵两优 2935	湘审稻 20210024	袁隆平农业高科技股份有限公司等	韵两优 6937	湘审稻 20210025	袁隆平农业高科技股份有限公司等
韵两优 6176	湘审稻 20210026	袁隆平农业高科技股份有限公司等	旗两优 6176	湘审稻 20210027	袁隆平农业高科技股份有限公司等
韵两优 7484	湘审稻 20210028	袁隆平农业高科技股份有限公司等	轩两优 1597	湘审稻 20210029	袁隆平农业高科技股份有限公司等
民升优 6176	湘审稻 20210030	袁隆平农业高科技股份有限公司等	金科丝苗 5 号	湘审稻 20210031	深圳隆平金谷种业有限公司等
桃优玉晶	湘审稻 20210032	袁氏种业高科技有限公司等	桃优玉珍	湘审稻 20210033	袁氏种业高科技有限公司等
晖两优 8612	湘审稻 20210034	袁隆平农业高科技股份有限公司等	星泰优 018	湘审稻 20210035	湖南洞庭高科种业股份有限公司等
泰优农 39	湘审稻 20210036	湖南金色农丰种业有限公司等	旗两优隆王丝苗	湘审稻 20210037	袁隆平农业高科技股份有限公司等
青香优丝苗	湘审稻 20210038	袁氏种业高科技有限公司	振两优 1206	湘审稻 20210039	袁隆平农业高科技股份有限公司等
振两优 7905	湘审稻 20210040	袁隆平农业高科技股份有限公司等	扬泰优 128	湘审稻 20210041	袁隆平农业高科技股份有限公司等

（续表）

品种名称	审定编号	选育单位	品种名称	审定编号	选育单位
原优 5009	湘审稻 20210042	袁隆平农业高科技股份有限公司等	昱香两优馥香占	湘审稻 20210043	袁隆平农业高科技股份有限公司等
丽香优纳丝	湘审稻 20210044	广西百香高科种业有限公司	民香优 1174	湘审稻 20210045	袁隆平农业高科技股份有限公司等
莹优 1097	湘审稻 20210046	湖南金源种业有限公司等	健湘丝苗	湘审稻 20210047	湖南永益农业科技发展有限公司
耕香优银粘	湘审稻 20210048	湖南大地种业有限责任公司等	松雅 17	湘审稻 20210049	湖南正隆农业科技有限公司等
佳优长晶	湘审稻 20210050	湖南佳和种业股份有限公司等	惠湘优玉晶	湘审稻 20210051	湖南垦惠商业化育种有限责任公司等
垦优 18	湘审稻 20210052	湖南垦惠商业化育种有限责任公司等	莉优丝苗	湘审稻 20210053	湖南金源种业有限公司
华盛优莉香	湘审稻 20210054	湖南金色农华种业科技有限公司	晶泰优莉香	湘审稻 20210055	湖南金色农华种业科技有限公司
万丰优丝占	湘审稻 20210056	湖南袁创超级稻技术有限公司	耕香优荔丝苗	湘审稻 20210057	湖南大地种业有限责任公司等
更香优巴丝	湘审稻 20210058	长沙利诚种业有限公司等	甬优 6708	湘审稻 20210059	湖南正隆农业科技有限公司等
美优晶丝苗	湘审稻 20210060	湖南金源种业有限公司	文早糯 1 号	湘审稻 20210061	郴州市农业科学研究所等
玮两优 6246	湘审稻 20216001	袁隆平农业高科技股份有限公司等	臻两优 1468	湘审稻 20216002	袁隆平农业高科技股份有限公司等
隆两优 6018	湘审稻 20216003	袁隆平农业高科技股份有限公司等	臻两优农占	湘审稻 20216004	袁隆平农业高科技股份有限公司等
臻两优钰占	湘审稻 20216005	袁隆平农业高科技股份有限公司等	炫两优 2646	湘审稻 20216006	袁隆平农业高科技股份有限公司等
悦两优 2945	湘审稻 20216007	袁隆平农业高科技股份有限公司等	振两优钰占	湘审稻 20216008	袁隆平农业高科技股份有限公司等
悦两优 2056	湘审稻 20216009	袁隆平农业高科技股份有限公司等	炫两优 8749	湘审稻 20216010	袁隆平农业高科技股份有限公司等
振两优 6246	湘审稻 20216011	袁隆平农业高科技股份有限公司等	玮两优倩丝	湘审稻 20216012	袁隆平农业高科技股份有限公司等
炫两优 8736	湘审稻 20216013	袁隆平农业高科技股份有限公司等	臻两优泰丝	湘审稻 20216014	袁隆平农业高科技股份有限公司等
振两优 3228	湘审稻 20216015	袁隆平农业高科技股份有限公司等	晖两优 1308	湘审稻 20216016	袁隆平农业高科技股份有限公司等
晖两优钰占	湘审稻 20216017	袁隆平农业高科技股份有限公司等	韵两优 526	湘审稻 20216018	袁隆平农业高科技股份有限公司等

（续表）

品种名称	审定编号	选育单位	品种名称	审定编号	选育单位
隆锋优 3228	湘审稻 20216019	袁隆平农业高科技股份有限公司等	隆晶优 1266	湘审稻 20216020	袁隆平农业高科技股份有限公司等
增两优 5629	湘审稻 20216021	袁隆平农业高科技股份有限公司等	隆锋优 8262	湘审稻 20216022	袁隆平农业高科技股份有限公司等
旱优 73	鄂审稻 20210001	上海市农业生物基因中心	荆楚优 5572	鄂审稻 20210002	湖北荆楚种业科技有限公司等
珈早 620	鄂审稻 20210003	武汉国英种业有限责任公司	E 两优 32	鄂审稻 20210004	黄冈市农业科学院等
广湘两优 718	鄂审稻 20210005	湖北农华农业科技有限公司等	天两优 688	鄂审稻 20210006	武汉市文鼎农业生物技术有限公司等
创两优 612	鄂审稻 20210007	武汉亘谷源生态农业科技有限公司等	恩两优 454	鄂审稻 20210008	恩施土家族苗族自治州农业科学院
华两优 2824	鄂审稻 20210009	荆州农业科学院等	忠两优荃晶丝苗	鄂审稻 20210010	湖北大楚农业科技有限公司等
华两优 2809	鄂审稻 20210011	孝感市农业科学院等	E 两优 23	鄂审稻 20210012	湖北省农业科学院粮食作物研究所等
香两优 6218	鄂审稻 20210013	湖北中香农业科技股份有限公司等	创两优 348	鄂审稻 20210014	湖北鄂科华泰种业股份有限公司
E 两优 2071	鄂审稻 20210015	湖北省农业科学院粮食作物研究所	襄两优 386	鄂审稻 20210016	襄阳市农业科学院等
黄两优 913	鄂审稻 20210017	黄冈市农业科学院等	华两优 601	鄂审稻 20210018	湖北高农科技有限公司等
深两优 595	鄂审稻 20210019	湖北省种子集团有限公司等	华两优 2885	鄂审稻 20210020	海南广陵高科实业有限公司等
荃优挺占	鄂审稻 20210021	湖北农华农业科技有限公司等	旌优 4038	鄂审稻 20210022	武汉国英种业有限责任公司等
华荃优 5195	鄂审稻 20210023	华中农业大学等	荃优鄂丰丝苗	鄂审稻 20210024	湖北荃银高科种业有限公司等
巨 2 优 68	鄂审稻 20210025	宜昌市农业科学研究院等	荃优 368	鄂审稻 20210026	湖北省种子集团有限公司等
荃优 1175	鄂审稻 20210027	湖北省种子集团有限公司等	旱优 79	鄂审稻 20210028	湖北省农业科学院粮食作物研究所
甬优 4918	鄂审稻 20210029	宁波种业股份有限公司	E 两优 36	鄂审稻 20210030	湖北省农业科学院粮食作物研究所等
华两优 2822	鄂审稻 20210031	华中农业大学	春 9 两优华占	鄂审稻 20210032	中国农业科学院作物科学研究所等
悦两优 5688	鄂审稻 20210033	袁隆平农业高科技股份有限公司等	安优粤农丝苗	鄂审稻 20210034	北京金色农华种业科技股份有限公司

（续表）

品种名称	审定编号	选育单位	品种名称	审定编号	选育单位
福稻 299	鄂审稻 20210035	武汉隆福康农业发展有限公司	利丰占	鄂审稻 20210036	湖北利众种业科技有限公司
华珍 371	鄂审稻 20210037	华中农业大学	惠丰丝苗	鄂审稻 20210038	湖北惠民农业科技有限公司
玉晶臻丝	鄂审稻 20210039	湖北惠民农业科技有限公司等	垦选 9276	鄂审稻 20210040	安徽皖垦种业股份有限公司等
川优 542	鄂审稻 20210041	恩施土家族苗族自治州农业科学院等	荃 9 优 117	鄂审稻 20210042	长江大学等
长农优 1531	鄂审稻 20210043	长江大学等	赣 73 优 66	鄂审稻 20210044	湖北泽隆农业科技有限公司等
繁优香占	鄂审稻 20210045	福建省农业科学院水稻研究所	玺优 442	鄂审稻 20210046	湖北农益生物科技有限公司等
恒丰优金丝苗	鄂审稻 20210047	广东粤良种业有限公司	嘉优 926	鄂审稻 20210048	孝感市农业科学院等
鄂优 926	鄂审稻 20210049	孝感市农业科学院等	G 两优 777	鄂审稻 20210050	湖北格利因生物科技有限公司等
C 两优 88	鄂审稻 20210051	湖北金湖农作物研究院等	魅两优丝苗	鄂审稻 20210052	湖北华之夏种子有限责任公司等
E 两优 21	鄂审稻 20210053	湖北省农业科学院粮食作物研究所等	悦两优 8602	鄂审稻 20210054	湖北惠民农业科技有限公司等
荃优 068	鄂审稻 20210055	湖北智荆高新种业科技有限公司等	两优全赢丝苗	鄂审稻 20210056	湖北荃银高科种业有限公司等
两优全赢占	鄂审稻 20210057	荆州市金龙发种业有限公司等	格两优 601	鄂审稻 20210058	湖北华之夏种子有限责任公司等
格两优华占	鄂审稻 20210059	湖北华之夏种子有限责任公司等	易两优华占	鄂审稻 20210060	武汉大学等
源两优 89	鄂审稻 20210061	武汉武大天源生物科技股份有限公司	广 8 优 28	鄂审稻 20210062	湖北中香农业科技股份有限公司等
鄂香丝苗	鄂审稻 20210063	湖北荃银高科种业有限公司	荃晶丝苗	鄂审稻 20210064	湖北荃银高科种业有限公司
郢香丝苗	鄂审稻 20210065	湖北荃银高科种业有限公司	华夏香丝	鄂审稻 20210066	湖北华之夏种子有限责任公司等
华润挺占	鄂审稻 20210067	湖北农华农业科技有限公司等	美扬占	鄂审稻 20210068	武汉惠华三农种业有限公司
泰美占	鄂审稻 20210069	湖北鄂科华泰种业股份有限公司	润珠丝苗	鄂审稻 20210070	湖北中香农业科技股份有限公司
泰优鄂香丝苗	鄂审稻 20210071	湖北荃银高科种业有限公司等	荆占 2 号	鄂审稻 20210072	湖北荆楚种业科技有限公司等

（续表）

品种名称	审定编号	选育单位	品种名称	审定编号	选育单位
旱优 8200	鄂审稻 20210073	中垦锦绣华农武汉科技有限公司等	华两优 2872	鄂审稻 20210074	武汉惠华三农种业有限公司
华两优 6516	鄂审稻 20210075	武汉惠华三农种业有限公司	两优鄂丰丝苗	鄂审稻 20210076	湖北荃银高科种业有限公司等
荆香优 72	鄂审稻 20210077	湖北荆楚种业科技有限公司等	华香优 228	鄂审稻 20210078	中垦锦绣华农武汉科技有限公司等
黄科占 8 号	鄂审稻 20210079	黄冈市农业科学院等	E 两优 28	鄂审稻 20210080	湖北省农业科学院粮食作物研究所等
E 两优 16	鄂审稻 20210081	湖北汇楚智生物科技有限公司等	华两优 2171	鄂审稻 20210082	华中农业大学
桃优 77	鄂审稻 20210083	中垦锦绣华农武汉科技有限公司等	广泰优 19	鄂审稻 20210084	湖北鄂科华泰种业股份有限公司等
华盛优 21 丝苗	鄂审稻 20210085	湖北华占种业科技有限公司等	华盛优粤禾丝苗	鄂审稻 20210086	湖北京沃种业科技有限公司等
广 8 优 19	鄂审稻 20210087	湖北中香农业科技股份有限公司等	源稻 19	鄂审稻 20210088	吉林省天源种子研究所等
秧荪 1 号	鄂审稻 20210089	湖北省农业科学院粮食作物研究所	秧荪 2 号	鄂审稻 20210090	湖北华之夏种子责任有限公司等
华 6421S	鄂审稻 20210091	华中农业大学	华 1165S	鄂审稻 20210092	华中农业大学
天源 85S	鄂审稻 20210093	武汉武大天源生物科技股份有限公司	EK1S	鄂审稻 20210094	湖北省农业科学院粮食作物研究所
EK2S	鄂审稻 20210095	湖北省农业科学院粮食作物研究所	EK3S	鄂审稻 20210096	湖北省农业科学院粮食作物研究所
E 农 2S	鄂审稻 20210097	湖北省农业科学院粮食作物研究所	格 276S	鄂审稻 20210098	湖北华之夏种子有限责任公司等
黄香占 S	鄂审稻 20210099	黄冈市农业科学院等	E 农 6S	鄂审稻 20210100	湖北省农业科学院粮食作物研究所
荆香 A	鄂审稻 20210101	湖北荆楚种业科技有限公司	金科丝苗 1 号	鄂审稻 20216001	湖北省种子集团有限公司等
华珍 115	鄂审稻 20216002	湖北省种子集团有限公司	品香优美珍	渝审稻 20210001	四川鑫源种业有限公司等
神农优 415	渝审稻 20210002	重庆市农业科学院等	陵优 7129	渝审稻 20210003	重庆市渝东南农业科学院
渝香优 8159	渝审稻 20210004	重庆市农业科学院等	陵优 6019	渝审稻 20210005	重庆市渝东南农业科学院
冈优 960	渝审稻 20210006	重庆师范大学	川农优 538	渝审稻 20210007	四川农业大学水稻研究所等

（续表）

品种名称	审定编号	选育单位	品种名称	审定编号	选育单位
西大 9 优 727	渝审稻 20210008	西南大学农学与生物科技学院等	旺两优 98 丝苗	渝审稻 20210009	湖南袁创超级稻技术有限公司等
忠优 107	渝审稻 20210010	重庆皇华种业股份有限公司	万 53 优 16	渝审稻 20210011	重庆三峡农业科学院
野香优莉丝	渝审稻 20210012	广西绿海种业有限公司	川优 6709	渝审稻 20210013	四川农业大学水稻研究所等
旱优 796	渝审稻 20210014	上海天谷生物科技股份有限公司等	西大 6 优 16	渝审稻 20210015	西南大学农学与生物科技学院
桃优香占	渝审稻 20210016	桃源县农业科学研究所等	渝优 8203	渝审稻 20210017	重庆市农业科学院等
糯两优 561	渝审稻 20210018	湖北中香农业科技股份有限公司等	渝粉叶 1 号	渝审稻 20210019	重庆市农业科学院等
渝黄叶 1 号	渝审稻 20210020	重庆市农业科学院等	渝紫叶 1 号	渝审稻 20210021	重庆市农业科学院等
渝紫叶 5 号	渝审稻 20210022	重庆市农业科学院等	渝紫叶 689	渝审稻 20210023	重庆市农业科学院等
西大淡叶 1 号	渝审稻 20210024	西南大学农学与生物科技学院	西大淡叶 3 号	渝审稻 20210025	西南大学农学与生物科技学院
西大黄叶 1 号	渝审稻 20210026	西南大学农学与生物科技学院	西大条纹叶 1 号	渝审稻 20210027	西南大学农学与生物科技学院
宜香优 4118	川审稻 20210001	四川省农业科学院水稻高粱研究所等	千乡优 223	川审稻 20210002	四川农业大学水稻研究所等
川康优 6308	川审稻 20210003	四川农业大学水稻研究所等	川康优 6139	川审稻 20210004	绵阳市农业科学研究院等
川优 1611	川审稻 20210005	四川省农业科学院水稻高粱研究所等	泰丰优 2115	川审稻 20210006	四川农业大学农学院等
川优 8723	川审稻 20210007	四川省农业科学院作物研究所	川康优 723	川审稻 20210008	四川省农业科学院作物研究所
谦诚占 2 号	川审稻 20210009	广元市谦诚种植专业合作社等	忠优壮苗	川审稻 20210010	四川益邦种业有限责任公司等
荃优 6139	川审稻 20210011	绵阳市农业科学研究院等	蓉 7 优 6139	川审稻 20210012	绵阳市农业科学研究院等
锦优 901	川审稻 20210013	湖南杂交水稻研究中心等	川优 4118	川审稻 20210014	四川省农业科学院水稻高粱研究所等
川农优 108	川审稻 20210015	绵阳市农业科学研究院等	蓉优 1838	川审稻 20210016	四川省农业科学院水稻高粱研究所等
内 7 优 573	川审稻 20210017	四川农业大学等	千乡优 236	川审稻 20210018	四川农业大学水稻研究所等

（续表）

品种名称	审定编号	选育单位	品种名称	审定编号	选育单位
蜀优 1281	川审稻 20210019	四川农业大学等	千乡优 618	川审稻 20210020	四川省内江市农业科学院等
千乡优 604	川审稻 20210021	四川省内江市农业科学院等	蜀优 236	川审稻 20210022	四川农业大学水稻研究所等
赣优 7938	川审稻 20210023	四川省农业科学院水稻高粱研究所等	千乡优 189	川审稻 20210024	自贡市农业科学研究所等
千乡优 635	川审稻 20210025	四川省农业科学院作物研究所等	雅优 2115	川审稻 20210026	四川农业大学农学院
德优 651	川审稻 20210027	绵阳市农业科学研究院等	绵两优 2115	川审稻 20210028	绵阳市农业科学研究院等
泰两优 1332	川审稻 20210029	浙江科原种业有限公司等	雅 5 优 2275	川审稻 20210030	四川农业大学农学院等
川绿优 2718	川审稻 20210031	四川省农业科学院水稻高粱研究所等	玉优 637	川审稻 20210032	四川天宇种业有限责任公司等
锦花 99	川审稻 20210033	四川省农业科学院生物技术核技术研究所	蓉 6 优 575	川审稻 20210034	四川农业大学等
蓉 6 优 5970	川审稻 20210035	四川省农业科学院水稻高粱研究所等	荃 9 优 66	川审稻 20210036	安徽荃银高科种业股份有限公司等
欣荣优粤农丝苗	川审稻 20210037	北京金色农华种业科技股份有限公司等	安优粤农丝苗	川审稻 20210038	北京金色农华种业科技股份有限公司
德优 9516	川审稻 20210039	四川省农业科学院水稻高粱研究所等	旌 3 优 2115	川审稻 20210040	四川绿丹至诚种业有限公司等
川优 6099	川审稻 20210041	四川省农业科学院水稻高粱研究所等	川优 6139	川审稻 20210042	绵阳市农业科学研究院等
品香优稠珍	川审稻 20212001	四川丰大种业有限公司等	内两优 778	川审稻 20212002	四川丰大农业科技有限责任公司等
千乡优 650	川审稻 20212003	四川农业大学水稻研究所等四川农业大学水稻研究所等	忠香优丽晶	川审稻 20212004	成都天府农作物研究所等
蜀 6 优 177	川审稻 20212005	四川禾嘉新品地种业有限公司等	天泰优 808	川审稻 20212006	四川泰隆汇智生物科技有限公司等
花优 707	川审稻 20212007	四川华锐农业开发有限公司等	川康优 6150	川审稻 20212008	成都科源农作物研究所等
川 8 优 1883	川审稻 20212009	四川科瑞种业有限公司等	瑞优 7021	川审稻 20212010	四川科瑞种业有限公司
忠香优润香	川审稻 20212011	四川奥力星农业科技有限公司等	川康优 5108	川审稻 20212012	四川省润丰种业有限责任公司等

（续表）

品种名称	审定编号	选育单位	品种名称	审定编号	选育单位
川优 6143	川审稻 20212013	四川省润丰种业有限责任公司等	川优 8086	川审稻 20212014	四川科瑞种业有限公司等
川康优 1245	川审稻 20212015	四川科瑞种业有限公司等	川康优 7021	川审稻 20212016	四川科瑞种业有限公司等
千乡优 517	川审稻 20212017	四川丰大种业有限公司等	川优 2275	川审稻 20212018	四川正红生物技术有限责任公司等
锦城优 7021	川审稻 20212019	四川科瑞种业有限公司等	川优 6883	川审稻 20212020	四川省农业科学院作物研究所
川绿优青占	川审稻 20212021	四川省农业科学院作物研究所等	旌优润丝	川审稻 20212022	成都科源农作物研究所等
川康优 2275	川审稻 20212023	四川正红生物技术有限责任公司等	雅 5 优明占	川审稻 20212024	福建农乐种业有限公司等
钰香优 2025	川审稻 20212025	四川省农业科学院作物研究所	川优 2115	川审稻 20212026	四川丰大种业有限公司等
川优 2918	川审稻 20212027	四川鑫源种业有限公司等	越香稻	川审稻 20212028	四川众智种业科技有限公司等
锦花优 907	川审稻 20212029	四川熟地种业有限公司等	蓉 7 优 46	川审稻 20212030	四川农业大学水稻研究所等
H 优 7021	川审稻 20212031	四川种之灵种业有限公司等	锦优 90	川审稻 20212032	四川神龙科技股份有限公司等
内 5 优粤禾丝苗	川审稻 20212033	四川台沃种业有限责任公司等	宜优粤禾丝苗	川审稻 20212034	四川台沃种业有限责任公司等
吉田优 2115	川审稻 20212035	四川科瑞种业有限公司等	深两优纯壮	川审稻 20212036	四川众智种业科技有限公司等
冈优 13663	川审稻 20212037	达州市农业科学研究院等	宜优 2918	川审稻 20212038	四川省蜀玉科技农业发展有限公司等
野香优甜丝	川审稻 20212039	广西绿海种业有限公司	野香优丰占	川审稻 20212040	安徽枝柳农业科技有限公司
恒丰优 778	川审稻 20212041	广东粤良种业有限公司	旌优 2119	川审稻 20212042	四川众智种业科技有限公司等
嘉优 981	川审稻 20212043	南充市农业科学院	蓉 6 优 2115	川审稻 20212044	四川省蜀玉科技农业发展有限公司等
甜优 3203	川审稻 20212045	广西绿海种业有限公司等	泰谷优 533	川审稻 20212046	科荟种业股份有限公司
甜香优 2877	川审稻 20212047	内江杂交水稻科技开发中心等	甜优 107	川审稻 20212048	成都科源农作物研究所等
桃优美丽占	川审稻 20212049	四川瑞禾丰农业有限公司等	旌玉优明珍	川审稻 20212050	四川省农业科学院水稻高粱研究所

（续表）

品种名称	审定编号	选育单位	品种名称	审定编号	选育单位
泰优 1750	川审稻 20212051	泸州泰丰居里隆夫水稻育种有限公司等	金龙优 589	川审稻 20212052	四川农业大学等
甜香优 115	川审稻 20212053	内江杂交水稻科技开发中心等	泰丰优 736	川审稻 20212054	四川农大高科农业有限责任公司等
安丰优 5466	川审稻 20212055	科荟种业股份有限公司等	千乡优 926	川审稻 20212056	四川省内江市农业科学院等
川农优 1226	川审稻 20212057	四川台沃种业有限责任公司等	广和优华占	川审稻 20212058	广西兆和种业有限公司
香两优 16	川审稻 20212059	湖北中香农业科技股份有限公司等	内香优 1025	川审稻 20212060	内江杂交水稻科技开发中心等
内香优 1001	川审稻 20212061	内江杂交水稻科技开发中心等	Y 两优粤禾丝苗	川审稻 20212062	四川台沃种业有限责任公司等
内香优 1092	川审稻 20212063	四川丰大农业科技有限责任公司等	豪迪香 3 号	川审稻 20212064	四川福糠农业科技有限公司等
丰优 825	川审稻 20212065	四川达丰种业科技有限责任公司	深优粤禾丝苗	川审稻 20212066	安徽台沃农业科技有限公司等
吉田优华占	川审稻 20212067	广东粤良种业有限公司等	蓉优 1288	川审稻 20212068	西南科技大学水稻研究所等
德优 3241	川审稻 20212069	四川省农业科学院水稻高粱研究所	冈 9 优 468	川审稻 20212070	成都天健君农业科技有限公司等
早香优 595	川审稻 20212071	内江杂交水稻科技开发中心等	早香优 3203	川审稻 20212072	内江杂交水稻科技开发中心等
粤黄锦占	川审稻 20216001	仲衍种业股份有限公司等	品香优玉稻	川审稻 20216002	西科农业集团股份有限公司等
德优五山	川审稻 20216003	西科农业集团股份有限公司等	黄美占	川审稻 20216004	仲衍种业股份有限公司等
兴农丰占	川审稻 20216005	仲衍种业股份有限公司等	爽两优 111	川审稻 20216006	西科农业集团股份有限公司等
徽两优粤禾丝苗	川审稻 20216007	西科农业集团股份有限公司等	爽两优华占	川审稻 20216008	西科农业集团股份有限公司等
宜优 603	川审稻 20216009	西科农业集团股份有限公司等	恒丰优 2256	川审稻 20216010	广西兆和种业有限公司等
金香香占	川审稻 20216011	广西兆和种业有限公司等	贵丰优 393	黔审稻 20210001	贵州金嘉农业科技有限公司等
旌 3 优 348	黔审稻 20210002	遵义市农业科学研究院等	荃优 737	黔审稻 20210003	安徽荃银高科种业股份有限公司等

（续表）

品种名称	审定编号	选育单位	品种名称	审定编号	选育单位
荃香优 118	黔审稻 20210004	贵州省水稻研究所等	旌优 4002	黔审稻 20210005	黔东南苗族侗族自治州农业科学院等
T 香优贵福占	黔审稻 20210006	贵州省水稻研究所等	野香优贵禾	黔审稻 20210007	贵州省农作物品种资源研究所等
宜香优 819	黔审稻 20210008	四川谷满成种业有限责任公司等	泸优 692	黔审稻 20210009	贵州省水稻研究所等
荃优 1514	黔审稻 20210010	中国水稻研究所等	华中优 1 号	黔审稻 20210011	浙江勿忘农种业股份有限公司
锦城优 2582	黔审稻 20210012	四川华珍农业科技开发有限公司等	香两优贵福占	黔审稻 20210013	贵州省水稻研究所等
天优 175	黔审稻 20210014	贵州省水稻研究所等	雅优 2275	黔审稻 20210015	四川正红生物技术有限责任公司等
泰两优 1332	黔审稻 20210016	浙江科原种业有限公司等	明 1 优 164	黔审稻 20210017	福建六三种业有限责任公司等
川种优 3107	黔审稻 20210018	四川万德科技有限公司等	万象优 982	黔审稻 20210019	江西红一种业科技股份有限公司
筑优玉禾占	黔审稻 20210020	安徽昇谷农业科技有限公司等	恒丰优 7733	黔审稻 20210021	贵州兆和丰水稻科技研发有限公司等
泰优靓占	黔审稻 20210022	江西现代种业股份有限公司等	野香优美禾	黔审稻 20210023	贵州兆和丰水稻科技研发有限公司等
春优 926	黔审稻 20210024	浙江省农业科学院作物与核技术利用研究所等	福稻 88	黔审稻 20210025	武汉隆福康农业发展有限公司
九优 27 占	黔审稻 20210026	安徽荃银高科种业股份有限公司等	友优 788	黔审稻 20210027	贵州友禾种业有限公司
安粳 315	黔审稻 20210028	安顺市农业科学院等	南粳 60	黔审稻 20210029	江苏省农业科学院粮食作物研究所
明糯优 2086	黔审稻 20210030	安徽昇谷农业科技有限公司	友香优 668	黔审稻 20216001	贵州友禾种业有限公司等
早丰优 393	黔审稻 20216002	贵州金农科技有限责任公司等	钰香优美禾	黔审稻 20216003	贵州金农科技有限责任公司等
泸香优 219	黔审稻 20216004	安顺新金秋科技股份有限公司等	品香优银珍	黔审稻 20216005	贵州新中一种业股份有限公司等
滇谷 2 号	滇审稻 2021001	云南农业大学稻作研究所	滇屯 506	滇审稻 2021002	云南农业大学稻作研究所等
滇紫糯 4 号	滇审稻 2021003	云南农业大学稻作研究所等	腾籼 1 号	滇审稻 2021004	腾冲市农业技术推广所

（续表）

品种名称	审定编号	选育单位	品种名称	审定编号	选育单位
腾籼2号	滇审稻2021005	腾冲市农业技术推广所	腾籼3号	滇审稻2021006	腾冲市农业技术推广所
德稻1号	滇审稻2021007	德宏州农业科学研究所等	德稻3号	滇审稻2021008	德宏州农业科学研究所
和糯1号	滇审稻2021009	蒙自和顺农业科技开发有限公司	内6优粤丝	滇审稻2021010	内江杂交水稻科技开发中心等
广8优03	滇审稻2021011	福建省农业科学院水稻研究所等	绿两优808	滇审稻2021012	福建省农业科学院水稻研究所等
E两优156	滇审稻2021013	华中农业大学等	广8优7185	滇审稻2021014	福建省农业科学院水稻研究所等
Ⅱ优1259	滇审稻2021015	福建省三明市农业科学研究所	泸优臻占	滇审稻2021016	三明市农业科学研究院等
凌禾优98	滇审稻2021017	云南农业大学稻作研究所等	粳优3号	滇审稻2021018	广西绿海种业有限公司
宜优粤禾丝苗	滇审稻2021019	四川台沃种业有限责任公司等	晶两优7206	滇审稻2021020	福建省农业科学院水稻研究所等
宜优683	滇审稻2021021	福建禾丰种业股份有限公司等	内优2138	滇审稻2021022	蒙自市红云作物研究所等
红云优2607	滇审稻2021023	蒙自市红云作物研究所	红云优2183	滇审稻2021024	蒙自市红云作物研究所
Ⅱ优538	滇审稻2021025	云南奎禾种业有限公司	宜优366	滇审稻2021026	福建旺穗种业有限公司等
泰丰优907	滇审稻2021027	江西现代种业股份有限公司等	宜优606	滇审稻2021028	西双版纳籽绿丰农业科技有限公司等
繁优1号	滇审稻2021029	云南兆和种业有限公司	云粳37号	滇审稻2021030	云南省农业科学院粮食作物研究所
云粳48号	滇审稻2021031	云南省农业科学院粮食作物研究所	云科粳1号	滇审稻2021032	云南省农业科学院粮食作物研究所
楚粳53号	滇审稻2021033	楚雄彝族自治州农业科学院	楚粳54号	滇审稻2021034	楚雄彝族自治州农业科学院
昆粳11号	滇审稻2021035	昆明市农业科学研究院等	昆粳13号	滇审稻2021036	昆明市农业科学研究院等
岫粳糯5号	滇审稻2021037	保山市农业科学研究所等	岫紫糯1号	滇审稻2021038	保山市农业科学研究所
岫紫粳1号	滇审稻2021039	保山市农业科学研究所	会粳25号	滇审稻2021040	会泽县农业技术推广中心
会粳26号	滇审稻2021041	会泽县农业技术推广中心	滇禾优918	滇审稻2021042	云南农业大学稻作研究所

（续表）

品种名称	审定编号	选育单位	品种名称	审定编号	选育单位
中科西陆4号	滇审稻2021043	中国科学院西双版纳热带植物园	文地谷2号	滇审稻2021044	云南春秋农业开发有限公司
文旱糯6号	滇审稻2021045	云南春秋农业开发有限公司	七华占2号	粤审稻20210001	广州市农业科学研究院等
南新油占2号	粤审稻20210002	广东省农业科学院水稻研究所	黄广粤占	粤审稻20210003	广东省农业科学院水稻研究所
新黄油占	粤审稻20210004	广东省农业科学院水稻研究所	华航69号	粤审稻20210005	国家植物航天育种工程技术研究中心（华南农业大学）
南广占3号	粤审稻20210006	广东省农业科学院水稻研究所	粤珍丝苗	粤审稻20210007	广东省农业科学院水稻研究所
五禾丝苗2号	粤审稻20210008	广州市农业科学研究院	莹两优红3	粤审稻20210009	广东省农业科学院水稻研究所
三红占	粤审稻20210010	广东省农业科学院水稻研究所	南两优黑1号	粤审稻20210011	广东省农业科学院水稻研究所
安优1001	粤审稻20210012	广东省农业科学院水稻研究所	五优美占	粤审稻20210013	广东兆华种业有限公司
粤创优金丝苗	粤审稻20210014	广东粤良种业有限公司	吉优1001	粤审稻20210015	广东省农业科学院水稻研究所
广泰优1521	粤审稻20210016	广东省农业科学院水稻研究所	中升优101	粤审稻20210018	广东恒昊农业有限公司等
万丰优丝占	粤审稻20210019	湖南袁创超级稻技术有限公司	中恒优金丝苗	粤审稻20210020	广东粤良种业有限公司
宽仁优6377	粤审稻20210021	深圳兆农农业科技有限公司	金隆优丝苗	粤审稻20210022	广州市金粤生物科技有限公司
粤品优5511	粤审稻20210023	广东粤良种业有限公司	金泰优1521	粤审稻20210024	广东省金稻种业有限公司
晶两优华宝	粤审稻20210025	湖南亚华种业科学研究院	胜优1321	粤审稻20210026	广东省农业科学院水稻研究所
香龙优1826	粤审稻20210027	肇庆学院	特优9068	粤审稻20210028	广东华茂高科种业有限公司
广龙优华占	粤审稻20210029	广东省金稻种业有限公司	聚香丝苗	粤审稻20210030	广东省农业科学院植物保护研究所
青香优19香	粤审稻20210031	广东鲜美种苗股份有限公司	青香优99香	粤审稻20210032	广州市金粤生物科技有限公司
台香812	粤审稻20210033	台山市农业技术推广中心（台山市农业科学研究所）	耕香优荔丝苗	粤审稻20210034	湖南大地种业有限责任公司等

（续表）

品种名称	审定编号	选育单位	品种名称	审定编号	选育单位
恒丰优油香	粤审稻 20210035	中国农业科学院深圳农业基因组研究所	象竹香丝苗	粤审稻 20210036	广东省农业科学院水稻研究所
双黄占	粤审稻 20210037	广东省农业科学院水稻研究所	七黄占 5 号	粤审稻 20210038	广州市农业科学研究院、广州乾农农业科技发展有限公司
粤桂占 2 号	粤审稻 20210039	广东省农业科学院水稻研究所	合莉美占	粤审稻 20210040	广东省农业科学院水稻研究所
禾新占	粤审稻 20210041	广东省农业科学院水稻研究所	华航玉占	粤审稻 20210042	国家植物航天育种工程技术研究中心（华南农业大学）
五广丝苗	粤审稻 20210043	广东省农业科学院水稻研究所	台农 811	粤审稻 20210044	台山市农业技术推广中心（台山市农业科学研究所）
巴禾丝苗	粤审稻 20210045	广州市农业科学研究院	华航 72 号	粤审稻 20210046	国家植物航天育种工程技术研究中心（华南农业大学）
南珍占	粤审稻 20210047	广东省农业科学院水稻研究所	粤芽丝苗	粤审稻 20210048	广东省农业科学院水稻研究所
籼莉占 2 号	粤审稻 20210049	佛山市农业科学研究所	油占 1 号	粤审稻 20210050	佛山市农业科学研究所
南红 8 号	粤审稻 20210051	广东省农业科学院水稻研究所	清红优 3 号	粤审稻 20210052	广东华农大种业有限公司
丛两优 6100	粤审稻 20210053	广东华农大种业有限公司	青香优 086	粤审稻 20210054	广东鲜美种苗股份有限公司
天弘优福农占	粤审稻 20210055	广东天弘种业有限公司	粤创优珍丝苗	粤审稻 20210056	广东粤良种业有限公司
粤禾优 226	粤审稻 20210057	广东华茂高科种业有限公司	纳优 6388	粤审稻 20210058	广东华农大种业有限公司
台两优 451	粤审稻 20210059	广东省农业科学院水稻研究所	野香优莉丝	粤审稻 20210060	广西绿海种业有限公司
隆两优 305	粤审稻 20210061	广东省农业科学院水稻研究所	南两优 918	粤审稻 20210062	广东省农业科学院水稻研究所
野优珍丝苗	粤审稻 20210063	广东粤良种业有限公司	金龙优 260	粤审稻 20210064	肇庆学院
广 8 优 864	粤审稻 20210065	梅州市农林科学院	晶两优 3888	粤审稻 20210066	湖南亚华种业科学研究院

（续表）

品种名称	审定编号	选育单位	品种名称	审定编号	选育单位
吉丰优 5522	粤审稻 20210067	广东粤良种业有限公司等	南两优 6 号	粤审稻 20210068	广东省农业科学院水稻研究所
白粳油占	粤审稻 20210069	广东省农业科学院植物保护研究所	华航 67 号	粤审稻 20210070	国家植物航天育种工程技术研究中心（华南农业大学）
增科新选丝苗 1 号	粤审稻 20210071	广州市增城区农业科学研究所	青香优丝苗	粤审稻 20210072	袁氏种业高科技有限公司
香秀占	粤审稻 20210073	广东省农业科学院水稻研究所	香龙优 820	粤审稻 20210074	中国种子集团有限公司
新泰优 1002	粤审稻 20210075	广东省金稻种业有限公司	恒泰优 579	粤审稻 20210076	广东现代种业发展有限公司
金龙优 6 号	粤审稻 20210077	中种华南（广州）种业有限公司	广源优玉占	粤审稻 20210078	广东省农业科学院植物保护研究所
欣荣优 829	桂审稻 2021001	桂林市农业科学研究中心等	旺两优 911	桂审稻 2021002	湖南袁创超级稻技术有限公司
臻香优野珍	桂审稻 2021003	广西鼎烽种业有限公司	泰优桂香占	桂审稻 2021004	泸州泰丰种业有限公司等
百香优纳丝	桂审稻 2021005	广西百香高科种业有限公司等	隆优丝苗	桂审稻 2021006	袁隆平农业高科技股份有限公司等
贡香两优粤香晶丝	桂审稻 2021007	广西壮邦种业有限公司	沉香优雅丝香	桂审稻 2021008	南宁谷源丰种业有限公司
原香优桂福香	桂审稻 2021009	广西壮邦种业有限公司	邦两优 309	桂审稻 2021010	广西兆和种业有限公司
雅香优郁香	桂审稻 2021011	南宁谷源丰种业有限公司	名丰优 5279	桂审稻 2021012	岑溪市振田水稻研究所
恒丰优 5052	桂审稻 2021013	广西大学等	长田优 9 号	桂审稻 2021014	江西红一种业科技股份有限公司
金象优 715	桂审稻 2021015	广东现代种业发展有限公司等	泰优 3125	桂审稻 2021016	泸州泰丰种业有限公司
华浙优 336	桂审稻 2021017	西科农业集团股份有限公司等	昌盛优 980	桂审稻 2021018	江西先农种业有限公司等
泰优新华粘	桂审稻 2021019	湖南永益农业科技发展有限公司等	鹏优 1269	桂审稻 2021020	合肥丰乐种业股份有限公司等
闽两优 5466	桂审稻 2021021	科荟种业股份有限公司等	泰谷优 466	桂审稻 2021022	科荟种业股份有限公司
A 两优 336	桂审稻 2021023	安徽桃花源农业科技有限责任公司等	济优 1127	桂审稻 2021024	安陆市兆农育种创新中心

（续表）

品种名称	审定编号	选育单位	品种名称	审定编号	选育单位
晶两优 1212	桂审稻 2021025	袁隆平农业高科技股份有限公司等	鑫丰优莉香	桂审稻 2021026	广西百香高科种业有限公司等
那优 5501	桂审稻 2021027	广西壮族自治区农业科学院水稻研究所	隆两优 785	桂审稻 2021028	湖南亚华种业科学研究院等
臻香优 521	桂审稻 2021029	广西鼎烽种业有限公司	万太优 682	桂审稻 2021030	广西壮族自治区农业科学院水稻研究所
泰两优粤农丝苗	桂审稻 2021031	浙江科原种业有限公司等	信香优贵丝占	桂审稻 2021032	南宁市西玉农作物研究所
广香优 9 号	桂审稻 2021033	广西仙德农业科技有限公司	新香占 1 号	桂审稻 2021034	广西大学
氽优香 139	桂审稻 2021035	广西仙德农业科技有限公司	六香优锦丝占	桂审稻 2021036	广西大学
粳香优 9 号	桂审稻 2021037	广西绿海种业有限公司	诺两优 6 号	桂审稻 2021038	福建科力种业有限公司等
晶两优 1686	桂审稻 2021039	袁隆平农业高科技股份有限公司等	特优 9516	桂审稻 2021040	泸州泰丰种业有限公司等
博康优 9678	桂审稻 2021041	博白县农业科学研究所	特优 660	桂审稻 2021042	广西绿丰种业有限责任公司
那优 787	桂审稻 2021043	广东省农业科学院水稻研究所等	又得优 178	桂审稻 2021044	广西南宁华稻种业有限责任公司
武大优 1 号	桂审稻 2021045	广西桂稻香农作物研究所有限公司等	五乡优粤农丝苗	桂审稻 2021046	北京金色农华种业科技股份有限公司等
浙两优 576	桂审稻 2021047	浙江农科种业有限公司等	良相优 868	桂审稻 2021048	广西绿丰种业有限责任公司等
良相优玉稻	桂审稻 2021049	广西绿丰种业有限责任公司等	T 两优华占	桂审稻 2021050	福建旺福农业发展有限公司等
畅优 1082	桂审稻 2021051	广西壮族自治区农业科学院水稻研究所	禾两优 1560	桂审稻 2021052	福建禾丰种业股份有限公司等
禾两优 9009	桂审稻 2021053	福建禾丰种业股份有限公司等	荣两优 99	桂审稻 2021054	四川荣稻科技有限公司等
特优 8009	桂审稻 2021055	广西万禾种业有限公司等	甬优 8611	桂审稻 2021056	宁波种业股份有限公司等
魅两优美香新占	桂审稻 2021057	湖北华之夏种子有限责任公司等	又香优郁香	桂审稻 2021058	广西兆和种业有限公司等

（续表）

品种名称	审定编号	选育单位	品种名称	审定编号	选育单位
贝两优郁香	桂审稻 2021059	广西壮邦种业有限公司	名丰优 798	桂审稻 2021060	广西绿丰种业有限责任公司
玉香优美珍	桂审稻 2021061	广西万川种业有限公司等	华优钰禾	桂审稻 2021062	中国水稻研究所等
景圻优 1936	桂审稻 2021063	广西万川种业有限公司	特优 600	桂审稻 2021064	四川荣稻科技有限公司等
旺两优 98 丝苗	桂审稻 2021065	湖南袁创超级稻技术有限公司等	泰优 5776	桂审稻 2021066	广东省农业科学院水稻研究所等
隆晶优华占	桂审稻 2021067	湖南隆平高科种业科学研究院有限公司等	昱香两优馥香占	桂审稻 2021068	袁隆平农业高科技股份有限公司等
昱香两优 8 号	桂审稻 2021069	广西恒茂农业科技有限公司等	泰优丽香占	桂审稻 2021070	泸州泰丰种业有限公司等
上优馥香占	桂审稻 2021071	广西恒茂农业科技有限公司等	上优香 8	桂审稻 2021072	广西恒茂农业科技有限公司等
丝香优龙丝苗	桂审稻 2021073	广东省农业科学院水稻研究所等	丹香优珍粮	桂审稻 2021074	广西普思农业发展有限公司等
贡香两优欣香丝	桂审稻 2021075	广西武宣仙香源农业开发有限公司等	恒丰优柳香	桂审稻 2021076	广西壮邦种业有限公司
留香优兆香丝苗	桂审稻 2021077	南宁谷源丰种业有限公司	广中优 5098	桂审稻 2021078	广西大学等
兴湘优银针	桂审稻 2021079	广西中惠农业科技有限公司等	那香优金丝雀	桂审稻 2021080	广西普思农业发展有限公司等
泸优 100	桂审稻 2021081	广西绿丰种业有限责任公司等	可香优紫金	桂审稻 2021082	陆川县穗园农业良种培育中心
穗香优红香丝	桂审稻 2021083	陆川县穗园农业良种培育中心	恒丰优 1899	桂审稻 2021084	广西壮族自治区农业科学院水稻研究所
粳香优莉丝	桂审稻 2021085	广西绿海种业有限公司	色香优 116	桂审稻 2021086	广西绿海种业有限公司
美丝优香泰占	桂审稻 2021087	广西大学	叒丰优 838	桂审稻 2021088	广西壮族自治区农业科学院水稻研究所
富香优 168	桂审稻 2021089	广西联创生态农业开发有限公司	壮香优金香	桂审稻 2021090	广西白金种子股份有限公司
旺乡优 298	桂审稻 2021091	南宁市桂稻香农作物研究所等	昌盛优 244	桂审稻 2021092	江西天涯种业有限公司
昌盛优 989	桂审稻 2021093	江西天涯种业有限公司等	华优 8210	桂审稻 2021094	江西省超级水稻研究发展中心等

（续表）

品种名称	审定编号	选育单位	品种名称	审定编号	选育单位
桃优京贵占	桂审稻 2021095	北京金色农华种业科技股份有限公司等	华盛优京贵占	桂审稻 2021096	北京金色农华种业科技股份有限公司
荃 9 优巴丝香	桂审稻 2021097	广西荃鸿农业科技有限公司等	穗香优 666	桂审稻 2021098	陆川县穗园农业良种培育中心
垚优粳 10	桂审稻 2021099	广西桂穗种业有限公司	穗香优香丝	桂审稻 2021100	广西桂穗种业有限公司
可香优客香丝	桂审稻 2021101	陆川县穗园农业良种培育中心	穗香优桂香占	桂审稻 2021102	广西桂穗种业有限公司等
鑫丰优纳丝	桂审稻 2021103	广西百香高科种业有限公司等	甬优 6719	桂审稻 2021104	宁波种业股份有限公司
鑫丰优 989	桂审稻 2021105	广西百香高科种业有限公司等	中浙优 H7	桂审稻 2021106	浙江勿忘农种业股份有限公司等
甬优 4919	桂审稻 2021107	武汉佳禾生物科技有限责任公司等	桂乡优 1761	桂审稻 2021108	广西鼎烽种业有限公司
桂乡优 520	桂审稻 2021109	广西鼎烽种业有限公司	桂香优 3 号	桂审稻 2021110	广西鹏韵种业有限责任公司
顺丰优 798	桂审稻 2021111	岑溪市振田水稻研究所	丰田优银香占	桂审稻 2021112	广西金卡农业科技有限公司
丰顺优金香占	桂审稻 2021113	广西金卡农业科技有限公司	瀚香优晶占	桂审稻 2021114	广西瀚林农业科技有限公司
乾两优香 2	桂审稻 2021115	广西恒茂农业科技有限公司等	乾两优香久久	桂审稻 2021116	广西恒茂农业科技有限公司
昌两优馥香占	桂审稻 2021117	广西恒茂农业科技有限公司	乾两优 1767	桂审稻 2021118	广西恒茂农业科技有限公司等
昌两优 1767	桂审稻 2021119	广西恒茂农业科技有限公司等	旌香优 6878	桂审稻 2021120	广西万川种业有限公司等
邦两优郁香	桂审稻 2021121	广西兆和种业有限公司	邦两优香占	桂审稻 2021122	广西兆和种业有限公司
又香优又丝苗	桂审稻 2021123	广西兆和种业有限公司等	瑞优相丝禾	桂审稻 2021124	贵州兆和丰水稻科技研发有限公司等
广 8 优 11 香	桂审稻 2021125	广西兆和种业有限公司等	沉香优郁香	桂审稻 2021126	南宁谷源丰种业有限公司
雅香优龙丝苗	桂审稻 2021127	南宁谷源丰种业有限公司	吉丰优 108	桂审稻 2021128	南宁谷源丰种业有限公司
留香优 11 香	桂审稻 2021129	南宁谷源丰种业有限公司	留香优馥香丝	桂审稻 2021130	南宁谷源丰种业有限公司

（续表）

品种名称	审定编号	选育单位	品种名称	审定编号	选育单位
丰美优桂福香	桂审稻2021131	南宁谷源丰种业有限公司	邦两优6118	桂审稻2021132	广西兆和种业有限公司
奇两优6118	桂审稻2021133	南宁谷源丰种业有限公司	金象优280	桂审稻2021134	广东现代种业发展有限公司等
原香优兆香丝苗	桂审稻2021135	广西兆和种业有限公司等	遥香优郁香	桂审稻2021136	南宁谷源丰种业有限公司
芸香优馥香丝	桂审稻2021137	南宁谷源丰种业有限公司	美香两优欣香丝	桂审稻2021138	广西南宁依久农业发展有限公司等
美香两优贡丝香	桂审稻2021139	广西壮邦种业有限公司	中兴优1006	桂审稻2021140	陆川县穗园农业良种培育中心
可香优826	桂审稻2021141	广西桂穗种业有限公司等	可香优618	桂审稻2021142	陆川县穗园农业良种培育中心
穗香优天成	桂审稻2021143	广西桂穗种业有限公司等	宏丰优8523	桂审稻2021144	博白县农业科学研究所
博Ⅲ优1873	桂审稻2021145	博白县农业科学研究所	圳两优2018	桂审稻2021146	长沙利诚种业有限公司
显两优167	桂审稻2021147	江西天涯种业有限公司	吉优1918	桂审稻2021148	北京金色农华种业科技股份有限公司等
华盛优1918	桂审稻2021149	北京金色农华种业科技股份有限公司	13香优1918	桂审稻2021150	北京金色农华种业科技股份有限公司
软丰优610	桂审稻2021151	广西作物遗传改良生物技术重点开放实验室等	贝两优6697	桂审稻2021152	广西壮邦种业有限公司
10香优龙丝苗	桂审稻2021153	南宁谷源丰种业有限公司	龙源优238	桂审稻2021154	广西万千种业有限公司
丰满优1158	桂审稻2021155	岑溪市振田水稻研究所	甬优8806	桂审稻2021156	宁波种业股份有限公司等
泸香优玉稻	桂审稻2021157	广西绿丰种业有限责任公司等	袤优香占	桂审稻2021158	广西仙德农业科技有限公司等
仙优香占	桂审稻2021159	广西仙德农业科技有限公司	银香优锦丝占	桂审稻2021160	广西大学
广丝香优3216	桂审稻2021161	广西大学	甜香优1170	桂审稻2021162	广西绿海种业有限公司等
粳香优甜丝	桂审稻2021163	广西绿海种业有限公司	国良优金丝	桂审稻2021164	广西国良种业有限公司
秋乡优699	桂审稻2021165	广西桂稻香农作物研究所有限公司等	颖香优505	桂审稻2021166	广西桂稻香农作物研究所有限公司等

（续表）

品种名称	审定编号	选育单位	品种名称	审定编号	选育单位
玖香优 1 号	桂审稻 2021167	南宁市桂稻香农作物研究所等	珀优 570	桂审稻 2021168	广西桂稻香农作物研究所有限公司等
泰丰优 818	桂审稻 2021169	广西仙德农业科技有限公司等	耀丰优 6296	桂审稻 2021170	广西南宁良农种业有限公司
桂丰 18	桂审稻 2021171	广西壮族自治区农业科学院水稻研究所	桂农丰	桂审稻 2021172	广西壮族自治区农业科学院水稻研究所
桂育 17	桂审稻 2021173	广西壮族自治区农业科学院水稻研究所	桂育 15	桂审稻 2021174	广西壮族自治区农业科学院水稻研究所
中广 122	桂审稻 2021175	广西壮族自治区农业科学院水稻研究所等	鼎香占	桂审稻 2021176	广西鼎烽种业有限公司
那谷香	桂审稻 2021177	广西壮族自治区农业科学院水稻研究所	桂玉丝香	桂审稻 2021178	广西壮族自治区农业科学院水稻研究所
粮发香油占	桂审稻 2021179	广西粮发种业有限公司	万香九九	桂审稻 2021180	广西万禾种业有限公司等
和丰香雅丝	桂审稻 2021181	广西中惠农业科技有限公司等	芯野 66	桂审稻 2021182	玉林市农业科学院等
华丽丝苗	桂审稻 2021183	广西绿丰种业有限责任公司	壮美香丝	桂审稻 2021184	广西川桂种业有限公司
惠泽玉丝	桂审稻 2021185	广西惠泽种业发展有限公司	晶油香 139	桂审稻 2021186	广西博士园种业有限公司
桂禾香占	桂审稻 2021187	湖南正隆农业科技有限公司等	良农香 1 号	桂审稻 2021188	广西南宁良农种业有限公司
桂源 2 号	桂审稻 2021189	广西国良种业有限公司	万川香占	桂审稻 2021190	广西万川种业有限公司等
珍香 9 号	桂审稻 2021191	南宁谷源丰种业有限公司	广粮香丝	桂审稻 2021192	广西粮发种业有限公司
紫两优馥香占	桂审稻 2021193	广西恒茂农业科技有限公司等	壮香糯	桂审稻 2021194	广西大学
万香红	桂审稻 2021195	广西农业职业技术学院等	福红 1 号	桂审稻 2021196	广西壮族自治区农业科学院水稻研究所
福红 2 号	桂审稻 2021197	广西壮族自治区农业科学院水稻研究所	桂特籼占	桂审稻 2021198	广西壮族自治区农业科学院水稻研究所

（续表）

品种名称	审定编号	选育单位	品种名称	审定编号	选育单位
桂黑丝占	桂审稻 2021199	广西壮族自治区农业科学院水稻研究所	紫两优润香	桂审稻 2021200	福建农林大学农产品品质研究所等
晶紫糯 166	桂审稻 2021201	广西壮族自治区农业科学院水稻研究所	桂丰黑糯 168	桂审稻 2021202	广西壮族自治区农业科学院水稻研究所
桂丰黑糯 169	桂审稻 2021203	广西壮族自治区农业科学院水稻研究所	桂育糯 158	桂审稻 2021204	广西壮族自治区农业科学院水稻研究所
桂育糯 198	桂审稻 2021205	广西壮族自治区农业科学院水稻研究所	K 两优 369	桂审稻 2021206	福建丰田种业有限公司
梦两优 534	桂审稻 2021207	湖南隆平种业有限公司等	隆 8 优丝苗	桂审稻 2021208	袁隆平农业高科技股份有限公司等
晶两优 1206	桂审稻 2021209	袁隆平农业高科技股份有限公司等	韵两优丝苗	桂审稻 2021210	袁隆平农业高科技股份有限公司等
深两优五山丝苗	桂审稻 2021211	江西天涯种业有限公司等	赣 73 优明占	桂审稻 2021212	三明市农业科学研究院等
晶两优 1377	桂审稻 2021213	袁隆平农业高科技股份有限公司等	晶两优 1125	桂审稻 2021214	袁隆平农业高科技股份有限公司等
万象优 111	桂审稻 2021215	江西红一种业科技股份有限公司等	川优 5727	桂审稻 2021216	中国种子集团有限公司等
泰优 7203	桂审稻 2021217	泸州泰丰种业有限公司	荃两优丝苗	桂审稻 2021218	安徽荃银高科种业股份有限公司等
巧两优丝苗	桂审稻 2021219	安徽喜多收种业科技有限公司等	喜两优丝苗	桂审稻 2021220	安徽喜多收种业科技有限公司等
旱优 73	桂审稻 2021221	上海市农业生物基因中心等	浙粳优 1578	桂审稻 2021222	浙江勿忘农种业股份有限公司等
华中优 1 号	桂审稻 2021223	浙江勿忘农种业股份有限公司	爽两优 459	琼审稻 2021001	湖南杂交水稻研究中心等
金龙优 5 号	琼审稻 2021002	中种华南（广州）种业有限公司等	沪旱 7 优华宝占	琼审稻 2021003	中国科学院遗传与发育生物学研究所等
谷丰优华宝占	琼审稻 2021004	海南大学等	臻两优华宝	琼审稻 2021005	湖南亚华种业科学研究院等
华两优 2115	琼审稻 2021006	华中农业大学	鑫特优 151	琼审稻 2021007	安徽友鑫农业科技有限公司
红香 110	琼审稻 2021008	湖北中香米业有限责任公司	绿新占	琼审稻 2021009	深圳市金谷美香实业有限公司

（续表）

品种名称	审定编号	选育单位	品种名称	审定编号	选育单位
热科 182	琼审稻 2021010	中国热带农业科学院热带作物品种资源研究所			
北方稻区					
唯农 105	黑审稻 20210001	东北农业大学	松粳 202	黑审稻 20210002	黑龙江省农业科学院生物技术研究所
长粳 1 号	黑审稻 20210003	五常市长盛种业有限公司等	鸿源 17	黑审稻 20210004	黑龙江孙斌鸿源农业开发集团有限责任公司
霁稻 102	黑审稻 20210005	绥化霁钧农业技术研究所	东富 114	黑审稻 20210006	东北农业大学
唯农 101	黑审稻 20210007	东北农业大学	龙稻 132	黑审稻 20210008	黑龙江省农业科学院耕作栽培研究所
龙稻 210	黑审稻 20210009	黑龙江省农业科学院耕作栽培研究所	天农 20	黑审稻 20210010	绥化市北林区天昊农业科技研究所
东富 117	黑审稻 20210011	东北农业大学	中农粳 861	黑审稻 20210012	中国农业科学院作物科学研究所等
绥稻 119	黑审稻 20210013	绥化市北林区鸿利源现代农业科学研究所	龙庆稻 26	黑审稻 20210014	庆安县北方绿洲稻作研究所
棱峰 11	黑审稻 20210015	绥棱县水稻综合试验站	绥粳 309	黑审稻 20210016	黑龙江省农业科学院绥化分院
盛誉 2 号	黑审稻 20210017	绥化市北林区丰硕农作物科研所	鑫晟稻 4 号	黑审稻 20210018	绥化市鑫晟泽粮食贸易有限公司等
惠粳 1 号	黑审稻 20210019	绥化市北林区惠丰种子经销处	润泉稻 4	黑审稻 20210020	尚志市益农农业有限责任公司
绥粳 105	黑审稻 20210021	黑龙江省农业科学院绥化分院	牡育稻 66	黑审稻 20210022	黑龙江省农业科学院牡丹江分院
龙盾 1761	黑审稻 20210023	黑龙江农垦莲江口莲汇种子经销处	龙粳 1614	黑审稻 20210024	黑龙江省农业科学院水稻研究所
绥生 107	黑审稻 20210025	绥化市瑞丰种业有限公司	绥生 008	黑审稻 20210026	绥化市瑞丰种业有限公司
龙粳 1734	黑审稻 20210027	黑龙江省农业科学院水稻研究所	黑粳 12	黑审稻 20210028	黑龙江省农业科学院黑河分院
唯农 106	黑审稻 20210029	东北农业大学	东富 123	黑审稻 20210030	东北农业大学
绥粳 310	黑审稻 20210031	黑龙江省农业科学院绥化分院	唯农 207	黑审稻 20210032	东北农业大学

（续表）

品种名称	审定编号	选育单位	品种名称	审定编号	选育单位
牡育稻 44	黑审稻 20210033	黑龙江省农业科学院牡丹江分院	松粳 3 号	黑审稻 20210034	黑龙江省农业科学院第二水稻研究所
哈粳稻 8 号	黑审稻 20210035	哈尔滨市农业科学院	飞凡 2	黑审稻 20210036	黑龙江省飞凡农业科技有限责任公司
绥粳 108	黑审稻 20210037	黑龙江省农业科学院绥化分院	普粳 1 号	黑审稻 20210038	黑龙江省穆棱市永彪水稻育种研究所
东富 110	黑审稻 20210039	东北农业大学	乾稻 1 号	黑审稻 20210040	绥化市北林区盛禾农作物科研所
龙粳 1755	黑审稻 20210041	黑龙江省农业科学院水稻研究所	乾稻 8	黑审稻 20210042	绥化市盛昌种子繁育有限责任公司
双粳 1 号	黑审稻 20210043	哈尔滨市双城区稷丰玉米科学研究所	松粳 62	黑审稻 2021L0001	黑龙江省农业科学院生物技术研究所
垦稻 1867	黑审稻 2021L0002	黑龙江省农垦科学院水稻研究所	育龙 51	黑审稻 2021L0003	黑龙江省农业科学院作物资源研究所
育龙 52	黑审稻 2021L0004	黑龙江省农业科学院作物资源研究所	东富 203	黑审稻 2021L0005	东北农业大学
东富 125	黑审稻 2021L0006	东北农业大学	垦稻 1819	黑审稻 2021L0007	黑龙江省农垦科学院水稻研究所
松粳 60	黑审稻 2021L0008	黑龙江省农业科学院生物技术研究所	松粳 57	黑审稻 2021L0009	黑龙江省农业科学院生物技术研究所
松粳 208	黑审稻 2021L0010	黑龙江省农业科学院生物技术研究所	松科粳 110	黑审稻 2021L0011	黑龙江省农业科学院生物技术研究所等
东富 127	黑审稻 2021L0012	东北农业大学	东富 128	黑审稻 2021L0013	东北农业大学
延禾 03	黑审稻 2021L0014	延寿县农欣种业有限公司	唯农 203	黑审稻 2021L0015	东北农业大学等
天农 18	黑审稻 2021L0016	绥化市北林区天昊农业科技研究所	天农 25	黑审稻 2021L0017	绥化市北林区天昊农业科技研究所
天农 6	黑审稻 2021L0018	绥化市北林区天昊农业科技研究所	腾稻 8210	黑审稻 2021L0019	黑龙江省中农沃普农业科技有限公司等
松粳 56	黑审稻 2021L0020	黑龙江省农业科学院生物技术研究所	齐粳 31	黑审稻 2021L0021	黑龙江省农业科学院齐齐哈尔分院
东富 132	黑审稻 2021L0022	东北农业大学	富尔稻 5	黑审稻 2021L0023	哈尔滨华旭种业有限公司等
壮家 8 号	黑审稻 2021L0024	绥化市兴盈种业有限公司	绥研 4	黑审稻 2021L0025	黑龙江省绥研种业有限公司

（续表）

品种名称	审定编号	选育单位	品种名称	审定编号	选育单位
鸿源 204	黑审稻 2021L0026	桦南鸿源种业有限公司	唯农 208	黑审稻 2021L0027	东北农业大学；黑龙江唯农种业有限公司
花育 1 号	黑审稻 2021L0028	绥化市花香农业科技有限公司	嘉花 1 号	黑审稻 2021L0028	浙江省嘉兴市农业科学研究院
天农 5	黑审稻 2021L0029	绥化市北林区天昊农业科技研究所	天农 7	黑审稻 2021L0030	绥化市北林区天昊农业科技研究所
天农 8	黑审稻 2021L0031	绥化市北林区天昊农业科技研究所	佳香 7	黑审稻 2021L0032	虎林市绿都农业科学研究所
绿都 3	黑审稻 2021L0033	虎林市兴农种子有限责任公司	珍宝 20	黑审稻 2021L0034	虎林市绿都种子有限责任公司
龙粳 1761	黑审稻 2021L0035	黑龙江省农业科学院水稻研究所	富稻 26	黑审稻 2021L0036	齐齐哈尔市富尔农艺有限公司
垦研 1804	黑审稻 2021L0037	黑龙江省农垦科学院水稻研究所	松粳 53	黑审稻 2021L0038	黑龙江省农业科学院生物技术研究所
松粳 71	黑审稻 2021L0039	黑龙江省农业科学院生物技术研究所	富合 42	黑审稻 2021L0040	黑龙江省农业科学院佳木斯分院
盛禾 9	黑审稻 2021L0041	绥化市盛昌种子繁育有限责任公司	龙绥 199	黑审稻 2021L0042	绥化市北林区盛禾农作物科研所
龙绥 188	黑审稻 2021L0043	绥化市北林区丰硕农作物科研所	绥稻 618	黑审稻 2021L0044	绥化市北林区鸿利源现代农业科学研究所
中盛 21	黑审稻 2021L0045	绥化市北林区中盛农业技术服务中心	春育 1	黑审稻 2021L0046	铁力市春富水稻研究所
富粳 7	黑审稻 2021L0047	齐齐哈尔市富拉尔基农艺农业科技有限公司等	鼎稻 3	黑审稻 2021L0048	佳木斯市鼎盛农业有限公司等
天合 1 号	黑审稻 2021L0049	穆棱天合作物育种研究所等	巨基 6 号	黑审稻 2021L0050	黑龙江省巨基农业科技开发有限公司等
龙庆粳 1	黑审稻 2021L0051	黑龙江龙庆绿洲种业有限公司	龙庆粳 2	黑审稻 2021L0052	黑龙江龙庆绿洲种业有限公司
金穗源 1 号	黑审稻 2021L0053	绥棱县水稻综合试验站	金穗源 2 号	黑审稻 2021L0054	绥棱县水稻综合试验站
绿达 181	黑审稻 2021L0055	黑龙江天丰园种业有限公司	绿禾香 1 号	黑审稻 2021L0056	庆安县祥瑞农业科学研究所
鸿鹏 158	黑审稻 2021L0057	黑龙江省建三江农垦鸿达种业有限公司	壮家 3 号	黑审稻 2021L0058	绥化市兴盈种业有限公司

（续表）

品种名称	审定编号	选育单位	品种名称	审定编号	选育单位
绥研 5	黑审稻 2021L0059	黑龙江省绥研种业有限公司	绥研 10	黑审稻 2021L0060	黑龙江省绥研种业有限公司
天育 809	黑审稻 2021L0061	绥化市北林区天昊农业科技研究所	南北稻 5 号	黑审稻 2021L0062	黑龙江省南北农业科技有限公司
龙桦 17	黑审稻 2021L0063	黑龙江田友种业有限公司	莲育 2141	黑审稻 2021L0064	黑龙江省莲江口种子有限公司
金源 2 号	黑审稻 2021L0065	黑龙江绿丰源种业有限公司	莲育 7012	黑审稻 2021L0066	黑龙江省莲江口种子有限公司
莲育 7510	黑审稻 2021L0067	黑龙江省莲江口种子有限公司	天隆粳 314	黑审稻 2021L0068	黑龙江天隆科技有限公司
普田 1497	黑审稻 2021L0069	佳木斯市普田农业科学研究所	普粳 832	黑审稻 2021L0070	黑龙江省中农沃普农业科技有限公司
普育 831	黑审稻 2021L0071	黑龙江省普田种业有限公司	珍宝 6	黑审稻 2021L0072	虎林市绿都种子有限责任公司
绿都 2	黑审稻 2021L0073	虎林市兴农种子有限责任公司等	龙粳 4569	黑审稻 2021L0074	黑龙江省农业科学院水稻研究所
鸿源 305	黑审稻 2021L0075	黑龙江孙斌鸿源农业开发集团有限责任公司	龙粳 3013	黑审稻 2021L0076	黑龙江省农业科学院水稻研究所
龙粳 1625	黑审稻 2021L0077	黑龙江省农业科学院水稻研究所	龙粳 1775	黑审稻 2021L0078	黑龙江省农业科学院水稻研究所
莲汇 13021	黑审稻 2021L0079	黑龙江省莲汇农业科技有限公司	莲汇 6730	黑审稻 2021L0080	黑龙江省莲汇农业科技有限公司
富稻 22	黑审稻 2021L0081	齐齐哈尔市富尔农艺有限公司	富稻 25	黑审稻 2021L0082	齐齐哈尔市富尔农艺有限公司
垦研 1803	黑审稻 2021L0083	黑龙江省农垦科学院水稻研究所	育龙 59	黑审稻 2021L0084	黑龙江省农业科学院作物资源研究所
育龙 60	黑审稻 2021L0085	黑龙江省农业科学院作物资源研究所	齐粳 4 号	黑审稻 2021L0086	黑龙江省农业科学院齐齐哈尔分院
东富 135	黑审稻 2021L0087	东北农业大学	绥稻 17	黑审稻 2021L0088	绥化市盛昌种子繁育有限责任公司
乾稻 10	黑审稻 2021L0089	绥化市北林区盛禾农作物科研所	中盛 8	黑审稻 2021L0090	绥化市北林区鸿利源现代农业科学研究所
绥生 9 号	黑审稻 2021L0091	绥化市北林区中盛农业技术服务中心	富尔稻 3	黑审稻 2021L0092	哈尔滨华旭种业有限公司等
庆源 2 号	黑审稻 2021L0093	庆安源升河寒地水稻技术研究中心有限公司	润泉稻 8	黑审稻 2021L0094	尚志市益农农业有限责任公司

（续表）

品种名称	审定编号	选育单位	品种名称	审定编号	选育单位
百盛 3 号	黑审稻 2021L0095	绥化市百盛农业科技有限公司	绿禾香 2 号	黑审稻 2021L0096	庆安县祥瑞农业科学研究所
莲新 1 号	黑审稻 2021L0097	黑龙江省莲江口种子有限公司	莲育 13054	黑审稻 2021L0098	黑龙江省莲江口种子有限公司
天隆粳 325	黑审稻 2021L0099	黑龙江天隆科技有限公司	普粳 836	黑审稻 2021L0100	黑龙江省普田种业有限公司
普田 1498	黑审稻 2021L0101	佳木斯市普田农业科学研究所	稻香 3	黑审稻 2021L0102	虎林市垦农种子商店虎林市绿都农业科学研究所
龙庆稻 38 号	黑审稻 2021L0103	庆安县北方绿洲稻作研究所	龙粳 3005	黑审稻 2021L0104	黑龙江省农业科学院水稻研究所
龙粳 3010	黑审稻 2021L0105	黑龙江省农业科学院水稻研究所	莲汇 13	黑审稻 2021L0106	黑龙江省莲汇农业科技有限公司
垦稻 1866	黑审稻 2021L0107	黑龙江省农垦科学院水稻研究所	育龙 62	黑审稻 2021L0108	黑龙江省农业科学院作物资源研究所
东富 137	黑审稻 2021L0109	东北农业大学	东富 138	黑审稻 2021L0110	东北农业大学
鼎稻 1	黑审稻 2021L0111	佳木斯市鼎盛农业有限公司等	润沃 3	黑审稻 2021L0112	佳木斯市鼎盛农业有限公司等
北乔 202	黑审稻 2021L0113	绥化市乔氏种业有限公司	龙桦 20	黑审稻 2021L0114	黑龙江田友种业有限公司
九稻 171	黑审稻 2021L0115	黑龙江省建三江农垦九穗谷种业科技发展有限公司	黑 M171	黑审稻 2021L0116	黑龙江大学
北稻 10	黑审稻 2021L0117	绥化市乔氏种业有限公司	富合 48	黑审稻 2021L0118	黑龙江省农业科学院佳木斯分院
育龙 63	黑审稻 2021L0119	黑龙江省农业科学院作物资源研究所	东富 139	黑审稻 2021L0120	东北农业大学
苗稻 9 号	黑审稻 2021L0121	黑龙江省苗氏种业有限责任公司	龙盾 1849	黑审稻 2021L0122	黑龙江省莲江口种子有限公司
富稻 64	黑审稻 2021L0123	齐齐哈尔市富尔农艺有限公司	龙庆稻 50	黑审稻 2021L0124	庆安县北方绿洲稻作研究所
莲汇 6811	黑审稻 2021L0125	黑龙江省莲江口种子有限公司	龙粳 1579	黑审稻 2021L0126	黑龙江省农业科学院水稻研究所
宏运 051	黑审稻 2021Z0001	五常市宏运种业有限公司	宏科 785	吉审稻 20210001	辉南县宏科水稻科研中心
佳稻 16	吉审稻 20210002	吉林省佳信种业有限公司	北作 201	吉审稻 20210003	梅河口吉洋种业有限责任公司

（续表）

品种名称	审定编号	选育单位	品种名称	审定编号	选育单位
吉大 188	吉审稻 20210004	吉林大学植物科学学院等	通禾 818	吉审稻 20210005	通化市农业科学研究院
旭粳 21	吉审稻 20210006	东丰县东旭农业科学研究所	宏科 689	吉审稻 20210007	辉南县宏科水稻科研中心
庆林 15	吉审稻 20210008	吉林市丰优农业研究所	通育 338	吉审稻 20210009	通化市农业科学研究院
通系 956	吉审稻 20210010	通化市农业科学研究院	鑫禾 6	吉审稻 20210011	梅河口市鑫禾种子有限责任公司
辉粳 318	吉审稻 20210012	松原市辉丰水稻种业有限公司	鸿旭 368	吉审稻 20210013	吉林省鸿博种业有限公司
沃育稻 986	吉审稻 20210014	公主岭市沃野农业研究所	新乐 18	吉审稻 20210015	公主岭市中亚水稻种子繁育有限公司
沅粳 28	吉审稻 20210016	吉林省金沅种业有限责任公司	九稻 722	吉审稻 20210017	吉林市农业科学院
吉农大 787	吉审稻 20210018	吉林农业大学等	通禾 865	吉审稻 20210019	通化市农业科学研究院
吉粳 557	吉审稻 20210020	吉林省农业科学院	吉粳 558	吉审稻 20210021	吉林省农业科学院
东稻 275	吉审稻 20210022	中国科学院东北地理与农业生态研究所等	吉粳 825	吉审稻 20210023	吉林省农业科学院
吉粳 826	吉审稻 20210024	吉林省农业科学院	吉粳 827	吉审稻 20210025	吉林省农业科学院
松泽粘 378	吉审稻 20210026	吉林省松泽农业科技有限公司	臻粘 1	吉审稻 20210027	公主岭市金福源农业科技有限公司
庆林粘 78	吉审稻 20210028	吉林市丰优农业研究所	庆林粘 90	吉审稻 20210029	吉林市丰优农业研究所
通禾粘 33	吉审稻 20210030	通化市农业科学研究院	吉粘 17	吉审稻 20210031	吉林省农业科学院
吉粳 305	吉审稻 20210032	吉林省农业科学院	吉大 5 号	吉审稻 20210033	吉林大学植物科学学院
通育 8801	吉审稻 20210034	通化市农业科学研究院	通系 959	吉审稻 20210035	通化市农业科学研究院
九稻 839	吉审稻 20210036	吉林市农业科学院	吉农大 705	吉审稻 20210037	吉林农业大学
吉大 859	吉审稻 20210038	吉林大学植物科学学院	长粳 758	吉审稻 20210039	长春市农业科学院

（续表）

品种名称	审定编号	选育单位	品种名称	审定编号	选育单位
吉粳 568	吉审稻 20210040	吉林省农业科学院	吉粳 567	吉审稻 20210041	吉林省农业科学院
吉农大 669	吉审稻 20210042	吉林农业大学	吉大 288	吉审稻 20210043	吉林大学植物科学学院
吉大 298	吉审稻 20210044	吉林大学植物科学学院	吉粳 313	吉审稻 20210045	吉林省农业科学院
吉粳 325	吉审稻 20210046	吉林省农业科学院 吉林省农业科学院 吉林省农业科学院	升华 158	吉审稻 20210047	吉林省润民种业有限公司等
吉禾 399	吉审稻 20210048	吉林省吉禾种业开发有限公司	吉禾 699	吉审稻 20210049	吉林省吉禾种业开发有限公司
通华 195	吉审稻 20210050	通化市丰华种业有限公司	通星 3	吉审稻 20210051	通化市丰华种业有限公司
吉盛 985	吉审稻 20210052	通化市丰华种业有限公司	峰禾 115	吉审稻 20210053	白城市丰源水稻研究所
新世纪 158	吉审稻 20210054	梅河口吉洋种业有限责任公司	广德 1 号	吉审稻 20210055	吉林广德农业科技有限公司
鸿泽 8 号	吉审稻 20210056	吉林省鸿泽种业有限公司	吉洋 165	吉审稻 20210057	梅河口吉洋种业有限责任公司
通福 588	吉审稻 20210058	梅河口市金种子种业有限公司	庆林 997	吉审稻 20210059	吉林市丰优农业研究所
金谷 188	吉审稻 20210060	吉林市绿达农业技术发展有限公司	松辽 677	吉审稻 20210061	公主岭市松辽农业科学研究所
珍粳 895	吉审稻 20210062	吉林省珍实农业科技有限公司	金诚 668	吉审稻 20210063	梅河口市诚信种业有限责任公司
佳稻 168	吉审稻 20210064	吉林省佳信种业有限公司	吉宏 601	吉审稻 20210065	吉林市宏业种子有限公司
佳稻 28	吉审稻 20210066	吉林省佳信种业有限公司	佳稻 29	吉审稻 20210067	吉林省佳信种业有限公司
吉农大 709	吉审稻 20210068	吉林大农种业有限公司	丰腴 8 号	吉审稻 20210069	松原粮食集团水稻研究所有限公司
馨稻 1 号	辽审稻 20210001	沈阳市辽馨水稻研究所	昌优香 2 号	辽审稻 20210002	张国巍
浑粳 3 号	辽审稻 20210003	沈阳博科种业有限公司	铁粳 1603	辽审稻 20210004	铁岭市农业科学院
天隆粳 13	辽审稻 20210005	天津天隆科技股份有限公司	金稻 4 号	辽审稻 20210006	东港市金禾谷物种植发展有限公司

（续表）

品种名称	审定编号	选育单位	品种名称	审定编号	选育单位
辽 16 优 19	辽审稻 20210007	辽宁省水稻研究所	华丰锦稻	辽审稻 20210008	盘锦北方农业技术开发有限公司
兴禾稻 8 号	辽审稻 20210009	沈阳中硕种业有限公司等	稻源 7 号	辽审稻 20210010	营口天域稻业有限公司
天域稻 1 号	辽审稻 20210011	营口天域稻业有限公司	星选稻	辽审稻 20210012	沈阳领先种业有限公司
连粳 3 号	辽审稻 20210013	大连市特种粮研究所	连粳 4 号	辽审稻 20210014	大连市特种粮研究所
富友稻 1401	辽审稻 20216001	辽宁东亚种业有限公司	富禾稻 1408	辽审稻 20216002	辽宁东亚种业有限公司
源稻 19	蒙审稻 2021001	吉林省天源种子研究所等	中研粳稻 18	蒙审稻 2021002	公主岭市众农种植农民专业合作社
中研粳稻 19	蒙审稻 2021003	吉林省中研农业开发有限公司	中亚 108	蒙审稻 2021004	公主岭市中亚水稻种子繁育有限公司
中亚 328	蒙审稻 2021005	公主岭市中亚水稻种子繁育有限公司	吉大香 1 号	蒙审稻 2021006	吉林大学植物科学学院等
小町 GA11	蒙审稻 2021007	兴安盟兴安粳稻优质品种科技研究所	兴育 GA07	蒙审稻 2021008	兴安盟兴安粳稻优质品种科技研究所
兴育 1 号	蒙审稻 2021009	兴安盟兴安粳稻优质品种科技研究所	兴育 GA10	蒙审稻 2021010	兴安盟兴安粳稻优质品种科技研究所
兴粳 6 号	蒙审稻 2021011	兴安盟农牧业科学研究所等	兴粳 7 号	蒙审稻 2021012	兴安盟农牧业科学研究所等
松辽 777	蒙审稻 2021013	公主岭市松辽农业科学研究所等	兴发 2	蒙审稻 2021014	佳木斯市鸿发种业有限公司
鸿发 13 号	蒙审稻 2021015	佳木斯市鸿发种业有限公司	保农 6 号	蒙审稻 2021016	内蒙古恒正集团保安沼农工贸有限公司等
保农 5 号	蒙审稻 2021017	内蒙古恒正集团保安沼农工贸有限公司等	保农 8 号	蒙审稻 2021018	内蒙古恒正集团保安沼农工贸有限公司等
安稻 1 号	蒙审稻 2021019	兴安盟同创种业有限公司	蒙稻 1 号	蒙审稻 2021020	兴安盟同创种业有限公司
禾兴 3 号	蒙审稻 2021021	黑龙江省绥禾农业科技有限公司	金稻 2 号	蒙审稻 2021022	绥化市兴盈种业有限公司
飞凡 7 号	蒙审稻 2021023	黑龙江省飞凡农业科技有限责任公司	龙禾 1 号	蒙审稻 2021024	黑龙江省壮家农业科技有限责任公司
松粮云浪香	蒙审稻 2021025	松原市水稻研究所	松粮 5 号	蒙审稻 2021026	松原粮食集团水稻研究所有限公司

（续表）

品种名称	审定编号	选育单位	品种名称	审定编号	选育单位
粳香 T9	冀审稻 20210001	滦南县际志水稻种植专业合作社	海育 7233	冀审稻 20210002	唐山市曹妃甸区农林技术服务中心
津育粳 30	津审稻 20210001	天津市农作物研究所等	津原 986	津审稻 20210002	天津市原种场
金稻 939	津审稻 20210003	天津市水稻研究所	金稻 787	津审稻 20210004	天津市水稻研究所
金稻 929	津审稻 20210005	天津市水稻研究所	金稻 606	津审稻 20215001	天津市水稻研究所
宁粳 62 号	宁审稻 2021L001	宁夏科丰种业有限公司等	宁粳 63 号	宁审稻 2021L002	宁夏金灵州种业有限公司等
丰稻 4 号	鲁审稻 20210001	山东丰年农业科技有限公司	济软粳 1802	鲁审稻 20210002	山东省农业科学院
大粮 312	鲁审稻 20210003	临沂市金秋大粮农业科技有限公司	圣稻 718	鲁审稻 20210004	山东省农业科学院
圣稻 30	鲁审稻 20210005	山东省农业科学院	临秀 325	鲁审稻 20210006	沂南县水稻研究所
大粮 313	鲁审稻 20210007	临沂市金秋大粮农业科技有限公司	临稻 29	鲁审稻 20210008	临沂宏实种业有限公司
圣稻 183	鲁审稻 20210009	山东省农业科学院等	紫香糯 1306	鲁审稻 20216010	山东省农业科学院
中紫 4 号	鲁审稻 20216011	中国科学院植物研究所等	济稻 9 号	鲁审稻 20216012	山东省农业科学院
润农 99	鲁审稻 20216013	山东润农种业科技有限公司	圣香 1826	鲁审稻 20216014	山东省农业科学院
圣稻 LG03	鲁审稻 20216015	山东省农业科学院	汉香优 755	陕审稻 20210001	汉中市金穗农业科技开发有限责任公司等
Y 两优粤禾丝苗	豫审稻 20210001	四川台沃种业有限责任公司等	恒丰优粤禾丝苗	豫审稻 20210002	清远市农业科技推广服务中心（清远市农业科学研究所）等
两优 279	豫审稻 20210003	信阳市农业科学院	粘两优 1206	豫审稻 20210004	安徽省连丰种业有限责任公司
利两优 2018	豫审稻 20210005	长沙利诚种业有限公司等	圳两优 2018	豫审稻 20210006	长沙利诚种业有限公司
春优 917	豫审稻 20210007	中国水稻研究所	晶粳 1000	豫审稻 20210008	汪萍、孟瑞
玉粳 3	豫审稻 20210009	濮阳县富科种植专业合作社	慧粳 1 号	豫审稻 20210010	贾建中、贾慧芳、贾永贺

（续表）

品种名称	审定编号	选育单位	品种名称	审定编号	选育单位
裕早粳1号	豫审稻20210011	河南正艺达种业有限公司等	晋稻20号	晋审稻20210001	山西农业大学农学院
金稻3314	新审稻202101	新疆金丰源种业股份有限公司	新粳糯1号	新审稻202102	新疆农业科学院温宿水稻试验站等
新粳2号	新审稻202103	新疆农业科学院温宿水稻试验站等	新粳3号	新审稻202104	新疆农业科学院核技术生物技术研究所等
新粳1号	新审稻202105	新疆农科院温宿水稻试验站等			

附表8　2021年水稻新品种授权情况

品种权号	品种名称	品种权人	品种权号	品种名称	品种权人
授权日：2020－12－31					
CNA20140944.9	忠香A	重庆皇华种业股份有限公司	CNA20151826.9	随1723S	王宗炎
CNA20160236.4	镇稻21号	江苏丘陵地区镇江农业科学研究所	CNA20160707.4	牡育稻42	黑龙江省农业科学院牡丹江分院
CNA20160736.9	申矮173	上海市农业科学院	CNA20160990.0	龙粳3007	黑龙江省农业科学院水稻研究所
CNA20160991.9	龙粳3033	佳木斯龙粳种业有限公司	CNA20160992.8	龙粳3047	黑龙江省农业科学院水稻研究所
CNA20160993.7	龙粳3077	佳木斯龙粳种业有限公司	CNA20160994.6	龙粳3100	佳木斯龙粳种业有限公司
CNA20160995.5	龙粳3767	黑龙江省农业科学院水稻研究所	CNA20161300.3	浙粳70	浙江省农业科学院
CNA20161434.2	宿两优918	安徽华成种业股份有限公司	CNA20161437.9	望恢441	中国科学院亚热带农业生态研究所
CNA015994G	望恢1013	中国科学院亚热带农业生态研究所	CNA20161464.5	福巨糯6号	福建农林大学
CNA20161467.2	福巨糯9号	福建农林大学	CNA20161887.4	源15S	湖南桃花源农业科技股份有限公司
CNA20161949.0	川优粤农丝苗	北京金色农华种业科技股份有限公司	CNA20161982.8	旱恢157	上海天谷生物科技股份有限公司
CNA20161983.7	旱恢163	上海天谷生物科技股份有限公司	CNA20162067.4	武运367	江苏（武进）水稻研究所
CNA20162070.9	智占	江西金信种业有限公司	CNA20162082.5	浙粳99	浙江省农业科学院

（续表）

品种权号	品种名称	品种权人	品种权号	品种名称	品种权人
CNA20162129.0	长农 1A	长江大学	CNA20162313.6	永优 6258	宜春学院
CNA20162325.2	申优 26	上海市农业科学院	CNA20162352.8	中种 13H376	中国种子集团有限公司
CNA20162353.7	中种 13H381	中国种子集团有限公司	CNA20162357.3	金恢 102 号	福建农林大学
CNA20162375.1	金和	南昌市康谷农业科技有限公司	CNA20162423.3	蓝 9S	赵培昌
CNA20162424.2	天源 130S	武汉武大天源生物科技股份有限公司	CNA20162478.7	新质 2A	中国种子集团有限公司
CNA20162484.9	R5437	深圳市兆农农业科技有限公司	CNA20162485.8	R332	深圳市兆农农业科技有限公司
CNA20162486.7	R5312	深圳市兆农农业科技有限公司	CNA20170024.9	鲁盐稻 13 号	山东省水稻研究所
CNA20170051.5	临稻 22 号	临沂市农业科学院	CNA20170080.0	玖两优 3 号	湖南省水稻研究所
CNA20170134.6	荣 3 优粤农丝苗	北京金色农华种业科技股份有限公司	CNA20170137.3	万象优粤农丝苗	北京金色农华种业科技股份有限公司
CNA20170139.1	欣荣优粤农丝苗	北京金色农华种业科技股份有限公司	CNA20170153.2	创恢 958	湖南袁创超级稻技术有限公司
CNA20170154.1	创恢 9188	湖南袁创超级稻技术有限公司	CNA20170211.2	大粮 302	临沂市金秋大粮农业科技有限公司
CNA20170278.2	莲 CS	江西省农业科学院水稻研究所	CNA20170345.1	圣香 66	山东省水稻研究所
CNA20170349.7	萍恢 106	萍乡市农业科学研究所	CNA20170407.6	种粳 6227	中国种子集团有限公司
CNA20170431.6	丰两优 3948	合肥丰乐种业股份有限公司	CNA20170448.7	津稻 565	天津市水稻研究所
CNA20170641.2	新稻 567	河南省新乡市农业科学院	CNA20171175.4	松峰 696	公主岭市吉农研水稻研究所有限公司
CNA20171176.3	通育 266	通化市农业科学研究院	CNA20171177.2	松峰 199	公主岭市吉农研水稻研究所有限公司
CNA20171196.9	早丰优五山丝苗	北京金色农华种业科技股份有限公司	CNA20171269.1	靓占	江西省农业科学院水稻研究所
CNA20171504.6	赣恢 993	江西省农业科学院水稻研究所	CNA20171581.2	泸优粤农丝苗	北京金色农华种业科技股份有限公司
CNA20171582.1	泰丰优粤农丝苗	北京金色农华种业科技股份有限公司	CNA20171583.0	天丰优粤农丝苗	北京金色农华种业科技股份有限公司
CNA20171584.9	深 95 优粤农丝苗	北京金色农华种业科技股份有限公司	CNA20171611.6	晚籼紫宝	益阳市惠民种业科技有限公司

（续表）

品种权号	品种名称	品种权人	品种权号	品种名称	品种权人
CNA20171612.5	板仓香糯	益阳市惠民种业科技有限公司	CNA20171755.2	长两优 319	湖南农业大学
CNA20171835.6	玖两优华占	湖南金健种业科技有限公司	CNA20171839.2	荃优 665	湖南金健种业科技有限公司
CNA20171843.6	德两优华占	湖南金健种业科技有限公司	CNA20171876.6	金香粳 518	北京金色农华种业科技股份有限公司
CNA20172279.7	新丰 88	河南丰源种子有限公司	CNA20172281.3	苑丰 136	河南丰源种子有限公司
CNA20172307.3	两优 1316	湖南金健种业科技有限公司	CNA20172529.5	津育粳 22	天津市农作物研究所
CNA20172535.7	华琦 S	湖南亚华种业科学研究院	CNA20172627.6	RC6	中国农业科学院作物科学研究所
CNA20172677.5	创两优茉莉占	湖南农大金农种业有限公司	CNA20172688.2	德两优 665	湖南金健种业科技有限公司
CNA20172878.2	R3155	湖南隆平种业有限公司	CNA20172879.1	R947	湖南隆平种业有限公司
CNA20172882.6	和源 A	湖南隆平种业有限公司	CNA20172883.5	和源 B	湖南隆平种业有限公司
CNA20172885.3	隆 8B	湖南隆平种业有限公司	CNA20172887.1	YR96	湖南隆平种业有限公司
CNA20172888.0	兴 3A	湖南隆平种业有限公司	CNA20172890.6	R10	湖南隆平种业有限公司
CNA20172891.5	AC3134	湖南隆平种业有限公司	CNA20172899.7	津原 U99	天津市原种场
CNA20172954.9	方稻 3 号	方正县农业技术推广中心	CNA20172995.0	苏恢 5 号	江苏中江种业股份有限公司
CNA20172997.8	苏恢 063	江苏中江种业股份有限公司	CNA20173011.8	RC69	湖南桃花源农业科技股份有限公司
CNA20173012.7	RC112	湖南桃花源农业科技股份有限公司	CNA20173014.5	RC188	湖南桃花源农业科技股份有限公司
CNA20173075.1	创恢 950	湖南袁创超级稻技术有限公司	CNA20173087.7	创宇 107	长沙大禾科技开发中心
CNA20173088.6	创宇 10 号	长沙大禾科技开发中心	CNA20173211.6	M76 优 3301	福建农林大学
CNA20173212.5	金恢 966	福建农林大学	CNA20173213.4	金恢 1059	福建农林大学
CNA20173214.3	金恢 2050	福建农林大学	CNA20173236.7	Y 两优 18	湖南袁创超级稻技术有限公司

（续表）

品种权号	品种名称	品种权人	品种权号	品种名称	品种权人
CNA20173247.4	苏 2110	江苏太湖地区农业科学研究所	CNA20173339.3	R6312	湖南省水稻研究所
CNA20173345.5	创恢 107	湖南袁创超级稻技术有限公司	CNA20173346.4	创恢 959	湖南袁创超级稻技术有限公司
CNA20173348.2	望两优 361	安徽新安种业有限公司	CNA20173353.4	红两优瑞占	合肥国丰农业科技有限公司
CNA20173475.7	彩美籼紫	湖南省水稻研究所	CNA20173494.4	两优 1134	安徽咏悦农业科技有限公司
CNA20173626.5	旺两优 911	湖南袁创超级稻技术有限公司	CNA20173627.4	旺两优 958	湖南袁创超级稻技术有限公司
CNA20173683.5	龙稻 1602	黑龙江省农业科学院耕作栽培研究所	CNA20173684.4	龙稻 102	黑龙江省农业科学院耕作栽培研究所
CNA20173718.4	平占	湖南奥谱隆科技股份有限公司	CNA20173719.3	坤占	湖南奥谱隆科技股份有限公司
CNA20173722.8	奥 R3000	湖南奥谱隆科技股份有限公司	CNA20173723.7	奥 R1066	湖南奥谱隆科技股份有限公司
CNA20173725.5	奥 R990	湖南奥谱隆科技股份有限公司	CNA20173726.4	奥 R877	湖南奥谱隆科技股份有限公司
CNA20173728.2	奥 R688	湖南奥谱隆科技股份有限公司	CNA20173732.6	奥 R520	湖南奥谱隆科技股份有限公司
CNA20173733.5	奥 R218	湖南奥谱隆科技股份有限公司	CNA20173734.4	W55	湖南奥谱隆科技股份有限公司
CNA20173736.2	奥 R2205	湖南奥谱隆科技股份有限公司	CNA20173787.0	中种恢 2810	中国种子集团有限公司
CNA20180057.8	济 T166	山东省农业科学院生物技术研究中心	CNA20180063.0	圣 1752	山东省水稻研究所
CNA20180138.1	圣稻 158	山东省水稻研究所	CNA20180162.0	华智 181	华智水稻生物技术有限公司
CNA20180163.9	华智 183	华智水稻生物技术有限公司	CNA20180165.7	湘农 182B	湖南农业大学
CNA20180166.6	湘农 184	湖南农业大学	CNA20180167.5	湘农 186	湖南农业大学
CNA20180185.3	巨风优 650	湖北省农业科学院粮食作物研究所	CNA20180250.3	农香 40	湖南省水稻研究所
CNA20180251.2	农香 41	湖南省水稻研究所	CNA20180252.1	农香 42	湖南省水稻研究所
CNA20180295.0	ZY56	湖北省农业科学院粮食作物研究所	CNA20180480.5	BS82	湖南省水稻研究所
CNA20180680.3	寒稻 13	天津天隆科技股份有限公司	CNA20180852.5	绥粳 27	黑龙江省农业科学院绥化分院

（续表）

品种权号	品种名称	品种权人	品种权号	品种名称	品种权人
CNA20181224.4	申优 114	上海黄海种业有限公司	CNA20181461.6	通系 936	通化市农业科学研究院
CNA20181819.5	镇稻 656	江苏丘陵地区镇江农业科学研究所	CNA20181846.2	绥稻 9 号	绥化市盛昌种子繁育有限责任公司
CNA20182302.7	淮 119	江苏徐淮地区淮阴农业科学研究所	CNA20182303.6	淮稻 268	江苏徐淮地区淮阴农业科学研究所
CNA20182304.5	淮稻 20 号	江苏徐淮地区淮阴农业科学研究所	CNA20182378.6	扬辐粳 9 号	江苏里下河地区农业科学研究所
CNA20182570.2	浙 1613	浙江省农业科学院	CNA20183151.7	徽两优鄂丰丝苗	湖北荃银高科种业有限公司
CNA20183153.5	忠两优鄂丰丝苗	湖北荃银高科种业有限公司	CNA20183156.2	忠 605S	湖北荃银高科种业有限公司
CNA20183182.0	郢 216S	湖北荃银高科种业有限公司	CNA20183183.9	D916S	湖北荃银高科种业有限公司
CNA20183184.8	宝 618S	湖北荃银高科种业有限公司	CNA20183185.7	郢丰丝苗	湖北荃银高科种业有限公司
CNA20183189.3	鄂莹丝苗	湖北荃银高科种业有限公司	CNA20183190.0	伍 331S	湖北荃银高科种业有限公司
CNA20183191.9	香 525S	湖北荃银高科种业有限公司	CNA20183194.6	银 58S	湖北荃银高科种业有限公司
CNA20183195.5	荃优鄂丰丝苗	湖北荃银高科种业有限公司	CNA20183543.4	龙稻 111	黑龙江省农业科学院耕作栽培研究所
CNA20183665.6	万香丝苗	江西翃壹农业科技有限公司	CNA20183767.3	吨两优 17	湖南袁创超级稻技术有限公司
CNA20183773.5	旺两优 98 丝苗	湖南袁创超级稻技术有限公司	CNA20183774.4	吨两优 900	湖南袁创超级稻技术有限公司
CNA20184022.2	田佳优 338	武汉佳禾生物科技有限责任公司	CNA20184083.8	龙盾 1614	黑龙江省莲江口种子有限公司
CNA20184141.8	莲汇 3861	黑龙江省莲汇农业科技有限公司	CNA20184335.4	浙粳优 1796	浙江省农业科学院
CNA20184375.5	DFE02	南京农业大学	CNA20184376.4	DFE05	南京农业大学
CNA20184429.1	豫农粳 11 号	河南农业大学	CNA20184430.8	豫农粳 12	河南农业大学
CNA20184431.7	豫稻 16	河南农业大学	CNA20184466.5	绥粳 101	黑龙江省农业科学院绥化分院
CNA20184469.2	绥粳 106	黑龙江省农业科学院绥化分院	CNA20184472.7	绥粳 103	黑龙江省农业科学院绥化分院
CNA20184707.4	玖两优 1339	湖南省水稻研究所	CNA20184733.2	湘农恢 1174	湖南农业大学

（续表）

品种权号	品种名称	品种权人	品种权号	品种名称	品种权人
CNA20184734.1	湘农恢 887	湖南农业大学	CNA20184735.0	荃两优 851	安徽荃银高科种业股份有限公司
CNA20184742.1	桂恢 117	广西壮族自治区农业科学院水稻研究所	CNA20184750.0	湘农恢 227	湖南农业大学
CNA20184751.9	湘农恢 013	湖南农业大学	CNA20184752.8	湘农恢 188	湖南农业大学
CNA20184753.7	粤禾 A	广东省农业科学院水稻研究所	CNA20184754.6	广恢 2388	广东省农业科学院水稻研究所
CNA20184755.5	发 S	广东省农业科学院水稻研究所	CNA20184756.4	杰 524S	袁隆平农业高科技股份有限公司
CNA20184757.3	光 2S	袁隆平农业高科技股份有限公司	CNA20184759.1	K570	袁隆平农业高科技股份有限公司
CNA20184760.8	玉 2862S	袁隆平农业高科技股份有限公司	CNA20184764.4	民升 B	袁隆平农业高科技股份有限公司
CNA20184765.3	桂恢 1836	广西壮族自治区农业科学院水稻研究所	CNA20184775.1	长泰 A	广东省农业科学院水稻研究所
CNA20184779.7	华珂 226S	袁隆平农业高科技股份有限公司	CNA20184780.4	华恢 1144	袁隆平农业高科技股份有限公司
CNA20184781.3	华恢 1237	袁隆平农业高科技股份有限公司	CNA20184782.2	华恢 1074	袁隆平农业高科技股份有限公司
CNA20184783.1	R1988	袁隆平农业高科技股份有限公司	CNA20184795.7	华悦 468S	袁隆平农业高科技股份有限公司
CNA20184796.6	华玮 338S	袁隆平农业高科技股份有限公司	CNA20184799.3	忠恢 244	湖南杂交水稻研究中心
CNA20184800.0	中广 10 号	广西壮族自治区农业科学院水稻研究所	CNA20184801.9	桂野 1 号	广西壮族自治区农业科学院水稻研究所
CNA20184802.8	桂野 2 号	广西壮族自治区农业科学院水稻研究所	CNA20184803.7	桂野 3 号	广西壮族自治区农业科学院水稻研究所
CNA20184804.6	桂 R24	广西壮族自治区农业科学院水稻研究所	CNA20184805.5	桂育 11 号	广西壮族自治区农业科学院水稻研究所
CNA20184806.4	R1301	袁隆平农业高科技股份有限公司	CNA20184809.1	钦 B	袁隆平农业高科技股份有限公司
CNA20184810.8	糯 1B	袁隆平农业高科技股份有限公司	CNA20184811.7	桂丰 30	广西壮族自治区农业科学院水稻研究所

（续表）

品种权号	品种名称	品种权人	品种权号	品种名称	品种权人
CNA20184819.9	隆菲 656S	袁隆平农业高科技股份有限公司	CNA20184820.6	鼎 623S	袁隆平农业高科技股份有限公司
CNA20184821.5	华晖 217S	袁隆平农业高科技股份有限公司	CNA20184822.4	华浩 339S	袁隆平农业高科技股份有限公司
CNA20184823.3	华烨 650S	袁隆平农业高科技股份有限公司	CNA20184824.2	华磊 656S	袁隆平农业高科技股份有限公司
CNA20184825.1	湘钰 668S	袁隆平农业高科技股份有限公司	CNA20184830.4	桂 7571	广西壮族自治区农业科学院水稻研究所
CNA20184831.3	桂恢 6971	广西壮族自治区农业科学院水稻研究所	CNA20191000298	凯恢 608	黔东南苗族侗族自治州农业科学院
CNA20191000465	春江 157	中国水稻研究所	CNA20191000515	辽粳 1402	辽宁省水稻研究所
CNA20191000738	京粳 8 号	中国农业科学院作物科学研究所	CNA20191000979	泗稻 260	江苏省农业科学院宿迁农科所
CNA20191000980	申优 28	上海市农业科学院	CNA20191000993	申优 42	上海市农业科学院
CNA20191001100	通育 265	通化市农业科学研究院	CNA20191001214	易两优华占	武汉大学
CNA20191001358	易 S	武汉大学	CNA20191001360	容 S	武汉大学
CNA20191001366	1808S	武汉大学	CNA20191001367	R2618	武汉大学
CNA20191001419	京粳 5 号	中国农业科学院作物科学研究所	CNA20191001420	京粳 4 号	中国农业科学院作物科学研究所
CNA20191001510	广香丝苗	广东省农业科学院水稻研究所	CNA20191001558	沪香软 450	上海市农业科学院
CNA20191001598	宛粳 68D	郭俊红	CNA20191001694	广恢 3472	广东省农业科学院水稻研究所
CNA20191001713	华粳 0029	江苏省大华种业集团有限公司	CNA20191001745	宁 7926	江苏省农业科学院
CNA20191001750	宁 7743	江苏省农业科学院	CNA20191001757	宁 7702	江苏省农业科学院
CNA20191001764	南粳 70	江苏省农业科学院	CNA20191001765	宁 5713	江苏省农业科学院
CNA20191001785	宁 7712	江苏省农业科学院	CNA20191001786	宁 9020	江苏省农业科学院
CNA20191001787	宁 9015	江苏省农业科学院	CNA20191001788	荃优 42	江苏省农业科学院
CNA20191001789	南粳 62	江苏省农业科学院	CNA20191001790	南粳 518	江苏省农业科学院
CNA20191001791	南粳 9008	江苏省农业科学院	CNA20191001792	南粳 7603	江苏省农业科学院
CNA20191001793	南粳 66	江苏省农业科学院	CNA20191002089	镇籼优 382	江苏丘陵地区镇江农业科学研究所

（续表）

品种权号	品种名称	品种权人	品种权号	品种名称	品种权人
CNA20191002183	徽两优 8061	江苏红旗种业股份有限公司	CNA20191002198	华两优 1568	江苏红旗种业股份有限公司
CNA20191002250	宁 7822	江苏省农业科学院	CNA20191002283	昌两优明占	江苏明天种业科技股份有限公司
CNA20191002365	甬籼 634	宁波市农业科学研究院	CNA20191002478	深两优 8012	中国水稻研究所
CNA20191002480	R1564	武汉大学	CNA20191002518	R2431	武汉大学
CNA20191002716	浙 1702	浙江省农业科学院	CNA20191002785	益早软占	江西现代种业股份有限公司
CNA20191002976	恒两优新华粘	湖南恒德种业科技有限公司	CNA20191002979	徽两优 982	安徽凯利种业有限公司
CNA20191003045	黑金珠 6 号	江西春丰农业科技有限公司	CNA20191003149	浙粳优 1412	浙江省农业科学院
CNA20191003241	DS552	浙江大学	CNA20191003248	江 79S	浙江大学
CNA20191003253	黑粳 1518	黑龙江省农业科学院黑河分院	CNA20191003269	两优 778	安徽日辉生物科技有限公司
CNA20191003274	泰两优 1413	浙江科原种业有限公司	CNA20191003318	华恢 6341	袁隆平农业高科技股份有限公司
CNA20191003325	玛占	袁隆平农业高科技股份有限公司	CNA20191003327	华恢 1672	袁隆平农业高科技股份有限公司
CNA20191003340	深两优 1110	湖北谷神科技有限责任公司	CNA20191003452	新混优 6 号	安徽省农业科学院水稻研究所
CNA20191003497	沪旱 68	上海天谷生物科技股份有限公司	CNA20191003565	深两优 475	湖南恒德种业科技有限公司
CNA20191003902	成恢 1443	四川省农业科学院作物研究所	CNA20191003906	成恢 1781	四川省农业科学院作物研究所
CNA20191003937	成恢 1778	四川省农业科学院作物研究所	CNA20191003984	两优 57 华占	安徽日辉生物科技有限公司
CNA20191004011	通禾 819	通化市农业科学研究院	CNA20191004113	鼎优华占	玉林市农业科学院
CNA20191004237	珞红 6A	武汉大学	CNA20191004396	隆望 S	湖南希望种业科技股份有限公司
CNA20191004446	佳丰糯 2	苏玉林	CNA20191004538	桂香 99	广西壮族自治区农业科学院水稻研究所
CNA20191004539	桂育 13	广西壮族自治区农业科学院水稻研究所	CNA20191004559	创野优	广西壮族自治区农业科学院水稻研究所

（续表）

品种权号	品种名称	品种权人	品种权号	品种名称	品种权人
CNA20191004563	桂香 18	广西壮族自治区农业科学院水稻研究所	CNA20191004564	桂育 12	广西壮族自治区农业科学院水稻研究所
CNA20191004577	瑞两优 1578	安徽国瑞种业有限公司	CNA20191004585	成恢 1053	四川省农业科学院作物研究所
CNA20191004589	成糯恢 2511	四川省农业科学院作物研究所	CNA20191004590	成恢 1099	四川省农业科学院作物研究所
CNA20191004777	南 3502S	湖南农业大学	CNA20191004886	通禾 869	通化市农业科学研究院
CNA20191004897	鼎烽 2 号	广西鼎烽种业有限公司	CNA20191004899	成恢 4313	四川省农业科学院作物研究所
CNA20191004914	两优 106	江苏红旗种业股份有限公司	CNA20191004923	龙桦 15	黑龙江田友种业有限公司
CNA20191004945	千乡优 917	四川省内江市农业科学院	CNA20191004964	千乡优 8123	四川省内江市农业科学院
CNA20191004966	千乡优 817	四川省内江市农业科学院	CNA20191005007	蓉 7 优 2115	四川农业大学
CNA20191005008	九优 2117	四川农业大学	CNA20191005016	南粳 53013	江苏省农业科学院
CNA20191005019	南粳 55	江苏省农业科学院	CNA20191005129	钱江 103	浙江省农业科学院
CNA20191005203	恢 8	中国水稻研究所	CNA20191005483	天盈 8 号	黑龙江省莲江口种子有限公司
CNA20191005558	临稻 25	沂南县水稻研究所	CNA20191005577	宁粳 041	南京农业大学
CNA20191005620	通禾 829	通化市农业科学研究院	CNA20191005807	田友 518	黑龙江田友种业有限公司
CNA20191006027	中作 1803	中国农业科学院作物科学研究所	CNA20191006031	京粳 3 号	中国农业科学院作物科学研究所
CNA20201000477	早优 1710	湖南省水稻研究所			
授权日：2021－06－18					
CNA20150351.4	绥稻 3 号	绥化市盛昌种子繁育有限责任公司	CNA20151581.4	泰恢 808	四川泰隆农业科技有限公司
CNA20151776.9	金 18S	湖南金健种业科技有限公司	CNA20152031.8	新两优 1813	湖南隆平种业有限公司
CNA20152033.6	两优 988	安徽丰大种业股份有限公司	CNA20160122.1	R5301	广西大学
CNA20160207.9	内 6 优 138	垦丰长江种业科技有限公司	CNA20160501.2	创两优 3206	湖南隆平种业有限公司

（续表）

品种权号	品种名称	品种权人	品种权号	品种名称	品种权人
CNA20160592.2	神农 2A	重庆中一种业有限公司	CNA20160641.3	雅恢 2816	四川农业大学
CNA20160663.6	金美占	广州市金粤生物科技有限公司	CNA20160765.3	内香恢 3306	内江杂交水稻科技开发中心
CNA20160870.5	双 1A	四川双丰农业科学技术研究所	CNA20160975.9	S931	湖南杂交水稻研究中心
CNA20161013.1	连粳 13 号	江苏省大华种业集团有限公司	CNA20161101.4	R4945	湖南隆平高科种业科学研究院有限公司
CNA20161160.2	良原 2 号	湖南省水稻研究所	CNA20161268.3	黑粳 10 号	黑龙江省农业科学院黑河分院
CNA20161466.3	福巨糯 8 号	福建农林大学	CNA20161483.2	T608S	宇顺高科种业股份有限公司
CNA20161523.4	兆丰优 8008	广西兆和种业有限公司	CNA20161527.0	兆丰优 9928	广西兆和种业有限公司
CNA20161551.9	徽两优 1898	宇顺高科种业股份有限公司	CNA20161585.9	R 华 9	江西金山种业有限公司
CNA20161594.8	登 69S	黄庆跃	CNA20161641.1	美香新占	深圳市金谷美香实业有限公司
CNA20161762.4	永丰 3026	合肥市永乐水稻研究所	CNA20161807.1	韶农 A	韶关市农业科技推广中心
CNA20161895.4	福 1S	武汉隆福康农业发展有限公司	CNA20161906.1	皖江糯 8 号	安徽天益丰种业有限公司
CNA20161907.0	皖江糯 10 号	安徽天益丰种业有限公司	CNA20161929.4	天稻香 9 号	天津天隆科技股份有限公司
CNA20161930.1	徽两优 727	北京金色农华种业科技股份有限公司	CNA20161936.5	永两优 830	合肥市永乐水稻研究所
CNA20162020.0	中种 360A	中国种子集团有限公司	CNA20162021.9	中种恢 637	中国种子集团有限公司
CNA20162023.7	中种恢 1116	中国种子集团有限公司	CNA20162043.3	千乡 654A	四川省内江市农业科学院
CNA20162068.3	华莉占	安徽华韵生物科技有限公司	CNA20162083.4	浙粳 86	浙江省农业科学院
CNA20162103.0	R989	宇顺高科种业股份有限公司	CNA20162111.0	五优 661	安徽咏悦农业科技有限公司
CNA20162112.9	LY198S	安徽绿雨种业股份有限公司	CNA20162212.8	皖江糯 9 号	安徽天益丰种业有限公司

（续表）

品种权号	品种名称	品种权人	品种权号	品种名称	品种权人
CNA20162221.7	龙优 450	西科农业集团股份有限公司	CNA20162233.3	延粳 29	延边朝鲜族自治州农业科学院
CNA20162236.0	南辐粳 2 号	江苏省农业科学院	CNA20162249.5	两优 1105	安徽省农业科学院水稻研究所
CNA20162251.0	皖 2311S	安徽省农业科学院水稻研究所	CNA20162260.9	优香 1	齐齐哈尔市富拉尔基农艺农业科技有限公司
CNA20162262.7	粤金银占	广东省农业科学院水稻研究所	CNA20162263.6	粤金农占	广东省农业科学院水稻研究所
CNA20162283.2	颖研 208	王守国	CNA20162286.9	Y58F	湖南袁创超级稻技术有限公司
CNA20162287.8	泰优 305	广东省农业科学院水稻研究所	CNA20162302.9	隆两优 1025	袁隆平农业高科技股份有限公司
CNA20162315.4	D 两优 71	湖南省贺家山原种场	CNA20162316.3	家优 111	湖南省贺家山原种场
CNA20162323.4	荃优 1393	江苏沿海地区农业科学研究所	CNA20162324.3	申恢 26	上海市农业科学院
CNA20162331.4	两优 160	安徽省农业科学院水稻研究所	CNA20162350.0	盛泰优 993	中国种子集团有限公司
CNA20162351.9	中种 13H373	中国种子集团有限公司	CNA20162354.6	中种 15H415	中国种子集团有限公司
CNA20162355.5	中种 15H428	中国种子集团有限公司	CNA20162356.4	金恢 101 号	福建农林大学
CNA20162358.2	金恢 104 号	福建农林大学	CNA20162359.1	金恢 105 号	福建农林大学
CNA20162360.8	金恢 106 号	福建农林大学	CNA20162361.7	金恢 107 号	福建农林大学
CNA20162362.6	金恢 108 号	福建农林大学	CNA20162363.5	金恢 109 号	福建农林大学
CNA20162364.4	金恢 110 号	福建农林大学	CNA20162365.3	金恢 112 号	福建农林大学
CNA20162371.5	BR471	中国农业科学院作物科学研究所	CNA20162387.7	合丰油占	广东省农业科学院水稻研究所
CNA20162391.1	垦研 017	黑龙江省农垦科学院	CNA20162411.7	时和 S	安徽省农业科学院水稻研究所
CNA20162412.6	天和 S	安徽省农业科学院水稻研究所	CNA20162413.5	H69S	安徽国豪农业科技有限公司
CNA20162433.1	红 R236	江西红一种业科技股份有限公司	CNA20162434.0	红 R823	江西红一种业科技股份有限公司
CNA20162436.8	吉田优 701	广东源泰农业科技有限公司	CNA20162437.7	韶优 766	广东源泰农业科技有限公司

（续表）

品种权号	品种名称	品种权人	品种权号	品种名称	品种权人
CNA20162438.6	吉田优 622	广东源泰农业科技有限公司	CNA20162464.3	浙粳 7A	浙江省农业科学院
CNA20162483.0	鹏 A	深圳市兆农农业科技有限公司	CNA20162487.6	R6228	深圳市兆农农业科技有限公司
CNA20162488.5	R6319	深圳市兆农农业科技有限公司	CNA20162508.1	粤恢 777	广东粤良种业有限公司
CNA20162509.0	粤恢 666	广东粤良种业有限公司	CNA20162511.6	粤良恢 999	广东粤良种业有限公司
CNA20162512.5	粤恢 3512	广东粤良种业有限公司	CNA20162513.4	粤良恢 5522	广东粤良种业有限公司
CNA20162514.3	珍丝苗	广东粤良种业有限公司	CNA20162515.2	金丝苗	广东粤良种业有限公司
CNA20162516.1	恒丰优金丝苗	广东粤良种业有限公司	CNA20162517.0	恒丰优新华占	广东粤良种业有限公司
CNA20162518.9	恒丰优珍丝苗	广东粤良种业有限公司	CNA20162519.8	特优 7166	广东粤良种业有限公司
CNA20170019.6	37S	长沙奥林生物科技有限公司	CNA20170023.0	安两优 166	安徽华赋农业发展有限公司
CNA20170025.8	广恢 1816	广东省农业科学院水稻研究所	CNA20170045.4	中早 53	中国水稻研究所
CNA20170046.3	中早 59	中国水稻研究所	CNA20170075.7	广红 3 号	广东省农业科学院水稻研究所
CNA20170081.9	川种 3A	四川川种种业有限责任公司	CNA20170094.4	南晶香占	广东省农业科学院水稻研究所
CNA20170107.9	盐 9S	江苏沿海地区农业科学研究所	CNA20170108.8	沪早香 181	上海市农业科学院
CNA20170142.6	美利红	广东省农业科学院水稻研究所	CNA20170192.5	荃优 868	安徽华安种业有限责任公司
CNA20170197.0	华 6 优 1301	江西惠农种业有限公司	CNA20170217.6	金黄稻 3 号	中国科学院遗传与发育生物学研究所
CNA20170250.4	萍 S	萍乡市农业科学研究所	CNA20170279.1	甬优 1538	宁波种业股份有限公司
CNA20170280.8	甬优 8050	宁波种业股份有限公司	CNA20170303.1	福香占	福建省农业科学院水稻研究所
CNA20170323.7	隆垦粳 1 号	安徽源隆生态农业有限公司	CNA20170324.6	D 优 5326	芜湖青弋江种业有限公司
CNA20170327.3	R473	安徽袁粮水稻产业有限公司	CNA20170328.2	徽两优 473	安徽袁粮水稻产业有限公司

（续表）

品种权号	品种名称	品种权人	品种权号	品种名称	品种权人
CNA20170329.1	中粳糯 928	安徽华安种业有限责任公司	CNA20170336.2	齐粳 10 号	黑龙江省农业科学院齐齐哈尔分院
CNA20170338.0	彦粳软玉 11 号	沈阳农业大学	CNA20170344.2	圣香糯 3 号	山东省水稻研究所
CNA20170351.2	上堡大禾谷 3 号	崇义县农业技术推广站	CNA20170378.1	中种 R1602	中国种子集团有限公司
CNA20170379.0	中种 R1603	中国种子集团有限公司	CNA20170380.7	中种 R1601	中国种子集团有限公司
CNA20170381.6	中种 R1604	中国种子集团有限公司	CNA20170383.4	中种 R1606	中国种子集团有限公司
CNA20170386.1	中种 R1609	中国种子集团有限公司	CNA20170387.0	中种 R1610	中国种子集团有限公司
CNA20170388.9	中种 R1611	中国种子集团有限公司	CNA20170389.8	中种 R1612	中国种子集团有限公司
CNA20170390.5	中种 R1613	中国种子集团有限公司	CNA20170392.3	中种 R1615	中国种子集团有限公司
CNA20170393.2	中种 R1616	中国种子集团有限公司	CNA20170394.1	中种 R1617	中国种子集团有限公司
CNA20170395.0	中种 R1618	中国种子集团有限公司	CNA20170399.6	中种 R1622	中国种子集团有限公司
CNA20170400.3	中种 R1623	中国种子集团有限公司	CNA20170401.2	中种 R1624	中国种子集团有限公司
CNA20170412.9	恒恢 T86	广东现代耕耘种业有限公司	CNA20170413.8	五优 116	广东现代耕耘种业有限公司
CNA20170422.7	得月 712A	四川得月科技种业有限公司	CNA20170430.7	丰两优 3305	合肥丰乐种业股份有限公司
CNA20170432.5	丰两优 6348	合肥丰乐种业股份有限公司	CNA20170433.4	当育粳 0717	马鞍山神农种业有限责任公司
CNA20170442.3	红 R982	江西红一种业科技股份有限公司	CNA20170445.0	中科 613	中国科学院遗传与发育生物学研究所
CNA20170450.2	R937	贵州省水稻研究所	CNA20170451.1	Q33S	贵州省水稻研究所
CNA20170452.0	Q34S	贵州省水稻研究所	CNA20170535.1	华粳 1608	安徽华安种业有限责任公司
CNA20170580.5	R168	安徽喜多收种业科技有限公司	CNA20170612.7	圳 18A	深圳广三系农业科技有限公司
CNA20170619.0	N72S	华南农业大学	CNA20170620.7	业 89S	华南农业大学
CNA20170621.6	信 99S	华南农业大学	CNA20170637.8	万恢 64	重庆三峡农业科学院

（续表）

品种权号	品种名称	品种权人	品种权号	品种名称	品种权人
CNA20170639.6	万 75A	重庆三峡农业科学院	CNA20170642.1	吉优 360	广东省金稻种业有限公司
CNA20170644.9	圣香 136	山东省水稻研究所	CNA20170645.8	龙绥 1 号	绥化市盛昌种子繁育有限责任公司
CNA20170659.1	绥粳 302	黑龙江省农业科学院绥化分院	CNA20170715.3	广粳 16	广德县农业科学研究所
CNA20170747.5	G 两优 S8	武汉金丰收种业有限公司	CNA20170764.3	星粳稻 1 号	哈尔滨明星农业科技开发有限公司
CNA20170830.3	龙洋 11 号	五常市民乐水稻研究所	CNA20170833.0	桂 19A	广西壮族自治区农业科学院水稻研究所
CNA20170834.9	北稻 1 号	黑龙江省北方稻作研究所	CNA20170835.8	北稻 6 号	黑龙江省北方稻作研究所
CNA20170836.7	北稻 7 号	黑龙江省北方稻作研究所	CNA20170840.1	金稻 89	新疆金丰源种业股份有限公司
CNA20170858.0	万象优华占	江西红一种业科技股份有限公司	CNA20170874.0	龙稻 115	黑龙江省农业科学院耕作栽培研究所
CNA20170878.6	FR6105	福建农林大学	CNA20170906.2	早恢 6103	福建农林大学
CNA20170948.2	桂育黑糯	广西壮族自治区农业科学院水稻研究所	CNA20170949.1	宏胡早糯	江西红一种业科技股份有限公司
CNA20170960.5	川作 323A	四川省农业科学院作物研究所	CNA20170963.2	万象优双占	江西红一种业科技股份有限公司
CNA20170964.1	桂丰 A	广西壮族自治区农业科学院水稻研究所	CNA20171001.4	鑫恢 321	安徽友鑫农业科技有限公司
CNA20171007.8	泸恢 104	四川省农业科学院水稻高粱研究所	CNA20171011.2	泸恢 1015	四川省农业科学院水稻高粱研究所
CNA20171013.0	泸恢 317	四川省农业科学院水稻高粱研究所	CNA20171021.0	田裕 9861	黑龙江田友种业有限公司
CNA20171022.9	龙桦 2 号	黑龙江田友种业有限公司	CNA20171033.6	川农香粳	四川农业大学
CNA20171054.0	川农粳 1 号	四川农业大学	CNA20171171.8	蜀鑫 1S	安徽友鑫农业科技有限公司
CNA20171234.3	昌 287A	江西天涯种业有限公司	CNA20171268.2	鄂丰丝苗	刘定富
CNA20171274.4	泰乡 1209A	江西天涯种业有限公司	CNA20171275.3	赣晴	江西天涯种业有限公司

（续表）

品种权号	品种名称	品种权人	品种权号	品种名称	品种权人
CNA20171281.5	五优珍丝苗	广东粤良种业有限公司	CNA20171287.9	中香矮占	海南波莲水稻基因科技有限公司
CNA20171288.8	秋光杰夫	海南波莲水稻基因科技有限公司	CNA20171320.8	禾两优 348	重庆市为天农业有限责任公司
CNA20171371.6	渔稻 5 号	中国水稻研究所	CNA20171410.9	内香 10A	内江杂交水稻科技开发中心
CNA20171411.8	内 7S	内江杂交水稻科技开发中心	CNA20171418.1	福恢 342	福建省农业科学院水稻研究所
CNA20171422.5	顺丰 A	杨立坚	CNA20171423.4	丰泽 15A	杨立坚
CNA20171443.0	秀水 14	浙江省嘉兴市农业科学研究院（所）	CNA20171444.9	秀水 121	浙江省嘉兴市农业科学研究院（所）
CNA20171462.6	渔稻两优 1 号	中国水稻研究所	CNA20171471.5	钧达 A	福建省农业科学院水稻研究所
CNA20171472.4	元亨 S	福建省农业科学院水稻研究所	CNA20171473.3	利达 A	福建省农业科学院水稻研究所
CNA20171554.5	中恢 171	中国水稻研究所	CNA20171625.0	龙两优粤禾丝苗	四川台沃种业有限责任公司
CNA20171626.9	Y 两优粤禾丝苗	四川台沃种业有限责任公司	CNA20171628.7	广 8 优粤禾丝苗	四川台沃种业有限责任公司
CNA20171757.0	FR838	福建农林大学	CNA20171758.9	FR869	福建农林大学
CNA20171759.8	福黑 8 号	福建农林大学	CNA20171760.5	福黑糯 1 号	福建农林大学
CNA20171866.8	金恢 24 号	深圳市金谷美香实业有限公司	CNA20171867.7	绿丝苗	深圳市金谷美香实业有限公司
CNA20171868.6	五优 311	北京金色农华种业科技股份有限公司	CNA20171878.4	中组 143	中国水稻研究所
CNA20171971.0	依多丰 1 号	安徽依多丰农业科技有限公司	CNA20171980.9	绿银占	深圳市金谷美香实业有限公司
CNA20171981.8	金恢 10 号	深圳市金谷美香实业有限公司	CNA20171982.7	绿新占	深圳市金谷美香实业有限公司
CNA20172013.8	R3352	广东华农大种业有限公司	CNA20172014.7	R6133	广东华农大种业有限公司
CNA20172015.6	华美 A	广东华农大种业有限公司	CNA20172016.5	R3708	广东华农大种业有限公司
CNA20172130.6	恒丰优金丝占	广东粤良种业有限公司	CNA20172179.8	交恢 5 号	淮安旗冰种业科技有限公司
CNA20172181.4	瑞象 A	江西红一种业科技股份有限公司	CNA20172186.9	红 45A	江西红一种业科技股份有限公司

（续表）

品种权号	品种名称	品种权人	品种权号	品种名称	品种权人
CNA20172222.5	龙垦 226	北大荒垦丰种业股份有限公司	CNA20172226.1	龙垦 215	北大荒垦丰种业股份有限公司
CNA20172227.0	龙垦 214	北大荒垦丰种业股份有限公司	CNA20172230.5	垦粳 7 号	北大荒垦丰种业股份有限公司
CNA20172263.5	品 110s	福建农林大学	CNA20172264.4	品 42s	福建农林大学
CNA20172363.4	广 8 优 1816	广东省农业科学院水稻研究所	CNA20172364.3	广软占	广东省农业科学院水稻研究所
CNA20172457.1	五优金丝苗	广东粤良种业有限公司	CNA20172603.4	皇占	深圳市金谷美香实业有限公司
CNA20172650.6	瑞 68A	四川科瑞种业有限公司	CNA20172651.5	瑞恢 7021	四川科瑞种业有限公司
CNA20172652.4	H8A	成都市大禾大田作物研究所	CNA20172674.8	金恢 038	广州市金粤生物科技有限公司
CNA20172711.3	中科 902	中国科学院遗传与发育生物学研究所	CNA20172747.1	徽两优 001	安徽理想种业有限公司
CNA20172753.2	龙科 15077	刘　俭	CNA20172768.5	福巨糯 11 号	福建农林大学
CNA20172769.4	诺糯 5 号	福建农林大学	CNA20172770.1	章糯恢 4 号	福建农林大学
CNA20172771.0	章糯恢 3 号	福建农林大学	CNA20172772.9	章糯恢 2 号	福建农林大学
CNA20172773.8	FR879	福建农林大学	CNA20172822.9	永丰优 8563	广西兆和种业有限公司
CNA20172823.8	益和优 162	广西兆和种业有限公司	CNA20172824.7	恒丰优 929	广西兆和种业有限公司
CNA20172826.5	H 两优 5872	广西兆和种业有限公司	CNA20172827.4	珍野优 108	广西兆和种业有限公司
CNA20172828.3	兆丰优 162	广西兆和种业有限公司	CNA20172829.2	广和 A	广西兆和种业有限公司
CNA20172830.9	R8563	广西兆和种业有限公司	CNA20172831.8	R929	广西兆和种业有限公司
CNA20172856.8	普育 1616	黑龙江省普田种业有限公司农业科学研究院	CNA20172858.6	沃普 2 号	黑龙江省普田种业有限公司农业科学研究院
CNA20172929.1	莲育 1010	黑龙江省莲江口种子有限公司	CNA20172931.7	洁田稻 105	仲衍种业股份有限公司
CNA20172939.9	松粳 33	黑龙江省农业科学院五常水稻研究所	CNA20172940.6	松粳 34	黑龙江省农业科学院五常水稻研究所
CNA20172989.8	绣占 15	中垦锦绣华农武汉科技有限公司	CNA20172990.5	莲汇 1011	黑龙江省莲汇农业科技有限公司

（续表）

品种权号	品种名称	品种权人	品种权号	品种名称	品种权人
CNA20173000.1	诺糯6号	福建农林大学	CNA20173001.0	福黑9号	福建农林大学
CNA20173025.2	珍野A	广西兆和种业有限公司	CNA20173026.1	ZR109	广西兆和种业有限公司
CNA20173037.8	徽两优348	安徽省农业科学院水稻研究所	CNA20173159.0	龙洋19	五常市民乐水稻研究所
CNA20173198.3	龙粳3084	黑龙江省农业科学院水稻研究所	CNA20173303.5	晚香8098	江西省农业科学院水稻研究所
CNA20173307.1	楚糯2号	湖北修楚农业发展有限公司	CNA20173312.4	荃211S	安徽荃银高科种业股份有限公司
CNA20173354.3	梓两优5号	合肥国丰农业科技有限公司	CNA20173402.5	鑫晟稻4号	黑龙江省巨基农业科技开发有限公司
CNA20173403.4	卓越6号	黑龙江省巨基农业科技开发有限公司	CNA20173404.3	卓越2号	黑龙江省巨基农业科技开发有限公司
CNA20173405.2	巨基3号	黑龙江省巨基农业科技开发有限公司	CNA20173417.8	永旱粳8号	合肥市永乐水稻研究所
CNA20173420.3	永乐1801	合肥市永乐水稻研究所	CNA20173425.8	鲁旱稻1号	山东省水稻研究所
CNA20173431.0	寒粳香1号	刘忠政	CNA20173476.6	研歌籼宝	湖南省水稻研究所
CNA20173495.3	永丰6号	安徽咏悦农业科技有限公司	CNA20173497.1	宏S	萍乡市农业科学研究所
CNA20173509.7	金黄恋1号	中国科学院遗传与发育生物学研究所	CNA20173537.3	C两优雅占	江西天涯种业有限公司
CNA20173538.2	深优星占	江西天涯种业有限公司	CNA20173540.8	兵两优401	江西天涯种业有限公司
CNA20173541.7	萍两优雅占	江西天涯种业有限公司	CNA20173542.6	玖两优830	江西天涯种业有限公司
CNA20173543.5	恢630	江西天涯种业有限公司	CNA20173544.4	兵12S	江西天涯种业有限公司
CNA20173545.3	农香优雅占	江西天涯种业有限公司	CNA20173546.2	星占	江西天涯种业有限公司
CNA20173605.0	禾广丝苗	广东省农业科学院水稻研究所	CNA20173606.9	粤黄广占	广东省农业科学院水稻研究所
CNA20173639.0	徽两优科珍丝苗	安徽荃银种业科技有限公司	CNA20173704.0	R6568	南昌市康谷农业科技有限公司
CNA20173707.7	粤籼丝苗	广东粤良种业有限公司	CNA20173735.3	奥R666	湖南奥谱隆科技股份有限公司
CNA20173783.4	追求A	福建农林大学	CNA20173784.3	金恢116号	中国种子集团有限公司

（续表）

品种权号	品种名称	品种权人	品种权号	品种名称	品种权人
CNA20173788.9	金恢 117 号	中国种子集团有限公司	CNA20173789.8	金恢 118 号	福建农林大学
CNA20173790.5	天华 A	中国种子集团有限公司	CNA20173791.4	金恢 135 号	中国种子集团有限公司
CNA20173812.9	金龙 B	中国种子集团有限公司	CNA20173828.1	利元 10 号	五常市利元种子有限公司
CNA20180048.0	绵恢 919	绵阳市农业科学研究院	CNA20180050.5	武粳 36	江苏（武进）水稻研究所
CNA20180066.7	华恢 1686	湖南亚华种业科学研究院	CNA20180067.6	华恢 1260	湖南亚华种业科学研究院
CNA20180068.5	华恢 7817	湖南亚华种业科学研究院	CNA20180069.4	华恢 1308	湖南隆平高科种业科学研究院有限公司
CNA20180070.1	华恢 8612	湖南亚华种业科学研究院	CNA20180071.0	R3189	湖南隆平高科种业科学研究院有限公司
CNA20180072.9	华恢 1019	湖南亚华种业科学研究院	CNA20180074.7	华恢 1273	湖南亚华种业科学研究院
CNA20180075.6	华恢 2246	湖南亚华种业科学研究院	CNA20180077.4	华恢 1307	湖南隆平高科种业科学研究院有限公司
CNA20180078.3	华恢 5438	湖南隆平高科种业科学研究院有限公司	CNA20180079.2	华恢 2271	湖南亚华种业科学研究院
CNA20180083.6	凤营丝苗	东莞市中堂凤冲水稻科研站	CNA20180084.5	凤新丝苗	东莞市中堂凤冲水稻科研站
CNA20180096.1	东香 1 号	孙东发	CNA20180118.5	华恢 4952	袁隆平农业高科技股份有限公司
CNA20180119.4	华恢 5362	袁隆平农业高科技股份有限公司	CNA20180140.7	隆早 131	湖南亚华种业科学研究院
CNA20180145.2	大丰糯	广东省农业科学院水稻研究所	CNA20180198.8	创两优 276	江苏神农大丰种业科技有限公司
CNA20180241.5	苏粳 1617	安徽凯利种业有限公司	CNA20180291.4	广恢 615	广东省农业科学院水稻研究所
CNA20180292.3	广恢 916	广东省农业科学院水稻研究所	CNA20180293.2	广恢 1380	广东省农业科学院水稻研究所
CNA20180419.1	R269	安徽袁粮水稻产业有限公司	CNA20180420.8	合莉油占	广东省农业科学院水稻研究所

（续表）

品种权号	品种名称	品种权人	品种权号	品种名称	品种权人
CNA20180421.7	广晶软占	广东省农业科学院水稻研究所	CNA20180422.6	固金占	广东省农业科学院水稻研究所
CNA20180449.5	宣粳糯7号	宣城市种植业局	CNA20180496.7	佳福香占	厦门大学
CNA20180497.6	佳禾19	厦门大学	CNA20180535.0	红1A	江西红一种业科技股份有限公司
CNA20180536.9	R1063	江西红一种业科技股份有限公司	CNA20180806.2	扬籼7A	江苏里下河地区农业科学研究所
CNA20180807.1	扬籼9A	江苏里下河地区农业科学研究所	CNA20180808.0	扬籼246A	江苏里下河地区农业科学研究所
CNA20181196.8	魅051S	湖北华之夏种子有限责任公司	CNA20182540.9	彦粳软玉12号	沈阳农业大学
CNA20184540.5	宁香粳9号	南京农业大学	CNA20184635.1	武育糯4819	安徽皖垦种业股份有限公司
CNA20184758.2	禧1815S	袁隆平农业高科技股份有限公司	CNA20184761.7	隆398B	袁隆平农业高科技股份有限公司
CNA20184808.2	14CR802	袁隆平农业高科技股份有限公司	CNA20191001560	崇香软粳	上海市农业科学院
CNA20191001832	湘岳占	岳阳市农业科学研究院	CNA20191002024	连粳16号	连云港市农业科学院
CNA20191003198	中紫1号	中国科学院植物研究所	CNA20191003419	浙粳优6052	浙江省农业科学院
CNA20191004535	未来177	黑龙江田友种业有限公司	CNA20191005109	成恢1459	四川省农业科学院作物研究所
CNA20191005850	连粳16130	连云港市农业科学院	CNA20191005860	常农粳151	常熟市农业科学研究所
CNA20191005861	常优粳7号	常熟市农业科学研究所	CNA20191005862	早香粳1号	常熟市农业科学研究所
CNA20191005879	连粳16102	连云港市农业科学院	CNA20191005926	隆优534	湖南隆平种业有限公司
CNA20191006075	望两优029	安徽新安种业有限公司	CNA20191006186	德粳4号	四川省农业科学院水稻高粱研究所
CNA20191006243	泸两优晶灵	中国种子集团有限公司	CNA20191006245	N两优018	安徽新安种业有限公司
CNA20191006286	荃优136	安徽荃银高科种业股份有限公司	CNA20191006398	聚两优6号	湖南杂交水稻研究中心
CNA20191006411	绿两优9871	安徽绿雨种业股份有限公司	CNA20191006933	荃优1606	安徽荃银高科种业股份有限公司

（续表）

品种权号	品种名称	品种权人	品种权号	品种名称	品种权人
CNA20191006941	Q两优 165	安徽荃银高科种业股份有限公司	CNA20191006951	甬优 7053	宁波种业股份有限公司
CNA20201000179	连粳 15113	连云港市农业科学院	CNA20201000250	连粳 1658	连云港市农业科学院
CNA20201000251	连粳 16117	连云港市农业科学院	CNA20201000378	隆两优 9 号	湖南杂交水稻研究中心

注：来源于农业农村部科技发展中心《品种权授权公告》(2021 年)。